ESG 永續發展與管理實務

社團法人 ESG 永續發展協會 · 王培智博士　編著

全華圖書股份有限公司

推薦序 PREFACE

我國 2022 年 3 月正式公布「臺灣 2050 淨零排放路徑及策略總說明」，提供至 2050 淨零排放路徑將會以「能源轉型」、「產業轉型」、「生活轉型」、「社會轉型」等四大轉型，及「科技研發」、「氣候法制」兩大治理基礎，輔以「十二項關鍵戰略」，就能源、產業、生活轉型政策預期增長的重要領域制定行動計畫，落實淨零轉型目標。

ESG 永續發展協會 (ESGF) 編著「ESG 永續發展與管理實務」是一本全面介紹 ESG 的專書 。書中全面介紹了 ESG 評估框架的理論基礎，概述了國際上主要的 ESG 指標體系 ，同時列舉大 量企業 ESG 實踐案例 ，兼顧理論與實務。閱讀本書後不僅可以掌握 ESG 的核心內涵 ，也可以了解不同行業面臨的 ESG 盲區，以及國外的最佳實踐經驗。

隨著全球企業社會責任的潮流日益擴展，本書對於想要深入解析目前台灣在環境 E、社會 S 和企業治理 G 的讀者來說，從本土實踐中學習，更容易啟發行動，這本書的台灣視角無疑是一大優勢。本書系統性而全面地 ，介紹了 ESG 的理論基礎、風險管理、績效評估、訊息披露以及投資實務等內容，既闡述了 ESG 的概念內涵 ，也 探討了 ESG 在企業管理和決策中的具體應用 。書中的最後一章結合了台灣的情況 ，分析了台 灣 ESG 發展現狀和產業 ESG 戰略 ，這對引領台灣企業踏上 ESG 與可持續發展之路尤為重要 。

黃彥男

中央研究院 資訊創新科技研究中心 主任

推薦序 PREFACE

商研院身為國家商業服務業專業專屬智庫，與時俱進、前瞻創新的研究發展，以協助政府政策之制定與推動，並促進民間產業與企業之不斷革新，轉型發展。時代進入「數位經濟」，聯合國倡議「永續發展目標」（SDGs），2050「淨零碳排放」（Net Zero）成為各國政府、民間企業信誓旦旦、使命必達的終極目標。

企業經營上，「數位轉型」×「ESG 永續轉型」成為嶄新的策略制定、生產與服務發明設計與商業模式創新的方略大綱。企業有了這些擬定執行減碳策略的綠色永續尖兵，消極上才能符合政府與客戶的減碳規範；積極上，ESG 三面向的環環相扣，內外一體，重新建立從「員工滿意度、忠誠度、生產力」到「顧客滿意度、信任度、購買力」與「利益」三者良性循環的創新服務價值鏈，也才能維持市場競爭力，確保永續經營。

商研院的研發與服務為契合上述最新企業經營發展之需求，在人才培育的輔導上，更力求往下紮根。此次，特與 ESG 永續發展協會（ESGF）、宇柏資訊公司合作推出「ESG 永續助理管理師」與「ESG 種子師資培訓」的訓練、認證與發證計畫，並協助各大專院校培訓種子師資，以增加莘莘學子之就業能力，同時滿足企業之人才需求。商研院同時負責審訂 ESG 永續發展協會出版之「ESG 永續助理管理師」專業證照參考用書，確保教學與學習雙方之方便與效率。

特此為序。

許添財

商業發展研究院 董事長

推薦序 PREFACE

在歐盟碳邊境調整機制 CBAM 催生下，氣候變遷因應法，碳定價機制正式啟動，全球貿易針對碳排大戶開徵碳費，各國陸續成立碳權交易所，啟動了淨零碳排的濫觴。台灣是製造大國產品大量外銷將被抽取高額碳費，因此各大企業進行碳盤查，節能減碳降低碳費成為當務之急。

ESG 的概念是 20 世紀 60 年代所興起的一種環境保護運動。ESG 的發展共分為三個階段 : 即 1960 年 -1990 年、1991 年 -2000 年、2001 年至今。2015 年聯合國發佈了巴黎協定，全球氣候治理取得重要的進展。2016 年美國證券交易委員會 SEC 發佈了氣候相關財務訊息披露建議，要求上市公司披露氣候相關財務訊息，因此 ESG 永續發展結合淨零碳排成為各大企業降低碳費最重要的工作。

為了提供社會大眾對 ESG 的認識，ESG 永續發展協會發表了「ESG 永續發展與管理實務」一書。書中詳述環境 ESG 的核心要素、評估、法規和國際標準。強調了氣候變化對溫室效應及碳排管理的目標和原則。在 ESG 社會責任方面探討社會公平、包容、發展與責任的關聯性，這有助於企業建立友誼社會，同時滿足股東與利益相關者的期望。在 ESG 公司治理方面，強調公司永續發展治理、重視效率、指標風險管理及最佳實踐。

全書從 ESG 概述、ESG 的理論基礎、環境 ESG、氣候變化與碳排管理、到 ESG 報告與披露、風險管理等共 15 章，是了解 ESG 與淨零碳排，或碳足跡盤查降低碳費與永續報告書等知識，本書是必備的優良教材。

陳文淵

國立勤益科技大學 校長 陳文淵

推薦序 PREFACE

ESG 永續發展協會 (ESGF) 王培智博士的大作《ESG 永續發展與理論實務》，深入剖析企業在環境保護 E、社會責任 S 和公司治理 G 方面的實踐與挑戰，本書讓學生紮根學習，老師也教學相長順勢成長，藉此可將師生經驗與專業服務擴及社區，進而影響世界，讓全球的每份子瞭解環境保護是大家應盡的責任 。

本次出版的 ESG 主題書籍，不僅提供了深刻的理論基礎，還透過實例和案例 究，展示了企業如何成功地整合 ESG 價值觀 ，取得商業和社會雙贏的成果。使得作者成為 ESG 領域的權威，也為企業領袖、投資者以及其他利害關係人提 供了　貴的指南和啟示。

作者指出 ESG（ 環境 、社會 、公司治 理）在現代化商業環境中的重要性不可忽視。環境方面的關注涉及企業對氣候變化和可持續發展的承諾，社會責任牽涉到企業對社區和員工的影響，而公司治理則是則是確保企業有效運作及透明度。這些因素不僅影響企業的長期價值，也受到投資者、消費者和營利機構的關注，使 ESG 成為企業成功和可持續發展的重要基石。

ESG 永續經營成為全球責無旁貸的共識，企業無法置身事外，因此企業也應 讀本書，對碳排管理包括碳盤查、碳中和、減少碳排放、設定碳排放目標等，進而促使企業落實社會責任丶環境保護以及治理效率 。

吳菊

育達科技大學校長吳菊

2023/12/07

推薦序 PREFACE

在當今迅速變遷的全球環境中，企業社會責任已經超越了單純的商業概念，演變成為一項全球性的潮流。《ESG 永續發展與理論實務》以其深入淺出的風格，成為理解、應對 ESG 挑戰的不可或缺之選。

本書從理論和實際應用的角度深入剖析 ESG，讓讀者能夠全面掌握環境、社會和企業治理的關鍵概念不僅理論豐富；並透過實用的框架和深入的案例分析，更以實際案例向讀者展示 ESG 理念在不同產業中的成功應用。另外，對於想要深入解析目前台灣在社會、環境和企業治理的讀者來說，這本書的台灣視角無疑是一大優勢。從本土實踐中學習，更容易啟發行動。深度洞察全球趨勢：作者深度洞察全球趨勢，勾勒出 ESG 未來的發展方向，為企業提供明智的永續戰略建議。

隨著全球企業社會責任的潮流日益擴展，這本《ESG 永續發展與理論實務》無疑是理解和應對永續管理挑戰的必讀之作。本書以深入淺出的方式，介紹了 ESG 的定義、基本概念，並探討 ESG 管理的目的和實踐。這使讀者能夠全面理解 ESG 在企業管理中的角色。ESG 的理論基礎，研究 ESG 的三個維度，以及可持續發展、企業社會責任和 ESG 投資理論。本書對當前台灣 ESG 發展現況、面臨的挑戰、發展趨勢和戰略的深入洞察。這使讀者能夠更好地適應全球永續管理的潮流。

Rosa Wei

世界環境教科文基金會 (WEESCO) 董事長

2023.12.08.

推薦序 PREFACE

2023 年的第 28 屆聯合國氣候變遷大會（簡稱：COP28）正於阿拉伯聯合大公國的杜拜舉行，由紐約、倫敦、東京等主要城市組成的 C40 城市氣候領導聯盟，除公開呼籲各國加速淘汰化石燃料，並在會議當日宣誓打擊空氣污染，簽訂「呼吸城市」（Breathe Cities）倡議，聯合國最新報告認為，本世紀末升溫可能達到 2.9°C，各國對於 ESG 目標達成的規劃與執行已是刻不容緩的工作。

一般企業過去普遍沒有永續長與 ESG 相關工作團隊，企業應如何面對壓力與找到解決的方法？以下三個重要外部資源應可協助企業著手進行 ESG 佈局與邁向淨零碳排的永續目標，

1. 有實戰成功經驗的 ESG 永續顧問團隊。
2. ESG 數位軟體與提供數位轉型服務能力的團隊。
3. 接軌國際永續準則標準之第三方可信賴的 ESG 資料來源，透過相關評比分析可協助企業提升更好的 ESG 表現。

很高興看到這本專業的「ESG 永續發展與管理實務」的書可以協助企業從理論和實際應用的角度深入剖析 ESG，讓企業能夠全面掌握環境、社會和公司治理的正確觀念與著手進行評估。本書更為特別的是探討了 ESG 與社會公平、包容、發展和責任的關聯，；而在 ESG 的治理上，研究 ESG 治理的指標、風險管理和最佳實踐，這對企業建立強大穩固的治理框架至關重要。這使讀者能夠更適應全球永續管理的潮流，配合政府政策，大家手攜手共同邁向 2050 淨零轉型的目標。

許金隆

倍力資訊股份有限公司董事長 許金隆

推薦序 PREFACE

ESG 永續管理儼然已成為全球最夯的趨勢議題，企業經營不再是以經營管理的財務報表績效作為衡量標準，而改以永續報告書的企業責任角度出發時，將直接影響從企業、產業到政府，都必須投入與 E(環境)、S(社會) 及 G(公司治理) 三個面向相關的人力、財力與物力的各項資源。

因應聯合國 SDGs 永續發展目標到 2023 年 12 月在杜拜舉行的聯合國氣候變遷大會 COP28，都再度喚起全球重視的眼光。ESG 在社會面 (S) 影響到公司自己內部員工、上游供應商、下游客戶群，以及外部社區環境，要均衡發展以滿足公司股東與利害關係人的利益。ESG 在公司治理面 (G) 必須注重公平、公開、ESG 組織文化、風險管理、投資、績效評估、ESG 永續報告揭漏。因此 ESG 三個構面所需人才已是全方位的通識教育層面，而非單一科目所能覆蓋學習。

宇柏資訊 (股) 公司憑藉過去二十年在學界推動專業證照的經驗與實績，理解 ESG 永續及洞見向下紮根的重要性，因此向商研院提出『ESG 永續助理管理師』與『ESG 種子師資培訓』的認證與發證建議，由宇柏資訊負責行銷推廣至全國各大專校院有意學習之學員與社會人士，通過公平公開考試認證後，方可獲頒商研院核發之專業證照。商研院並審定『ESG 永續助理管理師』的專業證照參考用書，對於有興趣從事 ESG 永續管理的學員讀者及企業人士將是很有用的參考用書。

宇柏資訊 董事總經理
台灣國際物流暨供應鏈協會 名譽理事長

推薦序 PREFACE

社團法人 ESG 永續發展協會成立，就以建立「產業人才培訓資料庫、各領域技術資料服務平台」為協會宗旨，而本協會在 112 年完成了 200 多位專業 ESG 國際證照的人員培訓，並且輔導完成 5 種產業、30 多家企業的「經濟部產發署之低碳與智慧化輔導計畫」，真正落實協會宗旨。大專院校之人才培育更是協會一大重點，因此特別出版《ESG 永續發展與理論實務》作為應對 ESG 挑戰的第一步。

本會特別邀請本會會員 王培智博士擔任本書之編著，並且要求本書從理論和實際應用的角度深入剖析 ESG，讓讀者能夠全面掌握環境、社會和企業治理的關鍵概念不僅理論豐富；並透過實用的框架和深入的案例分析，更以實際案例向讀者展示 ESG 理念在不同產業中的成功應用。

就台灣的整體環境而言，企業要如何實現綠色運營、盤點企業碳排放及減少碳排放量是企業未來發展的重點，如果能從大專院校就開始培養未來 ESG 永續管理師，則一定要先培養年輕世代具備 ESG 永續助理管理師。在社會議題方面，本書則對人權保護、勞工權益保障和產品責任等進行探討， 對台灣企業也具有很強的借鑒意義。最後本書對公司治理結構的優化、董事會職能和訊息透明度也給出了中肯建議與可能的具體推動方向。本書對當前台灣 ESG 發展現況、面臨的挑戰、發展趨勢和戰略的深入洞察。

社團法人 ESG 永續發展協會 (ESGF) 理事長

2023.12.08.

本書序 PREFACE

《ESG 永續發展與管理實務》是一本深入探討環境、社會和治理（ESG）議題的專書，旨在提供讀者對 ESG 管理全球趨勢和發展的清晰理解。這本書的目標，是協助讀者深入瞭解 ESG 管理的理論基礎、實踐框架以及在不同領域的應用，並提供有價值的見解，以協助企業、投資者和政策制定者更好地應對當前和未來的永續性挑戰。ESG 是近年來在全球商業和金融領域中，引起廣泛關注的關鍵主題。企業不僅需要實現財務目標，還需要考慮其對環境的影響、社會責任以及有效的治理結構。本書的目的是幫助讀者理解，為什麼ESG管理對於企業的成功至關重要，以及如何將其整合到日常業務實踐中。

首章提供了對 ESG 的總體概述，從定義和基本概念開始，然後深入研究 ESG 管理的目的和實踐。隨後探討了 ESG 的理論基礎，包括可持續發展、企業社會責任和 ESG 投資理論。這些理論為讀者提供了理解 ESG 背後原則和價值觀的基礎。書中涵蓋了 ESG 的三個主要維度之內涵，也詳細討論企業面對 ESG 國際標準與相關法規時，應有之作為與應變。

本書的後半部分介紹了 ESG 管理的實踐框架，包括規劃和實施 ESG 行動、評估 ESG 績效與報告揭露。這些章節提供了實際的指導，幫助讀者將 ESG 理論轉化為實際行動。最後一章關注台灣的 ESG 現狀、挑戰和未來趨勢以及制定台灣產業的 ESG 戰略。

作者 [signature] 謹識

目錄 CONTENTS

目錄 CONTENTS

CHAPTER 3
環境 ESG

CHAPTER 4
氣候變化和碳排管理

CHAPTER *5*
資源管理和循環經濟

CHAPTER *6*
ESG 的社會

目錄 CONTENTS

CHAPTER 7
ESG 的治理

CHAPTER 8
ESG 管理的實踐框架

CHAPTER 9
ESG 行動實施

CHAPTER 10
ESG 績效的評估

目錄 Contents

Chapter 11
ESG 報告與揭露

Chapter 12
ESG 風險管理

CHAPTER 13
ESG 投資

CHAPTER 14
ESG 與企業

目錄 CONTENTS

CHAPTER *15*
台灣 ESG 現狀、挑戰與未來

CHAPTER 1

ESG 概述

ESG 的概念最早出現在 20 世紀 60 年代。當時，環境保護運動興起，企業開始關注環境問題。在這種背景下，ESG 理念逐漸發展起來。20 世紀 90 年代，ESG 理念得到了進一步的發展。隨著社會公平意識的增強，企業開始關注社會責任問題。在這種背景下，ESG 理念進一步擴展到社會層面。21 世紀以來，ESG 理念得到了廣泛的認可。隨著氣候變化、貧困等全球性問題的加劇，企業需要積極應對這些挑戰，履行社會責任。ESG 理念已成為企業永續發展的重要理念。

ESG 的發展可以分為以下幾個階段：

(1) 第一階段（20 世紀 60 年代 -1990 年代）：ESG 理念的萌芽階段。在這個階段，企業開始關注環境問題，並採取一些措施來保護環境。例如，1962 年，蕾切爾 · 卡森出版了《寂靜的春天》[1] 一書，揭露了農藥對環境的危害。這本書引起了巨大的反響，促使許多國家禁止使用某些有毒農藥。1970 年，美國成立了環境保護署，負責制定和執行環境保護政策。這標誌著美國政府開始重視環境保護。1987 年，聯合國環境規劃署（UNEP）發布了《我們共同的未來》報告，提出了永續發展的概念。這一概念強調了環境、社會和經濟三個方面的平衡發展。在第一階段，ESG 理念的萌芽主要體現在以下方面：(a) 企業開始關注環境問題，並採取一些措施來保護環境。(b) 政府開始重視環境保護，制定和執行環境保護政策。(c) 永續發展的概念開始被提出。

(2) 第二階段（1990 年代 -2000 年代）： ESG 理念的發展階段。在這個階段，企業開始關注社會責任問題，並採取一些措施來履行社會責任。20 世紀 90 年代，隨著全球化進程的加快，人們對環境、社會和公司治理等問題的關注度也逐漸提高。許多企業開始將 ESG 納入企業的整體戰略，並採取措施提升 ESG 表現。例如，1999 年，道瓊斯指數公司推出了道瓊斯永續發展指數，這是全球首個永續發展指

---

[1] 《寂靜的春天》（Silent Spring），作者是美國海洋生物學家瑞秋 · 卡森（Rachel Carson），於 1962 年出版。美國最高法院大法官威廉 · 道格拉斯曾為《寂靜的春天》英文版作序。這本書列舉了各地濫用殺蟲劑所造成的種種危害，促使公眾普遍關注農藥與環境污染。《寂靜的春天》促使美國於 1972 年禁止將 DDT 用於農業上。

數。這一指數的推出標誌著 ESG 投資開始受到重視。2006 年，聯合國責任投資原則（PRI）發布，鼓勵投資者將 ESG 因素納入投資決策過程。PRI 的發布推動了 ESG 投資的發展。在第二階段，ESG 理念的發展主要體現在以下方面：(a)ESG 理念逐漸成為企業經營的重要考量因素。(b)ESG 投資開始受到重視。(c)ESG 相關標準和指引開始制定和發布。

(3) 第三階段（21 世紀至今）： ESG 理念的普及階段。在這個階段，ESG 理念得到了廣泛的認可，成為企業永續發展的重要理念。2010 年代以來，隨著氣候變遷、社會不平等等問題的加劇，ESG 理念得到了更加廣泛的關注。許多企業、投資者和政府都開始採取措施提升 ESG 表現，促進永續發展。例如，2015 年，聯合國發布了《巴黎協定》，旨在應對氣候變遷。這一協定的簽署，標誌著全球氣候治理取得了重要進展。2016 年，美國證券交易委員會（SEC）發布了《氣候相關財務訊息揭露建議》，要求上市公司揭露氣候相關財務訊息。這一建議的發布，將推動企業提升氣候相關訊息揭露水平。在第三階段，ESG 理念的普及，主要體現在以下方面：(a)ESG 理念得到了廣泛普及。(b) 企業、投資者和政府都開始採取措施，提升 ESG 表現。(c)ESG 相關政策和法規開始制定和完善。

21 世紀以來，隨著氣候變化、貧困等全球性問題的加劇，企業需要積極應對這些挑戰，履行社會責任。在這種背景下，更推升了 ESG 。由於 ESG 理念的發展，是社會進步和企業責任感覺增強的結果，隨著社會公眾對環境保護、社會公平和公司治理的關注度提高，ESG 理念將在未來得到更加廣泛的應用。

1.1

ESG 的定義和基本概念

ESG 是 Environmental、Social、Governance 的縮寫（簡稱為 ESG)，即環境、社會、公司治理。ESG 是衡量企業永續發展的重要指標，要求企業在經濟、環境和社會三個維度上做出貢獻。ESG 是一種綜合考量企業在環境、社會和公司治理方面的表現的指標體系。ESG 要求企業在生產經營過程中，尊重環境、保護社會、健全公司治理，並積極履行社會責任。有關 ESG 的元素，如圖 1.1【參考文獻 1】所示。

ESG 的核心理念是永續發展。永續發展是指在滿足當代人需求的同時，不損害子孫後代存續需求的能力。ESG 要求企業在追求經濟效益的同時，也要兼顧環境保護、社會公平和公司治理。

ESG 的核心內容包括環境、社會和公司治理三個方面。

(1) 環境（E）：

環境是 ESG 的核心內容之一，企業在生產經營過程中會對環境產生影響，包括溫室氣體排放、能源消耗和污染物排放等。ESG 要求企業採取措施，以減少對環境的負面影響，並保護環境永續發展。環境相關的 ESG 指標包括：(a) 氣候變化：企業應減少溫室氣體排放，並採取應對氣候變化的措施。(b) 能源與資源：企業應提高能源效率，減少資源浪費。(c) 污染與廢棄物：企業應減少污染物排放，並妥善處理廢棄物。(d) 生物多樣性：企業應保護生物多樣性。

(2) 社會（S）：

社會是 ESG 的另一個核心內容。企業在生產經營過程中會與員工、客戶、供應商和社區等各利益相關方發生互動。ESG 要求企業尊重和保護員工權益，履行社會責任，促進社會公平正義。社會相關的 ESG 指標包括：(a) 勞工權益：企業應尊重員工權益，包括勞動安全、薪酬福利、勞動時間及歧視禁止等。(b) 供應鏈管理：企業應

要求供應鏈中的企業也遵守環境和社會標準。(c) 消費者權益：企業應尊重消費者權益，包括產品安全、訊息揭露和消費者隱私等。(d) 社區責任：企業應積極參與社區活動，回饋社會。

(3) 公司治理（G）：

公司治理是企業有效運營和永續發展的基礎。ESG 要求企業建立健全的公司治理結構，保障股東權益，提升訊息透明度，有效管理風險，履行社會責任。公司治理相關的 ESG 指標包括：(a) 董事會治理：董事會應有效履行職責，保障股東權益。(b) 資訊透明度：企業應全面揭露訊息，包括財務訊息和非財務訊息等。(c) 風險管理：企業應有效管理風險，包括財務風險、營運風險和環境風險等。(d) 企業社會責任：企業應積極履行社會責任，包括遵守法律法規和回饋社會等。

圖 1.1 有關 ESG 的元素

ESG 理念受到越來越多的關注，成為企業發展的重要趨勢。因此有關 ESG 投資、ESG 評級等 ESG 相關活動也日益增多。ESG 理念的發展趨勢主要體現在以下幾個方面：

(1) 關注度提升：隨著社會公眾對環境保護、社會公平和公司治理的關注度提高，ESG 理念將在未來得到更加廣泛的應用。具體而言，ESG 理念的關注度提升，主要在：(a) 消費者意識提升：消費者越來越關注企業的 ESG 表現。他們希望企業在生產和經營過程中能夠更加注重環境保護、社會責任和公司治理。(b) 投資者意識提升：投資者越來越關注企業的 ESG 表現。他們認為，ESG 表現良好的企業具有更高的長期投資價值。(c) 政府意識提升：政府越來越關注企業的 ESG 表現。他們制定了一系列 ESG 相關政策和法規，以推動企業提升 ESG 表現。ESG 理念的關注度提升，將推動企業、投資者和政府都更加重視 ESG，並採取措施提升 ESG 表現，促進永續發展。具體例子是：2022 年，全球 ESG 基金規模達到 35.3 萬億美元，同比增長 21%；2023 年，美國證券交易委員會（SEC）發布了《氣候相關財務訊息揭露建議》，要求上市公司揭露氣候相關財務訊息；2023 年，聯合國發布了《氣候變遷與可持續金融框架》，旨在推動金融部門更好地應對氣候變遷。這些例子都表明，ESG 理念受到越來越多的關注，並將在未來得到更加廣泛的普及和應用。

(2) 投資需求增長：隨著投資者對 ESG 的認識不斷加深，ESG 投資將成為主流投資方式之一。ESG 投資，是指投資於具有良好 ESG 表現的企業和債券。ESG 表現良好的企業，通常具有以下特點：(a) 注重環境保護，降低環境風險。(b) 履行社會責任，回饋社會。投資者之所以看好 ESG 投資，主要原因：ESG 表現良好的企業，具有更高的長期投資價值；ESG 表現良好的企業，通常具有以下特點：更高的盈利能力：ESG 表現良好的企業，通常具有更強的創新能力和競爭力，因此具有更高的盈利能力。更低的風險：ESG 表現良好的企業，通常具有更強的抵禦風險的能力，因此具有更低的風險；ESG 投資符合投資者的價值觀，越來越多的投資者希望，將自己的投資與自己的價值觀相結合。他們認為，ESG 投資不僅可以獲得良好的投資回報，還可以促進永續發展；具有良好的公司治理，保障股東權益。

(3) 政策支持：各國政府 / 地區將制定合宜的政策支持 ESG 發展，以促進企業履行社會責任，推動經濟永續發展。近年來，各國政府 / 地區都相繼頒布了一系列 ESG 相關政策，以推動 ESG 發展。這些政策主要包括：(a) 訊息揭露要求：要求企業揭露 ESG 相關資訊，以提高 ESG 資訊透明度。(b) 稅收優惠政策：對 ESG 投資和 ESG 表現良好的企業提供稅收優惠，以鼓勵 ESG 投資和 ESG 發展。(c) 監管政策：制定 ESG 相關監管政策，以規範企業的 ESG 行為。這些政策將推動企業更加重視 ESG，並採取措施提升 ESG 表現。一些具體的例子是：2022 年，美國證券交易委員會（SEC）發布了《氣候相關財務訊息揭露建議》，要求上市公司揭露氣候相關財務訊息。2023 年，歐盟發布了《可持續金融分類指南》，旨在為可持續投資提供指引。2023 年，中國發布了《綠色金融行動方案 2.0》，提出了一系列推動綠色金融發展的措施。這些例子都表明，各國政府 / 地區都高度重視 ESG 發展，並將制定合宜的政策支持 ESG 發展。

1.2

ESG 管理的目的

ESG 管理是指企業在生產經營過程中，遵循 ESG 理念，在環境、社會和公司治理方面做出貢獻的管理活動。ESG 管理的重要性主要體現在以下幾個方面：

(1) 促進永續發展：面臨氣候變化的挑戰，企業需要採取行動減少碳排放，提高能源效率，並應對極端天氣事件。ESG 管理提供了一個框架，幫助企業在減少其對氣候變化的負面影響方面更有能力。ESG 管理要求企業在追求經濟效益的同時，也要兼顧環境保護、社會公平和公司治理，這有助於企業促進永續發展。

(2) 提升企業競爭力：ESG 管理有助於企業提升品牌形象、增強投資者信心以及降低風險，從而提升企業的競爭力。ESG 管理有助於企業識別和管理各種風險。有關環境風險，如氣候變化引發的自然災害，可能對企業的運營和供應鏈造成重大損害。社會風險，如勞工爭議或社區抗議，可能損害企業的聲譽。治理風險，如公司內部不當行為，可能導致法律訴訟和金融損失。透過 ESG 管理，企業能夠更好地預測、評估和應對這些風險。

(3) 法規要求：一些國家和區域要求企業報告其 ESG 實踐，並符合相關法律法規。這些法規通常要求企業揭露其環境、社會和治理政策，以確保他們的營運符合法律和道德標準。不遵守這些法規可能導致罰款和法律訴訟。

ESG 管理的目的，是在幫助企業在環境、社會和治理方面，制定和實施永續性發展的政策和措施，其主要：

(1) 保護環境：ESG 管理要求企業採取措施，減少對環境的負面影響，包括減少碳排放、節約能源、有效管理資源和減少廢棄物。透過環境責任，企業可以為未來世代提供一個更可持續的環境。具體來說，ESG 管理在保護環境方面的舉措，可以：(a) 節能減碳：企業可以透過優化能源使用效率、採用再生能源等方式，降低溫室氣體排放。(b) 減少廢棄物：企業可以透過減少浪費、回收再利用等方式，減少廢棄物產生。(c) 保護生物多樣性：企業可以透過保護自然棲息地、推廣永續農業等方式，保護生物多樣性。

(2) 促進社會公平：ESG 管理要求企業尊重和保護員工權益，履行社會責任，促進社會公平正義。ESG 議題強調企業對社會的貢獻，這包括維護勞工權益、支持社區、推動多元化和包容性。企業可以通過社會責任實踐，來提高其社會影響力，建立良好的聲譽。具體來說，ESG 管理在促進社會公平方面的舉措，可以：(a) 保障勞動權益：企業可以透過提供良好的工作條件、保障員工的薪資福利和尊重員工的集體協商權等方式，保障勞動權益。(b) 保護弱勢族群：企業可以透過提供就業機會和提供社會福利等方式，保護弱勢族群，例如女性、兒童和原住民等。(c) 促進包容性：企業可以透過提供平等的職涯發展機會、消除性別歧視和性騷擾等，促進包容性。

(3) 完善公司治理：ESG 管理要求企業建立健全的公司治理結構，保障股東權益，有效管理風險。ESG 關注企業內部結構和管理方式，它強調透明度、責任制度、道德行為和合規性。良好的治理有助於降低內部風險和提高效率，確保企業合法合規運營。積極的 ESG 管理可以提升企業的競爭力。它吸引投資者、消費者和優秀的員工，並有助於創造長期價值。企業可以透過 ESG 實踐不僅在短期內取得成功，而且在長期內保持競爭力。具體來說，ESG 管理在完善公司治理方面，可以依循的舉措：(a) 提升透明度：企業可以透過公開 ESG 報告和遵守 ESG 相關法規等方式，提升透明度。(b) 增進責任感：企業可以透過建立 ESG 委員會和制定 ESG 政策等方式，增進責任感。(c) 強化治理：企業可以透過強化董事會的獨立性和提高監察機制的監督力度等方式，強化治理。

ESG 管理是企業永續發展的重要組成部分。近年來，ESG 管理已成為全球企業的發展趨勢。越來越多的企業意識到 ESG 管理的重要性，並將 ESG 管理納入其永續發展戰略。企業應積極推進 ESG 管理，履行社會責任，促進永續發展。以下是 ESG 管理在對環境、社會與治理方面的一些具體措施與實施成效：

(1) 環境：企業可以通過減少能源消耗、使用可再生能源、減少污染物排放等措施來保護環境。(a) 減少碳排放：包含進行碳足跡評估，以確定碳排放來源。制定和實施減排目標，並追蹤進展。採用可再生能源和能源效率措施，進行碳抵消或投資於碳排放的減少項目。例如，可口可樂公司實現了 2015 年以來，碳排放量減少 25% 的目標。(b) 使用可再生能源：企業可以使用太陽能、風能和水力等可再生能源，減少對化石燃料的依賴。例如，微軟公司在 2021 年使用可再生能源的比例超過 60%。(c) 減少污染物排放：企業可以通過廢水處理、廢物回收利用和污染物控制等措施，減少污染物排放。例如，蘋果公司在 2021 年將其產品的碳排放量減少了 40%。(d) 保護生物多樣性：企業可以通過保護野生動物棲息地和減少森林砍伐等措施，保護生物多樣性。例如，雀巢公司在 2021 年實現了 90% 的咖啡採購來自可持續來源的目標。(e) 資源管理：管理和減少用水，並採用水循環使用技術，降低能源和資源浪費，提高資源效率。實施可持續採購政策，選擇環保產品和供應商。

(2) 社會：企業可以通過尊重員工權益、提高員工福利和支持社會公益等措施，來履行社會責任。(a) 尊重人權：企業可以通過制定人權政策、培訓員工、建立投訴機制等措施，尊重人權。例如，蘋果公司制定了《蘋果人權政策》，承諾尊重所有員工的人權。(b) 促進社會公平：企業可以通過實施薪酬公平、職業平等、反歧視等措施，促進社會公平。社例如，微軟公司制定了《微軟平等雇傭政策》，承諾不因種族、性別、宗教等因素歧視員工。(c) 履行社會責任：社會責任包含了保護勞工權益，包括薪資、工時和工作條件。企業可以通過捐款、志願服務、社會投資等方式，履行社會責任。例如，可口可樂公司在 2022 年捐贈了 10 億美元，用於支持應對氣候變化、水資源保護等社會問題。

(3) 公司治理：企業可以通過建立健全的董事會結構、提升訊息揭露透明度和有效管理風險等措施來完善公司治理。(a) 提高公司透明度：企業可以通過建立內部控制制度、定期揭露訊息和接受外部審計等措施，提高公司透明度。例如，蘋果公司每年都會發布一份《企業社會責任報告》，詳細揭露公司在環境、社會和公司治理方面的表現。(b) 增強公司的問責制：企業可以通過建立董事會、股東會和監事會等機構，確保股東權益得到有效保護，董事會和高管團隊也應履行經營職責。例如，微軟公司將董事會成員的任期限制為 3 年，以提高董事會的問責制。(c) 促進公平交易：企業可以通過遵守反壟斷法和反不正當競爭法等法律法規，公平對待所有利益相關者。例如，可口可樂公司制定了《供應商行為準則》，要求供應商遵守勞工權益、環境保護等相關法律規範。(d) 治理和透明度：建立強有力的公司治理結構，確保透明度和責任制度。另外，企業須建立道德行為標準和倫理規範，以防止內部不當行為。

這些具體的 ESG 管理措施，可以幫助企業改進其 ESG 表現，提高永續性，以降低風險吸引投資者和客戶，並對社會和環境產生積極影響。不同企業可能需要採取不同的措施，根據其業務性質推動和接受挑戰，但 ESG 管理應該是一個持續的努力，企業應做好充分的準備，積極推進 ESG 管理，推動永續發展。有關 ESG 的內涵，如表 1.1 所示。

表 1.1 ESG 的內涵

領域	主要內容
環境（Environmental）	- 減少碳足跡和溫室氣體排放。
	- 促進能源效率和可再生能源使用。
	- 減少污染和資源浪費。
	- 綠色技術和生態保護。
社會（Social）	- 保障員工權益和安全。
	- 提高社區參與和貢獻。
	- 積極參與公益事業和社會發展。
	- 多元文化和性別平等。
公司治理（Governance）	- 獨立董事會和透明度。
	- 法規遵循和帳目準確性。
	- 高效的風險管理和合規性。
	- 股東權益保護。

1.3

ESG 管理的實踐

ESG 管理並非一蹴而就，需要企業長期的努力。企業可以從以下幾個方面來實踐 ESG 管理：

(1) 制定 ESG 策略：企業應當制定 ESG 策略，明確企業的 ESG 目標和方向。企業制定 ESG 策略是實踐 ESG 管理的第一步，也是至關重要的一步。ESG 策略是企業在 ESG 領域的總體規劃，明確了企業的 ESG 目標和方向，為企業的 ESG 管理提供指導。A. 了解企業的 ESG 風險和機會：企業首先要了解自身的 ESG 風險和機會，包括環境風險、社會風險和公司治理風險。環境風險是指企業的生產經營活動對環境產生不利影響的風險，包括氣候變化風險、自然災害風險、環境污染風險等。社會風險是指企業的生產經營活動對社會產生不利影響的風險，包括勞動權益風險、消費者權益風險、公共關係風險等。公司治理風險是指企業的治理結構、運營管理等方面存在缺陷而導致的風險，包括內部控制風險、財務風險、法律合規風險等。企業可以通過內部評估、外部評估、或者第三方諮詢等方式，來了解自身的 ESG 風險和機會。B. 設定 ESG 目標和方向：根據企業的 ESG 風險和機會，企業應當設定 ESG 目標和方向。ESG 目標應當具體、可量化、可實現、可追蹤。ESG 方向應當明確企業在環境、社會和公司治理方面的重點領域。ESG 目標和方向的設定，應由企業的最高管理層負責，並應充分考慮企業的各方利益，包括股東、員工、客戶、社會等。ESG 目標和方向的設定應是一個持續的過程，隨著企業經營情況和外部環境的變化，應不斷進行調整和完善。C. 制定 ESG 行動計畫：根據 ESG 目標和方向，企業應當制定 ESG 行動計畫。ESG 行動計畫應當明確 ESG 行動的內容、時間表、責任人和預算。ESG 行動計畫的制定應遵循：ESG 行動計畫應具有可操作性，能夠指導企業的實際行動。ESG 行動計畫應具有可衡量性，便於評估行動計畫的實施效果。ESG 行動計畫應具有永續性，能夠為

企業的永續發展提供支持。D. 溝通和宣傳 ESG 策略：企業應當將 ESG 策略向員工、投資者、客戶等利益相關者進行溝通和宣傳，以獲得他們的理解和支持。ESG 溝通和宣傳是 ESG 管理的重要組成部分。通過溝通和宣傳，企業可以讓利益相關者、了解企業的 ESG 目標和方向，以及在 ESG 領域的努力和成就。ESG 溝通和宣傳應遵循以下原則：向利益相關者提供真實、準確、完整的 ESG 訊息；應當使用簡潔明瞭的語言，使利益相關者能夠理解 ；主動向利益相關者傳遞 ESG 訊息，而不是等待利益相關者詢問。

另外，制定 ESG 策略時，需要考量企業經營和發展，以及長期執行的可行，尤其應該注意以下：

(1) ESG 策略應當與企業的整體戰略相一致。(a)ESG 策略是企業永續發展戰略的一部分，應當與企業的整體戰略相一致，以確保企業資源的有效利用。(b)ESG 策略應當具有前瞻性和永續性。ESG 策略應當考慮到企業未來的發展方向，並具有永續性，以確保企業能長期逐步的實現 ESG 目標。(c)ESG 策略應當具有可操作性。ESG 策略應當具體、可量化、可實現和可追蹤，以便企業能夠有效地落實。

(2) 建立 ESG 管理體系。企業應當建立 ESG 管理體系，包括 ESG 管理組織、流程、制度等。(a) 制定 ESG 管理框架：企業首先應當制定 ESG 管理框架，明確 ESG 管理的目標、範圍、責任、流程和制度等。(c) 完善 ESG 管理組織：企業應當完善 ESG 管理組織，確保 ESG 管理工作能夠有效地落實。(c) 建立 ESG 管理流程：企業應當建立 ESG 管理流程，確保 ESG 管理工作能夠有序進行。(d) 培訓 ESG 管理人員：企業應當對 ESG 管理人員進行培訓，提高他們的 ESG 管理能力。

(3) 實施 ESG 行動：企業應當制定 ESG 行動計畫，並將其落實到企業的日常運營中。實施 ESG 行動是企業推進 ESG 管理的核心環節。企業應當根據 ESG 策略和管理體系，制定 ESG 行動計畫，並將其落實到企業的日常運營中。實施 ESG 行動的步驟：(a) 制定 ESG 行動計畫。企業首先應當制定 ESG 行動計畫，明確 ESG 行動的內容、時間表、責任人和預算。ESG 行動計畫應當與 ESG 策略和管理體系相一致。(b) 溝通和宣傳 ESG 行動。企業應當將 ESG 行動向員工、投資者和客戶等利益相關者進行溝通和宣傳，以獲得他們的理解和支持。(c) 落實 ESG 行動。企業應當將 ESG 行動落實到企業的日常運營中，並通過定期監測和評估，確保 ESG 行動的有效性。(d) 實施 ESG 行動是企業推進 ESG 管理的關鍵環節。企業應當重視 ESG 行動的落實，將 ESG 行動融入到企業的日常運營中，為企業的永續發展提供保障。企業可以根據自身的情況，選擇適合自己的 ESG 行動。

(4) 評估 ESG 績效：企業應當定期評估 ESG 績效，並根據評估結果不斷改進 ESG 管理。評估 ESG 績效是企業推進 ESG 管理的重要環節。通過評估 ESG 績效，企業可以了解自身的 ESG 表現，並根據評估結果不斷改進 ESG 管理。以下是評估 ESG 績效的步驟：(a) 確定評估目標和範圍：企業首先應當確定評估目標和範圍，明確評估的內容、方法和指標。收集和分析數據：企業應當收集和分析 ESG 相關數據，包括財務數據、非財務數據、環境數據、社會數據、公司治理數據等。(b) 進行評估：企業應當根據評估目標和範圍，對 ESG 相關數據進行評估，得出 ESG 績效評估報告。(c) 溝通和宣傳 ESG 績效評估報告：企業應當將 ESG 績效評估報告向員工、投資者、客戶等利益相關者進行溝通和宣傳，以獲得他們的理解和支持。在進行評估企業 ESG 績效時，根據自身企業特質，需要注意以下事項：評估目標和範圍應當與 ESG 策略和管理體系相一致。評估方法應當客觀、公正和可靠；評估指標應當可量化、可實現和可追蹤；評估報告應當全面、清晰、易於理解。

評估 ESG 績效是企業推進 ESG 管理的重要環節。企業應當重視 ESG 績效的評估，定期評估 ESG 績效，以確保企業的 ESG 管理工作能夠有效地落實。以下是一些常用評估 ESG 績效的方法，企業可以根據自身的情況，選擇適合自己的評估方法：(a) 自行評估：企業可以通過自身的力量與資源，對 ESG 績效進行評估。(b) 第三方評估：企業可以聘請第三方機構對 ESG 績效進行評估。(c) 指數評估：企業可以根據 ESG 相關指標，將企業的 ESG 表現與其他企業進行比較評估。

有關 ESG 管理的範疇、策略與程序，參看表 1.2 所示。

表 1.2 ESG 管理的範疇、策略與程序

範 疇	策 略	程 序
環境（Environmental）	- 減少碳足跡，提高能源效率。	- 進行能源審核，識別節能機會。
	- 採用可再生能源，減少溫室氣體排放。	- 設立減廢目標，改進生產流程。
	- 管理水資源，減少浪費。	- 監控空氣和水污染排放。
社會（Social）	- 保障員工權益，提供安全工作環境。	- 舉辦培訓課程，提高員工技能。
	- 積極參與社區發展和公益事業。	- 設立員工福利計畫。
	- 推動多元文化和性別平等。	- 舉辦員工參與活動。
公司治理（Governance）	- 設立獨立董事會，提高透明度。	- 定期舉行董事會會議，審查公司政策。
	- 遵守法規和規定，確保帳目準確性。	- 建立內部控制機制，減少風險。
	- 保護股東權益，提高公司治理水平。	- 定期發布財報和 ESG 報告。

1.4

ESG 管理的趨勢和發展

ESG 管理是一種新興的管理理念，近年來受到了越來越多的關注。全球範圍內，ESG 管理正成為一種主流趨勢，各國政府、企業和投資機構都紛紛制定政策和措施，推動 ESG 管理的發展。全球範圍內，ESG 管理的發展呈現以下趨勢：

(1) 政策支持：各國政府紛紛制定政策和措施，以支持 ESG 管理的發展。例如，歐盟於 2019 年發布了《可持續金融行動計畫》，要求企業揭露 ESG 資訊，目前歐洲聯盟已經成為全球 ESG 管理的領頭羊之一，其中包括歐洲綠色協定 (European Green Deal)，它的目標是實現 2050 年歐洲的碳中和，這促使金融機構更多地投資於可持續和綠色項目。聯合國永續發展目標（Sustainable Development Goals，SDGs）：聯合國也對 SDGs [2]【參考文獻 2】提供了一個全球性的框架，目的是解決全球的永續發展問題。許多企業已經將 SDGs 納入其 ESG 戰略，並努力實現這些目標，以應對社會和環境挑戰。

(2) 投資需求：投資機構越來越關注 ESG 因素，將 ESG 納入投資決策過程。例如，全球最大的資產管理公司貝萊德於 2020 年宣布，將把 ESG 因素納入所有投資組合。挪威主權財富基金（Norwegian Government Pension Fund Global）[3]，已經將 ESG 因素納入其投資策略，基金表示將退出一些具有高度環境風險的行業（如煤礦業），並增加在可再生能源和綠色基建方面的投資。2022 年 Morgan Stanley [4] 公司 在全球 20 個國家 / 地區對 1,000 名投資者進行的調查。調查結果【參考文獻 3】

[2] 2015 年，聯合國宣布了「2030 永續發展目標」（Sustainable Development Goals， SDGs），SDGs 包含 17 項核心目標，其中又涵蓋了 169 項細項目標、230 項指標，指引全球共同努力、邁向永續。

[3] 挪威主權財富基金（Norwegian Government Pension Fund Global）是世界上最大的主權財富基金之一。

[4] 摩根史坦利（Morgan Stanley），是一家成立於美國紐約的國際金融服務公司，提供包括證券、資產管理、企業合併重組和信用卡等金融服務。

表明，全球有 72% 的投資者認為 ESG 因素將在未來 10 年內對投資決策產生重大影響。調查還發現，投資者對 ESG 因素的關注，主要集中在以下幾個方面：(a) 環境因素：投資者希望投資於具有良好環境績效的企業，以降低投資風險和提升投資回報。(b) 社會因素：投資者希望投資於具有良好社會責任的企業，以履行社會責任和提升企業形象。(c) 治理因素：投資者希望投資於具有良好治理結構的企業，以保障投資者的利益。Morgan Stanley 調查的結果表明，社會訴求正在推動 ESG 管理的發展。企業需要更加重視 ESG 因素，才能獲得投資者的認可和支持。表 1.3 是 Morgan Stanley 調查的具體結果。

表 1.3 Morgan Stanley 調查的具體結果：

調查項目	統計數據
調查時間	2022 年 6 月至 7 月
調查地區	全球 20 個國家 / 地區
調查樣本	1,000 名投資者
ESG 因素將在未來 10 年內對投資決策產生重大影響	72%
最關注的 ESG 因素	環境因素 (79%)、社會因素 (74%)、治理因素 (71%)
需求集中行業	能源 (84%)、金融 (79%)、醫療保健 (77%)

(3) 企業意識：企業逐漸意識到 ESG 管理的重要性，紛紛加大 ESG 管理的投入。另外，全球 ESG 報告的趨勢，是越來越多的國際企業，正在發布定期的 ESG 報告，以公開其 ESG 績效。這些報告不僅對投資者和股東透明，也有助於全球監管機構，更好地評估企業的永續性。例如，全球最大的科技公司蘋果公司於 2021 年宣布，將在 2030 年實現碳中和。

(4) 技術創新：技術創新是 ESG 管理發展的重要推動力。技術創新可以幫助企業更好地識別 ESG 風險，衡量 ESG 績效，以及提升 ESG 管理效率。其中利用大數據、雲計算和人工智能等技術的發展，已經為 ESG 管理，提供了新的工具和手段。企業可以利用這些技術，提高 ESG 管理的效率和效果。例如，企業可以利用大數據分析，來識別 ESG 風險（沃爾瑪使用大數據和人工智能來分析產品的碳足跡，幫助企業降低供應鏈中的碳排放）；雲計算可以幫助企業更有效地管理 ESG 數據和系統，例如企業可以使用雲計算平台，來集中管理 ESG 資訊和資料庫（聯合利華使用雲計算來管理 ESG 數據，提高 ESG 管理的效率）；區塊鏈可以幫助企業提高 ESG 資訊的透明度和可信度。例如，企業可以使用區塊鏈技術，來記錄 ESG 資訊，確保資訊的安全和可追溯性（可口可樂使用區塊鏈技術，來記錄產品的供應鏈資訊，提高產品的透明度）。

(5) 社會訴求：隨著社會的發展，人們對環境、社會和治理等方面的關注日益增加。企業需要滿足社會的訴求，才能獲得長久的發展。例如，消費者越來越傾向於購買 ESG 友好產品。2022 年 Nielsen 調查【參考文獻 4】（相關數據如表 1.4)，調查結果顯示，全球有 66% 的消費者願意為 ESG 友好產品和服務付費更多。其中，環境因素是消費者最關注的 ESG 因素，其次是社會因素和治理因素。消費者對 ESG 友好產品和服務的需求，主要集中在食品和飲料、服裝和鞋類以及家居用品等領域。調查還發現，消費者對 ESG 因素的關注，主要集中在以下幾個方面：(a) 環境：消費者希望企業減少碳排放、保護環境和使用可再生能源等。(b) 社會：消費者希望企業尊重人權、促進社會公平和提供良好的工作環境等。(c) 治理：消費者希望企業遵守法律法規、具有良好的企業治理結構和避免腐敗等。

表 1.4 2022 年 Nielsen 的調查數據

調查項目	統計數據
調查時間	2022 年 7 月至 8 月
調查地區	全球 27 個國家 / 地區
調查樣本	30,000 名消費者
願意為 ESG 友好產品和服務付費更多	66%

調查項目	統計數據
最關注的 ESG 因素	環境因素 (73%)、社會因素 (67%)、治理因素 (63%)
需求集中領域	食品和飲料 (81%)、服裝和鞋類 (77%)、家居用品 (76%)

2022 年 Deloitte 調查【參考文獻 5】，是 Deloitte 公司[5] 在全球 15 個國家 / 地區對 10，000 名員工進行的調查（調查結果如表 1.5）。調查結果表明，全球有 63% 的員工認為 ESG 是他們選擇工作的重要因素。調查還發現，員工對 ESG 因素的關注主要集中在以下幾個方面：(a) 環境：員工希望企業減少碳排放、保護環境、使用可再生能源等。(b) 社會：員工希望企業尊重人權、促進社會公平、提供良好的工作環境等。(c) 治理：員工希望企業遵守法律法規、具有良好的企業治理結構、避免腐敗等。

表 1.5 Deloitte 公司的全球員工調查結果

調查項目	統計數據
調查時間	2022 年 3 月至 5 月
調查地區	全球 15 個國家 / 地區
調查樣本	10,000 名員工
認為 ESG 是選擇工作重要因素	63%
最關注的 ESG 因素	環境因素 (74%)、社會因素 (68%)、治理因素 (65%)
需求集中行業	科技 (82%)、金融 (77%)、醫療保健 (74%)

[5] 德勤（Deloitte Touche Tohmatsu），為一國際性專業服務網路，與普華永道、安永及畢馬威並列為四大國際會計師事務所。以員工數目計，德勤是全球最大的會計師事務所。

思考問題

1. ESG 的內涵是甚麼？
2. ESG 管理如何幫助企業促進永續發展？
3. ESG 管理如何提升企業競爭力？
4. ESG 管理如何幫助企業履行社會責任？
5. ESG 管理如何幫助企業降低風險？
6. 企業應如何推進 ESG 管理？
7. 根據 ESG 管理的實踐，企業在制定 ESG 策略時應注意哪些事項？
8. 根據 ESG 管理的實踐，企業在建立 ESG 管理體系時應注意哪些事項？
9. 根據 ESG 管理的實踐，企業在實施 ESG 行動時應注意哪些事項？
10. 實施 ESG 行動的考量是什麼？
11. 技術創新是 ESG 管理發展的重要推動力，目前已經有哪些創新的技術應用在 ESG 管理？
12. 社會訴求對 ESG 管理有何影響？

CHAPTER 2

ESG 的理論基礎

ESG（Environmental、Social、Governance）是企業永續發展的重要組成部分，是企業履行社會責任和實現永續發展的重要途徑。ESG 的成形與發展，主要受到以下思維的影響：

(1) 利益相關者理論：利益相關者理論認為，企業不僅要對股東負責，還要對所有利益相關者負責，包括員工、客戶、供應商和社區等。企業在運營過程中應考慮所有利益相關者的利益，並採取措施保護這些利益。

(2) 永續發展理論：永續發展理論認為，企業的發展應與環境、社會的發展相協調。企業在追求經濟效益的同時，也要承擔環境保護和社會責任。

(3) 道德倫理理論：道德倫理理論認為，企業在運營過程中應遵守道德倫理規範，履行社會責任。企業應以人為本，尊重人權，保護環境，促進社會公平。ESG 的理論基礎是以「永續發展」和「企業社會責任」為核心。

此外，ESG 的發展軌跡，還受到人類文明（包含經濟、社會與環境）的發展與反思的影響。包含：經濟因素、法律法規因素和社會輿論因素等影響。其中經濟因素是 ESG 發展的重要驅動力，隨著經濟的發展，人們對環境、社會的關注度不斷提高，企業的 ESG 表現也受到越來越多的重視。另外，法律法規因素是 ESG 發展的重要保障，各國政府都在制定相關法律法規，促進企業在發展的同時，也應履行社會責任。社會輿論因素也是促使 ESG 發展的重要推力。當消費者、投資者等利益相關者，越來越關注企業的 ESG 表現時，企業推動 ESG 的力道，當然也受到越來越多的推動和關注。ESG 的發展，體現了企業與社會、環境和諧共處的理念，有助於企業提升競爭力，促進社會永續發展。

2.1

ESG 的三個維度

ESG 是環境（Environmental）、社會（Social）和治理（Governance）三個英文單詞的首字母縮寫。ESG 是衡量企業永續發展的重要指標，涵蓋了企業在環境、社會和治理方面的表現（如圖 2.1 所示）。ESG 中的環境維度關注企業在環保運營、減排降碳、資源利用等方面的表現，期望企業能夠與環境和諧共存，實現綠色發展。社會維度關注企業在員工權益保障、產品責任、反歧視和社區關懷等方面的作為，期待企業能夠回饋社會、尊重人權，建立和諧勞資關係。治理維度則看重企業在治理結構、反腐倡廉、風險控制和訊息透明等方面的機制建設，以確保企業管理的高效運轉和決策的合理性。綜上所述，ESG 的三個維度是相輔相成，共同促使企業在追求經濟價值的同時，也重視環境和社會價值，實現永續發展。

圖 2.1 ESG 三大維度的內涵

(1) 環境（Environmental）維度

環境維度關注企業的環境影響以及對自然資源的使用。環境維度是 ESG 框架的核心，關注重點是企業對環境的影響。由於氣候劇烈變化導致水資源危機、生物多樣性喪失等環境問題，是現今全球面臨的重大挑戰，緣由於企業在生產和經營過程中，對環境產生了重大的影響。因此，企業有責任採取措施減少對環境的影響，並為永續發展做出貢獻。環境維度是 ESG 框架極為重要組成部分，企業如果能夠在環境維度上取得良好的表現，將能夠為企業的長期發展奠定基礎。

在當今日益惡化的環境挑戰面前，企業的環境維度舉措，已經愈發重要。首先，由於企業的發展，有賴於自然資源的提供和生態環境的承載，所以企業有義務通過減排綠色運營等舉措來保護環境。其次，嚴峻的環境問題，如氣候變化和資源枯竭，已經開始威脅到企業的運營永續性。在利益相關者日益重視環保的背景下，企業的環保表現，將會影響到企業聲譽和品牌效應。再者，推動綠色營運和開發環保產品，有助企業提升效率、削減成本並開拓市場。作為環保先行者的企業，為了獲得社會認可，在進行永續經營的考量下，環境維度是企業實現永續發展的基石，也是構建核心競爭力的重要一環，其重要性日益凸顯。

面臨 ESG 環境方面的舉措，包含：

A. 環保運營：環保運營是指企業在生產經營過程中，採取一系列措施，減少對環境的影響，保護環境的行為。環保運營是保護環境的重要手段，是實現永續發展的重要任務。ESG 強調企業應承擔起環境保護的責任，通過環保運營，減少對環境的影響，保護環境品質，實現永續發展。企業通過積極推行環保運營，可以降低環境風險，提升企業的社會形象，增強客戶的信心，環保運營是企業實現永續發展的重要手段。

(a) 使用清潔能源，提高能效：提高能效可以減少企業的能源消耗，降低企業的能源成本。企業可以通過優化生產工藝和使用節能設備等措施，提高能源利用效率。例如，企業可以通過更換高效照明設備以及安裝智能控制系統等措施，減少照明能耗；企業可以通過使用高效電機和變壓器等設備，減少設備能耗。

(b) 合理利用資源，減少浪費：合理利用資源，減少浪費是企業實現環保運營的重要措施。資源是有限的，浪費資源會造成環境污染和資源枯竭。因此，企業應採取措施，合理利用資源，減少浪費。

(c) 推行綠色企業辦公，節能減排：推行綠色辦公，節能減排是企業實現環保運營的重要措施。辦公室是企業生產經營的重要場所，也是企業能源消耗和廢棄物產生的重要源頭。因此，企業應積極推行綠色辦公，節能減排。

B. 污染治理：污染治理是保護環境的重要手段，是實現永續發展的重要任務。ESG 的環境維度，強調企業應承擔起環境保護的責任，積極參與污染治理，減少污染物的排放，改善環境品質，保護人類健康和生態環境。企業通過積極參與污染治理，可以降低環境風險，提升企業的社會形象，增強客戶的信心。污染治理是保護環境的重要手段，是實現永續發展的重要任務。

(a) 建立完善的污染治理體系：制定明確的污染治理目標和措施，完善的污染治理，包含：建立專門的污染治理機構，負責污染治理工作的統籌、協調和監督。制定完善的污染治理管理制度，明確污染治理的目標、責任、權限和程序。通過污染治理技術和設備，提高污染治理效率。

(b) 監測污染排放，確保達標排放：監測企業在生產運營過程中的污染排放，在確保排放合於保護環境的最低標準下，是企業實現環保運營的重要原則。排放監測應包括：根據企業的污染治理目標和措施，確定需要監測的污染物種類和排放量。根據污染物的種類和排放量，確定監測的頻率。選擇合適的監測方法，確保監測結果的準確性。

(c) 重視廢棄物的減量化和資源化：重視廢棄物的減量化和資源化，是企業實現環保運營的重要內容。廢棄物的減量化是指減少廢棄物的產生量，包括源頭減量、再生利用和再製造等。廢棄物的資源化，是指將廢棄物轉化為資源，包括回收利用、循環利用和能量回收等。企業應採取措施，減少廢棄物的產生，提高廢棄物的資源化利用率，以實現廢棄物的減量化和資源化。

C. 氣候行動：氣候行動是指採取措施，應對氣候變化，包括減少溫室氣體排放、適應氣候變化等。氣候行動是保護環境促進永續發展的重要任務。氣候行動的首要目標是：減少溫室氣體排放，以控制全球氣溫上升。其二是適應氣候變化，減輕氣候變化帶來的影響。

(a) 推廣清潔能源：推廣清潔能源具有減少溫室氣體排放，以控制全球氣溫上升。改善空氣品質，提高環境品質。降低能源依賴，保障能源安全。使用太陽能、風能和水能等清潔能源，減少對化石燃料的依賴，是有效降低溫室氣體排放極為重要的舉措。

(b) 節能減排：節能減排是減少溫室氣體排放的重要措施。節能減排包括在生產和生活等各個領域推行節能減排措施，減少能源消耗，降低溫室氣體排放。節能減排措施可採用先進的技術和設備，提高能源利用率，降低能源消耗。從源頭上減少能源需求，建立健全能源管理制度，完善能源監測和考核體系，提高能源管理水準。在生產及生活等各個領域，推行節能減排措施，唯有進行減少能源消耗，才可降低溫室氣體排放。

(c) 提高能源效率：提高能源效率是減少溫室氣體排放的重要措施。能源效率是指在一定條件下，單位能源產出的功率或效益。提高能源效率，可以減少能源消耗，降低溫室氣體排放。提高能源效率的措施包括：採用先進的技術和設備，提高能源利用率，降低溫室氣體排放，加大可再生能源的開發利用，減少對化石燃料的依賴，以降低溫室氣體排放。

D. 生態保護：生態保護是指保護自然生態系統及其組成部分，包括生物多樣性、自然資源和生態環境。生態保護是人類生存和發展的基礎，是促進永續發展的重要任務。生態保護是促進永續發展的重要任務，也是 ESG 環境維度的核心內容。企業做好生態保護，才能減少對環境的影響，保護環境品質，促進永續發展。生態保護的措施包括：

(a) 保護自然資源：保護自然資源是指合理利用自然資源，防止資源枯竭。自然資源是人類生存和發展的基礎，包括森林、水資源、土地和礦產等。保護自然資源是促進永續發展的重要任務。保護自然資源的措施包括：森林保護：禁止濫伐森林，加強森林保護，促進森林資源的恢復和發展。保護生物多樣性：保護野生動植物、自然保護區等。改善環境品質：控制污染、減少排放、保護空氣、水和土壤等環境要素。

(b) 保護生物多樣性：保護生物多樣性，就是保護地球上各種生物的多樣性，包括基因、物種、生態系統多樣性。生物多樣性是地球生命支持系統的基礎，喪失生物多樣性會破壞生態平衡。生物多樣性是地球上的生命之基礎，地球上 30 多億種生物，構成了錯綜複雜的生命網絡，這些生物的多樣性，維持著生態系統的平衡和人類生存的環境。喪失生物多樣性會破壞生態系統，造成生物種類的大規模滅絕，會打破生態鏈，最終導致生態系統失衡，進而影響到人類生存。另外，生物多樣性與人類社會息息相關。從提供食物、藥品到淨化環境，生物多樣性為人類的物質生活、精神生活提供著豐富的資源。生物多樣性可持續利用是未來發展的保障。伴隨人類活動的擴張，生物資源面臨枯竭。保護生物多樣性可實現資源的可持續利用。

(c) 改善環境品質：環境品質是指環境的狀態，包括大氣、水、土壤和生態系統等的狀態。控制污染、減少排放、保護空氣、水和土壤等環境要素，是改善環境品質的重要作為，即提高環境的狀態，減少環境污染，保護生態系統。改善環境品質可以從以下幾個方面入手：加強污染防治：包括大氣污染防治、水污染防治、土壤污染防治、噪音污染防治和固體廢物污染防治等。保護生態系統：包括森林保護、水源保護、土地保護以及生物多樣性保護等。推進綠色生產生活：包括節能減排、循環經濟和綠色消費等。

E. 環保宣傳教育：環保宣傳教育是提高公眾環保意識的重要手段，是推動 ESG 環境維度發展的重要基礎。通過環保宣傳教育，可以提高公眾對環境保護重要性的認識，增強公眾的環境保護意識。公眾的環境保護意識提高了，才會更加關注企業的環境保護表現，進而對企業的 ESG 表現產生影響。環保宣傳教育的目標是：

(a) 提高公眾環保意識：提高公眾環保意識是保護環境的重要基礎。當公眾的環保意識提高了，就會更加關注環境保護，自覺地減少對環境的污染和破壞。提高公眾環保意識，可通過各種形式和途徑，向公眾普及環境保護知識和理念，提高公眾的環境保護意識和能力。制定和完善環境保護法律法規，可加大對環境違法行為的打擊力度，促使公眾自覺遵守環境保護法律法規。另外，推動環境友好型社會建設，可營造良好的環境保護氛圍，鼓勵公眾參與環境保護活動，形成全民共治的良好局面。

(b) 普及大眾環保識：普及環境保護知識，提高公眾的環境保護素養，是保護環境的重要基礎。普及環境保護知識，可以從學校教育中加強環境教育，將環境教育納入學校教育，從小培養學生的環境保護意識和知識。利用各種媒體進行環保宣傳，通過電視、廣播、報紙、雜誌和網路等媒體，向公眾傳播環境保護訊息。舉辦各種環保活動，藉環保知識講座、公益活動和志願服務等，讓公眾親身感受環境保護的重要性。

(c) 鼓勵環保綠色行為：鼓勵綠色環保行為，是保護環境教育的重要途徑。鼓勵綠色環保行為，可以建立環境保護激勵機制；對積極參與環境保護的公眾，給予表彰和獎勵，激發公眾保護環境的積極性。營造良好的環境保護氛圍；通過各種形式和途徑，宣傳和推廣綠色環保行為，讓公眾了解綠色環保行為的重要性。提供便利的環境保護條件；完善環境保護基礎設施，為公眾參與環境保護提供便利條件。

(2) 社會（Social）維度

社會維度是 ESG 框架的重要組成部分，企業如果能夠在社會維度上取得良好的表現，將能夠贏得社會各界的尊重和信任。在這個日益重視企業社會責任的時代，社會維度已成為衡量企業永續發展表現不可或缺的一環。由於，企業的社會表現直接影響到企業文化建設，關係到企業能否營造積極向上、注重和諧共贏的工作氛圍。另外，注重保障員工權益、提供優質產品，可以提升企業聲譽，吸引更多人才加入，並建立了客戶的忠誠度。重視社區公益，可以獲得社會各界認可，亦有助政企關係。良好的社會責任是企業建立高素質和特色鮮明文化的重要一環，也是彰顯企業價值觀的表現，符合社會公眾的期待。社會維度深深根植企業發展之中，是 ESG 框架中不可忽視的一環。社會維度是關注企業對社會的影響，以及如何維護員工、客戶、供應商和社區的權益。因此，企業有責任尊重人權、保護勞工權益和促進社會公平和正義。以下是社會維度的關鍵要素：

A. 員工權益 ：員工權益保障是指企業為員工提供安全、健康、薪資、工作時間、休假、福利、教育和發展等方面的保障，確保員工在職場中享有合法權益。員工權益保障是企業社會責任的重要組成部分，也是企業永續發展的重要基礎。 企業應該提供安全和健康的工作環境，確保公平薪資，並尊重勞工權益，包括工時和工作條件。

(a) 保障員工的基本生活：員工權益保障能夠確保員工在職場中獲得基本的安全、健康、薪資等保障，讓員工能夠安心工作，保障員工的基本生活。企業應制定完善的薪資體系，明確薪資的計算方法和標準，讓員工能夠清楚地了解自己的薪資待遇。企業應根據所在地區的經濟水平和行業薪資水準，提供具有競爭力的薪資，吸引和留住優秀人才。企業可以提供包括醫療保險、養老保險、工傷保險、失業保險、住房公積金、子女教育、員工餐廳和交通補貼等在內的合理福利，保障員工的生活品質。企業應建立勞資溝通協商機制，定期與員工溝通，了解員工的需求和意見，並根據員工的需求調整薪資和福利政策。企業通過保障員工的基本生活，能夠讓員工安心工作，提高工作效率和工作品質，促進企業的永續發展。

(b) 激發員工的積極性：員工權益保障能夠激發員工的積極性，讓員工感到受到尊重和重視，從而提高員工的工作效率和工作品質。激發員工的積極性是企業管理的重要課題，員工積極性高，企業的發展就會更快。企業應建立績效管理體系，對員工的工作進行有效的考核，並根據考核結果給予相應的獎勵和晉升機會，激勵員工努力工作。企業應為員工提供教育和培訓機會，幫助員工提升知識和技能，拓展視野，這樣員工才能夠在工作中取得更大的成就。企業應建立溝通協商機制，讓員工能夠充分表達自己的意見和建議，這樣員工才能夠感受到自己被重視，從而提高工作積極性。

(c) 促進社會和諧：員工權益保障能夠促進社會和諧，讓員工能夠在公平和公正的環境中工作，減少社會矛盾。企業應遵守法律法規，履行社會責任，避免侵犯員工的權益，這樣才能為社會和諧做出貢獻。企業應承擔社會責任，積極參與社會公益活動，為社會發展做出貢獻。企業應營造良好的職場環境，尊重員工的差異，避免歧視和騷擾，這樣才能讓員工感受到尊重和包容，為社會和諧做出貢獻。

B. 產品與服務責任 ：產品與服務責任，是企業社會責任的重要組成部分，這也是企業在提供產品和服務過程中，應承擔的社會責任。產品與服務責任的重要性主要體現在以下幾個方面：

(a) 保障消費者權益：產品與服務責任的履行，能夠保障消費者的安全、健康和財產等權益。消費者是企業的衣食父母，企業應以消費者為中心，保障消費者的權益。

(b) 促進市場公平：產品與服務責任的履行，能夠促進市場公平競爭，保護消費者的利益。企業應遵守法律法規和公平競爭，為消費者提供優質的產品和服務。

(c) 提升企業形象：產品與服務責任的履行，能夠提升企業的形象和信譽，增強消費者的信心。企業應積極履行產品與服務責任，樹立良好的企業形象，贏得消費者的尊重。 滿足客戶需求，提供高品質的產品和服務，確保消費者權益，並處理客戶投訴是社會維度的一部分。

C. 供應鏈管理： ESG 的社會維度中，供應鏈管理涉及在整個供應鏈中，確保社會責任和可持續實踐。它突顯了企業需要對其產品或服務的製造和交付過程負責，無論是直接經營，還是透過協力廠商和供應商。企業應確保供應鏈中的供應商也遵守 ESG 標準，以確保產品和服務的永續性和社會責任。供應鏈管理的社會維度包括：

(a) 保障勞動者權益：企業應保障供應鏈中的勞動者權益，包括安全、健康、薪資、工作時間、休假、福利等，以確保勞動者在工作過程中能夠獲得基本的保障，並能有尊嚴地工作生活。企業應保障供應鏈中的勞動者權益。具體措施包括：制定並實施勞工標準，明確勞動者的權利和義務。建立勞工監督機制，對供應鏈中的勞工進行定期的監督檢查。與供應鏈中的合作夥伴合作，共同提升勞工權益保障水平。

(b) 保護環境：企業應保護供應鏈中的環境，包括減少排放、節約資源、保護生物多樣性等。在 ESG 時代，企業的環境責任不僅體現在自身運營，也應該延伸到整個供應鏈。企業可以與供應商建立緊密的戰略合作關係，將環保理念深植供應鏈。具體而言，企業可以制定供應商環境行為守則，並將供應商的環保表現納入考核和激勵機制，同時提供培訓和技術支持，協助供應商改善節能減排、資源再利用以及污染物處理。在選擇供應商時，也應優先考慮使用清潔能源和環保材料的供應商。企業還可以積極開展環保公益活動，提高整個供應鏈的環保意識。通過上述努力，企業可以推動整個供應鏈，共同實踐環境責任，實現永續發展。

(c) 促進社會公平：企業應促進供應鏈中的社會公平，包括反對歧視和騷擾、支持弱勢群體等。企業在推動供應鏈社會責任時，需要注意促進公平共融。企業可以在供應商行為準則中，明確要求反對任何形式的歧視和騷擾，並將供應商，在提供平等僱傭機會方面的表現，納入考核範疇。在選擇供應商時，也應當優先考慮支持弱勢群體和公平僱傭的供應商。企業還需要開展有針對性的培訓，提高供應鏈中所有參與方對社會公平的意識。此外，企業可以支持促進平等和多元化的公益項目，使社會責任不僅停留在言語宣導，而是轉化為實際行動。通過持續關注供應鏈的公平情況，並採取適當措施，使企業能推動建立更加公正共融的產業生態。

D. 消費者與社區關懷 ： ESG 社會維度的消費者與社區關懷，是指企業在其運營過程中，對消費者和社區的責任和影響。企業應尊重消費者的權益，保護消費者的安全和健康，並為社區的發展做出貢獻。在消費者方面，企業應遵守消費者保護法規，保障消費者的知情權、選擇權與安全權和公平交易權等權利。企業應提供安全和優質的產品和服務，並建立完善的消費者投訴處理機制。在社區方面，企業應尊重當地文化和習俗，並積極參與社區建設。企業應履行社會責任，為社區提供就業機會、教育機會和醫療服務等。積極參與社區活動，回饋社會，支持當地社區發展，並尊重當地文化和價值觀。具體來說，企業在消費者與社區關懷方面可以採取以下措施：

(a) 保障消費者權益：保障消費者權益，是企業履行社會責任的重要面向。企業應遵守消費者保護法規。企業應制定並實施消費者保護政策，明確消費者的權利和義務，並將其落實到企業的日常運營中。例如，企業應制定產品品質標準、產品標識標準、售後服務標準等，並將其公開向消費者提供。建立消費者投訴處理機制，及時處理消費者投訴。企業應指定專門的部門或人員負責處理消費者投訴，並設立投訴處理流程，確保消費者投訴得到及時、公正的處理。企業應推廣綠色消費，鼓勵消費者購買可持續產品。例如，企業可以提供綠色產品的資訊，並通過各種管道宣傳綠色消費的重要性。制定並實施消費者保護政策，明確消費者權利和義務。另外，企業應建立消費者投訴處理機制，及時處理消費者投訴。

(b) 保護消費者安全：保護消費者安全是企業履行社會責任的重要方面。企業應嚴格控制產品品質，確保產品安全。具體措施包括：企業應制定並執行嚴格的生產流程，確保產品符合安全標準。企業應在產品包裝上明確標示產品的成分、用途和注意事項等資訊，讓消費者能夠了解產品資訊。企業應提供完善的售後服務，保障消費者權益。另外，企業應嚴格控制產品品質，確保產品安全。

E. 回饋社區：ESG 社會維度的回饋社區，是指企業在其運營過程中，為社區的發展做出貢獻。企業應尊重當地文化、習俗，並積極參與社區建設。企業應履行社會責任，為社區提供就業機會、教育機會和醫療服務等。具體來說，企業在回饋社區方面可以採取以下措施：

(a) 投資社區基礎設施，改善社區環境。投資社區基礎設施，改善社區環境，是企業回饋社區的重要方式之一。企業可以通過投資建設社區道路、公園、綠化等基礎設施，改善社區交通、休閒和生活環境，提升社區居民的生活品質。企業可以資助社區修建道路，改善社區交通，方便社區居民出行；企業可以資助社區建設公園，提供社區居民休閒娛樂的場所；企業可以資助社區綠化，改善社區空氣品質，提升社區居民的生活品質。

(b) 提供就業機會，幫助社區居民就業。提供就業機會，幫助社區居民就業，是企業回饋社區的重要方式之一。企業可以通過在社區創造就業機會，幫助社區居民就業，提升社區居民的生活水平，促進社區的發展。若有可能，企業可以直接在社區建立工廠、辦公室等，提供就業機會；企業可以與社區合作，共同創造就業機會，例如，企業可以與社區合作開辦技能培訓班，幫助社區居民提升技能與就業；企業可以支持社區企業發展，為社區企業提供資金、技術、人才等支持，幫助社區企業創造就業機會。

(c) 支持社區教育、醫療等事業，提升社區居民的生活水準。支持社區教育、醫療等事業，提升社區居民的生活水平，是企業回饋社區的重要方式之一。企業可以通過資助社區教育和醫療等事業，提升社區居民的教育水平、醫療水平，促進社區的發展。企業可以資助社區建設學校和圖書館等教育設施，提供教育資源，幫助社區居民提升教育水準；企業可以資助社區建設醫院、診所等醫療設施，提供醫療服務，幫助社區居民提升醫療水平；企業可以資助社區建設圖書館、博物館等文化設施，提供文化資源，豐富社區居民的文化生活。

企業應當制定社會責任目標和計畫，並定期檢視和評估以提高員工社會責任意識：企業應當提高員工社會責任意識，並鼓勵員工參與社會責任活動，積極與利益相關者溝通，並聽取他們對企業社會表現的意見。在目標、宣導與回饋中，當可向 ESG 社會的目標邁進。

(3) 治理（Governance）維度

ESG 的治理維度，是指企業的治理結構、運作方式以及在決策過程中，對利益相關者的考慮等方面的表現。治理良好的企業，能夠有效地管理風險，保護利益相關者權益，促進永續發展。公司治理維度是 ESG 框架的重要組成部分，企業如果能夠在公司治理維度上取得良好的表現，將能夠降低風險、提升競爭力增強永續性。治理維度是 ESG 評估的重要組成部分，企業的治理成效的表現，關乎企業能否永續茁壯與持續發展的重要基礎。以下是公司治理維度的主要方面：

A. 董事會的有效性：董事會是企業的最高權力機構，負責監督公司運營。董事會的有效性，體現在其成員的多元化、獨立性以及對公司運營的有效監督等方面。董事會的有效性可以促進公司治理的有效性，有助於保護股東權益、保障公司公平交易、促進公司永續發展。

(a) 董事會組成：作為公司的最高決策機構，其自身的有效性對公司治理至關重要，董事會組成應該具備專業化與多元化，讓不同領域的專業知識可以相互激盪和互補，以便從更全面和開闊的視角進行決策。唯有完善的董事會組成，才能有效進行公司治理和推動企業的永續經營。

(b) 董事會的獨立：董事會中應有足夠比例的獨立董事，以確保董事會在監督公司高層時能夠保持獨立客觀的立場。另外，董事會成員應忠實履行職責，維護公司和股東利益。董事會的獨立性可以促進公司治理的有效性，有助於保護股東權益、保障公司公平交易、促進公司永續發展。

(c) 董事會的專業：在制定公司發展戰略時，董事會應當充分考慮公司產業背景和永續發展需要，制定科學合理的公司發展戰略，並進行謹慎有效的專業管理，引領公司持續健康發展。董事會的專業可以促進董事會的有效運作，有助於保護股東權益、保障公司公平交易、促進公司永續發展。

B. 管理層的透明度：在治理（Governance）維度中，管理層的透明度，是指管理層對組織的運作情況、決策過程和財務狀況等訊息的公開程度。管理層的透明度是良好治理的重要基礎，它可以促進組織的問責制、公平性和效率。管理層應對利益相關者公開透明，有助於增強利益相關者的信任，並促進企業的永續發展。管理層的高透明度對企業的健康發展非常重要，因為透明的管理，可以讓股東和其他利益相關者，理解管理層的運作情況，對其重大決策和行為進行監督，促使管理層為其決策負責。另外，管理情況公開透明可以避免利益集團的輸送和腐敗出現，使企業在競爭和合作中體現公平原則。有效透明的管理也將提高企業運作的效率，使企業內部管道暢通，對不同部門之間的溝通與協作將更加高效順暢，有助於優化企業的資源配置與職能發揮。管理層透明度的具體內容包括：

(a) 財務訊息透明度：財務訊息透明度是公司治理的重要組成部分，管理層應當及時、準確、全面地揭露公司財務訊息，以便股東、投資者和債權人等利益相關方能夠了解公財務訊息透明度具體內容：財務報表：財務報表是公司財務狀況和經營情況的綜合反映，應當包括資產負債表、損益表、現金流量表等。財務報表應當遵循公認會計準則，並經過獨立審計。經營分析：經營分析是對公司財務狀況和經營情況進行分析，以了解公司財務績效、經營風險等。經營分析應當包括財務分析、業務分析、風險分析等。風險訊息：風險訊息是指與公司財務狀況和經營情況相關的風險訊息，包含風險管理措施等。風險訊息應當及時、準確地揭露，以便利益相關方能夠了解公司面臨的風險。司財務狀況和經營情況。

(b) 決策過程透明度：管理層應向股東、投資者和其他利益相關者說明決策過程，包括決策的依據和過程中的討論和爭議等。決策過程透明度是指決策過程應當公開和公平，所有利益相關方都能夠了解決策過程的各個環節。決策過程透明度的重要：決策過程透明度，可以促進決策參與者的充分溝通，從而提高決策的合理性；決策過程透明度，可以增強決策的透明度，從而增強利益相關方的信任；決策過程透明度，是公司治理的重要組成部分，可以提升公司治理水平。

(c) 組織運作透明度：管理層應向股東、投資者和其他利益相關者說明組織的運作情況，包括組織的目標、戰略、業務模式、組織結構等。組織運作透明度是指組織的運作過程應當公開、公平，所有利益相關方都能夠了解組織的運作情況。組織運作透明度的重要：促進組織的效率：組織運作透明度可以促進組織內部的溝通和協作，從而提高組織的效率；增強組織的公信力：組織運作透明度可以增強組織的公信力，從而吸引更多利益相關方參與組織的運作；提升組織的競爭力：組織運作透明度可以提升組織的競爭力，從而獲得更大的市場規模。

C. 公司治理的風險管理：ESC 治理與公司治理的風險管理之間，存在著密切的聯繫。公司治理的風險管理是指企業在其經營活動中，識別、評估、應對和控制風險的過程。風險管理是企業 ESG 治理中非常重要的一個方面。企業應在設立專門的風險管理機構，負責識別、評估公司內外部風險，並據此制定系統的應對措施和預案，將風險控制在可接受的範圍內。企業應在年報和社會責任報告中，揭露風險管理政策、重大風險因素，以及應對措施，提高風險管理的透

明度。風險管理的具體內容包括：(a) 風險識別：企業首先要識別企業面臨的所有風險，包括內部風險和外部風險。內部風險是指企業自身的經營活動中產生的風險，例如財務風險、營運風險和法律風險等。外部風險是指企業所處的環境中產生的風險，例如經濟風險、政治風險和自然風險等。公司治理的風險管理，是一個持續的過程，企業應根據自身的實際情況，不斷完善風險管理體系。(b) 風險評估：對已識別的風險進行評估，包括風險的可能性和影響程度。風險可能性是指風險發生的概率，風險影響程度是指風險發生時對企業造成的損失程度。(c) 風險應對：根據風險評估結果，採取相應的風險應對措施。風險應對措施包括風險避免、風險降低、風險轉移和風險接受等。(d) 風險控制：對風險應對措施的有效性進行監控和評估，並根據需要進行調整。

ESC 治理與公司治理的風險管理，是企業應當建立健全的風險管理體系，有效識別、評估、應對、控制各類風險，以保障企業的持續穩健運營。相關的風險以 ESG 維度，可分為環境風險、社會風險與治理風險。環境風險管理：公司治理的風險管理，可以幫助企業識別和應對環境風險，例如氣候變遷、污染、自然災害等。ESC 治理可以要求企業制定環境管理目標和計畫，並定期進行環境風險評估和監控； 社會風險管理：公司治理的風險管理，可以幫助企業識別和應對社會風險，例如勞工權益、人權、消費者權益等。ESC 治理可以要求企業制定社會責任政策和計畫，並定期進行社會風險評估和監控；公司治理風險管理：公司治理的風險管理可以幫助企業識別和應對公司治理風險，例如財務風險、營運風險、法律風險等。ESC 治理可以要求企業建立健全的內控管理體系，並定期進行公司治理風險評估和監控。

D. 公司治理的社會責任：ESC 的公司治理中，不僅要關注股東權益，也要重視對社會的責任。公司應當確保運營過程中，不侵害社會居民的利益，尊重社區傳統和特質與之和諧共處。其次，企業亦應提供員工安全健康的工作環境，重視員工權益保障。企業應本著誠信經營的理念，承擔一定的社會責任，支持教育、文化、環保等公益事業的開展。也就是說，企業應向社會提供高品質的產品與服務，並不損害消費者權益，是讓企業贏取社會尊重的重要體現。以下是一些ESC治理與公司治理的風險管理的具體聯繫。

(a) 環境風險管理：公司治理的風險管理，可以幫助企業識別和應對環境風險，例如氣候變遷、污染和自然災害等。ESC治理可以要求企業制定環境管理目標和計畫，並定期進行環境風險評估和監控。

(b) 社會風險管理：公司治理的風險管理，可以幫助企業識別和應對社會風險，例如勞工權益、人權和消費者權益等。ESC治理可以要求企業制定社會責任政策和計畫，並定期進行社會風險評估和監控。

(c) 公司治理風險管理：公司治理的風險管理可以幫助企業識別和應對公司治理風險，例如財務風險、營運風險和法律風險等。ESC治理可以要求企業建立健全的內控管理體系，並定期進行公司治理風險評估和監控。

企業還可以通過若干措施來改善公司治理表現，其中包含：企業應當制定公司治理目標和計畫，並定期檢視和評估；企業應當提高員工公司治理意識，並鼓勵員工參與公司治理活動；企業應當與利益相關者溝通，並聽取他們對企業公司治理表現的意見。

2.2

永續發展

永續發展是指滿足當代人的需求，不損害後代人滿足自身需求的能力，是人類社會發展的長期目標和方向。永續發展的核心是平衡經濟發展、社會進步和環境保護三者之間的關係。

永續發展的理論起源於 20 世紀 70 年代。當時，人類社會面臨著嚴重的環境問題和社會問題，包括氣候變化、資源枯竭、貧困和不平等等。這些問題促使人們開始思考如何在發展經濟的同時，又能保護環境和社會。永續發展的理論在 20 世紀 80 年代得到了進一步發展。1987 年，聯合國世界環境與發展委員會（WCED）[6] 發布了《我們共同的未來》【參考文獻 6】(Our Common Future)。這份報告於 1987 年出版，是永續發展的奠基性文件之一。報告指出，永續發展是一種發展方式，既能滿足當代人的需求，又能保護地球環境，使後代人也能滿足其需求。這個報告提出了「永續發展」的概念。強調永續發展，是人類在經濟與社會發展的前提下，以既能滿足當代人的需求，又能保護地球環境，使後代人也能擁有持續生存的未來。永續發展的理論，在 20 世紀 90 年代得到了廣泛的認同。1992 年，聯合國環境與發展會議（UNCED）[7] 通過了《里約地球宣言》【參考文獻 7】，將永續發展作為 21 世紀人類社會發展的目標。

在 2015 年 9 月聯合國發展峰會上，由 193 個會員國共同承諾，提出了 17 項永續發展目標（Sustainable Development Goals，簡稱 SDGs【參考文獻 8】，如圖 2.2【參考文獻 9】），其中包含了 169 個子目標，範圍涵蓋了經濟、社會和環境等各個領域，其目的旨在解

[6] WCED 是 World Commission on Environment and Development 的縮寫（世界環境與發展委員會）。WCED 於 1983 年由聯合國成立，其任務是研究環境問題和發展問題之間的關係，並提出永續發展的概念。

[7] UNCED 是 United Nations Conference on Environment and Development 的縮寫（聯合國環境與發展會議）。UNCED 於 1992 年在巴西里約熱內盧召開，是一次具有里程碑意義的國際會議。會議通過了《里約地球宣言》和《21 世紀議程》，提出了永續發展的目標和行動方案。

決全球面臨的重大挑戰，包括貧困、飢餓、不平等、氣候變化和環境退化等範圍。SDGs 的背景可追溯至聯合國於 2000 年時，所制定的千禧年發展目標（Millennium Development Goals，簡稱 MDGs ）。當年 MDGs 旨在解決全球的當時的一些關鍵問題，如極端貧困和兒童死亡率，但被當時與後來各國，認為考量不夠嚴謹，批評是沒有前瞻性的規畫，在全球永續發展上，並沒有實質上的目標。

而後 SDGs 的誕生與再議，意味著更全面、更廣泛與前瞻性的藍圖，成為全球認同「永續發展」目標為主軸的發展前景。SDGs 旨在解決全球最緊迫的環境、社會和經濟問題。因為，SDGs 涵蓋了消除貧困、飢餓和疾病和保護環境和促進永續發展等各方面，這正是當前全球最迫切解決的重大問題。

圖 2.2 聯合國「2030 永續發展目標」（ SDGs）

SDGs 自從 2016 年生效起，各個政府為了要有效追蹤和管理這些目標上的進度，國際上多國已自動參與「國家自願檢視報告」（Voluntary National Reviews, VNR【參考文獻 10】）的宣示，在這份報告書中，有助於各國盤點在邁向永續發展目標之中，所面臨不同範疇的阻礙和挑戰。促使各國開始立法或是採行規範，也引起無論是企業界、公民社會組織和學界等群體，興起了研究、推廣及應用的潮流。國際製圖協會

(ICA) 與聯合國合作，為永續發展目標製作了一本有價值的書「永續發展世界地圖」(Mapping for a Sustainable World；如圖 2.3)【參考文獻 11】。在某種程度上，它是一本以永續發展目標為中心的地圖教科書，展示了製作實現 SDGs 所涉及的流程（包括資訊統計與管理數據等）與關連領域，讓全球各國與地區，提供實現永續發展目標的清晰指引，深具參考價值。由於該書中，透過大量數據分析與結果的可視化，更能使各國瞭解當前世界各地區，在永續發展上所面臨的問題。

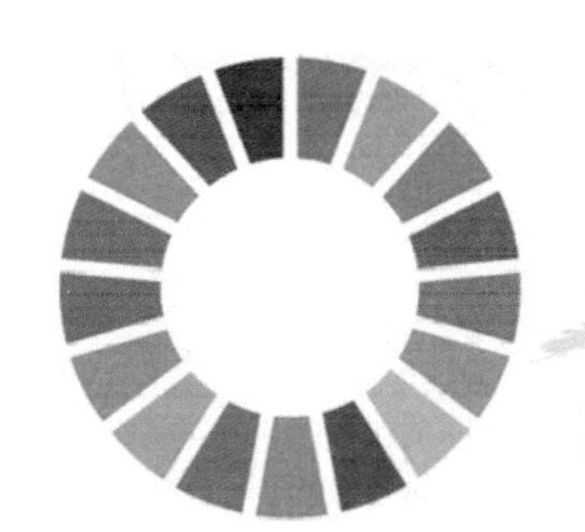

圖 2.3 永續發展世界地圖

永續發展是一項具有挑戰性的目標，要實現永續發展，需要解決一系列複雜的挑戰和問題：

(1) 環境問題是永續發展面臨的最嚴峻挑戰之一。氣候變化、資源枯竭、生物多樣性喪失等環境問題，威脅著人類的生存和發展。

A. 氣候變化：工業化發展導致大量溫室氣體排放，全球氣溫持續上升，引發異常氣候事件增多、冰川融化與海平面上升等嚴重後果。需要各國合作大幅降低碳排放，進行低碳轉型。

B. 資源枯竭：石油、煤炭等不可再生資源大規模開採， 導致資源的日益減少。需要開發可再生能源，推動循環經濟模式，提高資源利用效率。

C. 環境污染：工業廢氣、生活污水、車輛廢氣和塑膠垃圾造成空氣、水、土壤污染等，危害生態環境等。需要嚴格排放標准和處理設施以治理污染。

D. 生物多樣性降低：熱帶雨林砍伐、濕地開發與越來越多物種瀕臨滅絕。需建立自然保護區維護生態平衡。

E. 廢棄物增多：生活和工業廢物大量增加，廢棄物處理設施不足。需要建立分類回收和再利用機制。

F. 淡水資源短缺：工農業和生活用水需求激增，地下水超採導致水資源匱乏。應提高用水效率，開發環保節水技術。

G. 土地退化：不當開發和過度使用土地，導致土壤流失、沙漠化。需適度利用土地資源，並進行治理。

H. 森林砍伐：大量森林遭到砍伐和燒毀，生物多樣性喪失，土地沙漠化。需嚴禁濫伐森林，進行應有治理。

(2) 貧困是永續發展的另一主要挑戰，貧窮產生原因複雜，涉及自然資源、政治動亂與民族宗教等原因：

A. 貧困人口比例高：全球仍有數十億人生活在貧困中，無法獲得基本的生活保障。貧困人口主要集中在非洲和南亞一些開發中國家。貧困人口缺乏基本的食物、衣物、教育、醫療等資源，生活在極度困頓狀態。高比例貧困人口阻礙了當地的人力資源發展，貧困也會延續到下一代，形成惡性循環。另外，全球性疾病如愛滋病、瘧疾及痢疾等病症，也多發生在貧困地區，如果不採取有效援助，貧困人口比例很難在短時間內大幅改善。因此，需要各國政府和國際組織，增加對極度貧困地區的資金與技術幫助。

B. 教育和醫療資源缺乏：貧困地區的教育設施普遍不足，師資能量緊缺。學校師生比例嚴重失衡，教學品質難以保證。由於缺乏教育資源，導致該地區識字率低，培養人才困難，造成貧窮的惡性循環。由於醫院和醫生數量不足，醫療條件差，醫療設備和藥品短缺，傳染性疾病預防和治療困難；再加上居民缺乏健康知識和條件，導致疾病盛行，嬰兒死亡率高。在教育和醫療不發達制約下，

當地人力資源發展也嚴重缺乏，需要各國政府和社會組織，投入改善教育和醫療資源供給。然而，各國的情況迥異，縱使知道改善教育和醫療，是摘除貧困的重要一環，但仍然充滿艱鉅的挑戰。

C. 飢餓與營養不良問題：飢餓和營養不良也是永續發展面臨的重大挑戰，全球仍有超過 8 億人口長期處於飢餓狀態。全球飢餓人口，主要集中在非洲撒哈拉以南地區和南亞部分國家。由於飢餓會導致營養不良，阻礙身心健康發育；長期飢餓也會增加疾病傳播風險，提高死亡率。再加上，飢餓降低了勞動力和工作效率，缺乏糧食安全，亦會導致社會動蕩不穩。然而，氣候變化與災害等，也會導致糧食產量下降，產生新的飢餓人口。在許多貧困地區，存在飢餓問題，導致人民大量的營養不良，也阻礙了人口素質提高。對飢餓的人群來說，亟需改善農業技術提高，促進糧食產量，並需建立糧食援助機制，以消除人類飢餓為目標。

(3) 社會保障制度不健全：社會保障制度不健全，也是永續發展面臨的一大挑戰，部份地區的國家與地區，缺乏養老、醫療和失業等社會保障制度，社會救助建設嚴重缺乏。沒有養老與醫療保險措施，老弱病殘的群體生存艱難。面臨經濟的波動，如果沒有失業救助，將導致生活，立即陷入困境。由於社會保障的缺失，加劇了貧富差距和貧困風險，是需要政府加大投入，以建立健全的社會保障體系，再逐步擴大社會保障覆蓋面，使社會保障制度，惠及更多貧困人口。藉由通過社會保障，亦可減輕貧困對個人和家庭的影響。另外，社會保障也有助維護社會穩定。缺乏完善的養老、醫療、住房等社會保障，終將加劇貧困風險。

(4) 資源不均的公平正義問題：不平等也對全球之永續發展，帶來了重大難題。全球不平等日益加劇，導致社會矛盾激化。過度的貧富不均，會對社會穩定造成嚴重威脅，這也是永續發展面臨的另一大挑戰。貧富差距拉大會導致社會矛盾和衝突加劇。由於貧困會使罪案發生率上升，威脅到社會治安，也造成政治權力被少數富人壟斷，形成社會資源分配的寡斷。不公平的分配，會造成社會各階層的不滿情緒。此一情形，若長久積壓，沒有經由政府或社會，推行減貧政策和再分配措施，終將導致社會公平正義的崩潰。所以，如何建立社會的公平規則，如何改善教育公平性和提高社會資源的流動性，這是全球社會需要面臨的重要課題與挑戰。唯有在加強法治、建立公正開放的經濟和政治制度，才能促進社會各階層交流互動與理解，以縮小貧富差距與公平制度，方是促進社會和諧的重要舉措。

(5) 治理問題制約著永續發展：一些國家和地區存在腐敗現象，無論政府或是企業治理能力有限。混亂的制度與失衡，導致了資源配置低效和浪費。在欠缺透明和問責制度下，阻礙發展潛力的釋放，不僅對環境污染和社會問題，在沒有有效的應對和管控下，猶如沒有煞車的高速列車，任由少數階層的任意而為，導致社會公平盡失，造成環境破壞與社會動盪。唯有建立科學、透明和高效的政府或企業治理體系，加強對公權力的約束和監督，才能防止腐敗；進而，提高管理效能，建設高品質的公共服務與健全法制，讓大眾參與公共機制，奠定永續發展的重要基礎。

2.3
企業社會責任

企業社會責任（Corporate Social Responsibility，簡稱 CSR）是指企業在其經營過程中，承擔的對社會、環境和利益相關者的責任。企業社會責任的核心，是企業應當在追求利潤的同時，履行對社會和環境的責任。企業社會責任的理論起源於 19 世紀。當時，一些企業家開始意識到，企業不僅要追求經濟利益，還要承擔社會責任。他們認為，企業應當為社會和環境做出貢獻，以取得良好的聲譽和信譽。企業社會責任的理論在 20 世紀得到了進一步發展。20 世紀 70 年代，人們開始意識到企業的活動，對社會和環境產生了重大影響。80 年代後，CSR 開始得到廣泛關注，企業社會責任成為一種國際趨勢，越來越多的企業開始關注企業社會責任。1987 年，聯合國世界環境與發展委員會（WCED）發布了《我們共同的未來》報告，提出了永續發展的概念，並指出企業在永續發展中具有重要作用，同時，也標誌著CSR的正式誕生。隨後，CSR 逐漸成為全球企業發展的重要趨勢，越來越多的企業意識到 CSR 的重要性，並逐漸開始積極履行 CSR 責任。

CSR 的實現需要企業、政府和社會各界的共同努力。企業應當將 CSR 納入企業戰略，並制定相應的措施和計畫；政府應當制定和完善相關法律法規，促進企業履行 CSR 責任；社會各界應當對企業的 CSR 表現進行監督和評估。

CSR 的實現與永續發展具有雙重的交集關係：

(1) 從 CSR 的角度來看，永續發展是 CSR 的目標和方向。CSR 的核心是企業在經濟、社會和環境三個維度上追求永續發展（如圖 2.3 所示）。永續發展是一種發展方式，既能滿足當代人的需求，又能保護地球環境，使後代人也能滿足其需求。因此，永續發展是 CSR 的目標和方向。

(2) 從永續發展的角度來看，CSR 是永續發展的重要組成部分。 企業的活動對環境和社會產生重大影響。CSR 可以幫助企業減少環境污染，保護自然資源，促進永續發展。因此，CSR 是永續發展的重要組成部分。

具體來說，CSR 的實現可以促進永續發展，主要體現在幾個方面：(a) 減少環境污染和保護自然資源：企業可以通過使用可再生能源、減少浪費和減少污染排放等措施來減少對環境的影響。企業還可以通過支持永續發展項目，例如森林保護及氣候變化應對等，來為永續發展做出貢獻。(b) 促進社會公平和正義：企業可以通過尊重人權、保護勞工權益和促進公平發展等措施，來促進社會公平和正義。企業還可以通過支持慈善事業和捐贈教育等措施，來回饋社會。(c) 提高企業治理水平：企業可以建立健全的公司治理結構，提高企業透明度和問責性。這有助於企業更好地履行 CSR 責任，也為永續發展提供了保障。

近年來，隨著社會責任意識的提高，越來越多的企業開始重視 CSR。實現 CSR 不僅是企業社會責任的體現，也是企業永續發展的重要保障。實現 CSR 對企業永續發展來說，也具有實質性的效益。

(1) 增強企業聲譽及品牌價值：

實踐 CSR 可以提升企業的正面形象，展現企業的社會責任與道德操守，從而增強企業聲譽和品牌價值。具有社會責任的企業，更容易獲得消費者和投資者等利益相關者的認同。由於實踐 CSR 可以讓企業將自身的核心價值與信念外化，並以行動體現出來，如關懷環境、回饋社會等，這可提升企業的積極形象。CSR 展現企業對員工、社區與環境的責任承擔，讓企業贏得公眾認同和信任，建立正面口碑。由於 CSR 分享了正面訊息，企業可以主動對外溝通正面的 CSR 活動和成效，無形間樹立了上進和透明的企業文化。不僅強化了品牌特色，更將 CSR 融入品牌故事中，產生與品牌價值的聯繫關係，使品牌具備獨特的社會價值主張。當大眾感受到企業的正面感覺，將激發起消費者認同感，消費者更願意購買和支持有社會責任的品牌。有成效的 CSR 企業，自然可提升品牌忠誠度。主動揭露 CSR 表現的企業，有助企業爭取更

多媒體正面報導，將擴大品牌影響力。一旦，企業如果處於危機發生時，若能積極的展現社會責任，不僅可化解危機變為轉機，也更能贏得公眾理解和支持，從而挽回與保護品牌聲譽。綜合來說，CSR 有助企業在多方面提升品牌形象、口碑和認同度，從而增強品牌聲譽與價值，它是打造可持續品牌的重要一環。

(2) 提高員工士氣和生產力：

員工希望為一個負責任的企業效力。實現 CSR 有助吸引和留住人才，提高員工工作滿意度，從而提高生產力。CSR 為員工提供職業技能培訓機會，滿足員工的發展需求，使員工感到企業重視他們的職業生涯，從而提高工作與學習熱忱。提供完善的員工福利和人性化的關懷，是 CSR 重要的工作目標，這能讓員工感受到被企業重視和尊重，增強員工對企業的歸屬感。當員工參與感和貢獻感增加時，自然鼓勵員工參與 CSR 活動和決策，也讓員工產生貢獻社會的成就感，提升工作意義感。構建員工自豪感和正面情緒，是幸福企業的榮耀，員工為一家負責任的企業工作，自然感到自豪和正面，這將提升工作熱誠和積極性的必要法門。由於 CSR 關注職業健康與安全，以減少員工職業壓力，使員工身心健康，更可提高員工的凝聚力和向心力，在工作動力營造安全和友善的工作環境，自然促進企業文化認同，增進員工之間和睦合作，使員工更願意為企業效力。CSR 促使企業創新發展的模式，員工也會更積極主動提出創新想法，讓企業更能成長與茁壯。綜合上述，CSR 對提升員工士氣和生產力有明顯正面影響。

(3) 降低營運風險：

實踐 CSR 有助預防和減輕可能出現的營運風險，如勞工糾紛和環保事故等，避免危機對企業造成負面影響。在預防勞動糾紛方面，CSR 的推動，可保持穩定的勞資關係，由於實踐 CSR 中的勞工關懷和權益保障，可有效的減少勞資糾紛，避免因罷工等導致營運中斷。由於 CSR 注重職業健康安全，可以減少工傷事故發生機率，避免因職業安全的發生，可降低職業健康安全事故風險。避免環境污染和破壞，是負責任企業的 CSR 必備要求，有序的環境管理，可以降低排汙超標和破壞生態等風險。

在企業產品品質的風險和消費者糾紛上，CSR 企業須提供優質產品和服務，當可以避免產品召回和消費者訴訟風險。遵守商業道德規範，已是 CSR 最根本的要求，如何預防舞弊風險和道德風險，在嚴格的商業道德標準下，CSR 可避免發生內部舞弊、貪腐等情事發生，自然降低了營運風險。由於 CSR 企業，用心耕耘社區友好的關係，當然也預防了地方民眾的抗爭發生機會，在保持與當地社區良好互動下，預防和化解地方性衝突，也能贏得當地政府和公眾信任。由於政府和公眾支持，可以幫助企業減少政策和公共關係方面的風險。綜上所述，CSR 是有效預防和降低企業營運各方面風險的重要措施。

(4) 開拓新的商業機會：

CSR 有助企業更好地滿足客戶需求，並開發新產品和服務迎合社會需求，抓住新的商業機會。企業社會責任 CSR，能夠在與社會大眾之互動中，及時的回應社會需求，所衍生的新產品和服務；例如開發綠色產品和公益產品等。另外，在關注環保和公益的客群互動下，CSR 定能先期的進入和開拓 ESG 相關的新興市場，例如可再生能源、清潔技術和碳中和解決方案等新興領域。對於非營利組織或政府合作創新社會項目，CSR 也能及時與這些關係人，合作開發一些具有社會價值的創新項目和計畫。供應鏈的問題與困難，也是 CSR 關注的焦點，如何支持供應鏈上的合作夥伴，也是新商機與機會的導入機會；例如與供應商合作推行綠色採購及可持續的農業等。CSR 主動積極參與社區事務的過程中，也有助於發現並把握社區需求的回饋意見，對於商業活動與機會，自然也容易掌握和先行。提高員工滿意度的企業，讓員工成為企業創新的重要來源，是企業發展的助力，這也是企業精益求精的資源瑰寶，關聯企業的商機發展，可在創新與提升技術能力下，轉化為企業發展之新機會。

(5) 節省成本和提高效率：

CSR 促使企業提高資源利用效率、減少浪費和排放，從而降低成本和提高營運效率。企業實踐企業社會責任 (CSR)，可以通過提高資源利用效率，以減少浪費；實施節能減排，減少水電資源浪費，也可以製造過程中減少原料耗用和廢棄物產生。

生產流程簡化與生產效率的提高，是企業最期望的經營基礎，CSR 可通過技術創新，使生產過程更加流暢，減少不必要的浪費和成本開支。加強供應鏈管理，直接可以降低原料採購成本，通過供應商考核和管理，選擇性價比高的供應商和原料，降低採購成本，是 CSR 可達成的目標之一。提高員工工作效率和生產力是 CSR 關注的重要事務，以關心員工需求、提供良好的工作環境，可以必然提高員工工作效率和生產力，這也是節省成本的重要途徑。同時，建立良好的企業文化和員工的忠誠度，可減少員工流動率，不僅可降低招聘和培訓成本，也建立起客戶忠誠度，維持企業產品的穩定銷售量。前述 CSR 既然可降低營運風險，自然避免了違反法規罰款和損失，也避免因事故造成的財產和生產損失。另外，某些地區會給予推行環保和社會責任項目的稅收優惠，這也是 CSR 在推動 ESG 活動時，獲得相關的稅收優惠之鼓勵與獎助。綜合來說， CSR 有助企業實現永續發展，同時也能夠節省成本和提升運營效率。

(6) 符合法規要求並準備應對未來法規變動：

CSR 有助企業遵守現行法規並預測法規趨勢，為未來變動做好準備，避免違規風險。CSR 倡導企業不僅要遵守法定的基本要求，還要自發主動遵循更高標準，如國際通行標準等。因此，企業在推動 CSR 時，已經提前評估未來法規趨勢和變化方向，通過研究分析，預測未來在環境保護、勞工權益等方面的新法規趨勢；預先構建良好的企業文化和治理結構，形成法規遵循的企業文化，輔以完善的監督機制，更可確保法規遵循。另外，CSR 已經加強了利益相關方的溝通和合作，與政府部門保持良好溝通，參與行業討論，瞭解了最新法規動態，及早調整業務模式和運營流程，在根據未來法規趨勢上，儘早的掌握和進行業務和管理流程優化調整，對提高應對變化的組織適應能力，建立良好的組織學習機制，培養員工接受變化的思維。由於，主動公開訊息揭露企業合規情況，有助展現企業遵紀守法的形象，在因應未來變化上，總能先馳得點。綜上所述，CSR 有助企業既遵守現行法律，也在應對未來法規變化上，做好了準備。

(7) 獲得政府和社會各界支持：

負責任的企業更容易獲得政府認可和支持，同時與公眾和非營利組織建立良好關係。積極履行納稅義務，促進地方發展，是 CSR 最基本的宣告。由於依法納稅，支持當地民眾就業，自然可以獲得政府的認可和支持。若能持正面態度，積極參與政府主導的公益和環保項目，不時地響應政府號召，參與公益或環保活動，是有助於獲得政府歡迎。CSR 也鼓勵與地方的行業協會和商會密切合作，通過行業交流與合作，可以更好瞭解政策趨勢並爭取支持。CSR 是當地教育和公益事業的重要支持者，適時回饋當地教育、文化和醫療等公益項目，更有助社區認同和支持。透過員工招募 CSR 自然成為推動就業和社會穩定的力量，無形之中，也支持社區的穩定發展，更獲得社會各界的認同。另外，最重要的是 CSR 也是積極推行環保和節能減排措施的尖兵，透過積極的態度和主動精神，推動綠色和低碳運營，更有助於獲得環保群體認可。在訊息公開與透明上，企業透明度和訊息揭露，可大幅提高企業的透明度，建立公眾信任。綜上所述，CSR 在多方面有助企業贏得社會和政府的認同與支持。（有關企業社會責任與 ESG 關係，如圖 2.4 所示）

圖 2.4 企業社會責任與 ESG 關係

2.4 ESG 投資理論

近年來，ESG 投資得到了快速發展。ESG 投資是一種基於永續發展和企業社會責任的投資理念，旨在投資於那些在環境、社會和公司治理等方面表現優異的企業。ESG 投資具有重要的經濟和社會意義。從經濟角度來看，ESG 投資可以促進經濟永續發展，減少經濟外部性，提高資源利用效率，降低生產成本，促進經濟發展。從社會角度來看，ESG 投資可以促進社會公平正義，鼓勵企業尊重人權和保護勞工權益，促進社會和諧發展。ESG 已成為全球投資的重要考量因素（如圖 2.5 ESG 授權資產投資趨勢）。越來越多的投資者將 ESG 納入投資決策過程，並將投資於 ESG 表現優異的企業。企業如果能夠在 ESG 三個維度上取得良好的表現，將能夠獲得投資者青睞，並提升融資能力。ESG 也是企業提升競爭力的重要手段。企業如果能夠在 ESG 方面取得領先，將能夠吸引優秀人才、客戶和合作夥伴，並提升品牌形象和聲譽。ESG 也是企業實現永續發展的重要保障。

圖 2.5 ESG 授權資產投資趨勢圖

ESG 投資是一種基於永續發展和企業社會責任的投資理念。其理論基礎包括：

A. 永續發展理論：永續發展是指既能滿足當代人的需要，又不損及後代人滿足其需要的能力。永續發展理論認為，企業應當承擔社會責任，為永續發展做出貢獻。

B. 企業社會責任理論：企業社會責任是指企業在追求經濟效益的同時，承擔社會責任，為社會的發展做出貢獻。企業社會責任理論認為，企業應當重視社會效益，並將其納入企業的長期發展戰略。

C. 經濟外部性理論：經濟外部性是指由市場交易的一方產生，但由另一方承擔的成本或收益。經濟外部性會導致市場資源配置的扭曲，造成資源浪費和環境污染等問題。ESG 投資可以通過鼓勵企業承擔社會責任，減少經濟外部性，從而促進經濟永續發展。

D. 企業治理理論：企業治理是指企業所有者、管理者和其他利益相關者之間的權利和義務關係。良好的企業治理，可以提高企業的透明度、問責性和效率，從而為企業的長期發展提供保障。ESG 投資可以通過鼓勵企業建立健全的治理結構，提升企業的治理水平，從而促進企業永續發展。

隨著全球永續發展意識的提高，ESG 投資將在全球投資中發揮更加重要的作用。ESG 投資將推動資金向永續發展企業流動，支持企業的永續發展，並促進全球經濟的綠色轉型。在全球投資中，ESG 具有以下重要的催化作用：(a) 降低投資風險：ESG 表現優異的企業，通常具有更強的風險管理能力，並能夠應對氣候變化和水資源危機等環境挑戰。因此，投資於 ESG 表現優異的企業可以降低投資風險。(b) 提高投資回報：ESG 表現優異的企業，通常具有更強的競爭力和永續性，並能夠獲得更高的利潤。因此，投資於 ESG 表現優異的企業可以提高投資回報。(c) 促進永續發展：ESG 投資，可以促進企業實踐永續發展，為全球永續發展做出貢獻。

近年來，全球 ESG 投資規模不斷擴大。根據國際可持續投資協會（GSIA [8]）的數據，全球 ESG 投資規模與日俱增：(a)2022 年全球 ESG 投資規模達到 43.3 萬億美元，同比增長 18% 。(b) 主動管理型 ESG 基金規模：2022 年主動管理型 ESG 基金規模達到 21.4 萬億美元，同比增長 17%。(c) 被動管理型 ESG 基金規模：2022 年被動管理型 ESG 基金規模達到 21.9 萬億美元，同比增長 20%。(d) 地區分布：2022 年，北美地區的 ESG 投資規模佔全球總規模的 51%，歐洲地區佔 27%，亞洲地區佔 18%，其他地區佔 4%。(e) 資產類別分布：2022 年，股票型 ESG 基金規模佔全球總規模的 67%，債券型 ESG 基金規模佔 27%，其他資產類別佔 6%。

有關 ESG 三個維度對 ESG 投資的關係，如表 2.1 所示。ESG 投資的快速增長主要得益於以下因素：投資者逐漸意識到 ESG 的重要性，並將 ESG 納入投資決策過程；企業 ESG 訊息揭露的提高，使得投資者能夠更全面地了解企業的 ESG 表現；ESG 投資工具的發展，使得投資者更容易投資 ESG 表現優異的企業。未來，ESG 投資將繼續保持快速增長的態勢。隨著投資者對 ESG 的關注度進一步提升，ESG 投資工具的不斷發展，ESG 投資將成為全球投資的主流（圖 2.6 ESG 投資指標）【參考文獻 12】。

對企業本身，實施ESG也具有實質的效益：(a)ESG是企業提升競爭力的重要手段。企業如果能夠在 ESG 方面取得領先，將能夠吸引優秀人才、客戶和合作夥伴，並提升品牌形象和聲譽。(b)ESG 是企業實現永續發展的重要保障。企業如果能夠在 ESG 三個維度上取得良好的表現，將能夠降低風險、提升競爭力和增強永續性，從而為企業的長期發展奠定基礎。

[8] GSIA(Global Sustainable Investment Alliance，國際可持續投資協會）。是一個全球性的非營利組織，致力於推動可持續投資的發展。目前，GSIA 擁有來自全球 100 多個國家和地區的超過 2,000 名會員，包括資產管理公司、投資銀行、研究機構、政府機構和非政府組織。

表 2.1 ESG 三個維度與 ESG 投資的關係

維度	ESG 投資關係
環境（Environmental）	ESG 投資通常關注企業的環境表現，包括能源使用效率、碳足跡及廢物管理等。投資者可能選擇投資那些在環境永續性方面表現出色的企業，以降低環境風險。
社會（Social）	社會維度考慮企業在社區、員工和供應鏈中的影響。ESG 投資者關注企業的勞工關係、人權政策、多元文化和社區參與等。優秀的社會表現可能提高企業的聲譽，吸引投資。
公司治理（Governance）	公司治理維度考慮企業的管理結構、董事會組成、透明度和財務報告等因素。投資者尋找良好的公司治理實踐，以確保公司管理層的誠信和透明度。

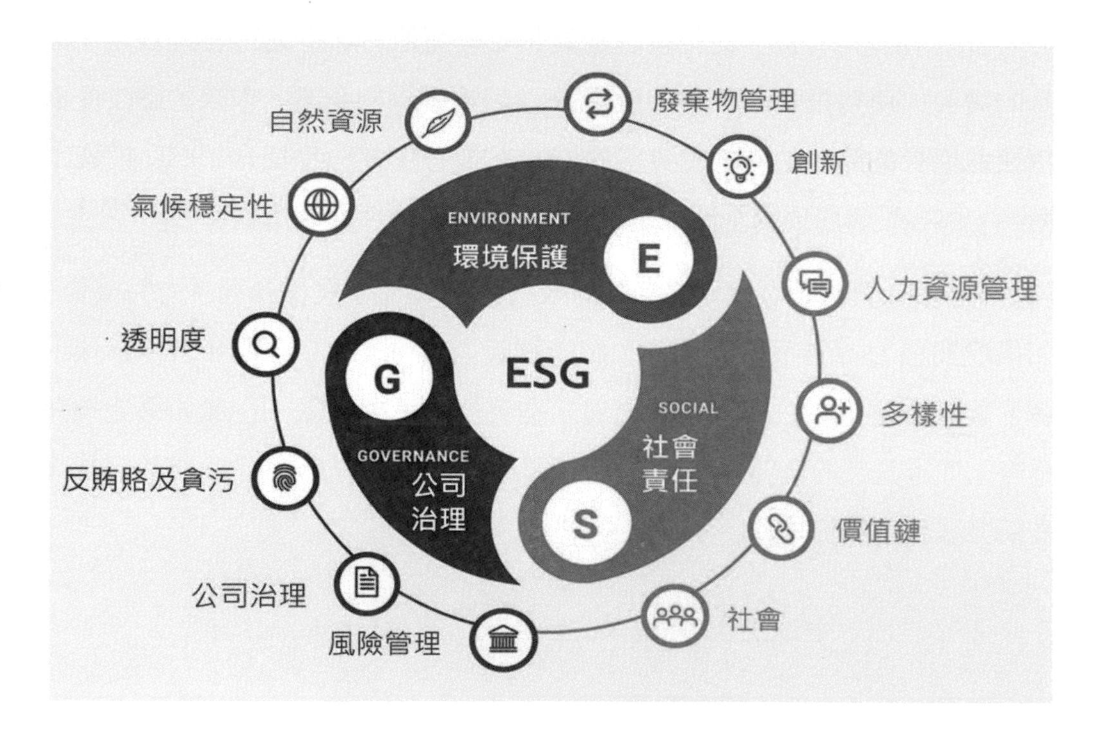

圖 2.6 ESG 投資指標

思考問題

1. 永續發展的概念是什麼？
2. 永續發展的理論基礎是什麼？
3. 企業社會責任（CSR）是什麼？
4. CSR 與永續發展有什麼關係？
5. CSR 的實現對企業永續發展有什麼好處？
6. ESG 的三個維度是什麼？
7. 企業如何改善 ESG 表現？
8. ESG 投資對企業有什麼影響？
9. ESG 投資在全球投資中具有哪些催化作用？

CHAPTER 3

環境 ESG

環境 ESG 是指企業在環境保護、氣候變化、水資源、污染控制及生物多樣性等方面的表現。環境 ESG 是 ESG 投資的重要組成部分，對企業的長遠發展和社會永續發展具有重要意義。

在全球氣候變化、資源枯竭等環境問題日益嚴峻的背景下，企業的環境責任，受到了越來越多的關注。良好的環境 ESG 表現，可以幫助企業降低成本、提高效率、提升品牌形象、增強競爭力。此外，環境 ESG 對社會永續發展也具有重要意義。氣候變化、水資源短缺、生物多樣性減少等環境問題，是全球面臨的重大挑戰。企業通過履行環境責任，可以為應對這些挑戰做出貢獻。

環境 ESG 的評估指標主要包括：環境保護、氣候變化、水資源、污染控制和生物多樣性。環境 ESG 的評估存在一些挑戰，包括：環境 ESG 指標的選擇和定義存在差異、環境 ESG 數據的可靠性和完整性、和環境 ESG 訊息揭露的透明度。

3.1

環境 ESG 概述

環境 ESG 是指企業在環境保護、氣候變化、水資源、污染控制、生物多樣性等方面的表現。環境 ESG 是 ESG 投資的重要組成部分，對企業的長遠發展和社會永續發展具有重要意義。環境 ESG 涵蓋的範圍很廣，包括：

(1) 環境保護：企業在污染控制、廢物管理、能源效率等方面的表現，是環境保護的核心。實現環境保護是企業應盡的社會責任，也是企業實現永續發展的重要內容。企業需要在生產過程中推行清潔生產，盡可能減少污染物的產生；同時利用先進的污染治理技術，確保污染物達標排放，以減輕對環境的負面影響。其次，企業需建立完善的資源回收利用體系，降低生產和運營過程中的廢物排放。另外，企業還應當積極採用新技術新工藝，提高生產和辦公的資源與能源使用效率。尤其，企業需要加強員工環保培訓，提高環保意識和技能。在採購和生產中，也應優先選擇清潔能源和環保材料。企業需要在環保行動的各個方面下功夫，以充分實踐環境責任。

(2) 氣候變化：氣候變化已經成為全球面臨的一大環境挑戰，企業責無旁貸應當承擔起，應對氣候變化的社會責任。企業需要通過碳盤查等方式，全面計算並揭露自身的溫室氣體排放數據和碳足跡。在此基礎上，企業需訂立碳減排目標，並制定改善能源結構、提高能效等具體的措施。另外，企業可以通過碳捕集、碳封存、碳交易等方式實現碳中和。揭露排碳的訊息，是面對自身對氣候變化的負責表現，企業有必要定期發布相關之碳排放訊息，提高訊息之透明度。總之，企業應將氣候行動作為環境責任的重要內容，積極應對氣候變遷的挑戰。

(3) 水資源：水資源的可永續利用和保護，是企業應當重視的環境責任內容之一。企業首先需要建立用水定額管理和中水回用系統，盡量減少生產過程的用水量，提高水資源利用效率。同時，對污水需要進行處理，確保符合排放標準語法規，減輕對水環境的污染。此外，企業應當開展員工用水培訓與宣導，使員工養成節約用水的意識。在企業生產選址時，企業也需要考慮對當地水資源的影響，避免破壞水生態環境。公開企業水資源利用與消耗訊息，是維護環境的重要作為；為長治久安支持企業發展，企業亦應支持當地供水建設等，需要承擔與兼顧在地水資源維護的責任。合理高效利用和保護水資源是企業實現環境可永續發展的重要環節。

(4) 污染控制：污染控制是企業環境 ESG 責任的一項重要內容。企業首先需要運用清潔生產技術，優化生產工藝，從源頭上減少污染物的產生。同時，利用先進的污染處理設施，確保各類污染物達到排放標準後再排放。此外，企業還要開展定期的污染監測，對重點污染物訂立減排目標，鼓勵使用清潔替代品。在加強員工環保培訓，也是企業減少污染控制的重要作為。企業也應通過與發布環境報告等方式，公開企業運為的污染訊息，誠實接受社會的監督。

(5) 生物多樣性：企業在生物多樣性保護方面的表現，是環境 ESG 的重要項目，也是企業應當重視的環境責任之一。企業在選址和擴張時，縱使法規並未嚴格要求，宜需先進行環境評估，避免進入生態敏感區，並盡量減少對野生動植物的棲息地破壞。如果運營對生物多樣性有負面影響是不可避免的，企業必須採取補償措施，縮小影響範圍。此外，企業還應當開展員工教育，提高員工對生物多樣性的保護意識。企業可以透過定期發布報告、開展公益活動等形式，積極參與生物多樣性的保護作為與活動。總之，企業有責任通過多種途徑，切實實踐生物多樣性的保護。

環境 ESG 與永續發展密不可分，永續發展是指在滿足當代人需要的同時，不影響後代人滿足其需要的能力。環境 ESG 是永續發展的重要組成部分，是企業實現永續發展的重要手段。良好的環境 ESG 表現可以幫助企業降低成本、提高效率、提升品牌形象，增強競爭力。例如，企業通過提高能源效率、減少浪費等措施，可以降低其環境成本；通過採用綠色技術、可持續生產方式等措施，可以提高其生產效率；通過履行環境責任，可以提升其品牌形象，增強其競爭力。

此外，環境 ESG 對社會永續發展也具有重要意義。氣候變化、水資源短缺、生物多樣性減少等環境問題是全球面臨的重大挑戰。企業通過履行環境責任，可以為應對這些挑戰做出貢獻。隨著社會對環境永續發展的日益關注，環境 ESG 投資將成為全球投資的主流。環境 ESG 投資將為企業提供新的投資機會，並且可以為社會永續發展做出貢獻。

環境 ESG 與永續發展之間存在密切聯繫，通過改善環境表現，企業有助於緩解氣候變化、保護生態多樣性，這是實現永續發展目標的重要一環。其次，環境 ESG 有助於提高企業的競爭力，吸引投資者、客戶和優秀人才，促進企業的長期穩健發展，同時也有利於社會和經濟的發展。環境 ESG 與企業永續發展的具體關係：

(1) 降低成本：實踐環境 ESG，可以通過多種方式，幫助企業降低運營成本，提高經濟效益。企業可以通過推行節能減排措施，降低能源和資源的消耗，從而減少購置成本。其次，建立循環利用體系，使原材料得以重複使用，也可以減少原材料

採購支出。另外，減少污染排放也能夠減輕污染處理費用。降低成本最終目的，是提高運營效率，減少生產過程的浪費，也能大幅降低生產成本。總之，環境 ESG 不僅能夠削減企業對環境的負面影響，同時也能夠通過降低運營成本提升經濟效益，實現雙贏。

(2) 提高效率：實踐環境 ESG 不僅可以減少企業對環境的負面影響，同時也可以通過多種方式，提高企業的運營效率，增強企業的競爭優勢。例如，使用綠色技術和可持續生產方式，可以提高資源利用效率，減少原料浪費。採用新能源，則可以提高能源使用效率。通過優化管理，降低污染排放，企業也可以減少運營風險，提高運營效率。此外，養成員工的環保意識，也可以激發組織與員工的創新活力，從而具有良好的環保形象的企業，也更有利於企業吸引人才和留住人才。總之，環境 ESG 不僅益於環境，也對企業的效率提升和競爭力增強具有正面作用。

(3) 提升品牌形象：實踐環境 ESG 是提升企業品牌形象的有效途徑，有助於企業與環境的永續發展。企業通過推行綠色運營和生產綠色產品，可以展現對環境負責任的形象，獲得消費者認同。開展環保公益，也可以擴大品牌影響力和知名度。同時，嚴格執行環保法規和積極實踐減碳行動中，可以彰顯企業的社會責任。透過環保訊息的透明揭露，企業更可以提高公眾對品牌的信任與認同。此外，良好的環保表現更有利於企業招攬人才，使企業形象更具競爭優勢。總之，通過全方位實踐環境 ESG，企業可以大大提升品牌形象和美譽。

(4) 應對環境挑戰：面對日益嚴峻的環境問題，企業實踐環境 ESG 可以發揮重要作用。通過推進綠色運營和開發清潔技術，企業可以為應對氣候變化做出積極貢獻。透過減少污染排放和保護生物多樣性，企業可以維護生態環境。合理利用水資源和建立循環生產，也是企業應對資源短缺的有效途徑。此外，企業提高環保訊息透明度，倡導環保理念，可以推動社會的永續發展，提高公眾對環境問題的關注。總之，通過實踐環境 ESG，企業可以成為應對環境挑戰的重要參與者和推動者。

3.2

環境 ESG 核心要素

環境 ESG 核心要素是指企業對環境的影響，包括氣候變遷、空氣污染、水污染、生物多樣性喪失等。環境 ESG 管理的目標是減少企業對環境的負面影響，並促進環境永續發展。環境 ESG 核心要素包括：

(1) 環境保護：環境保護是企業在環境 ESG 核心要素中的重要一環。企業應採取措施減少污染，保護環境。企業可以提高能源效率，減少能源消耗；採用綠色技術，減少污染；回收利用廢棄物，減少浪費。(a) 提高能源效率，減少能源消耗。企業可以通過採用節能設備、優化生產流程等措施，以提高能源效率。例如，企業可以使用高效的照明設備、節能空調系統、節能機器設備等，減少能源消耗。(b) 採用綠色技術，減少污染。企業可以通過採用綠色技術、優化生產流程、加強監測控制等措施，以減少污染。例如，企業可以安裝污染控制設備，減少污染物排放；採用可再生能源，減少溫室氣體排放；優化生產流程，減少廢棄物產生。(c) 回收利用廢棄物，減少浪費。企業可以通過鼓勵員工和客戶回收利用廢棄物，以減少浪費。例如，企業可以提供回收站點、回收獎勵等措施，鼓勵員工和客戶回收利用廢棄物。

(2) 氣候變化：氣候變化是全球面臨的重大挑戰，企業應採取措施以應對氣候變化，最重要的面對方法，是減少溫室氣體排放。在生產過程中，企業可以極盡所能地減少溫室氣體排放，如採用可再生能源、提高能源效率。(a) 減少溫室氣體排放。企業可以通過採用可再生能源、提高能源效率、減少浪費等措施，減少溫室氣體排放。企業可以進行計算和監測溫室氣體排放量，制定溫室氣體排放減量目標，並採取措施實現目標。例如，企業可以使用可再生能源，減少溫室氣體排放；採用節能設備，減少能源消耗；優化生產流程，減少廢棄物產生。(b) 採用可再生能源。企業可以採用可再生能源，例如太陽能、風能、水能等，減少溫室氣體排

放。例如，企業可以安裝太陽能電池板，使用太陽能發電；安裝風力發電機，使用風力發電；回收生產過程中之廢熱，進行氣電共生發電等。(c) 提高能源效率。企業可以通過採用節能設備、優化生產流程等措施，提高能源效率，減少溫室氣體排放。例如，企業可以使用高效的照明設備、節能空調系統、節能機器設備等，以減少能源消耗。(d) 減少浪費。企業可以鼓勵員工和客戶減少能源浪費，以減少溫室氣體排放。例如，企業可以提供回收站點、回收獎勵等措施，鼓勵員工和客戶回收利用廢棄物。

(3) 水資源：企業應採取措施保護水資源。例如，企業可以節約用水，減少水污染。水資源是生命之源，是人類和自然生態系統賴以生存的重要資源。隨著全球人口的增長和氣候變化的影響，水資源短缺和污染日益嚴重。例如，企業可以實施：(a) 節約用水。企業可以通過採用節水設備、優化生產流程等措施，節約用水。例如，企業可以使用高效的節水設備，例如節水型馬桶、節水型水龍頭等；優化生產流程，減少用水量；鼓勵員工和客戶節約用水。(b) 減少水污染。企業可以通過採用綠色技術、優化生產流程、加強監測控制等措施，減少水污染。例如，企業可以安裝污水處理設備，處理工業廢水；採用循環用水系統，減少廢水排放；優化生產流程，減少廢水產生。(c) 保護水資源。企業可以通過參與水資源保護項目等措施，保護水資源。例如，企業可以支持水資源保護組織，參與水資源保護活動等。

(4) 污染控制：染控制是環境 ESG 核心要素之一，是指企業在生產經營過程中採取措施，減少或消除污染物的排放，保護環境。污染控制是企業履行社會責任的重要體現，也是企業永續發展的基礎。污染物的排放會對環境造成嚴重影響，包括空氣污染、水污染、土壤污染等，這些污染會導致氣候變化、生物多樣性喪失、人類健康問題等。企業採取污染控制措施，可以減少對環境的負面影響，保護環境，促進永續發展。企業可以採取以下措施進行污染控制：(a) 採用清潔生產技術 ：清潔生產是指在生產過程中，採用先進的技術和工藝，減少污染物的產生和排放。企業可以採用清潔生產技術，提高生產效率，減少污染物的排放。(b) 實施廢物

減量和回收利用 ： 企業可以採取措施減少廢物的產生，並對廢物進行回收利用，減少污染物的排放。(c) 加強污染物排放監控：企業應建立污染物排放監控系統，定期監測污染物排放情況，並採取措施控制污染物排放。企業可以使用污染控制設備，減少廢氣排放；企業可以使用水污染控制與過濾設備，回收廢水進行再利用，亦能減少廢水排放；企業可以採取廢物減量、回收利用和無害化處理等措施，減少固體廢物排放。

(5) 生物多樣性：生物多樣性是指地球上所有生物的豐富性和變化，包括植物、動物、微生物和其他生命形式。生物多樣性對於地球的健康和永續發展至關重要，生物可以提供食物、水、空氣、藥物和其他資源，也幫助調節氣候、清潔水和防止自然災害等。企業應採取措施保護生物多樣性，保護野生動物棲息地，減少對生物多樣性的影響。具體來說，企業可以採取以下措施：(a) 採購和供應鏈中採取可持續措施：企業應選擇可持續原材料和供應商，並在其供應鏈中減少浪費和污染，以避免對生態系統的衝擊。(b) 使用可再生能源和節能技術：企業應減少其對化石燃料的依賴，並盡可能使用可再生能源和節能技術，來減少產品在生產過程中，對自然環境的損壞。(c) 保護自然棲息地和生物多樣性：企業應保護自然棲息地，並減少對野生動植物的影響。縱使開發企業生產環境，亦應注意廠區對當地的自然環境影響，避免造成當地生態環境壓力，影響生物的滅絕或殘害。(d) 教育和培訓員工和消費者。 企業應教育員工和消費者關於生物多樣性的重要性，並鼓勵他們採取行動保護生物多樣性。

近年來，隨著氣候變遷、環境污染等問題日益嚴重，環境 ESG 管理已成為全球企業的發展趨勢。越來越多的企業意識到環境 ESG 管理的重要性，並將環境 ESG 管理納入其永續發展戰略。一些環境 ESG 管理的具體案例：蘋果公司承諾在 2030 年前實現碳中和。微軟公司承諾在 2025 年前使用 100% 的可再生能源。星巴克公司承諾在 2025 年前取得 100% 的永續咖啡。

3.3
環境 ESG 的評估

環境 ESG 的評估，是指對企業在環境保護方面的表現來進行評估，以確定其是否符合永續發展的標準。環境 ESG 評估可以由企業自身進行，也可以由第三方機構進行。第三方機構的評估通常更加客觀和公正，可以為企業提供更全面的回饋。環境 ESG 評估通常包括以下幾個方面：

(1) 環境政策和目標：企業是否制定了清晰的環境政策和目標，並將其納入整體經營戰略。環境政策和目標是企業環境 ESG 評估的重要組成部分。企業應制定清晰的環境政策和目標，並將其納入整體經營戰略。環境政策和目標應明確企業在環境保護方面的承諾和意願，並具體說明企業在哪些方面將採取措施進行環境保護。環境政策和目標應具有以下特點：(a) 清晰明確：環境政策和目標應簡明扼要，並易於理解。(b) 可量化：環境政策和目標應具有可量化的指標，以便企業可以進行追蹤和評估。(c) 可實現：環境政策和目標應具有可實現性，並符合企業的實際情況。(d) 可持續：環境政策和目標應具有永續性，並符合企業的長期發展目標。以下是一些具體的環境政策和目標示例：當然，這只是範例，企業還是需要根據自身的實際情況，制定符合自身需求的環境政策和目標。降低碳排放：企業承諾在未來五年內，將碳排放量減少 15%；提高能源效率：企業承諾在未來三年內，將能源效率提高 10%；減少廢棄物產生：企業承諾在未來一年內，將廢棄物產生量減少 20%；保護水資源：企業承諾在未來五年內，將水資源消耗量減少 10%；保護生物多樣性：企業承諾在未來三年內，保護 100 公頃的自然棲息地。

(2) 環境績效指標：環境績效是企業在環境 ESG 的評估中，第二個指標。環境保護方面的實際表現，包括能源和資源消耗、污染物排放、環境風險管理等。企業在選擇環境績效指標時，應考慮以下因素：企業的產業特點：不同產業的企業在環境保護方面面臨不同的挑戰和機遇，企業應根據自身的產業特點選擇相應的環境績效指標。企業的運營規模：大型企業的環境影響通常比小型企業更大，大型企業應選擇更全面的環境績效指標。企業的環境政策和目標：企業的環境績效指標應與企業的環境政策和目標保持一致。這個指標著重在：(a) 可量化：環境績效指標應具有可量化的指標，以便企業可以進行追蹤和評估。(b) 可比性：環境績效指標應具有可比性，以便企業可以進行比較和排名。(c) 永續性：環境績效指標應具有永續性，以便企業可以持續改進環境績效。企業應定期對環境績效指標進行審查和更新，以確保其符合企業的實際情況和發展需求。不輕易訂出指標，一旦訂出就要努力貫徹實踐。環境 ESG 評估可以由企業自身進行，也可以由第三方機構進行。第三方機構的評估通常更加客觀和公正，可以為企業提供更全面的回饋。以下是一些常見的環境績效指標：(a) 能源和資源消耗：能源消耗量、水資源消耗量、廢棄物產生量、廢水排放量、廢氣排放量等。(b) 污染物排放：溫室氣體排放量、臭氧層消耗物質排放量、酸雨成因物排放量、重金屬排放量等。(c) 環境風險管理：環境事故發生率、環境賠償金額、環境法規遵守情況等。

(3) 環境透明度指標：環境透明度指標，是企業環境 ESG 評估的重要組成部分。環境透明度是指，企業在環境訊息揭露方面的情況，包括環境報告的完整性和可靠性。環境透明度指標應具有以下特點：

A. 全面性：環境透明度指標應涵蓋企業在環境保護方面的所有重大訊息。環境透明度指標中，全面性是指環境資訊的公開程度，包括內容、格式、時間等各方面的全面性。具體來說，全面性包括以下幾個方面：(a) 內容全面性：環境資訊涵蓋的範圍是否廣泛，是否包括與環境相關的各個領域，例如氣候變化、空氣污染、水污染、土壤污染、生物多樣性等。(b) 格式全面性：環境資訊的格式是否統一，是否便於公眾理解和使用。(c) 時間全面性：環境資訊的更新頻率是否高，是否能夠及時反映最新的環境情況。

B. 可靠性：環境透明度指標應具有可靠性，以便利益相關者可以對企業的環境訊息進行評估。環境透明度指標中，可靠性是指環境資訊的準確性和真實性。具體來說，可靠性包括以下幾個方面：(a) 資訊的來源：環境資訊的來源是否可靠，是否有權威的背書。(b) 資訊的採集：環境資訊的採集是否符合規範，是否有完善的監測和檢測體系。(c) 資訊的處理：環境資訊的處理是否客觀、公正，是否符合科學原則。(d) 資訊的公開：環境資訊的公開是否及時、完整，是否能夠讓公眾查閱。

C. 及時性：環境透明度指標應具有及時性，以便利益相關者可以及時了解企業的環境訊息。環境透明度指標的及時性是指企業的環境訊息應在發生或變化後，儘快揭露給利益相關者。具體而言，及時性可以從以下幾個方面來理解：(a) 訊息揭露的頻率：企業應定期揭露其環境訊息，例如每年揭露一次，或每季度揭露一次。(b) 揭露的時間點：企業應在環境訊息發生或變化後，儘快揭露給利益相關者。例如，如果企業發生了污染事故，應在事故發生後立即揭露相關訊息。(c) 揭露的形式：企業應以清晰、易懂的方式揭露其環境訊息，並提供可靠的數據和訊息來源。環境訊息的及時揭露，可以讓利益相關者及時了解企業的環境表現，並做出相應的決策。例如，投資者可以根據企業的環境訊息，對企業的投資風險做出評估；消費者可以根據企業的環境訊息，選擇環保產品和服務；政府可以根據企業的環境訊息，對企業的環境管理進行監督和指導。有關環境 ESG 評估綜合說明，如表 3.1 所示。

表 3.1 有關環境 ESG 評估綜合評估

項目	特點	示例
環境政策和目標	- 清晰明確 - 可量化 - 可實現 - 可持續 -	降低碳排放、提高能源效率、減少廢棄物產生、保護水資源、保護生物多樣性等。

項目	特點	示例
環境績效指標	- 可量化 - 可比性 - 可持續 - 考慮產業特點和企業規模	能源和資源消耗、污染物排放、環境風險管理等。
環境透明度指標	- 全面性 - 可靠性 - 及時性	訊息公開的格式應該清晰、易懂、可靠。

3.4

環境 ESG 的法規和國際標準

環境 ESG 的法律法規和國際標準，是指政府部門或非政府組織制定的，旨在規範企業環境行為，保障環境資源可持續利用的法律法規和國際標準。法律法規是國家制定的、具有強制力的規範性文件，是企業環境 ESG 管理的基礎。國際標準是各國或地區制定的、具有權威性的規範性文件，可以為企業環境 ESG 管理提供參考。

(1) 法律法規：環境 ESG 相關的法律法規主要包括：

A. 環境保護法：是環境保護領域的基本法律，對企業的環境行為進行了全面的規範。該法規定，企業應遵守國家的環境保護法律法規和標準，採取措施防止、減少環境污染和破壞。企業應建立健全環境保護管理制度，對環境進行監測和控制，並對環境造成的污染和破壞承擔責任。

B. 大氣污染防治法：對大氣污染防治進行了規範。該法規定，企業應控制大氣污染物排放，採取措施減少大氣污染。企業應建立健全大氣污染防治措施，並對大氣污染承擔責任。

C. 水污染防治法：對水污染防治進行了規範。該法規定，企業應控制水污染物排放，採取措施減少水污染。企業應建立健全水污染防治措施，並對水污染承擔責任。

D. 固體廢物污染控制法：對固體廢物污染控制進行了規範。該法規定，企業應妥善處理固體廢物，防止固體廢物污染環境。企業應建立健全固體廢物管理制度，並對固體廢物污染承擔責任。

E. 噪聲污染防治法：對噪聲污染防治進行了規範。該法規定，企業應控制噪聲排放，採取措施減少噪聲污染。企業應建立健全噪聲污染防治措施，並對噪聲污染承擔責任。

F. 土壤污染防治法：對土壤污染防治進行了規範。該法規定，企業應防止土壤污染，採取措施減少土壤污染。企業應建立健全土壤污染防治措施，並對土壤污染承擔責任。

G. 生物多樣性保護法：對生物多樣性保護進行了規範。該法規定，企業應保護生物多樣性，採取措施減少對生物多樣性的影響。企業應建立健全生物多樣性保護措施，並對生物多樣性損害承擔責任。

H. 氣候變化應對法：對氣候變化應對進行了規範。該法規定，企業應應對氣候變化，採取措施減少溫室氣體排放。企業應建立健全氣候變化應對措施，並對氣候變化影響承擔責任。

此外，還有一些其他法律法規也涉及環境ESG管理，如《清潔生產促進法》、《環境影響評價法》、《環境噪聲污染防治設施竣工驗收規定》等。雖然，這些法律規範的制定，可能在不同國家或是區域要求與範圍或有不同，但是全球各國，以向此方向努力實踐中。這些法律法規的制定和實施，為企業的環境ESG管理提供了法律依據和政策支持，有助於企業提高環境績效，履行社會責任。這些法律法規對企業的環境行為進行了全面的規範，包括：企業的環境許可和排放標準；企業的環境監測和報告義務；企業的環境責任追究。

(2) 國際標準：環境ESG相關的國際標準主要包括：

A. GRI準則：是全球領先的環境、社會和治理報告標準。全球領先的環境、社會和治理報告標準，涵蓋了環境、社會和治理的各個方面，包括氣候變化、資源管理、污染防治等，為企業的環境ESG管理提供了參考和指導，有助於企業提高環境ESG績效，履行社會責任。

B. SASB標準：是針對特定行業的環境、社會和治理報告標準。針對特定行業的環境、社會和治理報告標準，涵蓋了21個行業，每個行業都有自己的標準
為企業的環境ESG管理提供了更具針對性的參考和指導，有助於企業更好地理解自身在特定行業的環境ESG績效，並進行有效的管理。

C. ISO 14001：是環境管理體系標準，旨在幫助企業建立和實施環境管理體系。ISO 14001 環境管理體系標準，涵蓋了環境管理體系的各個方面，包括環境方針和目標、環境管理程序與環境監測和控制、環境績效評估為企業的環境管理提供了具體的指導和方法，有助於企業提高環境管理水平，減少環境污染，保護環境。

D. ISO 14064：是溫室氣體管理標準，旨在幫助企業量化和管理溫室氣體排放。溫室氣體管理標準，涵蓋了溫室氣體管理的各個方面，包括溫室氣體排放的量化、核算與報告，為企業的溫室氣體管理提供了具體的指導和方法，有助於企業更好地了解自身的溫室氣體排放情況，並制定有效的減排措施。

E. ISO 14067：ISO 14067 是國際標準化組織（ISO）在 2018 年發布的產品碳足跡量化和報告標準。它提供了產品碳足跡的一般原則和要求，適用於任何組織，無論其規模、行業或地理位置。ISO 14067 的目的是幫助組織：(a) 量化產品碳足跡。(b) 報告產品碳足跡。(c) 提高產品碳足跡的透明度和可信度。

表 3.2 環境 ESG 主要的國際標準比較

名稱	主要內容	差異性	優缺點
GRI 準則	全球領先的環境、社會和治理報告標準，涵蓋了環境、社會和治理的各個方面	適用範圍廣，涵蓋面全面	可參考性強，可幫助企業全面了解自身的環境 ESG 績效
SASB 標準	針對特定行業的環境、社會和治理報告標準，涵蓋了 21 個行業，每個行業都有自己的標準	適用範圍窄，針對性強	可幫助企業更好地理解自身在特定行業的環境 ESG 績效
ISO 14001	環境管理體系標準，涵蓋了環境管理體系的各個方面	具體性強，有明確的指導和方法	可幫助企業提高環境管理水平，減少環境污染

名稱	主要內容	差異性	優缺點
ISO 14064	溫室氣體管理標準，涵蓋了溫室氣體管理的各個方面	針對性強，可幫助企業量化和管理溫室氣體排放	可幫助企業更好地了解自身的溫室氣體排放情況，並制定有效的減排措施
ISO 14067	產品碳足跡的量化標準，對於產品生命週期所產生的碳進行計算	針對性強，可幫助企業產品之排碳，量化管理與計算	可幫助企業更好地了解產品的碳排放，並制定有效的減排措施

除了前面提到的五種國際標準之外，還有一些其他的國際標準也與環境 ESG 管理相關，包括：

(1) ISO 26000：社會責任標準，涵蓋了企業在社會、環境和經濟方面的責任。ISO 26000 是國際標準化組織（ISO）在 2010 年發布的社會責任指引。它提供了社會責任的一般原則和指導準則，適用於任何組織，無論其規模、行業或地理位置。ISO 26000 的目的是幫助組織：(a) 有效地管理社會責任，以實現其目標。(b) 提高組織的抗風險能力。(c) 提升組織的透明度和問責制。

(2) ISO 31000：風險管理標準，可幫助企業識別、評估和管理風險。ISO 31000 是國際標準化組織（ISO），在 2009 年發布的風險管理國際標準。ISO 31000 提供了風險管理的一般原則和指導準則，適用於任何組織，無論其規模、行業或地理位置。ISO 31000 的目的是幫助組織：(a) 有效地管理風險，以實現其目標。(b) 提高組織的抗風險能力。(c) 提升組織的透明度和問責制。

(3) ISO 19011：審核標準，可幫助企業進行內部審核和外部審核。ISO 19011 審核標準，可幫助企業進行內部審核和外部審核。ISO 19011 是國際標準化組織（ISO）在 2018 年發布的管理系統審核指南。它提供了審核管理系統的一般原則和指導準則，適用於任何組織，無論其規模、行業或地理位置。ISO 19011 的目的是幫助

組織：(a) 有效地進行審核，以確保管理系統符合其要求。(b) 提高審核人員的專業能力。促進審核結果的一致性和可比性。

(4) ISO 14065：溫室氣體核算和驗證標準，可幫助企業進行溫室氣體核算和驗證。ISO 14065 是國際標準化組織 (ISO) ，在 2013 年發布的溫室氣體核算和驗證機構認證標準。它提供了溫室氣體核算和驗證機構的一般要求，適用於任何組織，無論其規模、行業或地理位置。ISO 14065 的目的是幫助組織：(a) 選擇合格的溫室氣體核算和驗證機構。(b) 確保溫室氣體核算和驗證的結果符合國際標準。(c) 提高溫室氣體核算和驗證的透明度和可信度。ISO14065 主要是規範驗證機構、驗證員、驗證標準和驗證管理系統，與 ISO14064 有所差異。

(5) SASB Assurance Services Engagement Guide：SASB 標準的審計指南，可幫助企業進行 SASB 標準的審計。SASB Assurance Services Engagement Guide 是由 SASB 發布的一套審計指南，適用於 SASB 標準的審計。該指南旨在幫助審計機構（包括獨立第三方審計機構和內部審計機構）對 SASB 標準的揭露進行審計。SASB Assurance Services Engagement Guide 可以幫助企業：(a) 確保 SASB 標準的揭露符合要求 (b) 提高 SASB 標準的揭露的可靠性和可信度 (c) 滿足投資者和其他利益相關者的需求。

(6) ISO 5001：ISO 5001 是國際標準化組織（ISO）在 2018 年發布的能源管理系統標準。它是 ISO 5000 的正式版本，提供了能源管理系統的一般原則和要求。ISO 5001 的目的是幫助組織：提高能源效率、降低能源成本、減少溫室氣體排放。ISO 5001 的核心原則，是聚焦在企業組織的能源管理系組織、系統、計畫與監控評估，以確定其是否有效。

此外，還有一些國際組織也制定了與環境 ESG 管理相關的標準和指南，例如：聯合國永續發展目標（SDGs）、聯合國氣候變化框架公約（UNFCCC）、世界銀行永續發展框架（WBGSF）、歐盟永續發展財經揭露規則（SFDR）等，這些標準和指南，也為企業的環境 ESG 管理提供了參考和指導，包括：企業的環境績效評估、企業的環境報告和揭露和企業的環境管理體系等。

法律法規和國際標準，在環境 ESG 管理中，具有密切的聯繫。法律法規是環境 ESG 管理的基礎，國際標準可以為企業環境 ESG 管理提供參考。在企業的環境 ESG 管理中，應遵守法律法規的要求，並參照國際標準的最佳實踐，以提高企業的環境 ESG 表現。法律法規和國際標準，在企業環境 ESG 管理中的應用主要包括：(a) 企業環境管理體系的建立和實施；(b) 企業環境績效的評估和改善；(c) 企業環境訊息的揭露和溝通。通過遵守法律法規和國際標準，企業可以有效地管理環境風險，提高環境績效，增強企業的社會責任形象。

3.5

環境 ESG 面臨的挑戰與對策

ESG 在當今全球面臨的重大挑戰中，扮演著關鍵的角色。實施環境 ESG 同樣面臨著眾多挑戰，這些挑戰不僅對企業而且對全球社會和環境都具有深遠的影響。有關環境 ESG 所面臨的挑戰，以及為了克服環境 ESG 面臨的挑戰，需要採取相對的對策，如下：

(1) 環境問題的複雜性和多樣性：環境問題涉及到經濟、社會、文化等多方面的因素，並呈現出複雜性和多樣性。例如，氣候變化是全球性的挑戰，需要全球各國共同應對；資源枯竭則是各個國家都面臨的問題，但其具體表現形式，因國情不同而有所差異。面對這個挑戰，可採行的參考對策為：(a) 加強對環境問題的科學研究和理解，提高對環境風險的識別和評估能力。(b) 制定更加綜合和全面的環境政策和法規，引導企業和社會各界共同應對環境問題。(c) 推動環境技術的創新和應用，降低環境保護的成本。

(2) 環境 ESG 的評估和揭露：環境 ESG 的評估和揭露，也是環境 ESG 面臨的挑戰之一。目前，環境 ESG 的標準和方法尚不完善，導致企業的環境績效難以準確評估。此外，企業的環境訊息揭露也存在不透明、不完整等問題。面對這個挑戰，可採行的參考對策為：(a) 建立統一的環境 ESG 評估標準和方法，提高評估結果的準確性和可比性。(b) 完善環境訊息揭露制度，要求企業定期揭露其環境績效訊息。(c) 加強對環境訊息揭露的監督和檢查，提高訊息揭露的透明度和可信度。

(3) 企業的環境責任感尚待提升：企業的環境責任感尚待提升是環境 ESG 面臨的另一個挑戰。一些企業仍將環境保護視為成本，缺乏環境責任意識。此外，一些企業在環境訊息揭露方面，存在主觀性，難以反映企業的實際情況。面對這個挑戰，可採行的參考對策為：(a) 提高企業的環境意識和責任感，引導企業積極履行環境保護義務。(b) 完善企業的環境管理制度，建立健全的環境績效考核體系。(c) 加強對企業環境保護工作的監督和指導，促進企業提高環境績效。

(4) 綠色轉型成本：綠色轉型是指企業從傳統生產方式向更加環保、低碳的生產方式轉變。這需要企業投入大量資金，購買新的設備、技術和原材料，並改造生產流程。綠色轉型成本的增加，會給企業帶來一定的財務壓力。一些企業可能會因為無法承擔綠色轉型成本而放棄轉型，從而影響環境保護的進程。面對這個挑戰，可採行的參考對策為：(a) 加大對綠色技術和設備的研發和推廣，降低綠色轉型的成本。(b) 完善綠色金融政策，為企業綠色轉型提供資金支持。(c) 鼓勵企業採取合作方式，共同降低綠色轉型的成本。

(5) 文化和價值觀差異：不同的文化和價值觀對環境保護有不同的看法和需求。例如，在一些文化中，環境保護被視為一種重要的社會價值，而另一些文化則認為環境保護只是一種成本。文化和價值觀差異，會影響企業的環境績效。面對這個挑戰，可採行的參考對策為：(a) 加強對不同文化和價值觀對環境保護的理解，制定符合不同文化和價值觀的環境政策和法規。(b) 推動環境教育，提高公眾對環境保護的意識和責任感。(c) 加強國際合作，共同應對環境問題。

(6) 法規和法律風險：隨著環境保護法規的不斷完善，企業面臨的監管壓力也在不斷加大。企業需要遵守複雜的環境法規，並接受政府的定期檢查。監管檢查和合規性會給企業帶來，一定的成本和負擔。企業需要投入大量人力和物力，來確保遵守環境法規。此外，企業也可能因違反環境法規而受到罰款或其他處罰。面對這個挑戰，可採行的參考對策為：(a) 加強對環境政策和法規的研究和解讀，提高企業合規管理能力。(b) 完善環境法律體系，加強對環境違法行為的懲罰力度。(c) 建立完善的環境風險管理體系，降低環境風險對企業的影響。

3.6
環境 ESG 的展望

雖然環境 ESG 面臨了許多挑戰，然而環境 ESG 的發展趨勢仍然是積極的。隨著社會對環境、社會和公司治理問題的關注度不斷提高，環境 ESG 將成為一種更加主流的投資方式。環境 ESG 可以幫助投資者降低投資風險、提高投資回報和實現永續發展。具體來說，環境 ESG 未來的發展趨勢，主要包括以下幾個方面：

(1) 投資者壓力的增加：在未來，投資者將繼續加大對 ESG 表現的要求，並將 ESG 納入其投資決策過程中。這種趨勢將迫使企業更多地關注其環境、社會和治理實踐，以滿足投資者和股東的期望。此外，機構投資者和資產管理公司也將推動 ESG 的普及，這將在全球范圍內加劇 ESG 投資的增長。

(2) 更嚴格的監管和法規：政府和監管機構，未來將採取更多的措施，以監管和規範企業的 ESG 實踐。這可能包括更嚴格的報告要求、碳排放配額和環境責任法律。這將迫使企業更加負責任地管理其環境風險，並推動環保法規的發展。

(3) 技術和創新的發展：技術和創新將在解決環境問題方面發揮關鍵作用。清潔技術、可再生能源和可持續農業等領域的發展，將提供更多解決方案，有助於減少碳排放、改善資源效率，以及保護生態系統。企業和投資者將在這些領域尋找投資機會。

(4) 綠色金融和 ESG 標準的擴展：綠色金融將繼續擴大，並推動 ESG 標準的發展。金融機構將提供更多的 ESG 相關產品和服務，例如綠色債券、可持續基金和 ESG 評級。這將為投資者提供更多的選擇，同時提高市場的透明度和流動性。

(5) 企業競爭力的提升：那些能夠在環境 ESG 方面取得領先的企業，未來將具有競爭優勢。他們將能夠吸引更多的投資、客戶和優秀人才，並提升其品牌形象和聲譽。這將激勵更多企業積極參與永續發展和環境保護。

(6) 國際合作的加強：環境問題是全球性的挑戰，需要國際社會的合作。未來，國際間的協作將更加密切，以應對氣候變化、生態保護和永續發展等問題。國際機構、政府和企業將共同努力，推動全球環境目標的實現。

(7) 資訊透明度和報告的提高：隨著對 ESG 的關注不斷增加，企業將更多地揭露其 ESG 表現和實踐。這將提高投資者和公眾對企業的信任，並促使企業更多地改善其表現。

思考問題

1. 環境 ESG 是指企業在哪些方面的表現？
2. 良好的環境 ESG 表現可以給企業帶來哪些好處？
3. 環境 ESG 與永續發展之間存在哪些關係？
4. 環境 ESG 評估存在哪些挑戰？
5. 隨著社會對環境永續發展，環境 ESG 投資將會呈現什麼趨勢？
6. 環境 ESG 對企業有哪些好處？
7. 企業可以採取哪些措施來改善環境 ESG 表現？
8. 環境 ESG 對社會和經濟有哪些好處？
9. 面臨環境 ESG 的評估和揭露的挑戰時，可能的作為是？
10. 有關環境透明度指標中，需要特別注意哪些因素？
11. 環境 ESG 具有重要的相關的國際標準，有哪些？
12. 法律法規和國際標準在環境 ESG 管理中，具有甚麼關係？

CHAPTER 4

氣候變化和碳排管理

科學家目前已經清楚地證明，人類活動，特別是化石燃料的燃燒和森林砍伐等，導致了大氣中溫室氣體濃度的上升，進而引發了氣候變化。這種氣候變化對生態系統、社會和經濟造成了極大的威脅。因此，溫室氣體減量成為國際社會和各國政府的關鍵目標，也是 ESG 中有關環境議題的核心項目，而這個議題的克服與解決，是仰賴於全人類，對於二氧化碳排放的減少與約制。

4.1 氣候變化概述

氣候變化，指的是地球長期氣象和氣候模式的持續變化，特別是在溫度、降水、風和其他氣象要素方面的變化。氣候變化不僅包括自然引起的氣候變化，還包括由人類活動引起的氣候變化，這種由人類活動引起的氣候變化被稱為人為氣候變化（如圖 4.1【參考文獻 13】、4.2【參考文獻 14】所示。在 20 世紀開始，地球氣候系統的劇烈改變，包括平均氣溫、降雨量、風向等，已逐漸威脅到人類的生存。雖然氣候變化，似乎是地球氣候系統的自然變化，但在過去幾個世紀，由於人類活動排放的溫室氣體，導致地球氣候系統變化速度加快，並出現了一些前所未有的氣候異常現象，對地球環境和人類社會都產生了重大影響。

氣候變化的成因主要有以下幾點：

(1) 人類活動排放的溫室氣體：氣候變化的主要原因之一是人類活動，特別是過度使用化石燃料（如石油、天然氣和煤炭），這導致大氣中二氧化碳（CO_2）等溫室氣體的排放增加。這些溫室氣體能夠吸收和保留地球上的熱量，使得地球表面溫度升高，這種現象是全球變暖的主因。其他人為因素還包括森林砍伐、工業過程、農業活動和城市化。

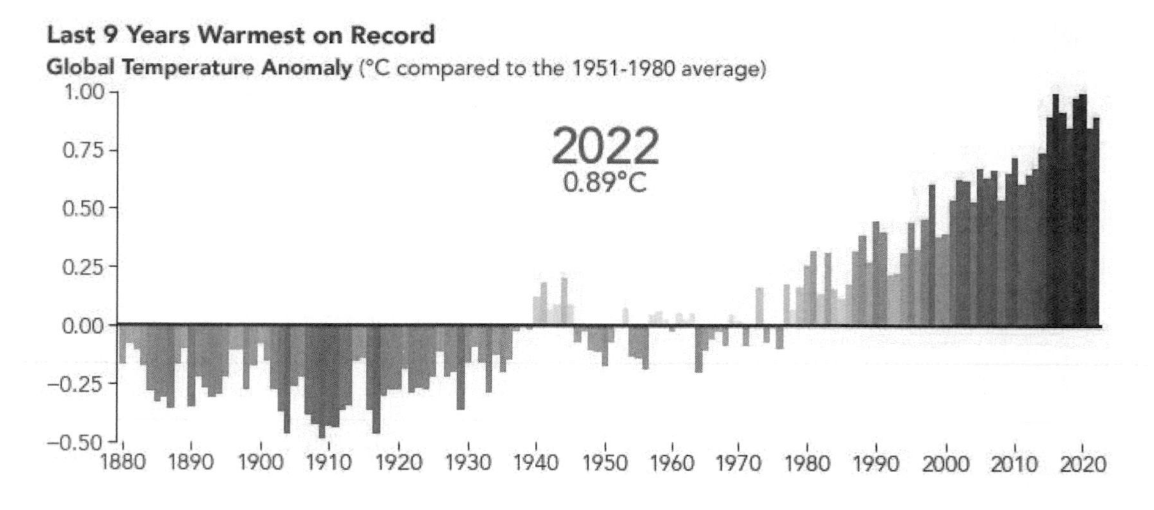

圖 4.1 全球氣溫變化趨勢 (NASA)

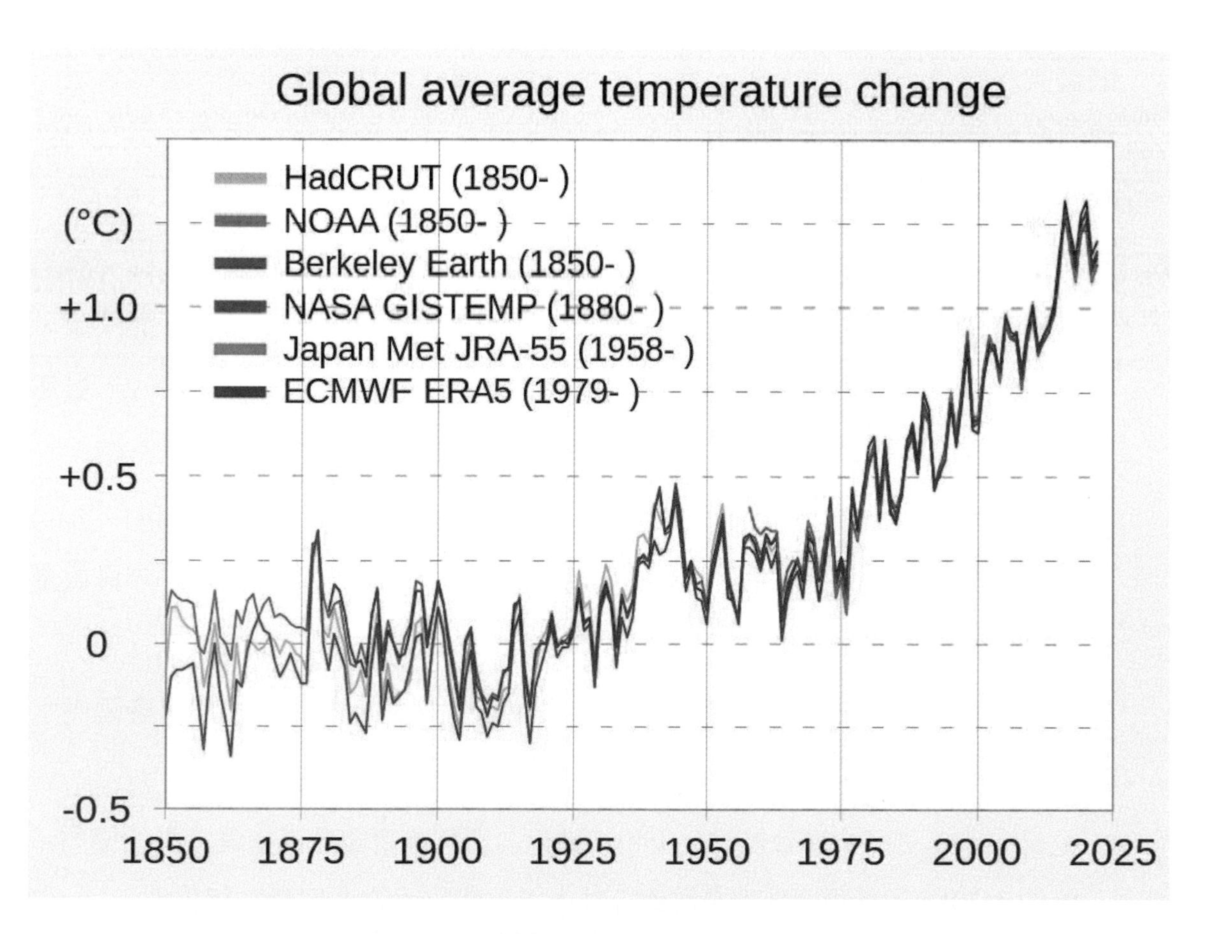

圖 4.2 世界權威機構發布的氣溫變化

(2) 太陽活動：太陽活動的變化也會影響地球氣候。太陽活動對地球的磁場有明顯的影響。在太陽活動高峰期，地球磁場會變得更加活躍，磁暴的頻率也會增加。磁暴會干擾地球的電力網絡和通訊系統，甚至會影響衛星的運行。在太陽活動高峰期，地球的溫度會略有上升。這是因為太陽活動，會增加地球大氣中的臭氧含量，臭氧可以吸收太陽的紫外線，導致地球溫度升高。雖然，太陽活動的變化是一種自然現象，但人類活動也可能會影響太陽活動。例如，人類活動排放的溫室氣體，會導致太陽表面的黑子數量增加【參考文獻 15】。

(3) 火山活動：火山活動可以導致氣候變化。火山噴發會向大氣中排放大量的物質，包括二氧化碳、硫酸鹽氣溶膠 (aerosol)、水蒸氣等。這些物質會對地球的氣候產生影響。二氧化碳是一種溫室氣體，會吸收太陽輻射，導致地球溫度升高。硫酸鹽氣溶膠是一種反射氣體，會反射太陽光，導致地球溫度下降。水蒸氣是一種溫室氣體，會吸收太陽輻射，導致地球溫度升高。因此火山爆發，引起的氣候異常狀況，如表 4.1。

(4) 自然災害：除了火山爆發外，來自其他的自然災害，也會影響地球氣候。自然災害對氣候變化的影響是複雜的，取決於災害的類型、規模和強度。一般來說，大型自然災害可能會對地球氣候產生重大影響，但其影響通常是短期的。自然災害可以通過以下幾種方式影響地球氣候：

A. 森林火災：森林火災會釋放大量二氧化碳，導致全球氣溫升高。例如，2019 年澳大利亞森林大火釋放了約 4.2 億噸二氧化碳，相當於澳大利亞一年排放量的 10%。

B. 洪水：洪水會釋放甲烷，甲烷是一種強效溫室氣體。例如，2011 年泰國洪水釋放了約 100 萬噸甲烷。

C. 乾旱：乾旱可能會導致森林火災和沙漠化，這些都會導致溫室氣體排放增加。例如，2018 年美國西部乾旱導致森林火災，釋放了約 8 億噸二氧化碳。

表 4.1 火山爆發引起的氣候異常

影響	說明	實例
溫室效應	火山噴發會向大氣中排放大量的二氧化碳，這些二氧化碳會吸收太陽輻射，導致地球溫度升高。	1815 年坦博拉火山噴發，向大氣中排放了大量二氧化碳，導致全球氣溫下降約攝氏 1.3 度，並造成全球性糧食欠收。
反射效應	火山噴發會釋放大量的硫酸鹽氣溶膠，這些氣溶膠會反射太陽光，導致地球溫度下降。	1991 年皮納圖博火山噴發，向大氣中釋放了大量硫酸鹽氣溶膠，導致全球氣溫下降約 0.5 攝氏度，並造成全球性降雨量減少。
雲量	火山噴發會影響雲的形成和分布，從而影響地球的輻射平衡。	2010 年冰島艾雅法拉冰蓋（冰島語：Eyjafjallajökull) 火山噴發，向大氣中釋放了大量火山灰，導致雲層變厚，全球平均氣溫下降約攝氏 0.1 度。
降雨量	火山噴發可能會導致降雨量增加或減少。	1991 年皮納圖博火山噴發後，菲律賓呂宋島的降雨量減少了約 20%。

氣候變化，對地球環境和人類社會都產生了重大影響，包括兩部分：

(1) 氣候變化對地球環境的影響：

A. 全球氣溫升高：自工業革命迄今，全球平均氣溫上升了約攝氏 1.1 度。氣溫升高導致海平面上升、冰川融化、極端天氣事件頻發等一系列問題。

B. 海平面上升：由於海水受熱膨脹和冰川融化，海平面正在上升。海平面上升可能會淹沒沿海地區，影響人類居住和經濟活動。

C. 冰川融化：全球冰川正在迅速融化。冰川融化可能會導致水資源短缺、海平面上升等問題。

D. 極端天氣事件頻發（如圖 4.3【參考文獻 16】）：氣候變化導致極端天氣事件，如熱浪、乾旱、洪水、颱風等頻發。極端天氣事件可能會造成人員傷亡、財產損失和環境破壞。

E. 海洋酸化：海洋吸收了大量的二氧化碳，導致海洋酸化。海洋酸化可能會影響海洋生物的生存。

F. 生物多樣性下降：氣候變化會導致物種滅絕，破壞生物多樣性。

G. 人類健康受損：氣候變化會嚴重影響人類的健康問題，包含呼吸道疾病與身心健康。

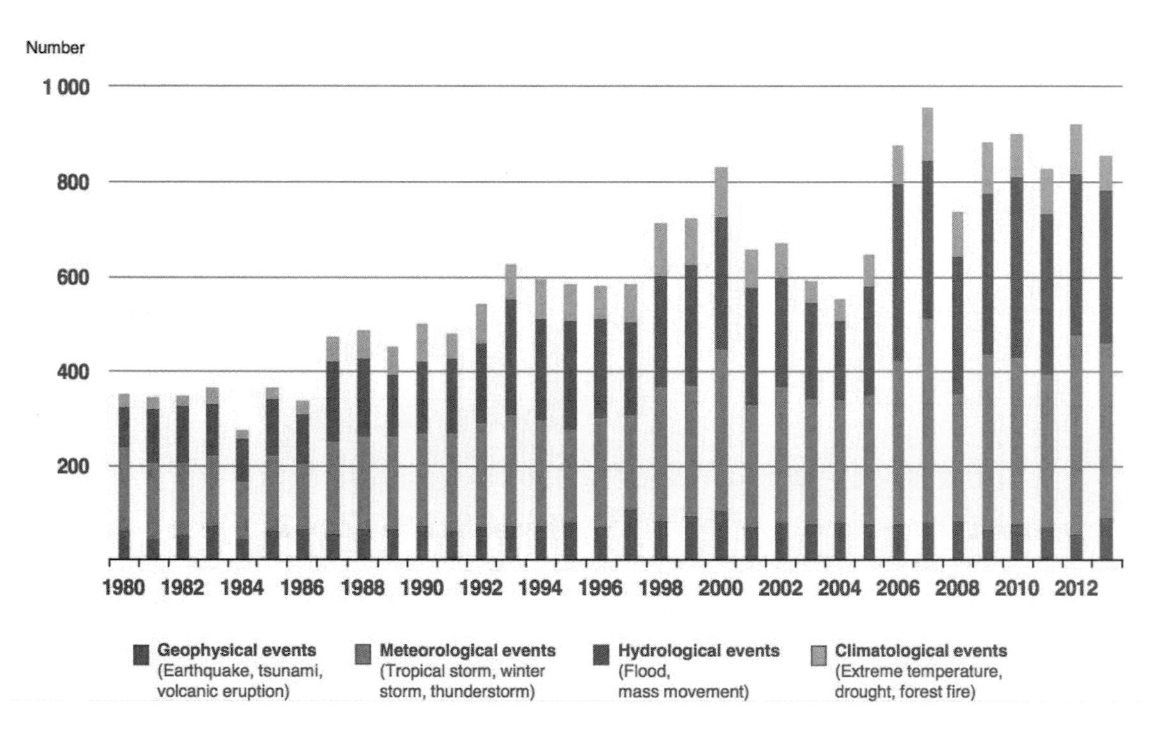

圖 4.3 氣候變遷造成極端天氣的趨勢

(2) 對人類社會的影響：

A. 糧食安全：氣候變化可能會導致糧食產量下降，影響糧食安全。氣候變遷對糧食安全的具體影響包括：(a) 作物產量減少：氣候變遷導致的溫度上升、降雨模式改變、極端天氣事件頻率增加等，將影響作物的生長和產量。(b) 作物品質下降：氣候變遷還將導致作物品質下降。例如，溫度上升將導致穀物蛋白質含量降低，營養價值降低；降雨模式改變將導致作物營養元素含量不均衡，影響作物食用品質。(c) 糧食供應減少：氣候變遷還將導致糧食供應減少。例如，海平面上升將淹沒沿海農田，導致糧食產量減少；氣候變遷導致的極端天氣事件將破壞農田基礎設施，導致糧食供應中斷。

B. 水資源安全：氣候變化可能會導致水資源短缺，影響水資源安全。氣候變遷對水資源安全的具體影響包括：(a) 水資源可用性減少：氣候變遷導致的溫度上升、降雨模式改變、極端天氣事件頻率增加等，將影響水資源的可用性。(b) 水資源品質下降：氣候變遷還將導致水資源品質下降。例如，溫度上升將導致水中微生物繁殖，導致水質惡化；降雨模式改變將導致水體污染物濃度增加，導致水質惡化。

C. 人類健康：氣候變化可能造成熱浪、水災、酷寒，導致傳染病、食物中毒影響人類健康。直接影響包括：(a) 熱傷害：氣候變遷導致的溫度上升，將導致熱傷害的發生率和嚴重程度增加。(b) 傳染病：氣候變遷導致的溫度上升和降雨模式改變，將為傳染病的傳播提供有利條件。(c) 極端天氣事件：氣候變遷導致的極端天氣事件，如洪澇、乾旱、風暴等，將導致人員傷亡、財產損失和疾病的發生。另外，間接影響包括：(a) 糧食安全：氣候變遷導致的糧食產量減少和供應不穩定，將影響人們的飲食和營養水平，進而影響健康。(b) 水資源安全：氣候變遷導致人們的飲用水安全和衛生條件，進而影響健康。(c) 氣候災害：氣候變遷導致的氣候災害將導致人員傷亡、財產損失和社會動盪，進而影響人們的心理健康。

D. 經濟影響：氣候變化可能會導致經濟損失，影響經濟發展。如熱浪、乾旱、洪澇、颱風等，會直接造飲用水與食物短缺、電力供應中斷、交通運輸中斷等基礎設施損壞，造成相關經濟活動中斷或崩潰，影響國家與地區的經濟發展與穩定。

E. 社會穩定：氣候變化可能會導致移民、政治衝突等，影響社會穩定。氣候變遷導致的極端天氣事件，直接引起社會動盪，基礎設施損壞、經濟損失等，引起社會不安情緒、社會矛盾激化、社會秩序混亂與社會恐慌情緒。

氣候變化是人類面臨的重大挑戰。雖然氣候變化的原因很多，但是人類活動所造成的溫室氣體排放（包含二氧化碳、甲烷、一氧化二氮、氟氯碳化物等），其中尤其是 CO_2 的大量排放，已確認是最大的元兇。二氧化碳的排放（如圖 4.4 所示[參考文獻 17]），是全球氣候變化的主因；這些氣體雖然在自然界中亦有存在，但人類活動導致了溫室氣體排放的急遽增加。自工業革命以來，全球平均氣溫上升，主要歸因於人類活動排放的溫室氣體。

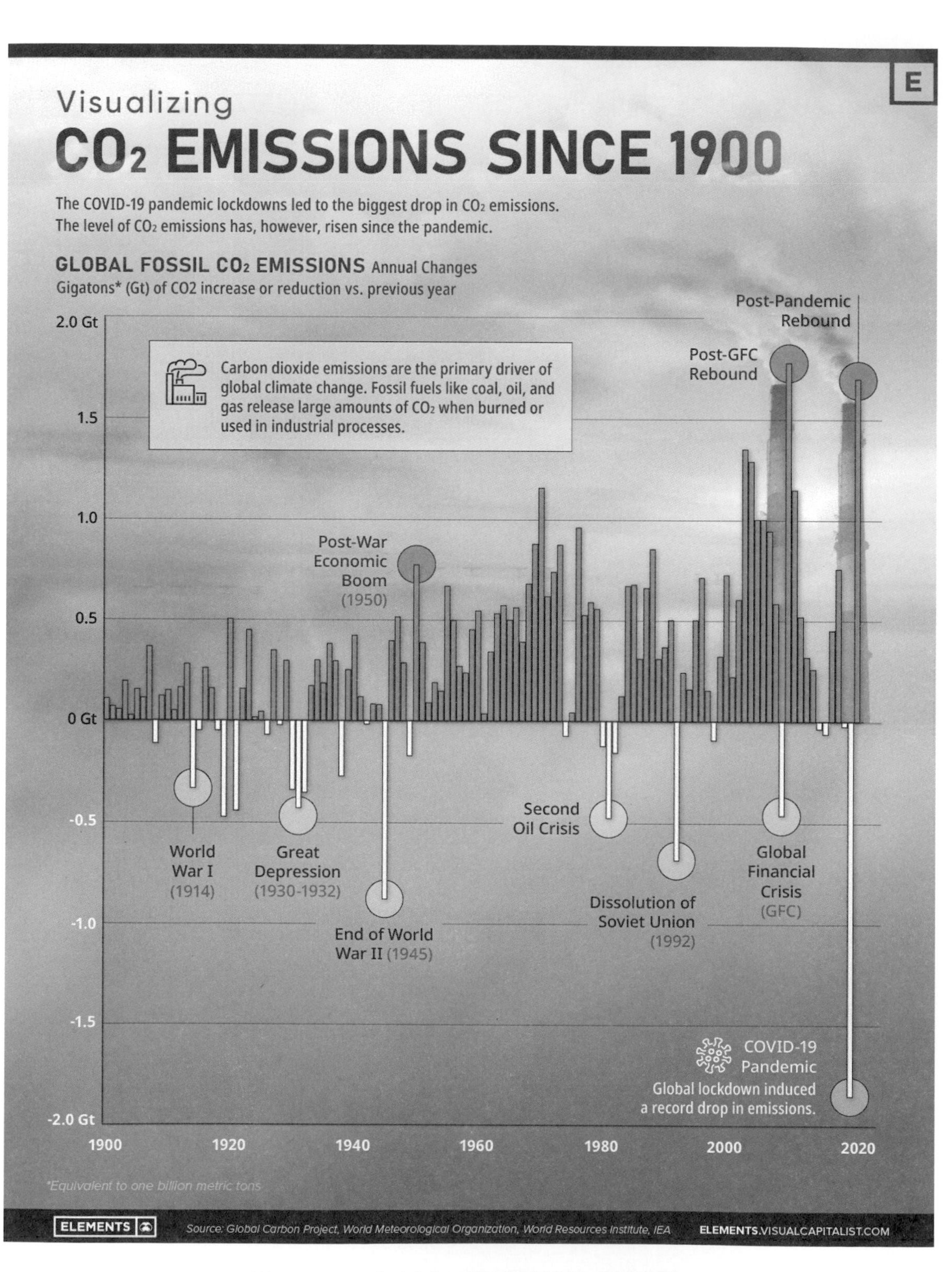

圖 4.4 1900 年以來二氧化碳排放量的變化

4.2

溫室氣體效應

溫室氣體效應，是指大氣中的溫室氣體吸收太陽輻射中的一部分紅外線，並將其重新輻射回地球表面，從而使地球表面溫度升高的效應。地球大氣中的溫室氣體主要包括二氧化碳、甲烷、氧化亞氮、氫氟碳化物、全氟化碳和六氟化硫等。這些溫室氣體具有較強的紅外吸收能力，可以吸收太陽輻射中的一部分紅外線。太陽輻射中的大部分能量都是可見光和近紅外線，這些波長的輻射可以穿透大氣層到達地球表面。地球表面吸收太陽輻射後，會向外輻射紅外線。

溫室氣體吸收了地球表面輻射的紅外線後，會重新輻射回地球表面。這部分紅外線會被地球表面再次吸收，從而使地球表面溫度升高。溫室氣體效應，其實也是地球能夠維持適宜生命存在的溫度的一個重要因素。如果沒有溫室氣體效應，地球表面的平均溫度將會比現在低約攝氏 30 度。然而，人類活動排放大量溫室氣體，導致大氣中的溫室氣體濃度增加，從而加劇了溫室氣體效應。這一現象被稱為全球暖化，它可能會導致一系列嚴重的問題，包括海平面上升、極端天氣事件頻發等。

地球環境中，溫室氣體的來源分為自然來源和人為來源。自然界的溫室氣體排放主要來自以下幾個方面：火山活動會釋放大量二氧化碳、甲烷和硫化氫等溫室氣體。海洋中的植物和動物會釋放甲烷和氧化亞氮等溫室氣體。森林中的樹木會吸收二氧化碳，但當森林被雷電引起火災燃燒時，會釋放大量二氧化碳。樹木死亡時，亦將失去吸收二氧化碳的功能，破壞了大氣中二氧化碳的循環（如圖 4.5【參考文獻 18】）。

溫室氣體的另一個來源是：人為來源。人類活動排放的溫室氣體主要來自以下幾個方面：能源消耗：燃燒化石燃料（如煤炭、石油和天然氣）會產生大量二氧化碳。農業活動：畜牧業會產生大量甲烷，農業活動亦會產生氧化亞氮等。工業活動：一些工業過程會產生氫氟碳化物、全氟化碳和六氟化硫等溫室氣體（有關這 7 類溫室氣體的說明，如表 4.2 所示）。

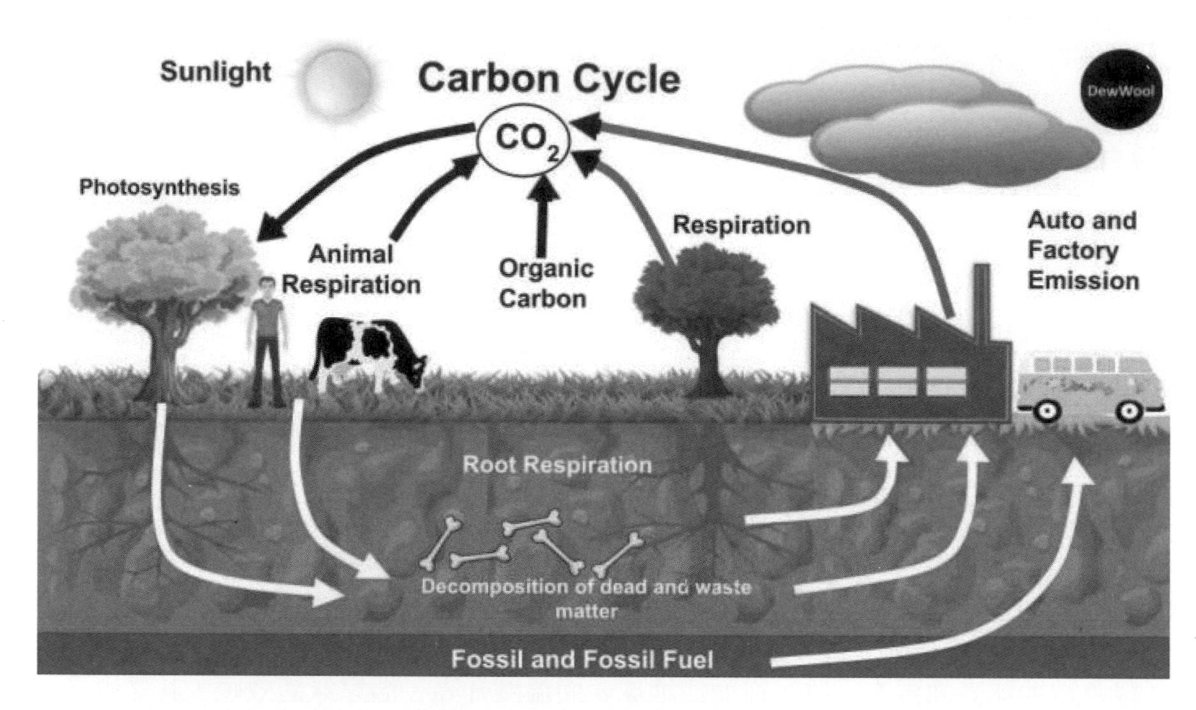

圖 4.5 大氣中二氧化碳的循環

表 4.2 溫室氣體的來源與 GWP[9]

溫室氣體	來源	GWP
二氧化碳（CO_2）	燃燒化石燃料、森林砍伐、工業活動等	1
甲烷（CH_4）	畜牧業、濕地、垃圾填埋場等	25
氧化亞氮（N_2O）	農業活動、工業活動等	298
氫氟碳化物（HFCs）	製冷、空調、發泡劑等	143-11,700
全氟化碳（PFCs）	製冷、空調、發泡劑等	6,500-9,200
六氟化硫（SF_6）	電力、電子等	23,900
氟氯碳化物（CFCs）	製冷、空調、發泡劑等	143-11,700

[9] GWP 是全球暖化潛能（Global Warming Potential）的縮寫，是衡量不同溫室氣體溫室效應強度的單位。GWP 值越高，溫室效應越強。GWP 的計算方法是：GWP = (100 年內 X 種溫室氣體所造成的溫室效應）/(100 年內同等質量二氧化碳所造成的溫室效應）。

根據聯合國氣候變化框架公約（UNFCCC），將溫室氣體分為以下 7 類，

(1) 二氧化碳（CO_2）：二氧化碳是目前大氣中含量最多的溫室氣體，約佔總量的 76%。二氧化碳主要來自燃燒化石燃料、森林砍伐和其他人為活動。

(2) 甲烷（CH_4）：甲烷是一種強效的溫室氣體，其全球暖化潛能是二氧化碳的 25 倍。甲烷主要來自畜牧業、濕地、垃圾掩埋場和其他人為活動。

(3) 氟氯碳化物（CFCs）：氟氯碳化物是一種人工合成的溫室氣體，其全球暖化潛能是二氧化碳的 143-11,700 倍（CFCs 的 GWP 值主要取決於其化學結構和分子量），氟氯碳化物主要用於製冷、空調、發泡劑和其他工業應用。

(4) 氧化亞氮（N_2O）：氧化亞氮是一種強效的溫室氣體，其全球暖化潛能是二氧化碳的 298 倍。氧化亞氮主要來自農業活動、工業活動和其他人為活動。

(5) 氫氟碳化物（HFCs）：氫氟碳化物是一種人工合成的溫室氣體，其全球暖化潛能是二氧化碳的 143-11,700 倍 (HFCs 的 GWP 值主要取決於其化學結構和分子量），氫氟碳化物主要用於製冷、空調、發泡劑和其他工業應用。

(6) 全氟化碳（PFCs）：全氟化碳是一種人工合成的溫室氣體，其全球暖化潛能是六氟化硫的 6,500-9,200 倍 (PFCs 的 GWP 值主要取決於其化學結構和分子量），全氟化碳主要用於製冷、空調、發泡劑和其他工業應用。

(7) 六氟化硫（SF_6）：六氟化硫是一種人工合成的溫室氣體，其全球暖化潛能是二氧化碳的 23,900 倍。六氟化硫主要用於電力、電子和其他工業應用。人類活動排放溫室氣體的主要來源（如圖 4.6 所示之比例）。包含燃燒化石燃料、森林砍伐、和農業等。

為了應對氣候變化，我們需要採取措施減少溫室氣體排放，並提高對氣候變化的適應能力。其中減少溫室氣體排放的措施，可採用：(a) 減少化石燃料的使用。(b) 發展可再生能源。(c) 提高能源效率。(d) 減少森林砍伐。(e) 改變農業生產方式；另外在提高對氣候變化的適應能力，可採用：(a) 加強海岸防禦。(b) 提高水資源管理。(c) 研發抗旱作物。(d) 建立氣候變化應對機制。

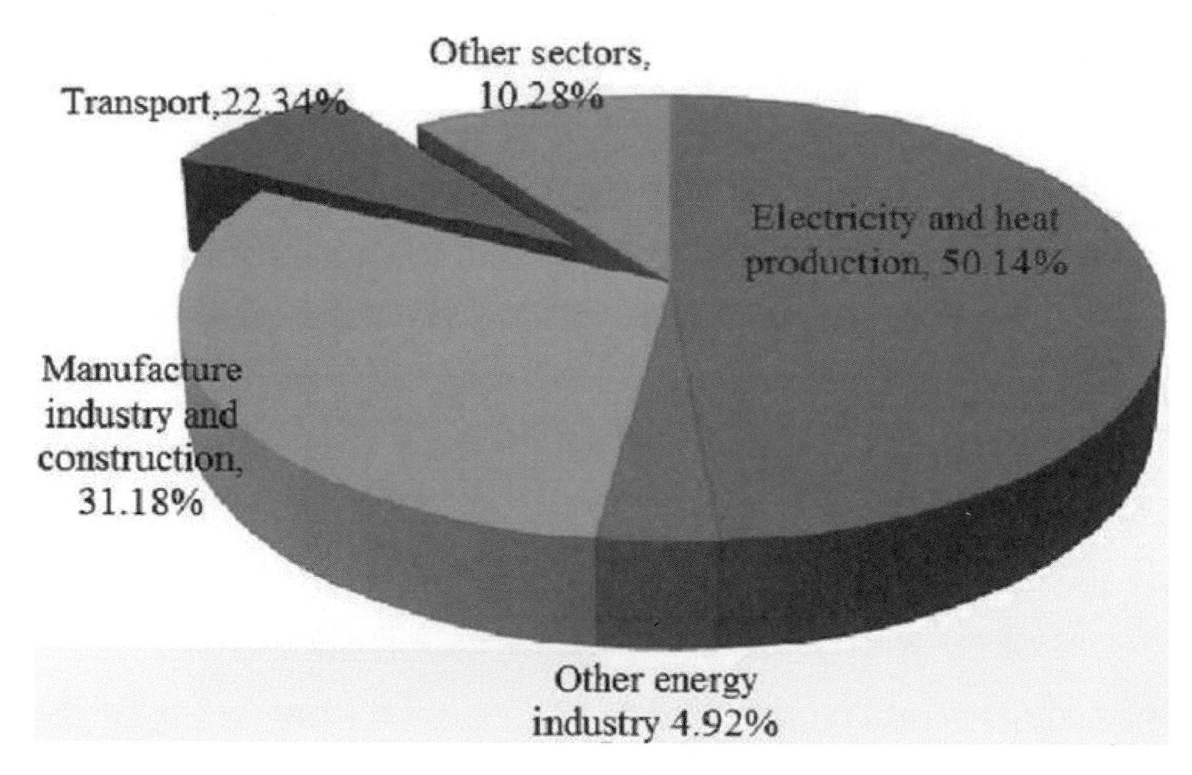

圖 4.6 不同行業二氧化碳的排放比（美國 EPA)

溫室氣體排放是 ESG（環境、社會、公司治理）的一個重要指標，因為溫室氣體排放是氣候變化的主因。氣候變化對環境和社會造成了一系列負面影響，也威脅到全球永續的發展。隨著全球對氣候變化的關注日益增加，企業減少溫室氣體排放的趨勢與作為，將會更加受到重視。企業應積極減少溫室氣體排放，以履行其 ESG 責任。

4.3
碳排管理的目標和原則

企業是溫室氣體排放的重要來源，據統計，全球企業排放的溫室氣體約占全球總排放量的 20%【參考文獻 19】。因此，企業應積極採取措施，減少溫室氣體排放，為應對氣候變化做出貢獻，也是企業履行社會責任的重要體現。碳排管理的目標是減少溫室氣體排放，以應對氣候變化，企業對其溫室氣體排放進行計量、管理、控制和報告的過程，可以有效的降低碳排。

碳排管理的原則是指企業在進行碳排管理時，應遵循的指導方針，以確保碳排管理工作，能夠有效地實施，並達到預期的目標。這些原則，可作為進行排放管理時，重要遵循的依據：

(1) 科學性：科學性是碳排管理的首要原則，碳排管理的目標和措施應基於科學研究和數據分析，才能確保其有效性和可靠性。例如，企業在制定碳排放目標時，應充分考慮自身的碳排放情況和全球減排目標，並根據科學研究結果制定切實可行的目標。例如，企業可以聘請專業的碳排管理顧問，協助其制定符合科學原則的碳排管理計畫。

(2) 可行性：可行性是碳排管理的另一個重要原則，碳排管理的目標和措施應切實可行，並符合企業的實際情況。企業在制定碳排管理計畫時，應充分考慮自身的資源、技術和能力，避免制定過於理想化的目標或措施。企業可以從小規模的減排措施開始，逐步擴大減排範圍。

(3) 永續性：永續性是碳排管理的最終目標，碳排管理的目標和措施應具有永續性，並能夠長期有效地減少溫室氣體排放。企業在制定碳排管理計畫時，應考慮到長期的發展目標，並採取措施減少溫室氣體排放的根本性問題。企業可以採取能源效率提升、可再生能源利用等措施，減少溫室氣體排放的根本性問題。

碳排放管理的主要目標，是降低各種溫室氣體的排放，以應對氣候變化並減緩其不利影響。以下是碳排放管理的主要目標：(a) 減少碳排放：碳排放管理的核心目標，是減少人類活動所排放的溫室氣體，特別是 CO_2 的排放。這涉及到減少能源生產和使用、工業過程中的碳排放，以及遏制森林砍伐等造成碳釋放的活動。(b) 實現碳中和：另一個重要目標是實現碳中和，即減少碳排放的同時，通過森林碳吸收、碳捕捉和儲存技術等手段，將排放的碳累積減至零甚至負值。這可以通過植樹、碳儲存技術和可持續農業等方式實現。(c) 達到國際氣候協議目標：碳排放管理的一個重要目標，是支持國際氣候協議，如巴黎協議 [10] 中設定的目標。各國通過減少碳排放，確保全球平均氣溫上升控制在可接受的範圍內，以減緩極端氣候事件的發生。(d) 促進永續發展：碳排放管理不僅關乎氣候，還關乎經濟和社會的永續發展。通過改進能源效率、促進清潔能源以及創造低碳經濟機會，碳排放管理可以促進經濟增長，同時減少對自然資源的壓力。

在執行的時間區分上，大眾或是企業可以訂立，屬於自己的減碳目標，讓減碳工作是可執行和有效果的持續。因此，需要制定循序漸進的時程規劃。

(1) 短期目標：在短期內，企業可以通過採取各種措施，減少溫室氣體排放，並達到國家或行業的減排目標。一般而言，短期目標是指在一定時間內（通常為 1-5 年）能夠實現的碳排放管理目標。短期目標的制定應以行業的減排目標為參考，並考慮企業自身的情況和能力。有關短期的目標，可以參考下述：

A. 能源效率提升：通過提高能源利用效率，以及減少能源消耗，從而減少溫室氣體排放。例如，企業可以對生產設備進行更新，提高能源效率；可以使用節能型照明和空調設備；可以推廣綠色通勤等。

[10] 巴黎協議是《聯合國氣候變化框架公約》的附件，於 2015.12.12 在法國巴黎舉行的第 21 屆聯合國氣候變化綱要公約締約方大會上通過，並於 2016.11.4 日生效。巴黎協議是全球首個具有約束力的全球氣候變化協議，旨在將全球平均氣溫升幅控制在工業化前水平以上低於 2℃之內，並努力將氣溫升幅限制在工業化前水平以上 1.5℃之內。(https：//unfccc.int/)

B. 可再生能源利用：通過使用可再生能源，以及減少對化石能源的依賴，從而減少溫室氣體排放。例如，企業可以安裝太陽能或風力發電系統，生產自用電力；可以使用可再生能源替代化石能源，例如使用氫燃料電池汽車等。

C. 低碳產品和服務：通過開發和推廣低碳產品和服務，以及減少產品和服務的碳足跡。例如，企業可以開發節能家電、新能源汽車等低碳產品；可以提供綠色物流、綠色金融等低碳服務。

(2) 中期目標：在中期內，企業可以通過持續改進，進一步減少溫室氣體排放，並朝著淨零排放的目標邁進。中期目標是指在一定時間內（通常為 5-10 年）能夠實現的碳排放管理目標，中期目標的制定應以短期目標為基礎，並考慮企業自身的發展目標和能力。有關中期的目標，可以參考下述：

A. 能源效率提升：通過持續改進能源利用效率，進一步減少能源消耗，從而減少溫室氣體排放。例如，企業可以對生產設備進行升級改造，提高能源效率；可以使用更先進的節能技術；可以推廣智能化管理等。

B. 可再生能源利用：通過增加可再生能源的使用比例，進一步減少對化石能源的依賴，從而減少溫室氣體排放。例如，企業可以投資建設大型可再生能源項目；可以與可再生能源企業合作，購買可再生能源電力；可以開發和推廣可再生能源應用技術等。

C. 低碳產品和服務：通過開發和推廣更低碳的產品和服務，減少產品和服務的碳足跡。例如，企業可以開發和推廣零碳產品和服務；可以將低碳產品和服務作為核心競爭力；可以推動供應鏈的低碳化等。

(3) 長期目標：在長期內，企業可以通過技術創新和產業轉型，實現碳中和，為保護環境做出更大的貢獻。長期目標是指在一定時間內（通常為 10 年以上）能夠實現的碳排放管理目標。長期目標的制定應以中期目標為基礎，並考慮企業自身的發展目標、技術進步和政策支持。有關長期的目標，可以參考下述：

A. 能源效率提升：通過持續改進能源利用效率，並採用先進的節能技術，實現能源零浪費。例如，企業可以採用人工智能、物聯網等技術，實現能源的智能化管理；可以開發和推廣新一代能源利用技術，例如氫能、太陽能等。

B. 可再生能源利用：通過大規模開發利用可再生能源，實現能源的全面低碳化。例如，企業可以投資建設大型可再生能源項目，例如海上風電、太陽能發電等；可以與可再生能源企業合作，購買可再生能源電力；可以開發和推廣可再生能源應用技術。

C. 低碳產品和服務：通過開發和推廣零碳產品和服務，實現產品和服務的全面低碳化。例如，企業可以開發和推廣零碳產品和服務；可以將低碳產品和服務作為核心競爭力；可以推動供應鏈的低碳化。

在訂定碳排放目標時，可以採用絕對減排目標（承諾在一定時間內，將溫室氣體排放量減少到一定水平）、相對減排目標（承諾在一定時間內，將溫室氣體排放量，相對於基線水平減少到一定水平）、或是碳中和目標（承諾在一定時間內，實現溫室氣體排放的淨零）。在這些目標的預期、支持與激勵中，讓碳減排的逐漸達成。

4.4

減少碳排的措施與管理

實施減少碳排放的措施，是減少氣候變化的直接貢獻，透過有效的碳管理，才能落實碳減排的實現。碳管理的目標是減少碳排放，減少碳排措施，是實現碳管理目標的必要手段。碳管理是減少碳排措施的有效保障程序，可以幫助企業和個人，更好地制定和實施減少碳排措施，提高減碳效果。

減少碳排措施可以分為以下幾類：

(1) 能源效率提升：通過持續改進能源利用效率，並採用先進的節能技術，實現能源零浪費。例如，可以採用人工智能、物聯網等技術，實現能源的智能化管理；可以開發和推廣新一代能源利用技術。工業部門可以通過改進生產過程、減少廢物和優化供應鏈，減少碳排放。

(2) 可再生能源利用：通過大規模開發利用可再生能源，實現能源的全面低碳化。例如，可以投資建設大型可再生能源項目，例如海上風電、太陽能發電等；可以與可再生能源企業合作，購買可再生能源電力；可以開發和推廣可再生能源應用技術。

(3) 低碳產品和服務：低碳產品和服務是指在生產、使用和回收過程中，能夠減少溫室氣體排放的產品和服務。低碳產品和服務的發展是應對氣候變化的重要手段之一，可以減少碳排放，保護環境，通過開發和推廣零碳產品和服務，實現產品和服務的全面低碳化。例如，可以開發和推廣零碳產品和服務；可以將低碳產品和服務作為核心競爭力；可以推動供應鏈的低碳化。

(4) 運輸的低碳選擇：交通方式的選擇，是減少碳排放的重要措施之一。自用車是目前全球交通運輸排放的主要來源，因此減少汽機車使用，多利用大眾運輸、自行車等綠色交通方式，可以有效減少碳排放。

(5) 日常生活方式的改變：減少一次性用品的使用、減少肉類消費、減少浪費以減少碳排放。日常生活方式的改變雖然看似微小，但如果人人都做出改變，就會產生巨大的影響，每個人都可以從自身做起，為應對氣候變化做出貢獻。

(6) 碳捕捉和儲存（CCS）技術：碳捕捉和儲存（Carbon Capture and Storage，CCS）技術是一種將化石燃料燃燒或工業生產過程中排放的二氧化碳，從排放源中捕獲、壓縮和注入地層深處進行長期封存的技術。CCS 技術可以有效減少二氧化碳的排放，是應對氣候變化的重要手段之一。碳捕捉和儲存技術可以捕捉工業過程中產生的碳排放，然後將其安全儲存地下，避免其釋放到大氣中。

(7) 植樹和森林保護：森林具有吸收二氧化碳的能力，因此保護現有森林、重新植樹和森林管理可以幫助減少碳排放，這種方法被稱為碳匯[11]。植樹和森林保護具有吸收二氧化碳、釋放氧氣、淨化空氣、調節氣候和提供棲息地等優點。

(8) 積極實施碳盤查：碳盤查是指對企業或組織的溫室氣體排放和吸收情況，進行量化和評估的過程。碳盤查是應對氣候變化的重要手段，可以幫助企業和組織了解自身的碳排放情況，制定和實施減碳措施，為制定減碳目標和計畫提供依據，並能有效評估減碳的效果，為進一步達到減碳提供指導。

(9) 政府政策和法規：政府可以制定環保政策和法規，推動碳減排，並提供激勵措施，如稅收減免或獎勵計畫。政府政策和法規的制定和實施，需要考慮到經濟、社會和環境等因素的平衡，可以通過多種方式，提高政策和法規的有效性，包括：完善政策和法規的制定和實施機制、加強政策和法規的宣傳和教育和提供政策和法規的配套措施。

(10) 碳教育和宣傳：提高公眾對碳排放和氣候變化的認識，鼓勵人們減少碳排放的行為，並支持可持續生活方式。碳教育和宣傳是應對氣候變化的重要手段。通過碳

[11] 碳匯（carbon sink）是儲存二氧化碳的天然或人工「倉庫」，地球是儲存二氧化碳的天然倉庫（包含森林、海洋、土壤）。碳匯可經由認證，轉換為碳權。

教育和宣傳，可以提高公眾的氣候變化意識，促進公眾參與氣候變化行動。碳教育和宣傳的內容可包括：氣候變化的成因、影響和應對措施等科學知識；碳排放的概念和影響，包含碳排放的計算方法、碳足跡的概念等；減碳的措施和方法，包括節能減排、可再生能源、植樹造林的重要等。

(11) 企業 ESG 管理：企業可以制定 ESG 策略，並積極參與氣候變化和碳減排的行動。這包括報告碳排放、設定減排目標，以及參與碳抵消計畫。企業 ESG 管理與氣候變化是相互促進的關係。通過 ESG 管理，企業可以減少溫室氣體排放，為應對氣候變化做出貢獻。同時，應對氣候變化也將推動企業 ESG 管理的發展，促進企業永續發展。

(12) 國際合作：碳排放是一個全球性問題，需要國際社會的協作。國際合作可以幫助各國，通過國際合作，分享訊息和技術，共同開發和推廣低碳技術。各國亦可以通過國際合作，協調政策和行動，避免各自為政，形成合力。應對氣候變化需要大量的資金和資源，藉由國際合作可以幫助各國籌集資金和資源，共同應對氣候變化。

總體來說，減少碳排放的措施是多種多樣的，需要跨學科的協作和持續的努力，以實現全球碳減排目標並應對氣候變化。這些措施不僅有助於保護環境，還可以帶來經濟和社會的益處。

另外，有效的管理碳排，是實現碳減排的重要實施工具。管理碳排放，可以從以下為之。

(1) 建立健全的碳排管理體系：企業或組織應建立健全的碳排管理體系，包括碳排管理目標、政策、流程、制度等。建立健全的碳排管理體系，是應對氣候變遷的重要措施之一，可以有效掌握碳排放情況，推動企業和社會各界減排，為實現碳達峰碳中和目標奠定基礎。

(2) 完善的碳排數據管理：企業或組織應完善碳排數據管理，包括碳排數據的收集、存儲、分析和報告等。唯有定期進行碳盤查，才能了解企業的碳排放情況。完善的碳排數據管理，是建立健全碳排管理體系的重要基礎，也是碳排管理的核心，準確的碳排數據是制定有效減排政策和措施的基礎。

(3) 有效的碳排減量措施：根據碳盤查的結果，企業或組織應採取有效的碳排減量措施，包括節能減排、可再生能源、碳捕集利用與封存等。有效的碳排減量措施，是應對氣候變遷的重要手段。碳排減量措施可以分為兩大類：(a) 減緩措施：旨在減少碳排放源，減少溫室氣體排放量。(b) 適應措施：旨在提高對氣候變遷的適應能力，減少氣候變遷對人類社會和自然環境的負面影響。

(4) 監測和評估： 監測和評估，是碳排管理持續提升效果的依據，通過監測和評估，可以了解企業或組織的碳排放情況，為制定和實施碳排管理措施，提供依據。監測和評估可以幫助企業或組織了解自身的碳排放情況，包括排放來源、排放量與排放趨勢等。通過了解碳排放情況，企業或組織，可以制定更有效的碳排管理措施。

4.5
溫室氣體盤查

溫室氣體盤查的目的在於了解企業、組織或活動的溫室氣體排放情況，為制定減排目標和措施、參與國際減排合作與提高環境績效提供依據。溫室氣體盤查是指對企業、組織或活動在一定時間內，直接或間接排放或吸收的溫室氣體進行量化、核算和報告的過程。

由於，溫室氣體盤查是衡量和報告組織或企業，溫室氣體排放的重要方法，溫室氣體盤查的結果可以用於：評估組織或企業的溫室氣體排放量、識別溫室氣體排放的主要來源、制定溫室氣體減排計畫、實現溫室氣體減排目標和進行溫室氣體交易，以促進溫室氣體減排作為。因此，溫室氣體盤查的結果，必須是具有可靠又具有公信力，才能發揮其應有的作用。

國際標準提供了溫室氣體盤查的通用要求和指引，可以確保溫室氣體盤查結果的可靠性。具體來說，採取國際標準進行溫室氣體盤查，有幾個優點：(a) 可靠性：國際標準經過了多方專家和利益相關者的審議，具有較高的可靠性。(b) 一致性：國際標準適用於全球範圍內的組織或企業，可以確保溫室氣體盤查結果的一致性。(c) 可比性：國際標準可以確保來自不同組織或企業的溫室氣體盤查結果具有可比性。(d) 透明度：國際標準可以確保溫室氣體盤查結果的透明度，有利於公眾監督。

目前國際上，溫室氣體盤查的重要國際標準（表 4.3 為各種標準的比較），包括：

(1) ISO 14064 系列標準：由國際標準化組織（ISO）制定的溫室氣體管理標準。ISO 14064 系列標準是國際通用的溫室氣體管理標準，目前已被許多國家和組織採用。該標準涵蓋了溫室氣體盤查的各個方面，包括範圍確定、數據收集、數據品質控制、數據分析、報告、驗證和確證等。其中又細分為：

A. ISO 14064-1：溫室氣體排放報告指南（參考 GHG Protocol 制定），為組織或企業進行溫室氣體盤查提供指導。包括：確定溫室氣體盤查的範圍，包括直接排放、間接排放和抵消排放；收集溫室氣體排放的數據，包括燃料消耗量、電力使用量、產品和服務的使用量等；對收集的數據進行品質控制，確保數據的準確性和完整性；分析收集的數據，計算溫室氣體排放量；編寫溫室氣體排放報告，報告溫室氣體排放量及其來源。

B. ISO 14064-2：溫室氣體減排計畫指南，為組織或企業制定溫室氣體減排計畫提供指導。包括：識別組織或企業溫室氣體排放的主要來源，為制定減排計畫奠定基礎；根據組織或企業的發展目標和溫室氣體排放情況制定減排目標；選擇可行的減排措施，實現減排目標；對減排措施的效果進行評估，確保減排目標的實現。

C. ISO 14064-3：溫室氣體驗證和確證指南，為溫室氣體盤查報告的驗證和確證提供指導。包括：由第三方機構，對溫室氣體盤查報告進行驗證，確保溫室氣體盤查報告的準確性和可靠性；由組織或企業對溫室氣體盤查報告進行確證，確保溫室氣體盤查報告的準確性和可靠性。

(2) GHG Protocol 溫室氣體盤查議定書：GHG Protocol 溫室氣體盤查議定書，是全球最廣泛使用的溫室氣體盤查標準。該標準由世界企業永續發展協會（WBCSD）和世界資源研究所（WRI）制定，涵蓋了溫室氣體盤查的各個方面，包括範圍確定、數據收集、數據品質控制、數據分析和報告等。GHG Protocol 溫室氣體盤查議定書將溫室氣體盤查的範圍分為三個層次：範疇 1（Scope 1）直接排放：組織或企業所擁有或控制的固定資產直接排放的溫室氣體。範疇 2（Scope 2）能源間接排放：組織或企業購買的電力、熱和蒸汽等能源的使用產生的間接排放。範疇 3（Scope 3）其他間接排放：組織或企業的其他活動產生的間接排放，包括交通運輸、產品和服務的使用、廢棄物處理等。

(3) PAS 2050 溫室氣體產品生命週期評估指南：PAS 2050 是英國標準協會（BSI）制定的溫室氣體產品生命週期評估標準。該標準涵蓋了產品從原材料採購到生產、使用、運輸、廢棄等各個環節的溫室氣體排放。PAS 2050 是產品碳足跡評估的重要工具，可以幫助企業：準確衡量產品的溫室氣體排放量、識別產品的溫室氣體排放的主要來源、制定產品的溫室氣體減排計畫。由於 PAS 2050 規範了產品完整生命週期的溫室氣體盤查，是企業進行產品碳足跡評估的重要選擇。

表 4.3 溫室氣體盤查國際標準比較表

標準	內容	範圍	優缺點
ISO 14064 系列標準	涵蓋了溫室氣體盤查的各個方面，包括範圍確定、數據收集、數據品質控制、數據分析、報告、驗證和確證等。	組織或企業	國際通用，涵蓋面廣，可靠性高。
GHG Protocol 溫室氣體盤查議定書	涵蓋了溫室氣體盤查的各個方面，包括範圍確定、數據收集、數據品質控制、數據分析、報告等。	組織或企業	全球最廣泛使用的標準，易於理解和應用。
PAS 2050：溫室氣體產品生命週期評估指南	涵蓋了產品從原材料採購到生產、使用、運輸和廢棄等各個環節的溫室氣體排放。	產品	可用於評估產品的溫室氣體排放，可用於產品碳足跡的宣告。

企業進行溫室氣體盤查時，需要衡量企業的規模與特性，確立進行溫室氣體盤查的目的與規模，盤查的範圍與當地政府的法規等因素，選擇合適的國際盤查標準。主要選擇原則，包括以下幾點：

(1) 組織或企業的規模和性質：對於中小型企業和初次進行溫室氣體盤查的組織或企業，可以選擇簡單易懂的標準，如 GHG Protocol 溫室氣體盤查議定書。對於大型企業和具有豐富溫室氣體盤查經驗的組織或企業，可以選擇涵蓋面更廣、要求更嚴格的標準，如 ISO 14064 系列標準。

(2) 溫室氣體盤查的目的：如果溫室氣體盤查的目的，是為了識別溫室氣體排放的主要來源，制定溫室氣體減排計畫，或未來將以此盤查結果，作為產品碳足跡盤查，可以選擇涵蓋範圍廣的標準，如 ISO 14064 系列標準。如果溫室氣體盤查的目的，是為了進行產品碳足跡評估，可以選擇適用於產品的標準，如 PAS 2050：溫室氣體產品生命週期評估指南 (ISO 14067 也是針對碳足跡的認證標準)。

(3) 組織或企業的資源和能力：溫室氣體盤查是一項複雜的工作，需要投入一定的資源和能力。如果組織或企業的資源和能力有限，可以選擇簡單易懂的標準，如 GHG Protocol 溫室氣體盤查議定書。

4.6

產品碳足跡盤查

產品碳足跡盤查，是指對產品從原材料採購到生產、使用、運輸、廢棄等各個環節的溫室氣體排放，進行的量化評估。產品碳足跡盤查，可以幫助企業了解產品的溫室氣體排放情況、識別溫室氣體排放的主要來源、制定產品的溫室氣體減排計畫。進行產品碳足跡盤查，對生產者、消費者和政策制定者都非常重要。對生產者而言，開展產品碳足跡盤查，可以讓企業評估各個生產環節的碳排放情況，找出碳排放熱點，據此提出減排對策，設計低碳產品方案，這對企業的低碳轉型很有幫助。對消費者而言，產品碳足跡的標示，可以讓他們獲得碳排放訊息，並根據碳足跡選擇低碳的產品，這可以促進低碳消費；另外，可以幫助企業向消費者，傳遞產品的環保訊息，提高產品的市場競爭力。對政策制定者而言，產品碳足跡盤查，可以提供碳排放數據，幫助評估不同部門、不同產品的碳減排潛力，以及制定相應的政策措施。總而言之，產品碳足跡盤查是企業應對氣候變遷的重要手段，可以幫助企業減少溫室氣體排放，提高產品的環保水平。

產品碳足跡盤查的步驟是指對產品從原材料採購、生產過程、運輸、使用和廢棄等各個階段產生的溫室氣體排放量進行量化計算的過程。產品碳足跡盤查的步驟，主要包括以下幾點：

(1) 範圍確定：產品碳足跡盤查的第一步是確定產品碳足跡盤查的範圍，包括產品的生命週期各個環節。在確定產品碳足跡盤查範圍時，企業應考慮以下幾個因素：不同類型的產品，其生命週期各個階段的溫室氣體排放量，可能存在差異；產品碳足跡盤查，是一項複雜的工作，需要投入一定的資源和能力；有些國家或地區的法律法規，要求企業對產品的碳足跡一定得進行盤查。確定產品碳足跡盤查的範圍，包括產品的生命週期各個環節，產品生命週期可以分為以下幾個階段：

A. 原材料採購階段：包括原材料的開採、加工、運輸等過程。需要明確以下內容：(a) 原材料的範圍：包括產品生產所需的所有原材料，如原材料的種類、產地、運輸方式等。(b) 原材料的碳排放量：包括原材料生產、運輸、加工等過程的碳排放量。原材料採購階段的碳排放量，通常占產品碳足跡的很大一部分，因此需要特別重視。企業可以通過優化原材料採購策略，減少原材料的使用量和碳排放量。

B. 生產階段：包括產品的製造、包裝、運輸等過程。需要明確以下內容：(a) 生產過程的範圍：包括產品生產所涉及的所有工序，如原材料加工、產品組裝、包裝等。(b) 生產過程的碳排放量：包括生產過程中使用的能源、原材料、水等的碳排放量。生產階段的碳排放量通常占產品碳足跡的很大一部分，因此需要特別重視。企業可以通過優化生產工藝，減少能源、原材料、水的使用量和碳排放量。例如，企業可以採用節能減排的生產設備和技術，或改進生產流程。

C. 使用階段：包括產品的使用、維護、保修等過程。需要明確以下內容：(a) 使用過程的範圍：包括產品使用過程中產生的所有碳排放，如能源消耗、廢棄物處理等。(b) 使用過程的碳排放量：包括產品使用過程中產生的所有溫室氣體排放量。使用階段的碳排放量通常占產品碳足跡的一部分，但具體占比取決於產品的類型和使用方式。例如，電器產品的使用階段碳排放量通常較高，而服裝產品的使用階段碳排放量通常較低。

D. 運輸階段：包括產品的銷售、配送、運輸等過程。需要明確以下內容：(a) 運輸過程的範圍：包括產品從生產地運輸到消費地的所有過程，如原材料運輸、產品運輸、廢棄物運輸等。(b) 運輸過程的碳排放量：包括運輸過程中使用的能源的碳排放量。運輸階段的碳排放量，通常占產品碳足跡的一部分，但具體占比取決於產品的類型、運輸方式和運輸距離。例如，運輸距離較長的產品的運輸階段碳排放量通常較高。

E. 廢棄階段：包括產品的回收、處理、處置等過程。需要明確以下內容：(a) 廢棄過程的範圍：包括產品從使用後廢棄到最終處理的所有過程，如廢棄物收集、運輸、處理等。(b) 廢棄過程的碳排放量：包括廢棄過程中使用的能源、材料等的碳排放量。廢棄階段的碳排放量通常占產品碳足跡的一部分，但具體占比取決於產品的類型和廢棄方式。例如，可回收產品的廢棄階段碳排放量通常較低，而不可回收產品的廢棄階段碳排放量通常較高。

不同的產品，其生命週期各個階段的溫室氣體排放量可能存在差異。例如，對於一個電子產品，其原材料採購階段和生產階段的溫室氣體排放量，可能占總溫室氣體排放量的大部分；而對於一個服裝產品，其使用階段的溫室氣體排放量，可能占總溫室氣體排放量的大部分。在進行產品碳足跡盤查時，企業應根據產品的類型和用途，確定產品碳足跡盤查的範圍。產品碳足跡盤查的範圍應明確、完整，涵蓋產品生命週期各個階段的溫室氣體排放。

(2) 數據收集：是指收集產品生命週期，各個環節的溫室氣體排放數據。數據收集是產品碳足跡盤查的基礎，準確的數據是計算產品碳足跡的關鍵。在數據收集時，企業應注意：確保收集的數據，涵蓋了產品生命週期，各個環節的所有溫室氣體排放；確保收集的數據符合相關標準和規範；確保收集的數據具有可比性（指對同產業之比較）。數據收集可以通過以下幾種方式進行：

A. 企業內部數據：企業可以利用自身的數據系統，收集產品生產、運輸、銷售等過程的溫室氣體排放數據。對於企業內部數據，企業應建立完善的數據管理體系，確保數據的準確性和完整性。

B. 外部數據：企業可以從政府部門、行業協會、第三方機構等管道，獲得產品生命週期，各個環節的溫室氣體排放數據。對於外部數據，企業應選擇可靠的數據來源，並對數據進行驗證。

C. 估算：對於難以獲得準確數據的環節，企業可以採用估算的方法進行數據收集。對於難以獲得準確數據的環節，企業應採用合理的估算方法，並對估算依據與結果，進行理由之說明。

(3) 數據品質控制：產品碳足跡盤查的第三步是數據品質控制。在數據收集完成後，企業應對收集的數據，進行品質控制，以確保數據的準確性和完整性。數據品質控制是產品碳足跡盤查的重要環節，企業應重視對數據品質進行控制，確保數據的準確性和完整性。為確保數據品質的確實與準確，企業可採取：對收集的數據進行清洗，去除重複數據、錯誤數據等；對收集的數據進行校驗，確保數據的準確性；對收集的數據進行分析，識別數據品質問題。數據品質控制，可以通過以下幾種方式進行：

A. 數據完整性：確保收集的數據，涵蓋了產品生命週期各個環節的所有溫室氣體排放，以確保數據完整性。

B. 數據準確性：確保收集的數據符合相關標準和規範，以確保數據準確性。

C. 數據一致性：確保收集的數據具有可比性，以確保數據一致性。

(4) 數據分析：產品碳足跡盤查的第四步是數據分析。企業應對收集的數據進行數據分析，計算產品碳足跡。在數據分析時，企業應注意：

選擇合適的計算方法，確保計算結果的準確性；收集完整、準確的數據，確保計算結果的可靠性；對計算結果進行驗證，確保計算結果的合理性。數據分析可以採用多種方法，常用的有以下幾種方法（有關不同方法的差異比較，如表 4.4 所示）：

A. 質量平衡法：質量平衡法是一種簡單易行的產品碳足跡計算方法，適用於產品生命週期，各個環節的溫室氣體排放數據，較為容易獲得的情況。質量平衡法的基本原理是：在一個封閉系統中，物質的質量守恆。因此，產品生命週期各個環節的溫室氣體排放量，可以通過計算物質的質量變化來確定。質量平衡法的計算公式如下：溫室氣體排放量 = 輸入物質的溫室氣體含量 - 輸出物質的溫室氣體含量。其中，輸入物質：指進入產品生命週期的物質，包括原材料、能源、水、空氣等。輸出物質：指從產品生命週期中流出的物質，包括產品、廢棄物、排放物等。溫室氣體含量：指物質中含有的溫室氣體的量。在使用質量平衡法，進行產品碳足跡計算時，需要對產品生命週期，各個環節的物質流，進行詳細的分析，確保計算的準確性，也需要選擇合適的溫室氣體含量數據，確保計算的準確性。

B. 流程分析法：流程分析法，是一種更為準確的產品碳足跡計算方法，適用於產品生命週期中，各個環節的溫室氣體排放數據，難以獲得的情況。流程分析法的基本原理是：對產品生命週期各個環節的能源消耗和排放進行詳細的分析，計算產品的總溫室氣體排放量。流程分析法的計算公式：溫室氣體排放量 = 能源消耗量 * 單位能源消耗量 * 溫室氣體係數。其中，能源消耗量：指產品生命週期各個環節所消耗的能源的量。單位能源消耗量：指單位能源消耗所產生的溫室氣體的量。溫室氣體係數：指不同種類溫室氣體的溫室效應強度。流程分析法是一種更為準確的產品碳足跡計算方法，但其計算工作量較大，需要投入一定的資源和能力。

C. 生命週期評估法：生命週期評估法（Life Cycle Assessment，LCA）是一種全面的產品碳足跡計算方法，涵蓋了產品生命週期各個環節的溫室氣體排放。在使用生命週期評估法，進行產品碳足跡計算時，需要注意對產品生命週期各個環節的溫室氣體排放，進行全面的分析，確保計算的準確性；需要選擇合適的溫室氣體排放數據，確保計算的準確性對產品的環境影響，進行深入的分析，確保計算的全面性。生命週期評估法包括以下四個階段：(a) 目標範疇界定：確定生命週期評估的目標和範圍，包括系統邊界與詳細程度，及潛在的間接影響。(b) 盤查分析：收集產品生命週期各個環節的溫室氣體排放數據，並進行分析。(c) 衝擊評估：將產品的溫室氣體排放量與環境影響進行關聯，評估產品的環境影響。(d) 結果闡釋：解釋生命週期評估的結果，並提出改進建議。

表 4.4 碳足跡盤查之不同數值分析法比較

數據分析	適用範圍	方法	優點	缺點	適用產業
品質平衡法	溫室氣體排放數據較為容易獲得的情況，例如產品使用常見的材料和工藝，或已經有相關的溫室氣體排放數據可供參考。	計算物質流的變化	簡單易行，計算工作量較小；適用於多種產品；數據來源較為廣泛	準確性受到物質流分析的準確性和溫室氣體含量數據的準確性等因素的影響	食品、日用品、電子產品等
流程分析法	溫室氣體排放數據難以獲得的情況，例如產品使用較為特殊的材料或工藝，或相關的溫室氣體排放數據難以獲得。	計算能源消耗和排放	準確性較高，可以反映產品生命週期各個環節的溫室氣體排放；適用於能源消耗較大的產品	計算工作量較大，需要投入一定的資源和能力	汽車、電力、建築等
生命週期評估法	各種情況	涵蓋產品生命週期各個環節的溫室氣體排放	全面性強，可以反映產品生命週期各個環節的溫室氣體排放；準確性較高	計算工作量較大，需要投入一定的資源和能力	各種產業

(5) 盤查報告：產品碳足跡盤查的最後一步驟是盤查報告產出，盤查報告是指將產品碳足跡計算結果以及相關資訊整理成一份報告，供企業內部或外部使用。盤查報告通常包括以下內容：(a) 產品概述：包括產品名稱、規格、用途、生產方式等。(b)

碳足跡計算方法：說明使用了哪種碳足跡計算方法，以及計算過程中使用的數據來源和計算公式。(c) 碳足跡結果：包括產品生命週期各個階段的溫室氣體排放量，以及總碳足跡。(d) 碳足跡熱點：分析產品生命週期中溫室氣體排放量較高的環節，以便企業進行減排。(e) 減碳建議：提出減碳措施，以降低產品的碳足跡。編寫產品碳足跡報告，報告產品的溫室氣體排放量及其來源。

盤查報告是產品碳足跡盤查的重要成果，可以幫助企業了解產品的碳足跡狀況，並為減碳工作提供依據。以下是一個盤查報告的示例，應可加深讀者的印象：

(1) 產品概述：A 型電視是一種常見的家用電器，主要用於觀看影音內容。其主要材料包括液晶面板、塑料、玻璃、金屬等。

(2) 規格：4K 螢幕、55 吋、32G 記憶體

(3) 用途：家庭娛樂

(4) 生產方式：組裝

(5) 碳足跡計算方法：使用了生命週期評估法，涵蓋了產品原料採購、製造、運輸、使用、廢棄等各個階段的溫室氣體排放。(a)A 型電視的碳足跡，主要來自於製造階段的能源消耗和原材料採購。在製造過程中，需要使用大量的電力來驅動生產設備，以及使用大量的天然氣或煤炭來產生電力。(b) 製造過程中還會產生一些溫室氣體排放，例如二氧化碳、甲烷等。原材料採購也需要消耗能源，例如運輸、加工等。

(6) 盤查結果：A 型電視的碳足跡為 4.7 tCO_2e。其中，製造階段的溫室氣體排放量為 2.5 tCO_22e，占總碳足跡的 53.2%；原料採購階段的溫室氣體排放量為 0.1 tCO_2e，占總碳足跡的 2.1%。因此，企業可以通過優化製造工藝、使用可再生能源、減少原材料消耗等措施來降低 A 型電視的碳足跡。（盤查結果的範例表 4.5)

表 4.5 盤查結果表的範例

階段	溫室氣體排放量 (tCO_2e)
原料採購	0.1
製造	2.5
運輸	0.4
使用	1.5

(7) 減碳建議：

優化製造工藝，減少能源消耗。例如：

(a) 可以採用更高效的生產設備，或改進生產流程。

(b) 使用可再生能源，減少溫室氣體排放。例如，可以使用太陽能或風能來為製造過程供電。

(c) 減少原材料消耗。例如，可以採用更輕薄的材料，或採用更耐用的設計。

4.7
氣候變化的 ESG 評估

氣候變化的 ESG 評估，是指對企業或組織在氣候變化方面的 ESG 表現進行評估。ESG 評估是一種評估企業或組織在環境、社會和公司治理方面的綜合表現的方法，而氣候變化是全球面臨的重大挑戰，企業或組織在氣候變化方面的表現對其 ESG 表現具有重要影響。

氣候變化的 ESG 評估可以從以下幾個方面進行：(a) 溫室氣體排放：企業或組織的溫室氣體排放量，是衡量其氣候影響的重要指標。企業或組織應制定目標和計畫，逐步減少溫室氣體排放。(b) 氣候風險管理：企業或組織應對氣候變化，帶來的風險進行有效管理。企業或組織應識別氣候風險，制定應對措施，降低風險對其營運的影響。(c) 永續發展：企業或組織應採取措施促進永續發展。企業或組織應在產品和服務設計、供應鏈管理、生產過程等方面採取措施，減少對環境的影響。

在評估指標方面，企業在操作上，可採的具體的衡量指標：(a) 溫室氣體排放強度：可以用來衡量企業或組織的單位產出或單位銷售額的溫室氣體排放量。(b) 氣候風險衝擊：可以用來衡量企業或組織因氣候變化而面臨的損失或損害的風險。(c) 永續發展績效：可以用來衡量企業或組織在產品和服務設計、供應鏈管理、生產過程等方面的永續發展表現。

另外，企業在實施評估時，在評估方法方面，企業可利用先進的方法來進行，例如：使用大數據分析和人工智能技術，對企業或組織的氣候數據進行分析，以獲得更深入的洞察。引入第三方機構，對企業或組織的氣候績效進行評估，以提高評估的客觀性和公正性。

氣候變化的 ESG 評估，可以為企業或組織提供以下幫助：(a) 提高企業或組織的氣候績效：通過氣候變化的 ESG 評估，企業或組織可以了解自身在氣候變化方面的表現，並採取措施提升氣候績效。(b) 吸引投資者和客戶：投資者和客戶越來越關注企業或組織在氣候變化方面的表現。氣候變化的 ESG 評估可以幫助企業或組織獲得投資者和客戶的青睞。(c) 提升企業或組織的聲譽：氣候變化是全球關注的焦點。企業或組織在氣候變化方面的良好表現，可以提升其聲譽。

氣候變化的 ESG 評估是一項複雜的工作，需要考慮多方面的因素。目前，尚未有專一對氣候變化的 ESG 評估框架。企業或組織可以根據自身情況選擇合適的評估框架。目前，國際上有關氣候變化的 ESG 評估框架，其中最具代表性的包括：

(1) TCFD (Task Force on Climate-related Financial Disclosures)：由金融穩定委員會 (FSB) 於 2015 年成立的專門小組，制定了氣候相關財務資訊揭露建議 (TCFD Recommendations），旨在幫助金融機構識別、評估和管理氣候相關風險和機會。

(2) CDP (Carbon Disclosure Project) ：是一個非營利組織，致力於推動企業揭露氣候相關資訊。CDP 每年會向全球超過 10,000 家企業發送問卷，要求企業揭露其溫室氣體排放量、減碳目標、以及氣候相關風險和機會。

(3) GRI (Global Reporting Initiative)：是一個國際性非營利組織，制定了環境、社會和治理 (ESG) 報告框架。GRI 的氣候變化準則 (GRI Climate Change Protocol) 涵蓋了企業對氣候變化的影響、應對措施、以及進展情況。

在氣候變化的 ESG 評估結果，可以分為兩個主要應用方面：

(1) 氣候相關風險和機會：氣候變化是全球面臨的重大挑戰，也對企業的經營活動產生了重大影響。企業應識別和評估氣候相關風險和機會，以制定相應的應對措施。氣候變化對企業的業務、財務、營運等方面的影響。氣候相關風險可以分為兩類：(a) 實體風險：氣候變化導致的自然災害、能源成本上升、產品和服務需求變化等風險。(b) 轉型風險：氣候變化導致的法律法規變化、新技術發展等風險。氣候相關機會也可以分為兩類：(a) 減碳商機：企業通過減碳降低成本、提升競爭力、開拓新市場等機會。(b) 綠色創新：企業通過開發綠色產品和服務，創造新的市場需求和利潤增長點的契機。

(2) 減碳目標和措施：企業應制定明確的減碳目標，並實施相應的減碳措施，以降低溫室氣體排放。減碳目標可以分為兩類：絕對減碳目標（企業在一定時間內，溫室氣體排放量相對於基期的絕對減少量）、相對減碳目標（企業在一定時間內，溫室氣體排放量相對於基期的百分比減少量）。另外，減碳措施可以包括：(a) 提高能源效率：通過改進生產設備、工藝流程等，減少能源消耗。(b) 使用可再生能源：使用太陽能、風能等可再生能源，減少化石燃料的使用。(c) 減少原材料消耗：採用更輕薄的材料、更耐用的設計等，減少原材料的使用。(d) 提高產品耐用性：設計出更耐用的產品，減少產品的廢棄量。

思考問題

1. 氣候變化的成因主要有哪些？
2. 如何減少氣候變化對人類的衝擊？
3. 為什麼氣候變化被視為環境、社會和經濟的威脅？
4. 人類活動如何對氣候變化產生影響？
5. 除了人為因素，還有什麼自然因素可以影響氣候變化？
6. 什麼是碳排管理的主要目標？
7. 碳排管理的原則中，為什麼科學性被視為首要原則？
8. 什麼是碳中和目標，企業如何實現碳中和？這對應對氣候變化有什麼意義？
9. 碳排管理的短期、中期和長期目標有何區別？
10. 什麼是碳匯？它對減少碳排放有什麼影響？
11. 請簡要解釋什麼是碳捕捉和儲存（CCS）技術，以及它在減少碳排放中的作用？
12. 什麼是氣候變化的 ESG 評估，以及它對企業或組織的影響是什麼？
13. 什麼是碳排管理，它在減少碳排放中的作用是什麼？
14. 如何可以在日常生活中改變生活方式以減少碳排放？
15. 為什麼企業 ESG 管理和氣候變化之間存在相互促進的關係？

CHAPTER 5

資源管理和循環經濟

資源管理和循環經濟是現代社會發展的重要課題。隨著人口增長和經濟發展，對資源的需求不斷增加，而資源的供給卻是有限的。資源短缺和浪費是兩個嚴峻的挑戰，對環境和經濟都造成了巨大的負面影響。循環經濟是一種以資源可循環利用為核心的經濟體系，它強調減少資源消耗、降低環境污染和提高經濟效益。而循環經濟是解決資源短缺和浪費問題的有效途徑，是永續發展的重要保障。

政府、企業和個人都應該積極參與資源管理和循環經濟的實踐，政府要制定相關政策和措施，引導企業和個人進行資源節約和循環利用。企業要提高資源利用效率，減少廢棄物產生；個人要從日常生活做起，減少浪費，提高資源回收利用率。資源管理和循環經濟是一項長期的任務。

5.1 資源短缺

資源短缺是指隨著人口增長和經濟發展，對資源的需求不斷增加，而資源的供給卻是有限的。資源短缺是全球面臨的一個嚴峻挑戰，對環境和經濟都造成了巨大的負面影響。資源短缺肇因是多方面的，其中一個主要原因是過度開採和過度消耗，導致資源耗盡；氣候變化也可能對某些資源，如水資源，造成壓力。此外，人口增長和經濟發展的需求，也對資源供應造成了影響。造成資源短缺的原因，歸納於下面幾個方面：

(1) 資源的有限性：地球上的資源是有限的，並且隨著人口增長和經濟發展，對資源的需求不斷增加。資源的有限性可以從以下幾個方面來理解：(a) 自然資源的有限性：地球上的自然資源，如礦產、能源、水資源等，都是有限的。隨著人類社會的發展，對自然資源的需求不斷增加，而自然資源的開採和利用又會造成資源的消耗和枯竭。(b) 人力資源的有限性：人力資源是一種重要的生產要素。隨著人口的增長和高齡化，勞動力資源的總量將逐漸減少。(c) 資本資源的有限性：資本資源是生產活動中不可或缺的物質基礎。隨著經濟的發展，對資本資源的需求不斷增加，但資本資源的積累需要一定的時間和過程。

(2) 資源的不可再生性：一些資源是不可再生的，一旦消耗就無法再生。資源的不可再生性，可以從以下幾個方面來理解：(a) 資源的形成時間長：許多資源的形成，需要億萬年甚至更長的時間，例如化石燃料、礦產等。(b) 資源的再生速度慢：一些資源雖然可以再生，但再生速度非常緩慢，例如森林、土壤等。(c) 資源的開採和利用速度快：隨著人類社會的發展，對資源的需求不斷增加，資源的開採和利用速度也越來越快。

(3) 資源的替代性：一些資源是可以替代的，但是替代資源的價格往往較高。資源的替代性，是指可以用其他資源代替某種資源，以滿足相同的需求。資源的替代性可以從以下幾個方面來理解：(a) 資源的功能替代性：可以用具有相同功能的其他資源來代替某種資源。例如，用太陽能或風能代替化石燃料、用塑料代替金屬等。(b) 資源的性質替代性：可以用具有相似性質的其他資源，來代替某種資源。例如，用天然橡膠代替合成橡膠、用大豆油代替食用油等。(c) 資源的來源替代性：可以用來自不同地區或國家的其他資源，來代替某種資源。例如，用澳大利亞的煤炭代替中國的煤炭、用俄羅斯的天然氣代替中東的天然氣等。

資源短缺對於環境、社會和經濟都會形成重大的影響。在環境方面，資源短缺可能導致生態系統的破壞，包括森林的大規模砍伐、水源的枯竭以及土地的退化。在社會層面，資源短缺可能引發社會不穩定。競爭有限資源可能導致社會不滿和衝突，甚至可能引發更廣泛的社會動盪。在經濟方面，資源短缺可能導致生產力下降。特別是對於高度依賴特定資源的產業而言，這可能影響整體經濟的增長。詳細說明：

(1) 環境影響：資源短缺對環境產生負面影響。過度開採和過度使用自然資源可能導致生態系統破壞、物種滅絕、土壤侵蝕和空氣和水質污染等。當資源供不應求時，大量的開採礦產，會破壞生物的生存環境，一些珍稀動植物的棲息地，也可能被破壞。濫採資源會導致生物多樣性下降，甚至使某些物種滅絕，破壞自然界原有的生態平衡。另外，資源的過度開發，將會污染水源，而開採產生的廢氣和廢水也會對環境造成污染。過度開伐森林會降低森林吸收二氧化碳的能力，加速氣候變化。總之，如果缺乏必要的環境規劃和管理，資源短缺，極可能會對生態環境產生嚴重的負面影響，這些環境問將進一步加劇了資源短缺問題。

(2) 經濟影響：資源短缺對經濟穩定和增長產生直接和間接影響。當關鍵資源供應不足時，其價格可能上漲，對企業和消費者產生成本壓力。當企業因為資源短缺，而面臨更高的生產成本時，可能會將部分成本轉嫁給消費者，使消費者也承擔較高的壓力，這可能會導致通貨膨脹，影響經濟的競爭力。此外，資源短缺還可能導致就業機會減少，特別是在資源相關產業。長期來看，資源驅動型的產業和相應的就業，如果長期面臨資源的不穩定供給，其發展也會受到資源短缺問題的不利影響。另外，過度依賴某些資源的國家經濟，也會因資源短缺而承受較大的經濟風險。資源價格的波動還可能導致通貨膨脹，影響國家或是地區經濟的穩定運行。總體來說，資源的長期供應短缺和供需失衡，都會對經濟的永續發展造成負面影響。需要通過開發替代資源、提高資源利用效率等手段來穩定和優化資源配置，以減輕資源短缺對經濟的影響。

(3) 社會影響：資源短缺對社會也產生了各種影響。它可能加劇貧富差距，因為資源價格上漲可能對低收入群體產生不成比例的負擔。此外，資源短缺還可能導致食品和水資源的不足，影響人們的生活品質和健康。資源短缺會對社會各個方面造成負面的衝擊，當資源供不應求時，若食品和水等資源供應短缺，會直接影響民眾的基本生活需求，長期的資源缺乏，也可能導致不同群體爭奪有限的資源，進而激化社會矛盾，造成社會動盪。資源供給的不穩定，還可能使得依賴資源的就業受到影響，進而產生更多社會問題。總體來說，資源的長期短缺和供給的不穩定，會對社會造成多方面的負面影響。惟有通過各種手段穩定和優化資源配置，才能緩解資源短缺對社會所造成的影響。

資源短缺是一個全球性問題，某些重要自然資源變得日益稀缺，或者供應不足以滿足人類需求。例如，由於全球電動車需求大增，造成全球鋰礦資源不足，無法支撐電池產業的發展（如圖 5.1 所示），對於降低石化消耗的目標，具有不利之影響最為嚴重。資源短缺可以涉及多種不同的資源，包括能源、水資源、礦物、土地、糧食等。不同國家和地區可能面臨不同類型的資源短缺，具體情況取決於其自然資源庫存和消耗模式。下表整理出了資源短缺的項目與可能的解決方案，其中「解決方案」是解決資源短缺問題的總體思路，「措施」是解決方案的具體落實方式，具有可操作性和永續性。

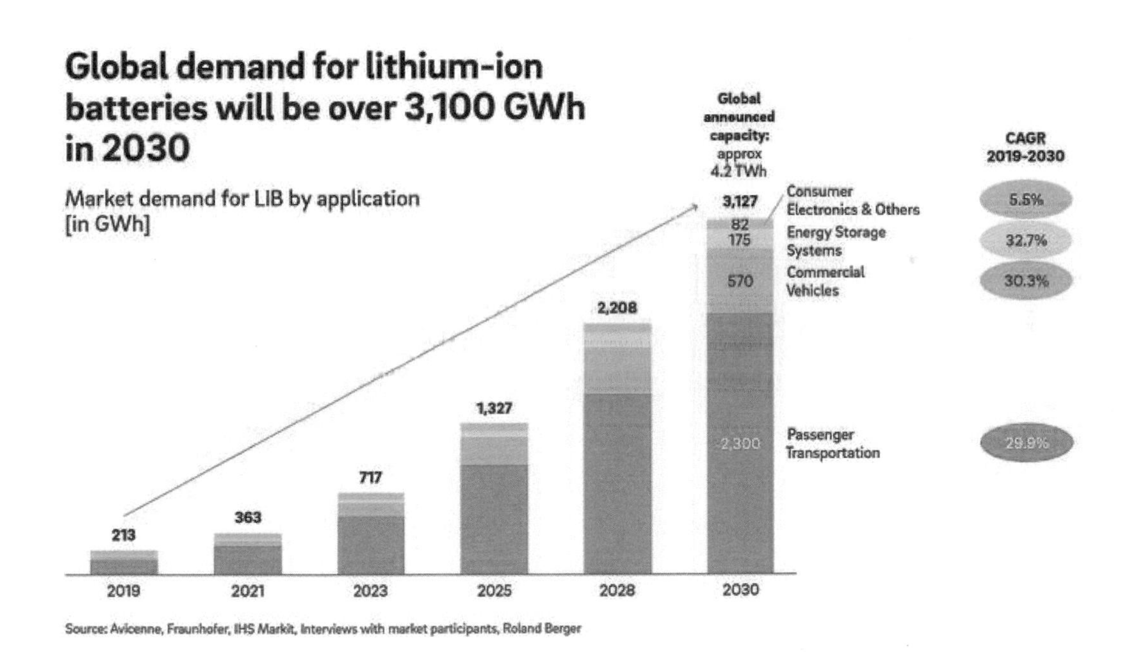

圖 5.1 鋰離子電池需求上升導致原料供應短缺

表 5.1 資源短缺的項目、解決方案和措施

項目	解決方案	措　施
能源	減少對化石燃料的依賴	發展可再生能源，如： 1. 太陽能和風能、水能等。 2. 提高能源利用效率，減少能源消耗。 3. 開發新的能源儲量。
水資源	提高水資源利用率	1. 推廣節水技術，如節水器具和節水灌溉等。 2. 建設水資源儲備，保障供水安全。 3. 發展雨水收集、海水淡化等技術，拓展水資源供給。
礦物	減少礦物資源消耗	1. 推進資源循環利用，減少礦物資源浪費。 2. 開採新的礦藏。
土地	提高土地利用效率	1. 發展節約型城市建設，減少城市用地。 2. 保護和修復退化土地。
糧食	提高糧食產量	1. 提高農業生產效率，如改良品種、推廣先進技術等。 2. 發展綠色農業，減少農藥和化肥的使用。 3. 推進農業科技創新。

5.2

循環經濟

循環經濟（Circular Economy）的源起，可以追溯到 20 世紀 60 年代，英國環境經濟學家大衛 · 皮爾斯（David Pearce）和 R· 克里 · 特納（R. Kerry Turner）提出了《自然資源與環境經濟學》的概念。他們認為，傳統的線性經濟模式（取用、製造、使用、丟棄）是不可持續的，需要轉向循環經濟模式，以減少資源消耗和環境污染（有關線性經濟與循環經濟的概念差異，如圖 5.2 所示【參考文獻 20】）。

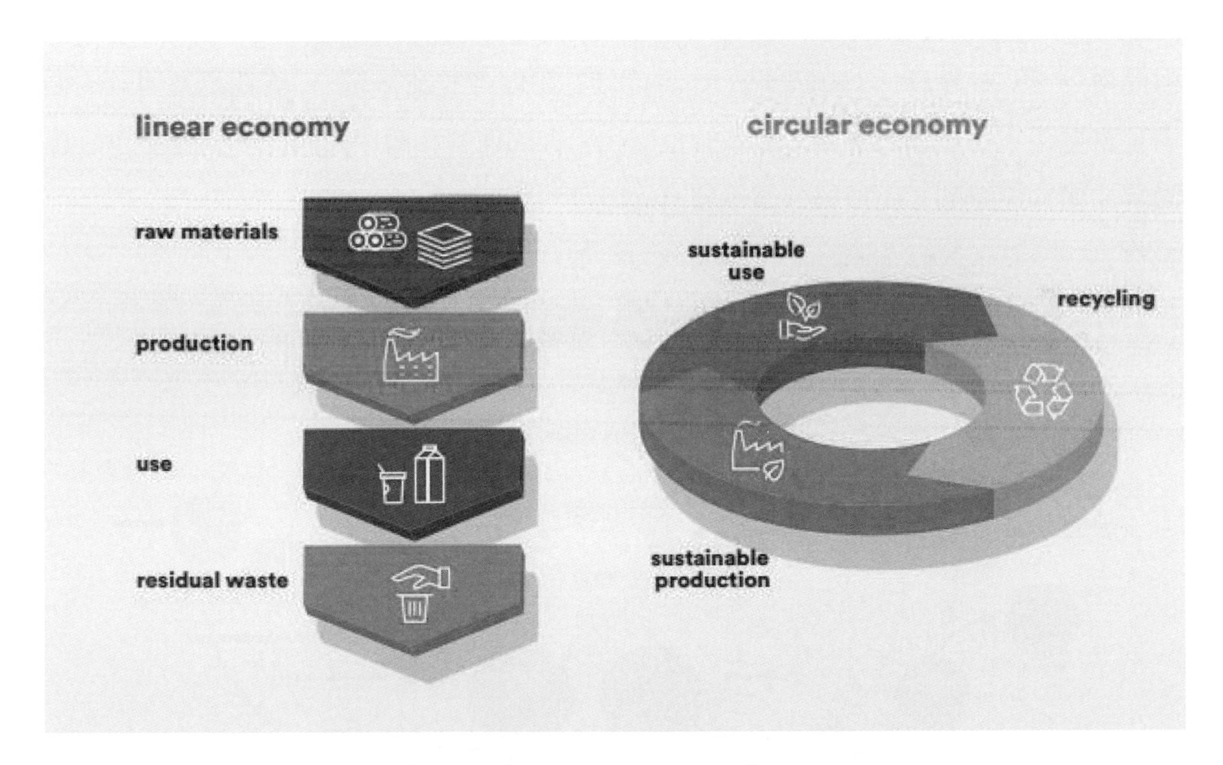

圖 5.2 線性經濟與循環經濟的概念差異

1989 年，大衛 · 皮爾斯和 R· 克里 · 特納在《自然資源與環境經濟學》【參考文獻 21】一書中正式提出了「循環經濟」的概念。他們認為，循環經濟是一種以資源再生為基礎的經濟模式，旨在減少對新資源的依賴，亦能減少廢棄物的產生。20 世紀

90 年代，循環經濟的概念逐漸得到了國際社會的關注。2002 年，聯合國環境規劃署（UNEP）發布了《循環經濟：實現永續發展的道路》報告【參考文獻 22】，呼籲各國政府和企業積極推動循環經濟發展。2011 年，歐洲聯盟發布了《循環經濟行動計畫》，將循環經濟作為歐盟經濟發展的戰略目標。2015 年，聯合國發布了《2030 年永續發展議程》，將循環經濟作為實現永續發展的重要途徑之一。

循環經濟（Circular Economy）是一種再生系統，藉由減緩、封閉與縮小物質與能量循環，使得資源的投入、廢棄與排放達成減量化的目標。有關循環經濟的描述，經濟學家經常用圖形方式，說明其中的循環關係。其中最著名的就是「可視化的循環經濟圖」【參考文獻 23】，一般稱為蝴蝶圖（圖 5.3)。蝴蝶圖，最早由荷蘭的循環經濟專家凱瑟琳 · 范 · 瑞森（Katrien van Rijssen）於 2013 年提出。范 · 瑞森認為傳統的循環經濟框架，往往過於複雜，不利於企業和組織的理解和應用。因此，她提出了一種簡單易懂的蝴蝶圖，用於描述循環經濟的概念和原理。

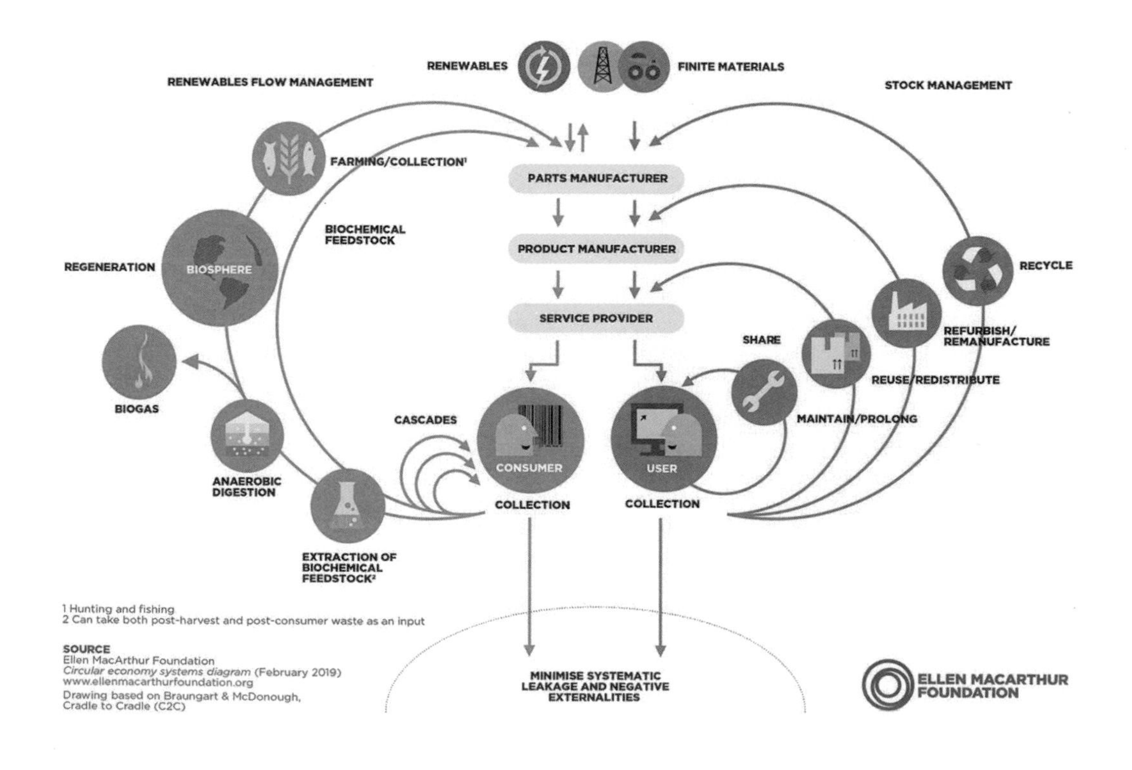

圖 5.3 可視化的循環經濟圖（蝴蝶圖）

蝴蝶圖的中心是一個圓圈，代表著產品或服務的生命週期。圓圈外側是四個扇形，分別代表著減少、再利用、修復和再生。這四個扇形代表了循環經濟的四個主要原則：(a) 減少：減少產品和服務對資源的消耗，包括原材料、能源、水、土地等。(b) 再利用：將廢棄物或剩餘物重新利用，包括回收、再製造、再加工等。(c) 修復：修復產品或服務，延長其使用壽命。(d) 再生：將廢棄物或剩餘物轉化為新的資源。蝴蝶圖的概念很快得到了廣泛的認可，並被應用於全球各地的企業和組織。它已成為一種重要的循環經濟工具，用於分析產品或服務的生命週期，識別可以實現循環經濟的機會。

蝴蝶圖這一直觀的循環經濟模型，可用於企業生產的實際行動中：(a) 產品設計：在產品設計階段，可以使用蝴蝶圖來評估產品，對資源的消耗和產生的廢棄物，並提出減少和再利用的措施。(b) 生產：在生產階段，可以使用蝴蝶圖來提高生產效率，減少能源和原材料的消耗，以及廢棄物的產生。(c) 使用：在使用階段，可以使用蝴蝶圖來提高產品的耐用性，延長其使用壽命。(d) 廢棄：在廢棄階段，可以使用蝴蝶圖來提高廢棄物的回收率和再利用率。蝴蝶圖是一種簡單易懂的圖形工具，可以幫助企業和組織實現循環經濟。

另外，蝴蝶圖亦可以廣泛將循環經濟概念，應用於教育、管理和決策等不同面向。在教育領域中，蝴蝶圖的直觀展示了循環經濟的模式，使得這一概念更容易被大眾理解和接受，因此是循環經濟教育的重要工具。在管理領域，企業可以運用蝴蝶圖，來設計和規劃循環經濟相關的產品、過程和業務模式，將循環經濟的理念應用到實際操作中。在決策領域，政策制定者可以使用蝴蝶圖來說明政策設計的目標，或評估不同政策對實現循環經濟的影響，以制定有效的政策措施，推動循環經濟的實現。總體來說，蝴蝶圖以其直觀的模型，在推動和實現循環經濟的過程中，著實與合適的發揮了重要作用。

在循環經濟的模式下，物質被設計為可以在生產和消費過程中進行連續的循環流動，而不是線性的單向使用。這種循環流動體現在多個方面：生產過程會採用可回收材料，來減少新原材料的消耗；產品設計會考慮到產品使用後的再利用；消費者被鼓勵選擇可循環使用的產品，並將廢物進行回收；在產品無法繼續使用後，通過維修、再製造、重新設計等方式實現材料的再利用。這種物質的循環流動，實現了再生資源在生產與消費之間的連續利用，在整個經濟體系中，形成穩定的物質循環，而不是一次性消耗。這樣的循環流動模式可以提高資源利用效率，減少排放和廢棄，實現經濟的永續發展。

循環經濟的物質的連續流動，包含了技術循環與生物循環，是循環經濟中有關「物質」循環的重要概念（有關技術循環與生物循環的比較，如表 5.2 所示）。

(1) 技術循環：是指將廢棄物或剩餘物重新利用，包括回收、再製造和再加工等。它是循環經濟的核心概念，旨在減少對原材料的消耗，並減少廢棄物的產生。技術循環主要關注於非生物材料的循環利用，例如金屬、塑料和玻璃等。有關企業可實施技術循環的例子：如回收塑料瓶，生產新的塑料製品；回收廢紙，生產新的紙製品；回收鋁罐，生產新的鋁製品等。

(2) 生物循環：是指將廢棄物或剩餘物轉化為新的資源，包括堆肥和生物燃料等。它是技術循環的補充，可以處理那些無法回收或再利用的物質。在生物循環中，來自可生物降解材料的養分，返回地球以再生自然或為再利用為之。有關企業可實施生物循環的例子：將農作物秸稈用於堆肥，生產肥料；將動物糞便用於發酵，生產沼氣；將廚餘垃圾用於厭氧消化，生產生物甲烷等。

表 5.2 技術循環與生物循環的區別

特徵	技術循環	生物循環
系統	人造系統	自然系統
物質流動	閉環流動	開放流動
資源利用方式	回收利用、再利用、再製造	生物降解、回歸自然
優點	可減少資源浪費、延長資源使用壽命	可保持自然環境的平衡
缺點	需要人工干預	受自然條件限制

除了蝴蝶圖之外，還有一些其他的圖形工具可以用來描述循環經濟這些圖形工具各有優缺點，企業和組織可以根據自身的需要選擇合適的圖形工具。以下是一些常見的循環經濟圖，包含：

(1) 循環經濟價值鏈圖 [12]（Circular Economy Value Chain）：這種圖將循環經濟的四個主要原則（減少、再利用、修復、再生）與產品或服務的價值鏈（原材料、生產、銷售、使用、廢棄）結合起來。它可以幫助企業和組織識別，在不同價值鏈階段可以實現循環經濟的機會。

(2) 循環經濟系統圖 [13]（Circular Economy System Map）：這種圖將循環經濟的四個主要原則，與產品或服務的生命週期（採購、生產、使用、回收、再利用）結合起來。它可以幫助企業和組織識別在不同生命週期階段可以實現循環經濟的機會。

(3) 循環經濟流程圖（Circular Economy Process Map）：這種圖將循環經濟的四個主要原則、與產品或服務的流程（原材料採購、生產、產品包裝、產品銷售、產品使用、產品回收、產品再利用）結合起來。它可以幫助企業和組織識別在不同流程階段可以實現循環經濟的機會。

循環經濟圖，可以幫助企業和組織，更好地理解循環經濟的概念和原理，並識別可以實現循環經濟的機會。以下是一些具體的應用案例：(a) 飛利浦公司，使用循環經濟價值鏈圖，來分析其照明產品的生命週期。通過分析，飛利浦發現可以通過提高產品耐用性和回收率來減少廢棄物產生；雀巢公司，使用循環經濟系統圖，來分析其咖啡包裝的生命週期。通過分析，雀巢發現可以通過使用可回收材料、和循環包裝，來減少廢棄物產生；(c)H&M 使用循環經濟流程圖，來分析其服裝的生命週期。通過分析，H&M 發現可以通過使用可持續材料和提高回收率，來減少廢棄物產生。

---

[12] 循環經濟價值鏈圖，最早也是由荷蘭的循環經濟專家凱瑟琳 · 范於 2013 年提出。

[13] 荷蘭的循環經濟專家凱瑟琳 · 范也提出了一種簡單易懂循環經濟系統圖被應用於全球各地的企業和組織。用於分析循環經濟系統，識別可以實現循環經濟的機會。

循環經濟雖有很多不同的定義，但其基本理念都是以資源的再生利用為基礎，減少對新資源的依賴，減少廢棄物的產生。傳統的線性經濟模式（取用、製造、使用、丟棄）是不可持續的，會導致自然資源的過度消耗和環境污染。循環經濟則是一種永續發展的經濟模式，可以減少對自然資源的依賴，減少廢棄物的產生，從而保護環境。循環經濟的發展具有以下重要意義：

(1) 保護環境：循環經濟可以減少對自然資源的消耗，減少環境污染和氣候變化。循環經濟的保護環境體現在：(a) 減少對自然資源的消耗：循環經濟可以通過回收利用與再製造等方式，將廢棄物轉化為資源，重新投入生產，從而減少對新資源的開採。例如，廢紙、廢塑膠和廢金屬等的回收利用，可以減少對森林、海洋、礦山等自然資源的依賴。(b) 減少環境污染：循環經濟可以減少生產和消費過程中產生的廢棄物和污染物，從而減少環境污染。例如，可重複使用、可維修和可回收的產品設計，可以減少一次性消費，從而減少廢棄物產生。(c) 減少氣候變化：循環經濟可以減少二氧化碳等溫室氣體的排放，從而減少氣候變化。例如，使用可再生能源和提高能源利用效率等措施，可以減少溫室氣體排放。

(2) 節約資源：循環經濟可以減少對新資源的開採，提高資源利用效率。循環經濟的節約資源體現，在以下幾個方面：(a) 回收利用：循環經濟可以通過回收利用與再製造等方式，將廢棄物轉化為資源，重新投入生產。例如，廢紙、廢塑膠、廢金屬等的回收利用，可以減少對森林、海洋、礦山等自然資源的依賴。(b) 可重複使用：可重複使用、可維修和可回收的產品設計，可以減少一次性消費，從而減少廢棄物產生。例如，可重複使用的水杯、可維修的手機、可回收的衣服等。(c) 提高利用率：減少生產和消費過程中的浪費，可以提高資源利用率。例如，精益生產和零廢棄生產等。

(3) 創造就業：循環經濟可以創造新的就業機會，促進經濟發展。循環經濟的創造就業體現在以下幾個方面：(a) 回收利用：回收利用和再製造等產業的發展，可以創造新的產業鏈和就業機會。例如，廢紙回收利用、廢塑膠回收利用和廢金屬回收利用等產業，可以創造出新的就業機會。(b) 可重複使用：可重複使用、可維修、可回收的產品設計，可以減少一次性消費，從而減少廢棄物的產生。例如，可重複使用的水杯、可維修的手機和可回收的衣服等產品的生產和銷售，可以創造新的就業機會。(c) 提高利用率：減少生產和消費過程中的浪費，可以提高資源利用率。例如，精益生產和零廢棄生產等方式，可以創造出新的生產技術和就業機會。

(4) 提升競爭力：循環經濟可以提升企業的競爭力，促進產業升級。循環經濟的提升競爭力體現在以下幾個方面：(a) 提高資源利用效率：循環經濟可以提高資源利用效率，降低企業的生產成本。例如，廢紙回收利用，可以減少對原生木材的依賴，降低木材需求和紙製品的生產成本。(b) 減少環境污染：循環經濟可以減少環境污染，降低企業的環境風險。例如，可重複使用、可維修、可回收的產品設計可以減少一次性消費，從而減少廢棄物的產生，降低企業的環境污染風險。(c) 創造新商機：循環經濟可以創造新的商機，提升企業的發展潛力。例如，回收利用、再製造等新興產業的發展，可以為企業提供新的發展機會。

對於循環經濟的模型，是指循環經濟的運作模式。循環經濟的核心是將產品、材料和能源在一個閉環系統中循環利用，減少資源浪費，延長資源使用壽命。循環經濟的模型還可以根據不同的行業進行分類。例如，在製造業中，循環經濟的模型可以分為產品設計模型、回收利用模型、再利用模型和再製造模型。

(1) 產品設計模型：在產品設計階段就考慮可回收性，減少產品的浪費。例如，採用模塊化設計，方便產品的拆解和回收；使用可回收材料，減少產品的浪費。

(2) 回收利用模型：建立完善的回收利用體系，提高資源的回收利用率。例如，建立回收網絡，方便居民和企業進行回收；採用先進的回收技術，提高回收效率。

(3) 再利用模型：將產品或材料重新使用，減少浪費。例如，將舊衣服改造成新的衣服；將舊家具改造成新的家具。

(4) 再製造模型：將產品或材料重新製造成新的產品，延長資源使用壽命。例如，將舊汽車拆解後再製造成新的汽車；將舊電器拆解後再製造成新的電器。

企業在進行、循環經濟的實際操作階段，須考量三個層次，唯有在不同層次皆考量到循環思維，才能累積產品全線的循環：(a) 產品設計層次：在產品設計階段，就應考慮產品的資源可再生性、維修性和回收性。例如，產品可以設計成模組化、可拆卸、可重複使用的，並採用可回收利用的材料。(b) 生產和消費層次：在生產和消費階段，應減少資源消耗和浪費。例如，生產過程中應採用節能、節水、節材等技術，消費者應減少不必要的購買和浪費。(c) 廢棄物管理層次：廢棄物應儘可能回收利用，並循環利用到生產中。例如，廢紙、廢塑膠、廢金屬等應回收利用，並用於生產新的產品或是次級品。

5.3 資源管理與措施

資源管理是指，對自然資源和人類資源進行有效利用和保護的過程。自然資源包括礦產資源、森林資源、水資源、土地資源、海洋資源等。人類資源包括勞動力、知識、技能等。資源管理的目標是實現自然資源和人類資源的永續利用，保障人類社會的持續發展。

資源管理需要政府、企業、消費者等各方共同努力。政府應制定相關法律法規和政策，加大對資源管理的投入，引導企業和消費者採取節能減排、循環利用等措施。企業應在產品設計、生產、使用等各環節，採取措施減少資源消耗和污染排放。消費者應養成綠色消費習慣，減少浪費，提高資源利用效率。

資源管理是一項複雜的系統工程，需要各方共同努力，才能有效實現資源的有效利用和保護。以下是一些資源管理的具體措施：

(1) 節能減排：節能減排是資源管理的重要措施之一，是指減少能源消耗和降低環境污染。節能減排可以減少對自然資源的依賴，降低環境污染，保護環境，保障人類社會的持續發展。節能減排的具體措施包括：(a) 提高能源利用效率：通過技術改造、設備更新等措施，提高能源利用效率，減少能源消耗；(b) 回收可利用能源：通過回收再利用技術與再利用設施，將企業生產過程中，剩餘的熱能、蒸氣等能源，進行再利用；減少一次性消費：(c) 減少一次性產品的使用，提高資源利用效率；(d) 推廣綠色出行：減少自用車使用，鼓勵步行、騎自行車、公共交通等綠色出行方式；(e) 推廣綠色建築：提高建築的節能減排水平，減少建築對能源和環境的消耗。

(2) 循環利用：循環利用是資源管理的重要措施之一，是指將廢棄物回收利用，減少資源浪費。循環利用可以減少對自然資源的依賴，降低環境污染，保護環境，保障人類社會的持續發展。具體作法為：(a) 垃圾分類：將垃圾分為可回收垃圾、不可回收垃圾、有害垃圾和其他垃圾，方便回收利用；(b) 廢棄物回收：將可回收垃圾回收利用，生產新的產品或材料；(c) 再生能源利用：將廢棄物中的能源回收利用，(d) 發電或供熱；工業副產物利用：將工業生產過程中的副產物回收利用，減少廢棄物的產生。

(3) 可再生能源利用：可再生能源利用是資源管理的重要措施之一，是指利用太陽能、風能、水能、地熱能、生物質能等可再生能源，減少對化石能源的依賴。可再生能源利用可以減少對自然資源的依賴，降低環境污染，保護環境，保障人類社會的持續發展。可再生能源利用的具體措施包括：(a) 太陽能利用：利用太陽能發電、供熱、熱水、照明等；(b) 風能利用：利用風能發電、供熱、水泵等；(c) 水能利用：利用水能發電、灌溉、航運等。(d) 地熱能利用：利用地熱能供暖、製冷、發電等；生物質能利用：(e) 利用生物質能發電、供熱、發酵、製酒等。

(4) 綠色製造：提高產品設計、生產、使用等環節的資源利用效率。綠色製造是資源管理的重要措施之一，是指在產品設計、生產、使用、回收、處置等各環節，採取措施減少資源消耗和污染排放，實現產品的全生命週期永續發展。綠色製造的具體措施包括：(a) 在產品設計階段，採用綠色設計理念，減少產品的資源消耗和污染排放；(b) 在生產階段，採用節能減排、清潔生產等技術，減少生產過程中的資源消耗和污染排放；(c) 在產品回收階段，提高產品回收率和再利用率，減少資源浪費；(d) 在產品處置階段，採用無害化、資源化的方式處理廢棄物，避免環境污染。

(5) 綠色消費：綠色消費是資源管理的重要措施之一，是指在消費過程中，減少資源消耗和污染排放，實現人類社會的永續發展。綠色消費的具體措施包括：(a) 理性消費，減少浪費；(b) 選擇環保產品和服務；(c) 減少一次性消費產品的使用；(d) 重複使用和回收利用產品。(e) 維修產品，延長產品使用壽命。

資源管理措施是複雜的系統工程，需要政府、企業、消費者等各方共同努力。政府應制定相關法律法規和政策，加大對資源管理的投入，引導企業和消費者採取資源管理措施。企業應在產品設計、生產、使用、回收、處置等各環節，採取措施提高資源利用效率，減少污染排放。消費者應養成綠色消費習慣，減少浪費，提高資源利用效率。

(1) 政府作為：

A. 制定和完善資源管理政策：政府應制定和完善資源管理政策，明確資源管理的目標和方向，規範資源管理行為，引導資源合理利用，促進資源保護。

B. 加大對資源管理的投入：政府應加大對資源管理的投入，支持資源管理研究和技術開發，推廣資源管理技術和設備，培養資源管理人才。

C. 加強資源管理的宣傳和教育：政府應加強資源管理的宣傳和教育，提高公眾對資源管理的認識和意識，引導公眾參與資源管理。

(2) 企業作為：

A. 採用綠色生產方式：企業應在產品設計、生產、使用、回收、處置等各環節，採取措施提高資源利用效率，減少污染排放。

B. 推廣可再生能源利用：企業應積極推廣可再生能源利用，減少對化石能源的依賴。

C. 提高產品回收率和再利用率：企業應提高產品回收率和再利用率，減少廢棄物的產生。

(3) 大眾作為：

A. 養成綠色消費習慣：大眾應養成綠色消費習慣，減少浪費，提高資源利用效率。

B. 支持綠色企業和產品：大眾應支持綠色企業和產品（如購買綠色標章產品），鼓勵企業和生產商生產和提供綠色產品和服務。

C. 參與資源管理活動：大眾應積極參與資源管理活動，為資源管理事業貢獻力量。

國際上，各國目前在資源管理方面的作為，都加大力道，努力進行。主要是以資源保護：包括制定資源保護法律法規，加強資源保護執法，提高公眾的資源保護意識；資源節約：包括推廣節能減排技術，提高資源利用效率，減少資源消耗；資源循環利用：包括推進資源循環利用技術，提高廢棄物的回收利用率。以下是一些國際上（包含台灣），目前推動資源管理的作為：

(1) 歐盟：歐盟在資源管理方面具有領先地位，制定了一系列資源管理相關的法律法規，包括《循環經濟行動計畫》(Circular Economy Action Plan)、《能源效率指令》(Energy Efficiency Directive)、《碳排放交易體系》(EU Emissions Trading System)、《生物多樣性指令》(Habitats Directive) 等。歐盟還加大了對資源管理的投入，支持資源管理研究和技術開發，推廣資源管理技術和設備。歐盟在資源管理方面取得了顯著成效，例如，歐盟的廢棄物回收率從 1990 年的 25% 提高到了 2022 年的 65%。

(2) 美國：美國在資源管理方面也取得了一定成就，制定了《資源保護法》（Resource Conservation and Recovery Act，RCRA）、《可再生能源法》（Renewable Fuel Standard，RFS）和《能源效率法》（Energy Efficiency Improvement Act of 2020）等法律法規。美國政府還加大了對資源管理的投入，支持資源管理研究和技術開發，推廣資源管理技術和設備。例如，美國的太陽能發電量在 2022 年達到了 200GW，是世界第一。

(3) 日本：日本在資源管理方面也十分重視，制定了《資源循環促進法》、《能源基本計畫》等法律法規。日本政府還加大了對資源管理的投入，支持資源管理研究和技術開發，推廣資源管理技術和設備。例如，日本的垃圾焚燒發電量在 2022 年達到了 2000 萬噸，是世界第一。

(4) 中國：中國在資源管理方面也取得了長足的進步，制定了《資源保護法》、《循環經濟促進法》、《節能減排法》、《可再生能源法》等法律法規。中國政府還加大了對資源管理的投入，支持資源管理研究和技術開發，推廣資源管理技術和設備。例如，中國的垃圾分類率在 2022 年達到了 46%，是 2016 年的 4 倍。

(5) 台灣：歷經多年的努力與推動，台灣在資源管理方面取得了一定的成就，例如：廢棄物回收率：台灣的廢棄物回收率在 2022 年達到了 54%，高於世界平均水平。可再生能源利用率：台灣的可再生能源利用率在 2022 年達到了 18%，高於歐盟的 17%。節能減排成效：台灣的碳排放量在 2022 年比 2005 年減少了 13%。為了進一步提升資源管理水平，政府提出了“2050 淨零排放”的目標，並制定了相關政策措施。台灣企業也積極響應政府的號召，推廣綠色製造和可再生能源利用。另外，台灣民眾也逐漸提高了資源保護意識，養成了綠色消費習慣。

5.4

ESG 在資源管理的應用

ESG 在資源管理中的應用，有助於確保永續性，減少環境和社會風險，增強公司的競爭力，並為長期價值創建提供支持。它們不僅在企業層面重要，也在政府政策和國際合作中扮演關鍵角色，以應對全球資源管理的挑戰。具體來說，ESG 在資源管理中的應用，可以包括以下幾個方面：

(1) 制定資源管理目標和政策：企業可以根據 ESG 指標，制定資源管理目標和政策，引導企業在資源管理方面採取積極行動。例如，企業可以制定減少資源消耗、減少污染排放及提高資源利用效率等目標和政策。

(2) 實施資源管理措施：企業可以根據資源管理目標和政策，制定並實施資源管理措施，提高資源管理水平。例如，企業可以採用節能減排技術、循環利用技術和資源回收利用技術等，減少資源消耗、減少污染排放、提高資源利用效率。

(3) 監測和評估資源管理績效：企業可以建立資源管理績效監測和評估體系，定期監測和評估資源管理績效，確保資源管理目標的實現。例如，企業可以建立資源消耗、污染排放、資源利用效率等指標的監測和評估體系。

無論是政府、企業與大眾，資源有效的管理都是達成 ESG 目標的重要過程。積極應用 ESG，企業可以更好地履行社會責任，提升企業的競爭力，為永續發展做出貢獻。推動 ESG 管理更易達到 ESG 有關資源管理的成效。(a) 將 ESG 理念納入企業的資源管理戰略中，並制定相應的目標和措施。(b) 建立健全的 ESG 資源管理體系，包括資源管理政策、流程、制度、資訊系統等。(c) 提高員工與大眾的 ESG 意識，引導全民參與資源管理。(d) 加強 ESG 資源管理的溝通與宣傳，增強公眾的認知和理解。

思考問題

1. 什麼是資源短缺，它對環境、經濟和社會有什麼影響？
2. 循環經濟是什麼，它如何有助於解決資源短缺和減少浪費？
3. 資源管理和循環經濟為實現永續發展提供了什麼重要保障？
4. 資源短缺在經濟上有何影響？
5. 資源短缺在社會上有何影響？
6. 解決資源短缺的解決方案有哪些？
7. 什麼是循環經濟的主要目標？
8. 循環經濟的基本理念是什麼？
9. 循環經濟與線型經濟有什麼差異？
10. 循環經濟如何提升競爭力？
11. 循環經濟的發展對企業有哪些影響？
12. 循環經濟的發展對個人有哪些影響？
13. 循環經濟的模型有哪些？
14. 循環經濟如何提升競爭力？
15. 技術循環與生物循環的區別？
16. 蝴蝶圖資源管理的精神是什麼？

CHAPTER 6

ESG 的社會

在當今社會，企業的社會責任（CSR）越來越受到重視。ESG（環境、社會和公司治理）是衡量企業永續發展的重要指標，也是企業社會責任的重要體現。隨著全球社會和環境挑戰的不斷擴大，企業在當今世界中的作用不僅僅是營利，更應在營利之餘，也需兼顧企業對社會的責任，CSR 也逐漸演變為一個更廣泛、更綜合的永續發展框架。本書之前已經深入探討了 ESG 的環境部分，讓我們轉向 ESG 的第二維度「社會」。這是一個涵蓋廣泛且多樣化的領域，牽涉到企業如何影響和回應社會。ESG 的社會維度，主要關注企業對社會的影響，包括對員工、消費者、社區等的影響。ESG 可以促進社會公平、社會包容、社會發展和社會責任。但是，由於全球國家與地區經濟條件不同，人口和資源互異，要普及全球價值 ESG 的社會，仍充滿困難與障礙（圖 6.1 例子【參考文獻 24】），這些問題或許不是在短時間能夠解決，永續發展的目標，仍需我們大家的努力。

圖 6.1 工人在全球最好和最糟的地區

6.1

ESG 與社會公平

社會公平是指所有人都能享有平等的機會和權利，不受任何歧視。ESG 強調企業的社會責任，包括對員工、消費者、社區等的責任。因此，ESG 可以用來促進社會公平。對於社會公平，可用四個面向來討論：

(1) ESG 與員工權益保障：員工是企業最重要的資產之一，確保他們的權益受到尊重和保護，對於企業的長期成功和永續發展至關重要。ESG 可以用來保障員工的權益，包括公平的薪資和工作條件、安全的工作環境、健康的福利待遇等。例如，企業可以通過制定公平的薪資制度、提供良好的工作環境、保障員工的休假和福利等措施，來保障員工的權益。相關的說明和作為，如表 6.1 所示。

表 6.1 ESG 對員工權益的指標

指標	說明	作為範例
公平薪資制度	根據員工的資歷、技能、工作量等因素，制定符合市場規律和社會公平的薪酬體系。	根據員工的資歷和技能制定薪酬等級，並根據員工的實際工作表現進行調整；建立績效考核制度，將員工的薪酬與績效表現掛鉤；提供員工福利，如醫療保險、退休金、教育補助等。
良好工作條件	企業應為員工提供安全、健康、舒適的工作環境，保障員工的身心健康。	提供安全的生產設備和工作場所；定期進行安全檢查；提供健康的飲食和休息時間；提供心理健康服務。
保障員工休假和福利	企業應為員工提供充足的休假和福利，保障員工的休息和生活。	提供法定休假和帶薪休假；提供醫療保險、退休金、教育補助等福利。
消除就業歧視	企業應在招聘、晉升、薪酬等方面，杜絕對性別、種族、宗教、殘疾等因素的歧視，保障所有員工的平等機會。	在招聘、晉升等過程中，建立公開、公平的選拔標準；禁止對員工進行性別、種族、宗教、殘疾等方面的歧視。

指標	說明	作為範例
提供職業培訓和發展機會	企業應為員工提供職業培訓和發展機會，幫助員工提升技能和能力，發展事業。	提供在職培訓和學習機會；提供職業發展規劃和指導；鼓勵員工參加外部培訓和交流。
營造尊重和包容的企業文化	企業應倡導尊重人、關愛人、發展人的理念，營造尊重和包容的企業文化，讓員工感到被尊重和認可。	建立平等、尊重的企業文化；倡導多元化和包容性；提供員工溝通和回饋管道。

在社會公平方面，企業尤需以公平合理的要求為自省，確保組織與公司治理，符合公平與正義：(a) 勞動權利：企業應遵守國際勞工組織的核心勞動標準，保障員工的安全和健康。例如，企業應提供安全的工作環境，禁止童工和強迫勞動。(b) 性別平等：企業應制定性別平等政策，消除性別歧視。例如，企業應確保男女員工享有同等的薪酬、福利和晉升機會。(c) 收入分配：企業應採取措施，促進盈利的分配公平，例如，提高員工薪資、增加員工福利等。

(2) ESG 與消費者權益保護

ESG 是消費者權益保護的重要基礎。企業只有在經濟、環境、社會方面表現良好，才能獲得消費者的信任和支持。企業如果不尊重消費者權益，就會損害消費者利益，從而影響企業的長期發展。另外，ESG 強調企業應承擔社會責任，而消費者權益保護是社會責任的重要內容之一。企業應尊重消費者的知情權、選擇權、安全權、公平交易權等權利，以維護消費者的合法權益。企業在實踐 ESG 理念的過程中，會更加注重消費者權益保護；而消費者權益保護的提升，也會促進企業的 ESG 發展。ESG 在保護消費者權益中，包括了安全的產品和服務、透明的產品訊息、公平的交易條款等。例如，企業可以通過嚴格控制產品品質、提供準確的產品訊息、制定公平的交易條款等措施，來保護消費者權益。ESG 與消費者權益保護是指企業在生產、銷售、服務等過程中，應遵守法律法規和社會道德，保障消費者的權益。相關的說明和作為，如表 6.2 所示。

表 6.2 ESG 對消費者權益保護的指標

指標	說 明	例 子
提供安全、合格的產品和服務	企業應嚴格按照法律法規和行業標準，生產、銷售安全、合格的產品和服務，保障消費者的人身健康和財產安全。	食品企業應嚴格控制食品安全，保障消費者的飲食安全；電商企業應嚴格履行消費者保護責任，保障消費者的購物權益。
保障消費者的知情權	企業應向消費者提供準確、完整的訊息，包括產品的性能、功能、用途、安全警示等，保障消費者的知情權。	企業應在產品包裝上標註產品的成分、用途、安全警示等訊息；企業應在產品說明書中提供產品的詳細訊息。
保障消費者的選擇權	企業應尊重消費者的選擇權，提供多樣化的產品和服務，保障消費者的選擇權。	企業應提供不同價格、功能、用途的產品和服務，讓消費者可以根據自己的需求進行選擇。
保障消費者的公平交易權	企業應遵守公平交易規則，禁止對消費者進行價格欺詐、虛假宣傳等行為，保障消費者的公平交易權。	企業應在產品的定價、促銷等方面公平對待所有消費者；企業應避免虛假宣傳，誤導消費者。

(3) ESG 與社區發展

ESG 是社區發展的重要基礎。企業只有在經濟、環境與社會方面表現良好，才能獲得社區的支持和信任。企業如果不支持社區發展，就會損害社區利益，從而影響企業的長期發展。社區發展也是 ESG 的重要組成部分，ESG 強調企業應承擔社會責任，而社區發展是社會責任的重要內容之一，企業應支持社區教育、醫療、文化等事業，為社區發展做出貢獻。另外，ESG 與社區發展可相互促進，企業在實踐 ESG 理念的過程中，會更加注重支持社區發展；而社區發展的提升，也會促進企業的 ESG 發展。

ESG 與社區發展是指企業在生產、經營、發展的過程中，應履行社會責任，為社區的經濟、社會、文化發展做出貢獻。ESG 可以用來支持社區的發展，包括提供就業機會、捐贈慈善機構、參與社區活動等。例如，企業可以通過在當地設立工廠或辦事處，提供就業機會；通過捐贈慈善機構，幫助弱勢群體；通過參與社區活動，回饋社會。相關的說明和作為，如表 6.3 所示。

表 6.3 ESG 與社區發展的指標

指標	說 明	作為範例
支持社區經濟發展	企業可以通過投資、合作、捐贈等方式，支持社區的經濟發展，創造就業機會，提高居民收入。	企業投資建設社區公益設施，如圖書館、公園、體育場等，為社區居民提供公共服務；企業與社區合作，舉辦公益活動，如義賣、捐贈、志願服務等，幫助社區解決問題；企業支持社區企業發展，如提供資金、技術、人才等支持。
幫助解決社區問題	企業可以通過參與社區治理、提供志願服務、捐贈設施等方式，幫助解決社區的教育、醫療、環境等問題。	企業參與社區治理，為社區提供意見和建議；企業提供志願服務，幫助社區解決日常問題；企業捐贈設施，如圖書館、醫院、污水處理廠等，改善社區環境。
促進社區文化發展	企業可以通過支持社區文化活動、舉辦公益活動等方式，促進社區文化發展，提升居民的文化素養。	企業支持社區文化活動，如舉辦藝術展覽、音樂會、戲劇表演等，豐富社區居民的文化生活；企業舉辦公益活動，如舉辦讀書會、講座等，提升社區居民的文化素養。

ESG 強調企業的社會責任，包括對員工、消費者、社區等的責任。因此，ESG 可以用來促進社會公平，例如：通過公平的薪資和工作條件，保障員工的權益；通過產品和服務的創新，改善消費者的生活品質；通過投資和捐贈，支持社區的發展。

6.2 ESG 與社會包容

ESG 是社會包容的重要基礎。企業只有在經濟、環境、社會方面表現良好，才能獲得社會的支持和信任。企業如果沒有社會包容，就會損害社會利益，從而影響企業的長期發展。ESG 強調企業應承擔社會責任，而社會包容是社會責任的重要內容之一，企業應尊重不同群體的權利，為不同群體提供平等的機會，促進社會包容；另外，ESG 與社會包容亦可相互促進，企業在實踐 ESG 理念的過程中，會更加注重促進社會包容，而社會包容的提升，也會促進企業的 ESG 發展。

社會包容是指社會中，各個成員都能平等參與和分享社會、經濟和文化機會的能力。它關注消除歧視，提供平等機會，並尊重不同文化和背景的個體。ESG 原則和社會包容之間存在緊密聯繫，因為 ESG 考慮了企業的社會和環境影響，其中包括提升社會包容性。企業可以通過 ESG 的實踐來促進社會包容，從而為社會做出積極貢獻。ESG 可以用來促進社會包容，有關 ESG 與社會包容相關的具體措施包括：(a) 消除就業歧視：企業應在招聘、晉升、薪酬等方面，杜絕對性別、種族、宗教、殘疾等因素的歧視，保障所有員工的平等機會。(b) 倡導多元化和包容性：企業應倡導多元化和包容性，建立尊重和包容的企業文化，讓所有員工感到被尊重和認可。(c) 支持弱勢群體：企業應支持弱勢群體，為他們提供就業、教育、醫療等方面的幫助，促進社會公平。

企業在實踐 ESG 時，應注重社會包容，消除對任何群體的歧視，促進社會公平和諧。一些企業實踐 ESG，在促進社會包容的具體措施，如表 6.4 所示。

表 6.4 ESG 與社會包容措施

措 施	說 明
建立社會包容委員會	企業應建立社會包容委員會，由企業代表、員工代表和外部專家組成，共同負責社會包容工作。
制定社會包容計畫	企業應制定社會包容計畫，明確企業在社會包容中的目標和措施。
定期進行社會包容評估	企業應定期進行社會包容評估，了解員工的意見和建議，改進社會包容工作。
在招聘和晉升過程中，採用公平、公正的標準	企業應在招聘和晉升過程中，採用公平、公正的標準，保障所有員工的平等機會。
建立尊重和包容的企業文化	企業應建立尊重和包容的企業文化，消除對任何群體的歧視。
支持弱勢群體	企業應支持弱勢群體，為他們提供就業、教育、醫療等方面的幫助。

ESG 與社會包容是密切相關的。企業在實踐 ESG 理念的過程中，應更加注重促進社會包容，為社會包容做出貢獻。以下是一些企業促進社會包容的具體案例，這些企業的案例表明，企業可以通過多種方式促進社會包容，為社會包容做出貢獻。

(1) Google 在全球範圍內推出了「Diversity & Inclusion」（多元化和包容性）計畫，致力於促進員工的多元化和包容性。該計畫的目標是：提高公司內部員工的多元化，包括性別、種族、民族、宗教、性取向、殘疾等；建立一個更加包容的職場環境，讓所有員工都能感到舒適和被接受。Google 的「Diversity & Inclusion」計畫取得了一些成效。例如，在 2023 年，Google 的女性員工比例達到了 39%，高於 2013 年的 32%。此外，Google 還建立了一個「員工的資源小組」（Employee Resource Group），為不同群體的員工提供支持和資源。這個計畫，是全球企業推動多元化和包容性的一個典範。

(2) 聯合利華在全球範圍內推出了「We are Unilever」（我們是聯合利華）計畫，致力於促進員工的平等和包容。此計畫旨在加強企業的社會責任和永續發展。該計畫的目標是：幫助 10 億人改善生活；減少一半的環境影響；創造一個更加公平和包容的社會。聯合利華的「We are Unilever」計畫取得了一些成效。例如，在 2023 年，聯合利華的產品和包裝中可再生材料的比例達到了 25%，高於 2013 年的 15%。此外，聯合利華還承諾到 2030 年，將溫室氣體排放量減少 60%。

(3) 麥當勞：麥當勞在 2020 年推出了「麥麥助力」計畫 (McDonald's Inclusive Employment Program），旨在為殘障人士提供更多的就業機會。該計畫包括以下措施：提供針對殘障人士的招聘和培訓計畫；在餐廳內提供無障礙設施；為殘障人士提供靈活的工作時間。「麥麥助力」計畫的推出，為殘障人士提供了更多的就業機會，幫助他們融入社會。該計畫也受到了社會各界的肯定，被評為「2020 年企業社會責任十大案例」。根據麥當勞的數據，截至 2023 年，該計畫已在全球範圍內，為超過 10 萬名殘障人士提供了就業機會。在中國，麥當勞的計畫已在 200 多家餐廳推行，為超過 1 萬名殘障人士提供了就業機會。此計畫是麥當勞履行社會責任的一個重要舉措。該計畫不僅為殘障人士提供了就業機會，也為麥當勞自身創造了良好的社會形象。

(4) 蘋果：蘋果在 2022 年宣布，將為其所有員工提供 15 美元的最低薪資，並將在未來四年內將其員工平均薪資提高 50%。該舉措旨在消除貧富差距，促進社會包容。在 2022 年，蘋果公司推出了"Apple Inclusion & Diversity Council"，該委員會由來自不同背景的員工組成，負責制定和推動蘋果公司的包容性計畫。在 2023 年，蘋果公司推出了"Apple Accessibility Center"，該中心致力於開發可包容殘障人士的產品和服務。在 2023 年，蘋果公司與慈善機構"The Trevor Project"合作，推出了"Apple Together"計畫，為 LGBTQ+ [14] 青年提供心理健康支持。

[14] LGBTQ+ 是女同性戀（Lesbian）、男同性戀（Gay）、雙性戀（Bisexual）、跨性別（Transgender）、酷兒（Queer）等性少數的縮寫。其中，"+" 表示其他更多的性少數，例如，無性戀（Asexual）、雙性人（Intersex）等。

6.3

ESG 與社會發展

ESG 是社會發展的重要基礎。企業只有在經濟、環境、社會方面表現良好，才能獲得社會的支持和信任。企業如果不支持社會發展，就會損害社會利益，從而影響企業的長期發展。社會發展是 ESG 的重要組成部分，ESG 強調企業應承擔社會責任，而社會發展是社會責任的重要內容之一。企業應支持社會教育、醫療、文化等事業，為社會發展做出貢獻。ESG 與社會發展相互促進，企業在實踐 ESG 理念的過程中，會更加注重支持社會發展。而社會發展的提升，也會促進企業的 ESG 發展。

社會發展的概念，通常指的是提高人民的生活品質、營造更公平和平等的社會、促進教育、健康、就業和經濟增長等方面的努力，社會發展亦為實現 ESG 永續性的一個關鍵元素。ESG 與社會發展是指企業在生產、經營、發展的過程中，應履行社會責任，為社會的經濟、社會、文化發展做出貢獻。ESG 原則對於實現社會發展至關重要，因為 ESG 原則的遵循，可以幫助減少不平等、改善環境狀況、提供良好的公司治理，這些都是社會發展的支持因素。

ESG 可以用來促進社會發展，例如：通過環境保護和永續發展，保護自然資源；通過創新和創業，推動經濟發展；通過教育和培訓，提升人力資本。ESG 與社會發展是一個重要而廣泛的主題，說明企業如何通過遵循環境、社會和公司治理（ESG）原則，積極參與社會發展，以實現永續性目標。以下是有關 ESG 與社會發展的具體措施（如表 6.5）

表 6.5 ESG 與社會發展措施

指標	說 明	例 子
支持永續發展	企業可以通過減少碳排放、節約資源、保護環境等方式，支持永續發展，為社會創造更美好的未來。	企業投資於可再生能源，減少碳排放；企業研發節能技術，提高資源利用效率；企業保護環境，減少污染。

指標	說明	例子
倡導社會公正	企業可以通過消除就業歧視、支持弱勢群體等方式，倡導社會公正，讓所有人都能平等地享受社會發展成果。	企業制定就業歧視政策，禁止對任何群體的歧視；企業提供就業機會和培訓機會給弱勢群體；企業支持弱勢群體的組織和活動。
促進社會創新	企業可以通過研發新技術、培育新人才等方式，促進社會創新，為社會帶來新的發展動力。	企業研發新技術，解決社會問題；企業培育新人才，推動社會發展；企業支持社會創新項目。

ESG 與社會發展是密切相關的。企業在實踐 ESG 理念的過程中，應更加注重支持社會發展，為社會發展做出貢獻。以下是一些企業支持社會發展的具體案例，這些企業的案例表明，企業可以通過多種方式支持社會發展，為社會發展做出貢獻：

(1) 聯合利華在全球範圍內設立了「聯合利華基金會」（Unilever Foundation），基金會成立於 1930 年，總部位於荷蘭。此基金會支持教育、醫療、環境等社區事業。聯合利華基金會的宗旨是「幫助人們過上更美好的生活」。聯合利華基金會是聯合利華在全球範圍內設立的慈善基金會，致力於推動社會發展。基金會的工作主要集中在以下幾個領域：清潔用水：基金會致力於為全球各地的人民提供清潔用水，改善人們的生活品質；營養：基金會致力於提高人們的營養水平，改善人們的健康狀況；永續發展：基金會致力於推動永續發展，保護環境。聯合利華基金會的項目取得了顯著的成果。例如，基金會支持的「清潔用水」項目，為全球各地的數百萬人提供了清潔用水。基金會支持的「營養」項目，為全球各地的數百萬兒童提供了營養食品。基金會支持的「永續發展」項目，為保護環境做出很多貢獻。

(2) 台積電在台灣設立了「台積電文教基金會」。台積電文教基金會是台積電在台灣設立的非營利組織，成立於 1998 年，宗旨是「培育未來人才，推動美善社會」。以支持台灣教育、文化等事業，是基金會的主要業務，集中在以下幾個領域：(a) 青年培育：基金會致力於培育台灣青年人才，支持他們的學習和成長。基金會提供獎學金、助學金、實習機會等，幫助青年學生完成學業，提升技能，發展潛力 (b) 教育合作：基金會與台灣各級學校、教育機構合作，支持教育改革，提升教育品質。基金會提供資金、設備、師資等，幫助學校改善辦學環境，提升教學水平 (c) 藝文推廣：基金會致力於推廣台灣藝文活動，豐富民眾的精神生活。基金會舉辦展覽、表演、講座等活動，推廣台灣藝術，提升台灣藝術的國際地位。

(3) 阿里巴巴公益基金會，是阿里巴巴集團，在中國設立的非營利組織，成立於 2011 年，宗旨是「用科技的力量，讓世界更美好」。基金會的業務主要集中在，以下幾個領域：教育：基金會致力於推動教育公平，提高教育品質，基金會支持偏鄉教育、特困學生助學、職業教育等項目；醫療：基金會致力於改善醫療服務，提高人民健康水平，基金會支持基層醫療、疾病防控、殘疾人康復等項目；扶貧：基金會致力於幫助貧困人口脫貧致富，基金會支持農村發展、就業創業、社會救助等項目。阿里巴巴公益基金會在中國教育、醫療、扶貧等領域做出了積極的貢獻。

6.4

ESG 與社會責任

ESG 是社會發展的重要基礎。企業只有在經濟、環境、社會方面表現良好，才能獲得社會的支持和信任。企業如果不支持社會發展，就會損害社會利益，從而影響企業的長期發展。社會發展是 ESG 的重要組成部分。ESG 強調企業應承擔社會責任，而社會發展是社會責任的重要內容之一。企業應支持社會教育、醫療、文化等事業，為社會發展做出貢獻。ESG 與社會發展相互促進，企業在實踐 ESG 理念的過程中，會更加注重支持社會發展；而社會發展的提升，也會促進企業的 ESG 發展。

社會責任是指企業在達到其商業目標的同時，對社會和環境承擔的額外責任。這包括對員工、消費者、社區、供應商和環境的責任。社會責任是指企業在生產、經營、發展的過程中，履行對社會的責任，為社會的發展做出貢獻。企業實踐 ESG ，可以提升企業的社會責任感，促進社會發展。

企業可以通過相關的作為，以履行 ESG 的社會責任。企業可以從支持永續發展入手，通過減少碳排放、節約資源、保護環境等方式，為社會創造更美好的未來。企業也可以通過消除就業歧視、支持弱勢群體等方式，倡導社會公正，讓所有人都能平等地享受社會發展成果。此外，企業可以通過研發新技術、培育新人才等方式，促進社會創新，為社會帶來新的發展動力。這些方面彼此交織，有助於創建一個有益於社會的生態系統。在企業經營方面，通過公開透明的財務和非財務訊息揭露，接受社會大眾的監督；通過參與社會治理，履行企業公民責任；通過承擔社會責任，提升企業的聲譽。

企業實踐 ESG ，可以提升企業的社會責任感，促進社會發展。企業實踐 ESG 履行社會責任，不僅有利於企業自身的發展，也有利於促進社會和諧和進步。企業可以通過以下方式實踐 ESG、履行社會責任。ESG 與社會責任的關鍵關係，是因為：(a) ESG 是企業社會責任的基礎：ESG 是衡量企業永續發展的重要指標，也是企業社會責任的基礎。企業如果要履行社會責任，就必須在環境、社會和公司治理等方面做出努力。(b)ESG 可以提升企業的社會責任感：企業實踐 ESG ，可以提高企業的社會責任感，讓企業更加關注社會的發展和利益相關者的利益。(c)ESG 可以促進社會發展：企業實踐 ESG ，可以為社會的發展做出貢獻，推動社會的進步。

企業社會責任評級，是指對企業社會責任表現進行評估的過程。企業社會責任評級，可以幫助企業了解自身的社會責任表現，也能幫助投資者、消費者和其他利益相關者，了解企業的社會責任狀況以及自身的社會責任表現，並為企業的改進提供指導。評級結果也可以為投資者、消費者等利益相關方提供訊息，幫助他們做出更好的決策。企業社會責任評級的標準和指標，一般包括：(a) 環境：包括溫室氣體排放、水資源使用、廢棄物處理等；(b) 社會：包括勞動權、人權、公平和包容、社會參與等；(c) 公司治理：包括透明度、問責制、永續性等。

評級機構會根據一定的標準和指標，對企業的表現進行評估，並給出相應的評級。由於有關企業社會責任的評估指標，是以勞動權利保障、性別平等機會、收入分配公平、少數群體保護、殘障人士照護、醫療保險、教育機會、文化保護等項目為指標，所以企業社會責任評級制度與標準，常與 ESG 評估指標重疊。這些評級制度與標準在全球範圍內，得到了廣泛的認可，並被許多企業、投資者和消費者使用，對企業的評價上，提供了一個重要參考。隨著時代發展，相關的評級標準和方法論也將不斷完善與進步。目前國際上主要有以下幾種：

(1) 道瓊斯永續發展指數（DJSI）：道瓊斯指數美國標準普爾與瑞士永續集團共同建立推出，是全球最具影響力的企業社會責任評級制度之一。DJSI 根據環境、社會和公司治理方面的表現，對企業進行評級，並將其分為領先、中等和落後三個類別。

(2) 富時羅素永續發展指數（FTSE4Good Index Series）：由富時羅素指數公司推出，是全球第二大企業社會責任評級制度。FTSE4Good 根據環境、社會和公司治理方面的表現，對企業進行評級，並將其分為領先、標準和落後三個類別。

(3) 碳訊息揭露計畫（CDP）：CDP 是一個非營利組織，致力於促進企業揭露環境訊息。CDP 每年向全球數千家企業發出問卷，要求企業揭露其環境訊息。CDP 根據企業揭露的訊息，對企業進行評級，並將其分為領先、良好、需要改進和落後四個類別。

(4) 全球報告倡議組織（GRI）：GRI 是一個非營利組織，致力於制定企業永續發展報告的標準。GRI 制定了永續發展報告框架，包括環境、社會和經濟方面的指標。企業可以根據 GRI 的框架，編制永續發展報告。

(5) CSRHub Ratings：是一家提供企業社會責任（CSR）評級的第三方平台。CSRHub 評級包含環境、社會、公司治理等 20 個類別，逾 600 項指標，用於評估企業的社會責任。

(6) Sustainalytics ESG Ratings ：是一家提供企業社會責任（CSR）評級的第三方平台。Sustainalytics ESG Ratings 評級是根據企業在環境、社會和公司治理（ESG）方面的表現，對企業進行評估，並給出相應的評級。

(7) MSCI ESG 評級 ：MSCI ESG 評級是全球最具影響力的企業社會責任評級之一。MSCI ESG 評級涵蓋了全球超過 2，500 家企業，評估指標包括環境、社會和治理三大方面。

一般而言，企業社會責任評級的評估方法，主要有以下幾種：(a) 自評：企業根據自身的社會責任政策和實踐進行評估；(b) 第三方評估：由第三方機構根據標準化的評估指標，對企業進行評估；(c) 指數評估：根據企業在社會責任方面的表現進行排名。企業社會責任評級，可以幫助企業更好地實踐社會責任，也能幫助投資者、消費者和其他利益相關者做出更明智的決策，評級比較表如表 6.6。

表 6.6 企業社會責任評級表

評級制度	評級指標	評級方法	評級結果
道瓊斯永續發展指數（DJSI）	環境、社會、公司治理	公開揭露訊息	領先、中等、落後
富時羅素永續發展指數（FTSE4Good Index Series）	環境、社會、公司治理	公開揭露訊息	領先、標準、落後
碳訊息揭露計畫（CDP）	環境	公開揭露訊息	領先、良好、需要改進、落後
全球報告倡議組織（GRI）	環境、社會、經濟	公開揭露訊息	未規定
CSRHub Ratings	環境、社會、公司治理	公開揭露訊息、第三方數據、專家意見	領先、良好、需要改進、落後
Sustainalytics ESG Ratings	環境、社會、公司治理	公開揭露訊息、第三方數據、專家意見	領導、良好、需要改進、落後
MSCI ESG 評級	環境、社會、治理	公開揭露訊息、第三方數據、專家意見	領先、良好、需要改進、落後

6.5
ESG 社會的國際現狀

ESG 與社會公平的發展趨勢，將對企業、投資者和社會產生深遠的影響。企業應積極響應這些趨勢，在社會方面做出努力，促進社會公平和永續發展。另外，ESG 已成為全球投資的重要趨勢，社會因素是 ESG 的重要組成部分。ESG 與社會公平的發展趨勢，將對企業、投資者和社會產生深遠的影響。

在 ESG 的三個維度中，社會因素是與人類社會相關的因素，包括就業平等、勞動權利、人權和社會包容等。在國際上，越來越多國家和機構開始重視 ESG 與社會公平。例如，歐盟、美國和聯合國都發布了相關的法規和宣示，要求企業在社會方面做出努力。在台灣，政府也積極推動 ESG 發展。以下，就是目前國際在 ESG 社會議題上，相關的政府舉措：

(1) 聯合國《永續發展目標》（Sustainable Development Goals，SDGs）：其中至少有 10 個目標，是有關社會議題，包含目標 1：消除貧窮、目標 2：消除飢餓、目標 3：促進健康和福祉、目標 4：確保有教無類、公平和包容的優質教育、目標 5：促進性別平等、目標 8：促進包容和持續的經濟成長，充分就業和有生產力的勞動、目標 10：減少不平等。聯合國《永續發展目標》是 17 項旨在消除貧困、保護地球、促進繁榮的全球行動計畫。這些目標涵蓋了勞動權、人權、公平和包容、社會參與等方面的內容。企業應採取措施減少收入不平等、促進社會包容和公正。

(2) 聯合國《企業社會責任指南》（UN Guiding Principles on Business and Human Rights）[15]：是聯合國人權事務高級專員辦公室（OHCHR）在 2011 年發布的一份指南，旨在幫助企業履行其人權義務。該指南是全球範圍內最具權威的企業社會責任指南之一，已被許多國家和企業採納。強調企業應在社會和環境方面履行責任，包括尊重人權、勞動權利和性別平等。

[15] 聯合國《企業社會責任指南》是聯合國發起的一個倡議，旨在促進企業履行其社會責任。該倡議由 193 個聯合國會員國、1 萬多家企業和其他組織共同支持。Guiding Principles on Business and Human Rights 是該倡議的核心文件，旨在幫助企業履行其人權責任。

(3) 歐盟《永續金融分類規則》（Taxonomy Regulation）[16]【參考文獻 25】：將 ESG 納入金融產品分類，要求金融機構在投資產品中考慮 ESG 因素，其中包括社會因素，如就業平等、勞動權利、人權和社會包容。《永續金融分類規則》旨在建立一個統一的框架，對經濟活動是否具有環境永續性進行分類。該規則涵蓋了六大環境目標：氣候變遷減緩、氣候變遷調適、水資源利用、循環經濟、污染預防和控制、生物多樣性和生態系統服務。《永續金融分類規則》將對金融市場產生重大影響，包括以下方面：投資者將能夠更輕鬆地識別和投資於具有環境永續性的企業；企業將能夠獲得更多資金，以支持其環境永續性計畫；政府將能夠更好地監管金融市場中的環境永續性。

(4) 美國《氣候變遷問責法案》（Climate Accountability Act）[17]：要求企業揭露其氣候相關財務訊息，其中包括與社會因素相關的訊息，如溫室氣體排放對員工健康的影響。該法案將要求美國市值超過 10 億美元的公司，揭露其 2023 年及以後的溫室氣體排放情況，包括直接排放、間接排放和供應鏈排放。《氣候變遷問責法案》將對美國的氣候變遷政策產生重大影響，包括以下方面：提高企業對氣候變遷的透明度，促使企業採取行動減少溫室氣體排放；為政府制定氣候政策提供訊息，幫助政府制定更有效的政策；加強公眾對氣候變遷問題的認識，促進公眾參與氣候變遷政策的制定。

(5) 台灣《氣候變遷因應法》[18]：台灣《氣候變遷因應法》於 2023 年 2 月 15 日三讀通過，是台灣第一部氣候變遷專法。該法明定我國應於 2050 年達成淨零排放，並將氣候變遷政策納入國土規劃、產業發展、能源政策、教育等各層面。氣候變

[16] 歐盟《永續金融分類規則》（Taxonomy Regulation）是歐盟於 2020.6 通過的一項法規，旨在為歐盟金融市場提供一個統一的框架，以識別和評估經濟活動是否具有環境永續性。

[17] 美國《氣候變遷問責法案》（Climate Risk Disclosure Act of 2021）是美國於 2021.3 通過的一項法案，旨在要求企業揭露其氣候相關財務訊息。

[18] 台灣《氣候變遷因應法》（Climate Change Response Act）是台灣於 2023. 2 通過的一項法案，旨在因應氣候變遷的挑戰，推動台灣的永續發展。

遷因應法》的主要內容包括：設定淨零排放目標：我國應於2050年達成淨零排放，並逐步降低溫室氣體排放量；(a) 建立氣候變遷因應部會：行政院應成立氣候變遷因應會，統籌全國氣候變遷政策的規劃與推動；(b) 制定氣候變遷因應計畫：行政院應每五年制定氣候變遷因應計畫，並定期檢討修正；(c) 要求企業揭露溫室氣體排放資訊：排放量超過一定標準的企業，應每年向主管機關，申報其溫室氣體排放資訊；(d) 推動氣候變遷教育：政府應推動氣候變遷教育，提升全民對氣候變遷的認識與因應能力。《氣候變遷因應法》的通過，是台灣氣候變遷政策的重要里程碑，將有助於我國應對氣候變遷的挑戰，要求企業在其營運和供應鏈中採取措施減少碳排放。另外，台灣亦制定：《企業社會責任實踐指引》[19]，這是由台灣永續能源研究基金會（TCSR）於2014年發布的，是台灣第一套企業社會責任（CSR）指引。該指引是根據國際標準組織（ISO）的《企業社會責任實踐指引》（ISO 26000），在結合了台灣的實際情況編寫而成。《企業社會責任實踐指引》的基本原則是：企業應尊重人權、勞工權利、環境權利等基本權利；企業應採取積極措施，促進永續發展；企業應對其社會責任行為負責，鼓勵企業在社會和環境方面履行責任，包括消除就業歧視、支持弱勢群體和促進社會公正。

[19] 《企業社會責任實踐指引》是政府於2022.12發布的一項指引，旨在幫助企業履行其社會責任。該指引涵蓋了企業社會責任的各個方面，包括環境保護、勞動權利、人權、社會包容和公司治理等。

思考問題

1. ESG 的社會維度主要關注什麼？
2. 什麼是社會公平，為什麼它對企業重要？
3. ESG 如何用來保障員工的權益？
4. ESG 如何用來保護消費者權益？
5. ESG 如何支持社區的發展？
6. 為什麼 ESG 可以用來促進社會公平？
7. 企業社會責任評級的評估方法，主要有哪些？
8. 為什麼 ESG 與社會發展之間存在密切關係？
9. 企業如何通過 ESG 支持永續發展？
10. 為什麼 ESG 是企業社會責任的基礎？
11. 請舉出企業社會責任評級中，可評斷哪些項目？
12. 台灣亦制定：《企業社會責任實踐指引》，其基本原則有哪些？

CHAPTER 7

ESG 的治理

在全球永續發展的背景下，ESG 治理的重要性日益凸顯。ESG 治理是企業永續發展的重要組成部分，是企業建立健全 ESG 管理體系、提升 ESG 績效、促進企業永續發展的基礎。企業通過有效的 ESG 治理，可以建立健全的 ESG 管理體系，提升企業的 ESG 績效，促進企業的永續發展。

企業通過有效的 ESG 治理，可以獲得多方面的收益，包括：(a) 提升企業形象，增強企業的社會信譽和影響力；(b) 增強投資者信心，吸引更多投資者；(c) 降低營運風險，提高企業的經營效率和效益。

ESG 治理是一項系統工程，需要企業全員的參與和努力。企業應制定明確的 ESG 目標和策略，建立健全的 ESG 管理體系，並將 ESG 納入企業的日常運營。本章將對 ESG 治理的各個方面，進行深入探討，以幫助企業更好地理解和實踐 ESG 治理。

7.1 公司治理與 ESG

公司治理是企業管理和運營的框架，公司治理與 ESG 密切相關，良好的公司治理可以促進企業在 ESG 方面的發展。公司治理是指企業所有者、管理者、員工等，各利益相關者之間的權利和義務關係、以及這些關係的運作方式。良好的公司治理，可以確保企業的透明度、問責制和有效性，為企業的永續發展提供保障。公司治理與 ESG 治理之間具有密切的聯繫，良好的公司治理可以為 ESG 治理提供基礎，而有效的 ESG 治理可以提升公司治理的水平。有關公司治理與 ESG 之治理其間的關係為：

(1) 公司治理是 ESG 治理的基礎：良好的公司治理可以確保企業的透明度、問責制和有效性，為 ESG 治理提供必要的保障。例如，董事會做為企業的最高決策機構，應負責制定 ESG 目標和策略，並確保 ESG 治理的有效實施。

(2) ESG 治理是公司治理的延伸：ESG 治理不僅關注企業的財務績效，還關注企業的環境、社會和治理表現。有效的 ESG 治理可以提升公司治理的水平，使企業更加永續發展。

(3) 公司治理與 ESG 治理相互促進：良好的公司治理可以為 ESG 治理提供支持，而有效的 ESG 治理可以提升公司治理的水平。例如，企業在制定 ESG 目標和策略時，應充分考慮公司治理的因素，以確保 ESG 治理能夠有效實施。

公司治理對 ESG 的影響，主要體現在以下幾個方面：提高企業的透明度和問責度，有利於企業揭露 ESG 訊息，接受利益相關者的監督。促進企業的風險管理，有利於企業有效應對 ESG 風險。鼓勵企業的創新發展，有利於企業在 ESG 方面取得突破，有關公司治理與企業永續推動發展藍圖，如圖 7.1 所示【參考文獻 26】。

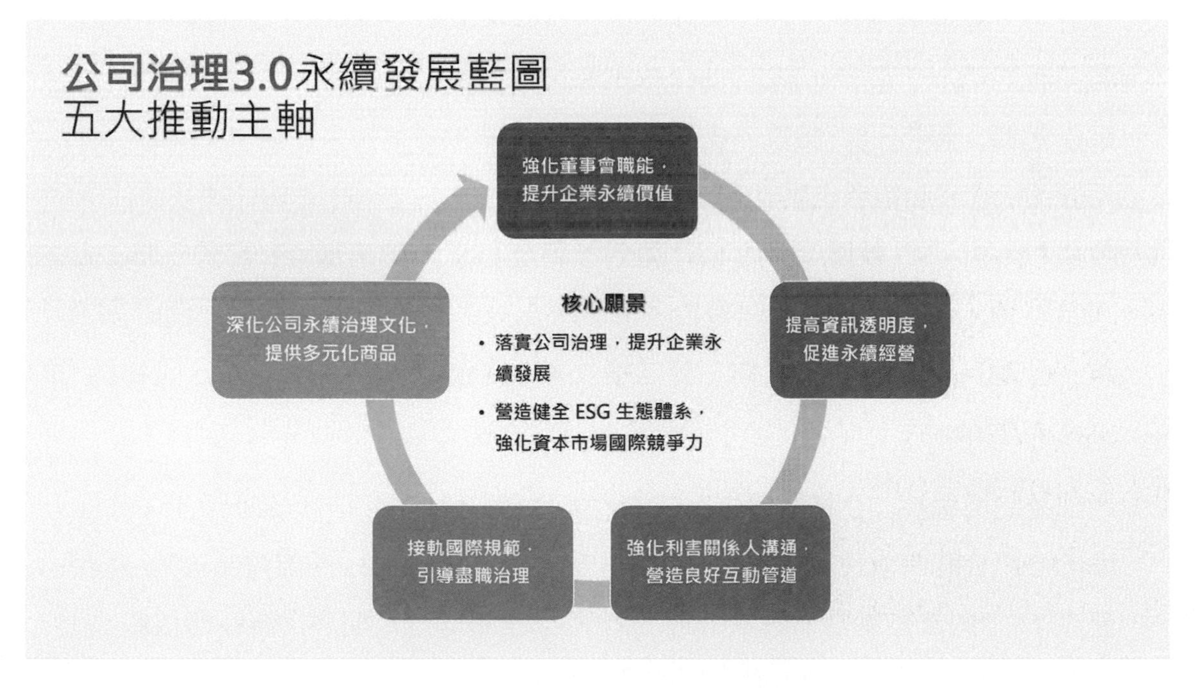

圖 7.1 公司治理與企業永續發展藍圖

將公司治理（Corporate Governance）與 ESG 治理相結合，具有多方面的重要性和利益，企業在經營管理中的全面考慮與有效相輔，將反映企業對長期價值創造和風險管理的利益。企業可以通過以下方式，將公司治理與 ESG 治理相結合：

(1) 董事會治理：董事會是企業的最高權力機構，負責制定公司戰略和監督管理層執行。企業應將 ESG 納入董事會議程和考核，確保董事會對 ESG 問題有充分的了解和關注。董事會應負責制定 ESG 目標和策略，並確保 ESG 治理的有效實施，並將 ESG 作為董事會定期審議的重要議題。將 ESG 績效，納入董事會對管理層的考核。具指標的董事會應包括來自不同背景的董事，以確保 ESG 治理能夠得到有效的監督和支持。

(2) 管理層治理：企業管理層，應將 ESG 納入企業的日常運營，並制定相應的措施和計畫，管理層應建立 ESG 管理體系，並確保 ESG 治理的有效實施。ESG 管理體系應包括以下要素：制定 ESG 政策和目標；制定 ESG 績效指標；收集和分析 ESG 數據；報告 ESG 績效。企業應建立 ESG 績效評估體系，對 ESG 績效進行定期評估。管理層治理也應建立ESG 績效評估體系，包含：制定 ESG 績效評估標準；收集和分析 ESG 數據；評估 ESG 績效；制定 ESG 改進措施等。另外，將 ESG 納入員工績效考核，也是管理層治理的重要部分。企業應將 ESG 納入員工績效考核，激勵員工參與 ESG 工作。員工績效考核應包括：員工的 ESG 意識和員工的 ESG 表現等。

(3) 內部控制與稽核：企業應建立有效的內部控制與稽核體系，以確保企業在 ESG 方面的合規性和有效性。內部控制體系，應包含：制定 ESG 內部控制政策和程序；建立 ESG 內部控制監測體系；對 ESG 內部控制進行定期評估。在稽核體系上，應涵蓋 ESG 相關的各個方面，例如環境保護、社會責任和公司治理。

(4) 資訊揭露：企業應向利害關係人揭露其 ESG 績效，以提升企業的透明度和可信度。ESG 資訊揭露應涵蓋 ESG 相關的各個方面，並符合相關的國際標準。

(5) 風險管理：企業應建立有效的 ESG 風險管理體系，以識別、評估和管理 ESG 風險。ESG 風險管理體系應涵蓋 ESG 相關的各個方面，例如環境風險、社會風險和公司治理風險。ESG 風險管理體系，應包括：識別 ESG 風險、評估 ESG 風險和應對 ESG 風險。

企業在將公司治理與 ESG 治理相結合時，是需要精心策畫的，畢竟公司的目標是以營利為核心，導入 ESG 治理需有一定的策略和程序，才能在營利之外，獲得 ESG 治理的成效。可以採取的具體措施，來推動 ESG 治理：

(1) 制定 ESG 治理框架：企業應制定 ESG 治理框架，明確 ESG 治理的目標、策略、責任分工和評估機制。制定 ESG 治理框架是將公司治理與 ESG 治理相結合的第一步。由於，各企業組織型態、規模與企業文化迥異，並不一定得遵循一定方式，其框架在於可行與運轉順利、權責分際清楚，以便於資源調度與指揮即可（圖 7.2~7.4【參考文獻 27】是不同的框架圖、相關比較表，如表 7.1 所示）。有關這些企業內部治理的框架：

A. ESG 治理的順應 (MEET) 框架：ESG 治理的順應（MEET）模式，是一種將 ESG 治理與公司治理相結合的模式。該模式由 麥肯錫公司 (McKinsey & Company)[20] 提出，包含以下四個要素：Maturity（成熟度）：企業應評估其 ESG 治理的成熟度，並制定相應的改進計畫；Enforcement（執行力）：企業應建立有效的 ESG 治理執行體系，確保 ESG 政策和目標得到有效執行；Embrace（擁抱）：企業應將 ESG 治理作為企業文化的一部分，並將其融入企業的日常運營中；Transparency（透明度）：企業應充分揭露 ESG 訊息，向利益相關者提供透明的訊息。MEET 模式強調企業應從戰略層面考慮 ESG 治理，並將其納入企業治理體系。該模式具有的優點是：可以幫助企業提高 ESG 治理水平，促進永續發展；

---

[20]McKinsey & Company 是一家全球領先的管理諮詢公司，總部位於美國紐約州紐約市。該公司成立於 1926 年，由 James O. McKinsey 創立。麥肯錫是全球最大的管理諮詢公司之一，擁有超過 30,000 名員工，在全球 65 個國家和地區設有辦事處。

可以提高企業的風險管理能力，降低 ESG 風險；可以提升企業的形象和聲譽，增強企業的競爭力。ESG 治理的順應（MEET）模式框架，如圖 7.2 所示。

B. ESG 治理的非常（EXCEED）模式框架：ESG 治理的 EXCEED 模式框架是由全球領先的 ESG 諮詢公司 Sustainalytics[21] 提出的。該模式框架包含以下五個要素：Ethics（道德）：企業應遵守法律法規和道德準則，維護利益相關者的權益；Sustainability（永續性）：企業應致力於保護環境和社會，推動永續發展；Excellence（卓越）：企業應追求卓越的 ESG 表現，成為 ESG 領導者；Accountability（問責）：企業應對其 ESG 表現承擔責任，並接受利益相關者的監督；Disclosure（揭露）：企業應充分揭露其 ESG 訊息，向利益相關者提供透明的訊息。EXCEED 模式框架強調企業應將 ESG 治理作為企業發展的核心戰略，並將其融入企業的日常運營中。該模式框架具有的優點是：可以幫助企業提高 ESG 治理水平，促進永續發展；可以提高企業的風險管理能力，降低 ESG 風險；可以提升企業的形象和聲譽，增強企業的競爭力。ESG 治理的非常（EXCEED）模式框架，如圖 7.3 所示。

C. ESG 治理的帶領（LEAD）模式框架：ESG 治理的 LEAD 模式框架是由全球領先的 ESG 諮詢公司 ISS ESG[22] 提出的。該模式框架包含五個要素：Leadership（領導）：企業應由 ESG 意識強的領導層領導，並將 ESG 治理作為企業發展的核心戰略；Engagement（參與）：企業應與利益相關者積極溝通和互動，了解利益相關者的需求和期望；Action（行動）：企業應制定並實施具體的 ESG 行動計畫，並定期評估 ESG 績效；Disclosure（揭露）：企業應充分揭露其 ESG 訊息，向利益相關者提供透明的訊息；Transparency（透明）：企業應建立透明的 ESG 治理體系，確保 ESG 訊息的透明和可及性。LEAD 模式框架強調企業

[21] Sustainalytics 是 ESG 領域的領先公司，其 ESG 研究、評級、諮詢和數據服務為企業的永續發展提供重要支持。

[22] ISS ESG 是位於美國的一家全球領先的 ESG 研究和諮詢公司，該公司成立於 1985 年，為全球各行各業的企業、機構投資人和政府提供 ESG 研究、評級、諮詢和數據服務。

應將 ESG 治理作為企業發展的核心戰略，並將其融入企業的日常運營中。該模式框架具有優點是：可以幫助企業提高 ESG 治理水平，促進永續發展；可以提高企業的風險管理能力，降低 ESG 風險；可以提升企業的形象和聲譽，增強企業的競爭力。ESG 治理的帶領（LEAD) 模式框架，如圖 7.4 所示。

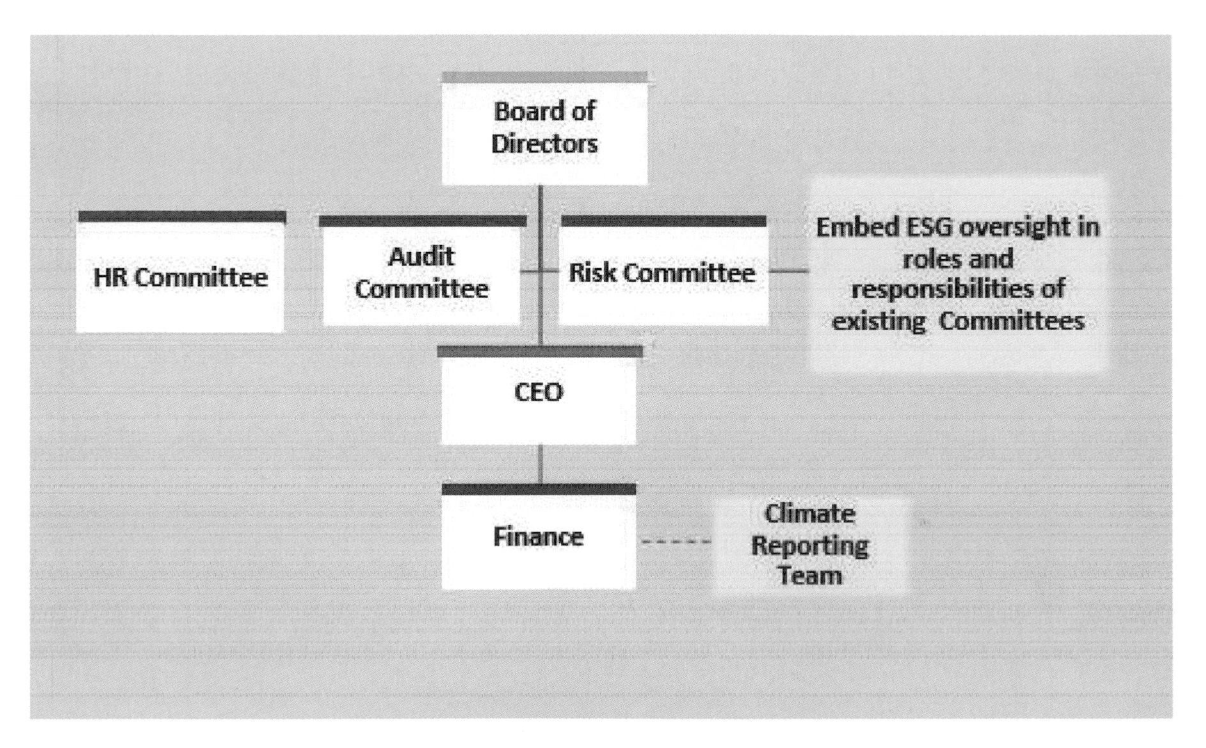

圖 7.2 ESG 治理的順應 (MEET) 模式框架 [23]

[23] MEET 模式利用了公司現有的領導者和委員會，而不是專門致力於 ESG 的新團隊。現有委員會，已對 ESG 專業知識具備或有信心的公司來說，這個治理架構是一個可行的模型。

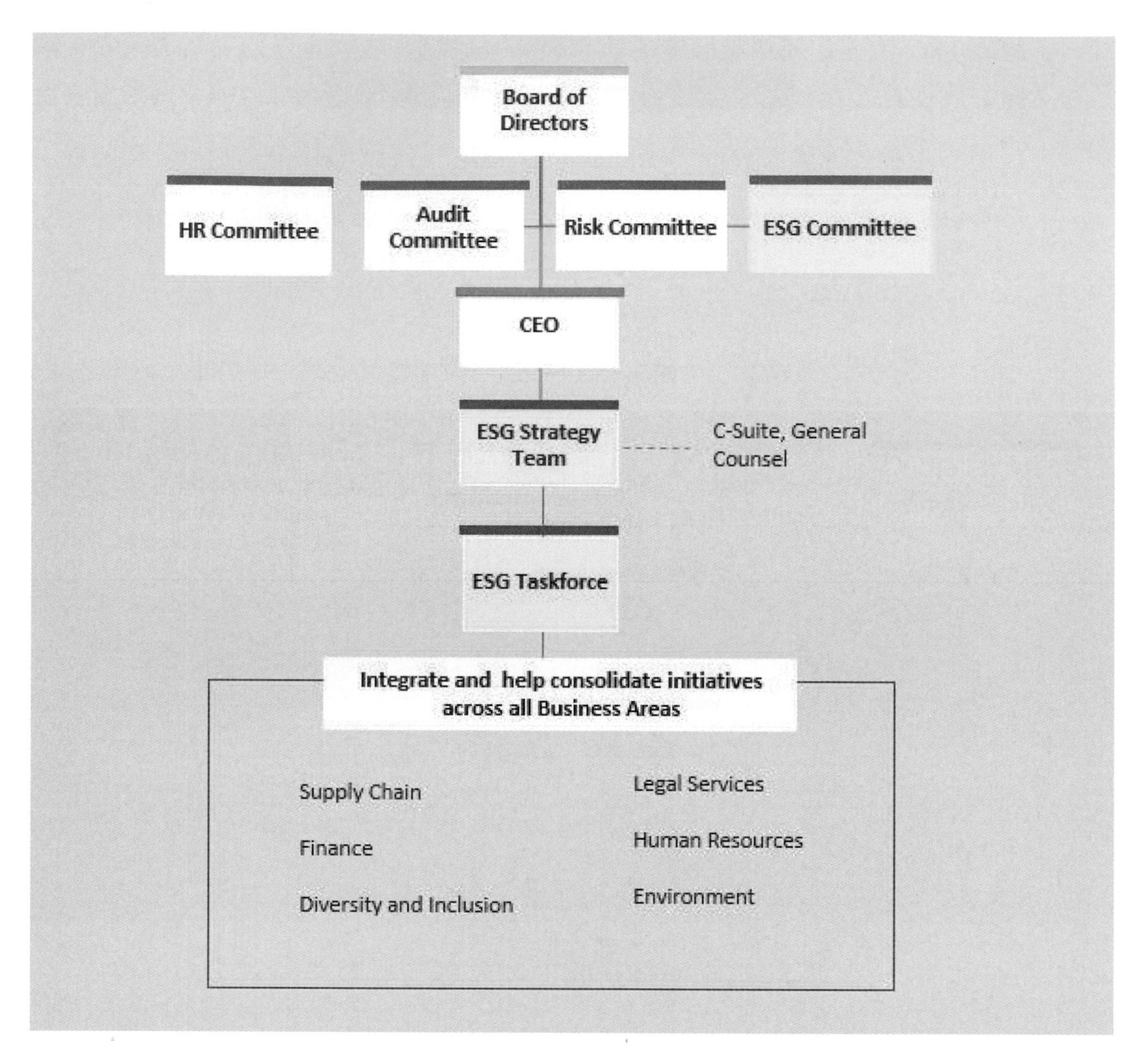

圖 7.3 ESG 治理的非常 (EXCEED) 模式框架 [24]

[24]EXCEED 模式是成立了專門針對 ESG 的董事會委員會、以及由 ESG 工作小組支援的專門 ESG 策略團隊。領導階層有責任將 ESG 整合到各自的業務部門。

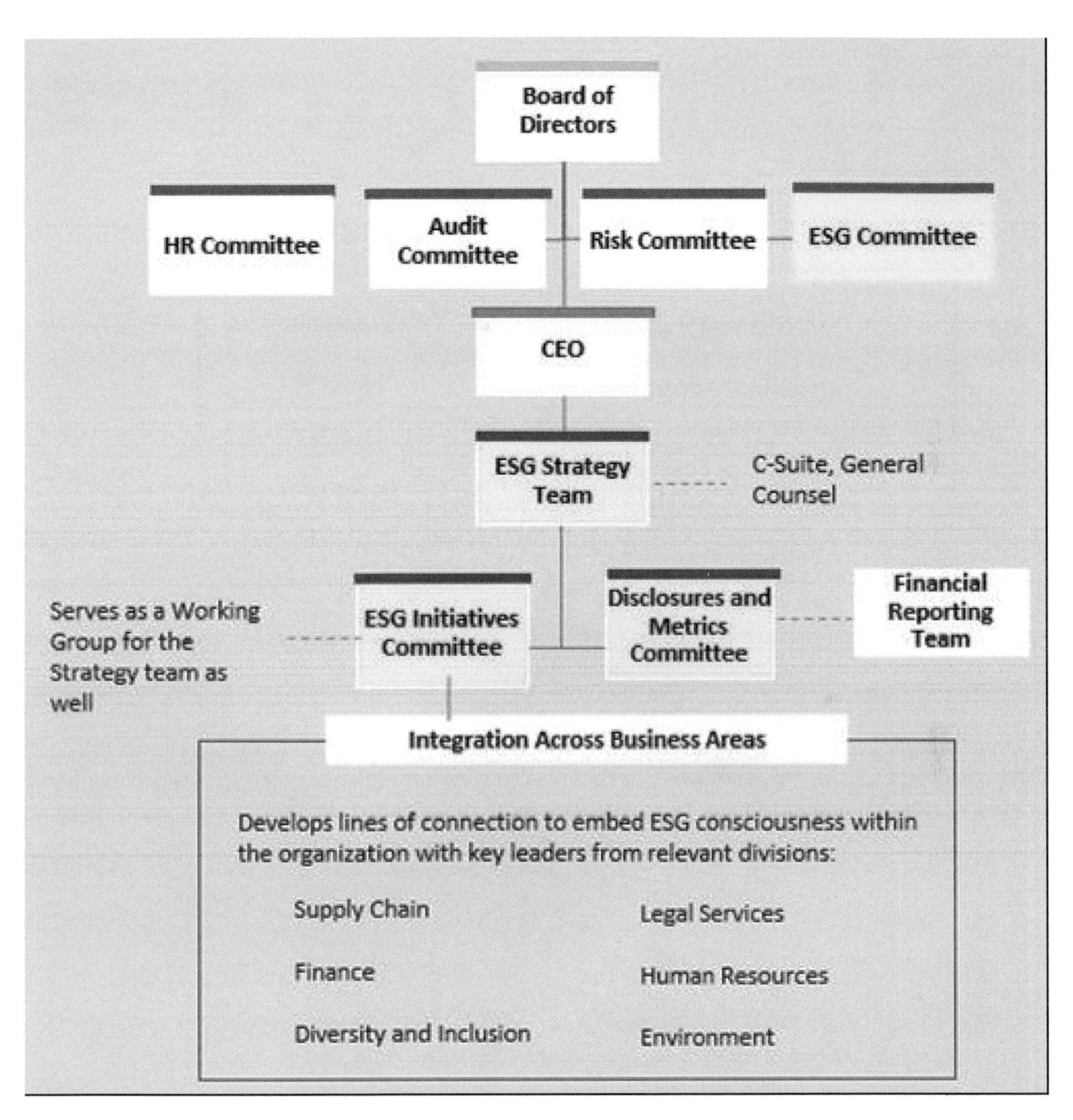

圖 7.4 ESG 治理的帶領 (LEAD) 模式框架 [25]

[25]LEAD 模型透過建立小組委員會，進一步委派 ESG 責任，這些小組委員會明確關注兩個關鍵的 ESG 組成部分：舉措和指標。Lead 模型的獨特之處在於要求各個業務領域的領導者在 ESG 策略對話中發揮積極作用。

表 7.1 ESG 治理的模型框架比較

框架	特性	優點	適用企業
MEET	符合法規要求、最低標準	易於理解和實施	初級階段企業、傳統產業
EXCEED	超越法規要求、行業標準	提升競爭力、增強品牌形象	中級階段企業、創新型企業
LEAD	領先行業標準、設定新標準	引領行業發展、創造社會價值	高級階段企業、全球化企業

在制定 ESG 治理框架時，企業可考慮以下因素：(a) 企業的規模和行業：不同規模和行業的企業面臨不同的 ESG 挑戰，因此 ESG 治理框架應有所不同。(b) 企業的經營理念和價值觀：ESG 治理框架應與企業的經營理念和價值觀相一致。(c) 企業的利害關係人需求：企業應充分考慮利害關係人的需求，制定符合利害關係人期待的 ESG 治理框架。ESG 治理框架應包括以下內容：ESG 治理目標、ESG 治理策略、責任分工與評估機制。

(2) 提升員工 ESG 意識：員工是企業 ESG 治理的關鍵執行者，因此提升員工 ESG 意識，是將公司治理與 ESG 治理相結合的重要措施。企業可提升員工 ESG 意識，促進 ESG 治理的有效落地。企業可以通過以下方式提升員工 ESG 意識：(a) 提供 ESG 教育和培訓：企業應提供 ESG 教育和培訓，讓員工了解 ESG 的重要性和企業的 ESG 目標和策略。(b) 營造 ESG 文化：企業應營造 ESG 文化，讓員工將 ESG 融入日常工作和生活。(c) 激勵員工參與 ESG 活動：企業應鼓勵員工參與 ESG 活動，讓員工在實踐中提升 ESG 意識。

(3) 加強 ESG 資訊揭露：加強 ESG 資訊揭露是將公司治理與 ESG 治理相結合的重要措施。ESG 資訊揭露的有效性，可不斷改進 ESG 資訊揭露的方式和內容。實際的資訊揭露，應滿足一些要求，才能達到資訊揭露的目的：ESG 資訊揭露應全面、準確、可靠。企業應揭露 ESG 的各個方面，包括環境、社會和公司治理。資訊揭露的內容應準確無誤，並經過獨立審查；ESG 資訊揭露應符合相關的國際標準。

企業應根據相關的國際標準，揭露 ESG 資訊；ESG 資訊揭露應向所有利害關係人開放，包括股東、員工、客戶、供應商和社會公眾等；通過 ESG 資訊揭露，企業可以向利害關係人展示其 ESG 績效，提升企業的透明度和可信度。企業可以通過以下方式加強 ESG 資訊揭露：(a) 定期發布 ESG 報告：企業應定期發布 ESG 報告，向利害關係人揭露其 ESG 績效。ESG 報告應涵蓋 ESG 的各個方面，並符合相關的國際標準。(b) 在公司網站上揭露 ESG 資訊：企業應在公司網站上揭露 ESG 資訊，讓利害關係人可以隨時查閱。(c) 通過其他管道揭露 ESG 資訊：企業可以通過其他管道揭露 ESG 資訊，例如社交媒體、新聞發布會等。

加強 ESG 資訊揭露是一項持續不斷的過程，企業應定期評估。通過加強 ESG 資訊揭露，企業可以提升 ESG 治理的透明度和可信度，增強企業的競爭力和永續發展能力。

7.2

ESG 治理的指標與報告

ESG 治理的指標與報告，是企業永續發展的重要組成部分，是企業衡量 ESG 績效、向利害關係人揭露 ESG 績效的重要手段。ESG 治理的指標是衡量企業 ESG 表現的標準，可以幫助企業：了解自身的 ESG 狀況、制定 ESG 目標和策略、衡量 ESG 績效的進展、和向利害關係人揭露 ESG 績效。

企業之 ESG 治理的指標，除本身的「治理」外，實際包含了 ESG 整體的範疇，這是因為治理實際上，是企業經營的整體表現，難以做細緻的分割，因此，有關「治理」的指標著重於企業整體的表現和成就，著重於資訊公開與宣示意義。一般而言，治理指標可以分為以下幾類：

(1) 環境指標：環境指標，是衡量企業在環境方面的表現的指標，可以幫助企業了解自身的環境狀況，制定環境目標和策略，衡量環境績效的進展，向利害關係人揭露環境績效。另外，不同企業因為行業特性與經營項目不同，企業應根據自身情況，選擇適合的指標進行評估。例如，製造業企業可以將溫室氣體排放量、能源效率、廢棄物管理等指標，做為主要評估指標；服務業企業可以將水資源管理、生物多樣性保護等指標，做為主要評估指標。一般而言，有關環境指標，可以分為：(a) 氣候變化：衡量企業的溫室氣體排放、能源使用、水資源使用等。(b) 生物多樣性：衡量企業對生物多樣性的影響，例如廢棄物產生、污染物排放等。(c) 資源效率：衡量企業在資源利用方面的效率，例如原材料使用、水資源使用等。(d) 環境管理：衡量企業的環境管理水平，例如環境管理體系、環境績效評估等。

(2) 社會指標：社會指標，是衡量企業在社會方面的表現的指標，可以幫助企業了解自身的社會狀況，制定社會目標和策略，衡量社會績效的進展，向利害關係人揭露社會績效。企業應根據自身情況，選擇適合的指標進行評估。例如，製造業企業可以將勞工權益、職業安全等指標，作為主要評估指標；服務業企業可以將社會責任、公益活動等指標作為主要評估指標。一般而言，有關社會指標可以分為以下幾類：(a) 勞工權益：衡量企業對員工的尊重和保障，例如勞動條件、薪資待遇、職業安全等。(b) 人權：衡量企業對人權的尊重，例如性別平等、宗教信仰、殘障人士權益等。(c) 社會責任：衡量企業對社會的貢獻，例如慈善捐贈、社會公益等。(d) 供應鏈管理：衡量企業對供應鏈中勞工權益和人權的保障。

(3) 公司治理指標：公司治理指標，是衡量企業在公司治理方面的表現的指標，可以幫助企業了解自身的公司治理狀況，制定公司治理目標和策略，衡量公司治理績效的進展，向利害關係人揭露公司治理績效。企業應根據自身情況，選擇適合的指標進行評估。例如，上市公司可以將董事會結構、股東權益、風險管理等指標，作為主要評估指標；非上市公司可以將資訊揭露、董事會運作等指標作為主要評估指標。一般而言，有關公司治理指標，可以分為以下幾類：(a) 董事會：衡量董事會的結構、職能、運作等。(b) 股東權益：衡量企業對股東權益的保障，例如股東權益保護、資訊揭露等。(c) 高級管理層：衡量高級管理層的任命、薪酬、績效評估等。(d) 內部控制：衡量企業的內部控制制度和運作情況。(e) 風險管理：衡量企業的風險管理制度和運作情況。

「ESG 治理指標報告」和「ESG 指標報告」是兩個密切相關的概念，但也存在一定的差異。相同點是兩者都涉及 ESG 指標，都旨在向利害關係人揭露企業的 ESG 績效。不同點在於：「ESG 治理指標報告」是企業根據 ESG 指標對企業的 ESG 治理績效進行評估和分析，並向利害關係人揭露的文件。報告的內容通常包括企業概況、ESG 治理績效、管理層聲明和獨立審查報告等。而「ESG 指標報告」是指企業對單一 ESG 指標或 ESG 指標體系的績效進行揭露的文件。報告的內容通常包括 ESG 各項指標的定義（包含環境、社會與治理）、計算方法、績效數據等。有關「ESG 指標報告」在本書 11 章將有詳述。

有關「ESG 治理指標報告」，如表 7.2 所示。

表 7.2 ESG 之治理指標報告

項 目	要 求	編制內容
企業概況	企業的基本訊息，例如公司簡介、業務範圍、主要產品和服務等。	企業應提供企業的基本訊息，包括公司名稱、註冊地址、成立日期、經營範圍、主要產品和服務等。
ESG 治理績效	企業在公司治理方面的績效，企業執行公司治理的包括規劃、組織、數據、圖表和文字說明等。	企業應提供企業在環境、社會和公司治理方面的治理績效；當然著重與治理相關的作為與舉措。
管理層聲明	企業管理層對 ESG 治理績效的評價和展望。	企業管理層應對企業的 ESG 治理績效進行評價，並對未來的 ESG 治理的發展進行展望。
獨立審查報告	獨立第三方對 ESG 治理報告的審查結果。	獨立第三方應對 ESG 治理報告進行審查，並出具審查報告。

7.3

ESG 治理的風險管理

ESG之治理的風險管理、是指企業對其治理結構和運作中，存在的風險進行識別、評估、控制和應對。ESG 治理風險，著重於企業在治理結構和運作中，可能導致的負面影響，包括貪污腐敗、內部控制不力、道德違規等。其中，貪污腐敗，可能導致企業資源被挪用或流失，影響企業的財務表現；內部控制不力，可能導致企業發生財務舞弊、訊息洩露等事件，損害企業的聲譽和品牌；道德違規，如欺詐、欺騙等，可能對企業的聲譽和品牌造成重大損害（風險如表 7.3）所示。ESG 治理風險是企業面臨的重要風險，企業應做好 ESG 治理的風險管理，以降低風險對企業的影響。企業應建立完善的治理架構和制度，加強對管理層和員工的監督，提高透明度和問責度，以降低治理風險對企業的影響。此外，企業還應重視利益相關者參與，充分聽取利益相關者的意見和建議，以提高企業的治理水平。具體的治理風險管理策略，應包含：

(1) 建立完善的內部控制制度：包括財務控制、業務控制、操作控制等。內部控制，是指企業為達成其經營目標而制定的，旨在提高效率、降低風險、保障資產、促進合規的計畫和程序。內部控制制度，是企業風險管理的重要基礎，對企業的財務、業務、操作等各個方面都具有重要作用。完善的內部控制制度應包括：(a) 財務控制：財務控制是指企業對財務活動進行監督和控制，確保財務訊息的準確性和完整性，防止財務舞弊和損失。財務控制包括會計核算、財務報表審計、內部審計等；(b) 業務控制：業務控制是指企業對業務活動進行監督和控制，確保業務運營的效率和合規性。業務控制包括訂單管理、合同管理、採購管理、銷售管理、庫存管理等；(c) 操作控制：操作控制是指企業對日常操作活動進行監督和控制，確保操作活動的有效性和效率。操作控制包括生產管理、設備管理、品質管理、安全管理等。

(2) 加強對管理層和員工的監督：包括績效考核、薪酬激勵、行為規範等。治理風險管理策略，應包含加強對管理層和員工的監督。管理層和員工是企業的直接執行者，他們的行為和決策，會直接影響企業的風險管理水平。加強對管理層和員工的監督，可以有效識別和控制由管理層和員工行為引起的風險。有關加強對管理層和員工的監督，可以從幾個方面進行：(a) 績效考核：績效考核是對管理層和員工工作業績，進行評價的過程，績效考核是風險管理作為，重要的考核指標，也能促進管理層和員工重視風險管理；(b) 薪酬激勵：薪酬激勵是對管理層和員工工作業績進行獎勵的過程。薪酬激勵可以將風險管理作為重要的激勵因素，鼓勵管理層和員工積極參與風險管理；(c) 行為規範：行為規範是對管理層和員工行為進行約束的規定，行為規範可以明確管理層和員工的責任和義務，促進管理層和員工遵守法律法規和企業內部規章制度。

(3) 提高透明度和問責度：包括訊息揭露、董事會問責制等。透明度和問責度是企業風險管理的重要保障。提高透明度和問責度，可以讓利益相關者了解企業的風險情況，並對企業的風險管理工作進行監督，促進企業提高風險管理水平。提高透明度和問責度，可以從幾個方面來進行。(a) 訊息揭露：企業應充分揭露其風險管理情況，包括風險識別、風險評估、風險控制等情況。訊息揭露可以讓利益相關者了解企業的風險情況，並對企業的風險管理工作進行監督；(b) 董事會問責制：董事會是企業的最高權力機構，應對企業的風險管理工作負責。董事會應制定完善的風險管理制度，並定期審查企業的風險管理情況。董事會問責制可以促進企業提高風險管理水平。

表 7.3 ESG 之治理風險

風險類型	定義	例子	風險管理策略
貪污腐敗	企業管理層或員工利用職務之便，非法獲取利益	賄賂、利益輸送、利益衝突等	建立完善的內部控制制度，加強對管理層和員工的監督，提高透明度和問責度

風險類型	定義	例子	風險管理策略
內部控制不力	企業內部控制制度不完善或執行不力，導致企業發生財務舞弊、訊息洩露等事件	財務舞弊、訊息洩露、供應鏈管理不力等	建立完善的內部控制制度，加強對財務、訊息等敏感訊息的保護，提高員工的道德意識
道德違規	企業員工違反企業的道德規範	欺詐、欺騙、職場騷擾等	建立完善的道德規範制度，加強員工的道德教育和培訓，提高員工的道德意識

ESG之治理維度包括董事會、高管、內部控制和資訊揭露等方面，企業應針對這些方面識別、評估、控制和應對可能存在的風險。

(1) 董事會風險管理：董事會是企業治理的重要機構，承擔著監督管理公司運營的職責。董事會風險包括董事會結構不合理、董事會成員資格不符合要求、董事會決策程序不合規等。企業應建立健全董事會結構，確保董事會成員具有良好的資質和經驗；完善董事會決策程序，確保董事會決策的有效性和合法性。

(2) 高管風險管理：高管是企業的領導者，其行為對企業的發展具有重大影響。高管風險包括高管行為不當、高管薪酬過高、高管任命不透明等。企業應建立健全高管行為規範，確保高管行為符合法律法規和企業的價值觀；完善高管薪酬制度，確保高管薪酬的合理性和透明度；完善高管任命程序，確保高管任命的公開透明。

(3) 內部控制風險管理：內部控制是企業防範風險、保障經營合規有效的重要手段。內部控制風險包括內控制度缺失、內控制度執行不力等。企業應建立健全內控制度，確保企業的財務、業務和風險等方面的運作符合內控要求；加強內控制度的執行，確保內控制度得到有效執行。

(4) 資訊揭露風險管理：資訊揭露是企業向利害關係人揭露公司訊息的重要手段。資訊揭露風險包括資訊揭露不完整、資訊揭露不準確等。企業應建立健全資訊揭露制度，確保企業的資訊揭露符合法律法規和上市公司治理準則的要求；完善資訊揭露流程，確保資訊揭露的準確性和完整性。

台灣企業在公司治理方面，面臨許多風險，主要體現在公司所有權高度集中、董事會獨立性不足，以及訊息透明度較低等層面。具體而言，台灣企業的所有權，通常聚集在主要股東或家族手中，控制股東持股比例高，少數股東權益保障不足。這種所有權集中結構，容易引發代理問題，不利於公司治理的制衡。台灣企業董事會中獨立董事比例不高，也限制了董事會的獨立性和監督效能。在訊息透明度方面，台灣企業的財務和非財務訊息揭露力度仍有不足，一定程度降低了公司經營的透明度，也為財務報告造假埋下隱患。這些公司治理結構性缺陷，都會加大台灣企業的公司治理風險，也是台灣企業在提升 ESG 治理的表現過程中，需要重點改善的方面。通過推動所有權分散、強化董事會獨立性和提升訊息透明度，可以有效降低台灣企業在公司治理層面的風險，促進 ESG 治理績效的全面提升。

目前，台灣尚未有全面的 ESG 治理法規，但金管會已配合國際趨勢與社會氛圍，進行有關 ESG 之治理的相關法規，相信這些法律與規則，未來應會更完整與細膩。目前已有的法規如下：

(1) 《上市公司永續發展報告書編製準則》：《上市公司永續發展報告書編製準則》是台灣證券交易所於 2021 年 7 月 1 日發布，該準則適用於所有在台灣證券交易所，上市或櫃檯買賣的公司。上市公司，應於每年 3 月底前將永續發展報告書，送交證交所及公開發行公司資訊觀測站，揭露企業的 ESG 資訊，包括環境、社會、治理等方面的資訊。《上市公司永續發展報告書編製準則》要求上市公司，應揭露的 ESG 資訊包括：(a) 環境資訊：氣候變遷、環境保護、自然資源保護等。(b) 社會資訊：勞工權益、人權、社會公平等。(c) 治理資訊：董事會、監察人、資訊揭露等。《上市公司永續發展報告書編製準則》的實施，有助於提升台灣上市公司的 ESG 資訊透明度，促進企業的永續發展。

(2) 《企業社會責任資訊揭露指引》：金管會於 2022 年 5 月 1 日發布，鼓勵企業自願揭露 ESG 資訊，並提供企業參考。該指引涵蓋了環境、社會、治理等方面的資訊，並提供了揭露的具體要求。該指引適用於、所有在台灣境內設立的企業，包括上市公司、非上市公司、公營事業等。企業可根據自身情況，選擇揭露部分或全部資訊。應揭露的 ESG 資訊包括包括：環境資訊、社會資訊、和治理資訊等 ESG 規範的內容。《企業社會責任資訊揭露指引》的實施，有助於提升台灣企業的 ESG 資訊透明度，促進企業的永續發展。

(3) 《上市櫃公司永續發展行動方案》：《上市櫃公司永續發展行動方案》是金管會於 2023 年 3 月 22 日發布，提出了一系列推動上市櫃公司永續發展的措施，包括：強化 ESG 資訊揭露：要求上市櫃公司應於 2023 年起，將永續發展報告書納入年報資訊揭露。提升 ESG 治理水平：要求上市櫃公司應於 2025 年起，將獨立董事席次提高至三分之一。推動 ESG 投資：鼓勵金融機構與投資人關注 ESG 議題，並將 ESG 因素納入投資決策。《上市櫃公司永續發展行動方案》的實施，有助於提升台灣上市櫃公司的 ESG 資訊透明度、治理水平和投資環境，促進企業的永續發展。

企業除應該滿足、有關金管會對於上市櫃企業的法規外，亦應遵守其他的相關法律，包括《證券交易法》、《公司法》等，以確保企業的治理結構和運作符合法律要求。企業為考慮永續經營與發展時，也需積極參與國際 ESG 治理相關標準的制定和推廣，以提升企業的治理水平。除了符合政府法規的要求，執行與推動 ESG 作為之同時，尤其需要提升資訊透明度，加強資訊揭露的即時性，主動向利害關係人揭露企業的治理情況，以提升企業的透明度和信任度。通過做好 ESG 之治理維度下之各項舉措，企業自然可以提升企業的治理水平，降低風險，促進企業的永續發展。

7.4

利益相關者參與

利益相關者參與是指企業與其利益相關者進行溝通和協商，以了解利益相關者的意見和需求，並使利益相關者參與企業的決策和管理。與企業有關的利益相關者，是指與企業的經營活動，有直接或間接利益關係的個人或團體。利益相關者理論認為，企業不僅要對股東負責，也要對所有利益相關者負責。企業應當積極與利益相關者溝通，了解利益相關者的利益和需求，並採取措施滿足利益相關者的利益和需求。通過與利益相關者的良好溝通和合作，企業可以增強自身的競爭力和永續發展能力。

企業的利益相關者，可以分為內部利益相關者和外部利益相關者。內部利益相關者是指直接參與企業經營活動的個人或團體，包括股東、員工、董事會、監察人等。外部利益相關者是指間接參與企業經營活動的個人或團體，包括客戶、供應商、政府、社區、媒體等。利益相關者參與是 ESG 治理的重要組成部分，可以幫助企業更好地理解、利益相關者的意見和需求，從而做出更符合利益相關者利益的決策。

利益相關者參與是指企業在其決策和運營過程中，與其利益相關者進行溝通和交流，並在一定程度上納入利益相關者的意見和建議的行為。其目的可以分為以下幾點：

(1) 提升決策的有效性和合法性：通過利益相關者的參與，企業可以獲得更多訊息和回饋，從而做出更符合利益相關者利益的決策。有效的決策、是指能夠達到預期目標的決策。利益相關者溝通和交流，可以幫助決策者，更好地了解利益相關者的期望和需求，從而制定更符合利益相關者利益的決策。例如，一家企業在制定環境保護政策時，如果能夠充分聽取員工、客戶、供應商等利益相關者的意見，就能夠制定出更有效的環境保護政策，從而減少對環境的影響。合法的決策、是指符合法律法規和社會道德規範的決策。利益相關者溝通和交流，可以幫助決策者，更好地了解利益相關者的權利和義務，從而制定更符合法律法規和社會道德規範的決策。例如，政府在制定城市規劃政策時，如果能夠充分聽取居民、商家等利益相關者的意見，就能夠制定出更符合利益相關者利益的城市規劃政策，從而減少對利益相關者的權利和義務的侵犯。

(2) 增強企業的透明度和信任度：通過利益相關者的參與，企業可以展示其對利益相關者意見的尊重，從而增強企業的透明度和信任度。透明度是指企業的經營活動和決策過程是公開和可查的。信任度是指利益相關者對企業的信任程度，透明度是指訊息是公開和可查的，透明度具有以下重要意義是增強信任，透明度可以增強利益相關者對企業的信任。利益相關者希望了解企業的經營活動和決策過程，如果企業能夠提供透明的訊息，就能夠增強利益相關者對企業的信任。另外，透明度可以提升企業的運營效率。企業通過透明的訊息揭露，可以減少利益相關者對企業的疑慮，從而減少溝通成本和交易成本，提升企業的運營效率。再者，企業通過透明的訊息揭露，可以讓利益相關者，對企業的經營活動有清晰的了解，從而減少利益相關者之間的矛盾和衝突，促進公平。利益相關者溝通和交流可以幫助企業提高透明度和信任度，具體表現有幾個方面：(a) 提高訊息揭露的全面性和準確性：企業通過與利益相關者溝通和交流，可以收集到更全面的訊息，從而提高訊息揭露的全面性和準確性。例如，一家企業在發布 ESG 報告時，如果能夠充分聽取利益相關者的意見，就能夠發布出更全面和準確的 ESG 報告；(b) 增強決策過程的透明度：企業通過與利益相關者溝通和交流，可以向利益相關者說明決策的過程和理由，從而提高決策過程的透明度。例如，一家企業在制定環境保護政策時，如果能夠充分聽取利益相關者的意見，並向利益相關者，說明制定政策的過程和理由，就能夠增強利益相關者對企業的決策信任。建立良好的溝通管道。(c) 建立良好的溝通管道：企業通過與利益相關者溝通和交流，可以建立良好的溝通管道，從而增強利益相關者對企業的信任。例如，一家企業建立了專門的利益相關者溝通平台，並定期與利益相關者溝通，就能夠建立良好的溝通管道，從而增強利益相關者對企業的信任。

(3) 促進企業的永續發展：永續發展是指企業在追求經濟發展的同時，也兼顧環境保護和社會責任。通過利益相關者的參與，企業可以更好地、理解和滿足利益相關者的需求，從而促進企業的永續發展。企業與利益相關者溝通和交流可以幫助企業、在永續發展方面取得諸多成果：(a) 提高企業的環境績效：企業通過與利益相關者溝通和交流，可以了解利益相關者的環境期望，並將其納入企業的環境管理體系中。例如，一家企業在制定環境保護政策時，如果能夠充分聽取員工、客戶、供應商等利益相關者的意見，就能夠制定出更有效的環境保護政策，從而減少對環境的影響。(b) 提高企業的社會績效：企業通過與利益相關者溝通和交流，可以了解利益相關者的社會期望，並將其納入企業的社會責任管理體系中。例如，一家企業在制定社會責任政策時，如果能夠充分聽取員工、客戶、供應商等利益相關者的意見，就能夠制定出更符合利益相關者期望的社會責任政策，從而提升企業的社會績效。(c) 提高企業的經濟績效：企業通過與利益相關者溝通和交流，可以建立良好的合作關係，從而提高企業的經濟績效。例如，一家企業在制定經營策略時，如果能夠充分聽取員工、客戶、供應商等利益相關者的意見，就能夠制定出更符合利益相關者利益的經營策略，從而提高企業的經濟績效。

企業應建立完善的利益相關者參與機制，充分聽取利益相關者的意見和建議，以提高企業的治理水平。由於不同的利益相關者，都具有不同的期許與目的（如表 7.4 所示），參與者也期望在溝通中，獲得具體收穫。其中，利益相關者參與方式包括：

(1) 建立利益相關者溝通平台，定期舉辦利益相關者會議等，是企業與利益相關者參與者互動的重要方式。其中，利益相關者溝通平台，是指企業為利益相關者參與者提供交流的管道。利益相關者溝通平台可以是實體平台，也可以是虛擬平台。實體平台可以是會議室、展覽館等場所。企業可以定期在這些場所舉辦利益相關者會議，與利益相關者進行直接交流。虛擬平台可以是網站、社交媒體等。企業可以建立網上溝通平台，方便利益相關者向企業提出意見和建議。

(2) 制定利益相關者參與政策和程序，明確利益相關者的參與方式和權利義務。制定利益相關者參與政策和程序，是企業有效進行利益相關者溝通的重要保障。利益相關者參與政策和程序、是指企業對利益相關者參與的規範性文件。利益相關者參與政策和程序應明確規範：(a) 利益相關者的範圍：企業應明確哪些利益相關者是企業的利益相關者。(b) 利益相關者的參與方式：企業應明確利益相關者，可以通過哪些方式參與企業的經營活動。參與的方式有很多種，可以是企業向利益相關者諮詢意見和建議的諮詢；可以是企業邀請利益相關者參與決策過程；可以是企業與利益相關者合作執行，共同實現目標。(c) 利益相關者的權利義務：企業應明確利益相關者，在參與企業的經營活動中的權利和義務。其中，利益相關者的權利義務，應包括：利益相關者有權了解企業的經營活動和決策過程；利益相關者有權向企業表達意見和建議；利益相關者在企業的決策過程中享有一定的參與權。

同樣的，企業應尊重利益相關者的權利，並承擔相應的義務。因此，制定利益相關者參與政策和程序，明確利益相關者的參與方式和權利義務，是企業有效進行利益相關者溝通的重要保障。企業應根據自身情況和利益相關者的情況，制定合適的利益相關者參與政策和程序，並落實到實踐中。有關利益相關者參與政策和程序的示例：企業可以制定政策，明確員工是企業的利益相關者，並有權參與企業的決策過程；企業可以制定程序，規定利益相關者會議的召開方式、議程和議事規則。

表 7.4 利益相關者參與的方式與期許

利益相關者	參與形式	參與內容	期望成果
股東	股東大會、股東問責會、股東提案等	企業的經營方向、財務狀況、治理情況等	企業的透明度和問責度提高，股東的權益得到保障
員工	員工代表會、員工溝通平台、員工調查等	企業的薪酬福利、工作環境、職業發展等	員工的滿意度提高，企業的生產力和創新能力提升

利益相關者	參與形式	參與內容	期望成果
客戶	客戶調查、客戶回饋、客戶關係管理等	產品和服務品質、客戶服務水平等	客戶的滿意度提高，企業的市場份額和競爭力提升
供應商	供應商評估、供應商協議、供應商關係管理等	採購價格、採購條款、供應鏈管理等	供應商的滿意度提高，企業的供應鏈效率和穩定性提升
社區	社區活動、社區捐贈、社區關係管理等	企業的社會責任履行、環境保護等	企業的社會聲譽和影響力提升

(3) 收集和分析利益相關者意見和建議，並將其納入企業的決策和管理過程，是利益相關者溝通的核心環節。企業可以通過多種方式收集利益相關者意見和建議，包括：(a) 利益相關者會議：企業可以定期舉辦利益相關者會議，與利益相關者直接交流，了解他們的意見和建議。(b) 意見調查：企業可以通過意見調查，收集利益相關者的意見和建議。(c) 問卷調查：企業可以通過問卷調查，收集利益相關者的意見和建議。(d) 網路溝通平台：企業可以建立網上溝通平台，方便利益相關者向企業提出意見和建議。

企業在收集到利益相關者意見和建議後，需要進行分析，以了解利益相關者對企業的期望和需求。企業在分析利益相關者意見和建議時，應注意以下幾點：(a) 全面性：企業應收集盡可能多的利益相關者意見和建議，以全面了解利益相關者的期望和需求。(b) 客觀性：企業應客觀地分析利益相關者意見和建議，避免主觀偏見。(c) 針對性：企業應針對利益相關者意見和建議制定相應的措施。

收集和分析利益相關者意見和建議，並將其納入企業的決策和管理過程，是利益相關者溝通的核心環節。企業應重視利益相關者意見和建議，並將其納入決策和管理過程，以提升企業的經營績效和永續發展能力。以下是一些利益相關者意見和建議，納入企業決策和管理過程的示例：某家企業在制定環境保護政策時，充分考慮了員工、客戶、供應商等利益相關者的意見和建議，最終制定了符合各方利益的環境保護政策；某家企業在制定經營策略時，邀請員工代表參與決策過程，最終制定了符合員工利益的經營策略。企業應根據自身情況和利益相關者的情況，制定相應的措施，將利益相關者意見和建議納入決策和管理過程。

有關利益相關者參與的方式、效果和舉例如表 7.5 所示。企業可根據自身的情況（包含企業規模與產業性質），選擇合適的利益相關者參與方式，以提升利益相關者參與的意願和企圖。利益相關者參與是企業永續發展的重要手段，企業應重視利益相關者參與，並採取有效措施提升利益相關者參與的水平。

表 7.5 利益相關者參與的方式與效果

方 式	效 果	具體例子
溝通	提升決策的有效性和合法性、增強企業的透明度和信任度	企業舉辦客戶調研，了解客戶對產品和服務的意見。
諮詢	提升決策的有效性和合法性、促進企業的永續發展	企業成立員工代表會，讓員工參與企業的決策過程。
合作	促進企業的永續發展	企業與政府合作，共同解決環境污染問題。

利益相關者參與，是企業永續發展的重要組成部分。企業應積極與利益相關者進行溝通和交流，並在一定程度上納入利益相關者的意見和建議，以提升決策的有效性和合法性、增強企業的透明度和信任度、促進企業的永續發展。利益相關者可以是企業的股東、員工、客戶、供應商、社區、政府等。企業應根據自身的情況，確定利益相關者的範圍。利益相關者的參與程度上，可以從諮詢到合作等不同階段。企業應根據利益相關者的意見和建議，以及企業自身的能力，確定利益相關者的參與程度。在利益相關者參與的管道上，企業可以通過各種方式、與利益相關者進行溝通和交流，例如舉辦會議、發布公告、開設網站等。企業應選擇合適的管道，以確保利益相關者，能夠有效地參與企業的決策和運營。

利益相關者參與是一項長期的過程，企業應不斷完善利益相關者參與的制度和流程，以提升利益相關者參與的有效性。對於企業納入利益相關者參與的執行建議，包含：(a) 企業應建立健全利益相關者參與的制度和流程，明確利益相關者的權利和義務 (b) 企業應建立利益相關者參與的溝通管道，確保利益相關者能夠有效地參與企業的決策和運營 (c) 企業應尊重利益相關者的意見和建議，並在一定程度上納入利益相關者的意見和建議 (d) 企業應定期評估利益相關者參與的效果，並根據評估結果進行改進。

通過積極的利益相關者參與，企業可以更好地理解和滿足利益相關者的需求，從而提升企業的永續發展能力。長期而言，利益相關者參與可以幫助企業：提高透明度和問責度，提升企業的聲譽和品牌，增強企業的創新能力和競爭力，促進企業的永續發展。

7.5 ESG 治理的最佳實踐

ESG 治理的最佳實踐、是指企業在 ESG 治理方面所採取的最佳做法，可以幫助企業提升 ESG 治理水平，促進企業的永續發展。以下是一些 ESG 治理的最佳實踐。

(1) 建立健全 ESG 治理架構：企業應建立健全 ESG 治理架構，明確 ESG 治理的目標、職責和流程。建立健全 ESG 治理架構是 ESG 治理的基礎，企業應建立 ESG 治理委員會或工作小組，負責統籌和協調 ESG 治理工作。ESG 治理委員會或工作小組應由董事會、監事會、高級管理層和利益相關者代表組成。ESG 治理架構應包括：(a)ESG 治理目標和原則：明確企業的 ESG 治理目標和原則，包括企業對 ESG 的承諾、ESG 治理的範圍和標準等。(b)ESG 治理責任和權限：明確 ESG 治理的責任和權限，包括董事會、監事會、高級管理層和利益相關者在 ESG 治理中的責任和權限。(c)ESG 治理流程和制度：制定 ESG 治理流程和制度，包括 ESG 風險識別、評估和管理流程、ESG 訊息揭露流程等。

(2) 落實 ESG 治理措施：企業應制定 ESG 治理措施，確保企業在 ESG 治理方面取得實質性進展。落實 ESG 治理措施是 ESG 治理的關鍵，企業應根據 ESG 治理目標和原則，制定具體的 ESG 治理措施，並將其有效落實到企業的各項活動中。ESG 治理措施，應包括：(a) 環境保護措施：企業應制定環境保護措施，減少環境污染和資源浪費。(b) 社會責任措施：企業應制定社會責任措施，履行企業社會責任。(c) 公司治理措施：企業應制定公司治理措施，提升企業治理水平。

(3) 定期評估 ESG 治理成效：企業應定期評估 ESG 治理成效，並根據評估結果進行改進。定期評估 ESG 治理成效是 ESG 治理的重要環節。企業應建立 ESG 治理績效評估體系，定期評估 ESG 治理措施的實施效果，並根據評估結果進行改進。ESG 治理績效評估應包括：(a)ESG 治理目標和原則的實現情況：評估企業在 ESG 治理目標和原則方面的實現情況。(b)ESG 治理措施的落實情況：評估企業在 ESG

治理措施方面的落實情況。(c)ESG 治理對企業的影響：評估 ESG 治理對企業的財務、社會和環境等方面的影響。

(4) 董事會和高管層的承諾：企業董事會和高管層應對 ESG 治理承擔起領導責任，並制定 ESG 治理戰略和目標。董事會和高管層的承諾是 ESG 治理的基礎。董事會和高管層應承諾將 ESG 治理作為企業的重要戰略，並將 ESG 治理納入企業的經營管理中。董事會和高管層的承諾應包含容：(a) 制定 ESG 治理目標和原則：董事會和高管層應制定 ESG 治理目標和原則，並承諾將 ESG 治理目標和原則貫徹到企業的各項活動中。(b) 建立 ESG 治理架構和制度：董事會和高管層應建立 ESG 治理架構和制度，並承諾將 ESG 治理架構和制度有效執行。(c) 落實 ESG 治理措施：董事會和高管層應落實 ESG 治理措施，並承諾將 ESG 治理措施有效實施。

(5) 全面的 ESG 治理風險管理：企業應建立健全 ESG 治理風險管理體系。全面的 ESG 治理風險管理，是指企業在 ESG 治理的各個方面，都應有效識別、評估和管理可能對企業產生重大影響的 ESG 風險。ESG 治理風險管理的範圍包括：(a) 環境風險：氣候變化、環境污染、資源枯竭等環境風險。(b) 社會風險：勞工權益、人權、社會責任等社會風險。(c) 治理風險：董事會獨立性、訊息揭露、反腐倡廉等治理風險。

(6) 透明的 ESG 治理資訊揭露：企業應按要求揭露 ESG 治理資訊，向利益相關者提供充分的資訊。企業應全面、準確、及時地揭露 ESG 相關資訊，以提高資訊透明度，增強利益相關者的信任。ESG 治理資訊揭露，應包括：(a) 企業的 ESG 治理目標和原則：企業應揭露其 ESG 治理目標和原則，表明企業對 ESG 治理的承諾。(b) 企業的 ESG 治理措施：企業應揭露其 ESG 治理措施，說明企業如何實現 ESG 治理目標和原則。(c) 企業的 ESG 治理成效：企業應揭露其 ESG 治理成效，說明企業在 ESG 治理方面取得的進展。

企業應根據自身的情況，選擇合適的 ESG 治理最佳實踐，以提升企業的 ESG 治理水平。以下是一些 ESG 治理最佳實踐的建議：

A. 企業應將 ESG 治理納入企業的整體戰略，並將 ESG 治理目標與企業的財務目標相結合。將 ESG 治理納入企業的整體戰略，可以使 ESG 治理成為企業的核心價值觀和經營理念，從而推動 ESG 治理的有效實施。將 ESG 治理目標與企業的財務目標相結合，可以使 ESG 治理與企業的經營成果相掛鉤，從而提高企業實現 ESG 治理目標的積極性。

B. 企業應建立健全 ESG 治理的內部控制體系，確保 ESG 治理措施的有效落實。ESG 治理的內部控制體系，是指企業為確保 ESG 治理目標和原則的有效實施，所建立的一系列控制措施。ESG 治理的內部控制體系應包括：企業應明確 ESG 治理目標和原則，作為 ESG 治理內部控制體系的基礎；企業應制定 ESG 治理政策和程序，明確 ESG 治理的具體要求；企業應建立健全 ESG 治理的組織架構，明確各部門的職責；企業應建立健全 ESG 治理的資訊和溝通體系，確保 ESG 治理訊息的有效傳達；ESG 治理的監督和稽核：企業應建立健全 ESG 治理的監督和稽核體系，確保 ESG 治理措施的有效落實。

C. 企業應定期對 ESG 治理進行評估，並根據評估結果進行改進。ESG 治理評估、是指企業對其 ESG 治理情況，進行的系統性審查和分析，以了解企業 ESG 治理的現狀、問題和改進方向。企業應根據自身情況，制定符合自身需求的 ESG 治理評估方案。定期對 ESG 治理進行評估，具有以下重要意義：ESG 治理評估可以幫助企業了解 ESG 治理的現狀，找出 ESG 治理的不足之處；ESG 治理評估可以幫助企業制定改進措施，提升 ESG 治理水平；ESG 治理評估可以幫助企業推動 ESG 治理的有效實施，防範和化解 ESG 風險。

通過積極採取 ESG 治理的最佳實踐，企業可以提升 ESG 治理水平，促進企業的永續發展。以下是一些在 ESG 治理實踐的例子：

(1) 蘋果公司：蘋果公司成立了 ESG 委員會，由董事會主席兼 CEO 蒂姆 ・ 庫克擔任主席，委員會負責監督蘋果公司的 ESG 治理工作。蘋果公司還將 ESG 治理納入高管薪酬考核，激勵高管積極參與 ESG 治理。

(2) 台積電：台積電建立了 ESG 風險管理委員會，負責識別、評估、控制和應對 ESG 風險。台積電還定期進行 ESG 風險評估，更新 ESG 風險管理計畫。

(3) 聯合利華：聯合利華在其網站上公開揭露了其 ESG 資訊，包括環境、社會和公司治理方面的資訊。聯合利華還聘請了第三方機構對其 ESG 資訊揭露進行獨立審查。

(4) 沃爾瑪：沃爾瑪建立了利益相關者溝通小組，定期與利益相關者溝通 ESG 治理的進展。沃爾瑪還舉辦了 ESG 治理相關活動，提高利益相關者對 ESG 治理的了解。

這些例子展示了企業如何在治理維度上採取 ESG 治理的實踐，同時也提升企業的 ESG 治理水平、獲得企業的榮譽。ESG 治理是企業永續發展的重要基礎。企業應積極借鑒 ESG 治理的最佳實踐，提升企業的 ESG 治理水平，推動企業的永續發展。

思考問題

1. 什麼是 ESG 治理的主要目的？
2. 良好的公司治理如何有助於 ESG 治理的實施？
3. 什麼是 ESG 治理指標報告？它包括哪些內容？
4. 為什麼加強 ESG 資訊揭露對企業很重要？
5. ESG 治理與公司治理之間的關係是什麼？
6. 什麼是 ESG 治理的風險管理的核心內容？
7. 請舉例說明 ESG 治理中的董事會風險管理。
8. 在管理層的 ESG 之治理上，包含那些部分？
9. ESG 的公司治理中，有關風險管理的做法？
10. 利益相關者參與公司治理的目的？
11. 在 ESG 治理最佳實踐中，蘋果公司如何提升高管對 ESG 治理的參與？
12. 什麼是 ESG 治理的風險管理？
13. 利益相關者參與是指什麼？
14. 利益相關者之員工，其參與的目的和期許有哪些？
15. 利益相關者之客戶，其參與的目的和期許有哪些？

CHAPTER 8

ESG 管理的實踐框架

ESG 管理是企業永續發展的重要組成部分，是企業在環境、社會和公司治理三個方面的綜合管理。近年來，ESG 管理受到了越來越多的關注，企業紛紛將 ESG 納入企業經營理念和戰略。

一個有效的 ESG 管理框架，可以幫助企業有效地制定和實施 ESG 管理策略，並提升企業的 ESG 績效。ESG 管理框架、是企業在 ESG 領域進行管理和治理的基礎，其目的是幫助企業更好地、理解和管理 ESG 風險和機會，促進企業的永續發展。本章將介紹 ESG 管理的實踐框架，包括框架的概念、內涵、價值、建立、運作和評估等。

8.1 ESG 管理框架概述

ESG 管理框架是指企業在 ESG 管理方面所遵循的指導方針和流程。 ESG 整體框架的內涵，是包含 ESG 對環境、社會與公司治理的各個元素的內涵（如圖 8.1 所示【參考文獻 28】），一個有效的 ESG 管理框架應包括以下要素：

(1) ESG 管理的願景和目標：企業在 ESG 管理方面的願景和目標是框架的基礎。ESG 管理的願景是成為一個永續發展的企業，為股東、員工、客戶、社會和環境創造價值。ESG 管理的目標是：將 ESG 理念融入企業的日常運營中，使 ESG 成為企業的核心價值觀；識別和管理 ESG 風險和機會，以降低 ESG 在實施時，可能面對的風險；提升企業的透明度和問責度，增強企業的聲譽和品牌。ESG 管理的具體目標分為三部分：(a) 治理目標：建立完善的治理架構和制度，提升企業的透明度和問責度。(b) 環境目標：降低環境影響，實現永續發展。(c) 社會目標：履行社會責任，提升社會影響力。企業在制定 ESG 管理目標時，應根據自身的情況和發展階段進行，並與企業的整體戰略目標相一致。以下是一些 ESG 管理目標的制定建議：

A. ESG 管理目標的制定。應遵循 SMART 原則[26]，即 S（Specific）具體：目標應具體明確，易於理解；M（Measurable）可衡量：目標應具有可衡量的指標，以便評估目標的達成情況。A（Attainable）可實現：目標應具有挑戰性，但又是可實現的。R（Relevant）相關性：目標應與企業的戰略目標和經營情況相一致。T（Time-bound）時限性：目標應具有明確的截止日期。目標應具有可衡量、可實現、可追蹤、相關性和時限性。

B. ESG 管理目標應與企業的整體戰略目標相一致。ESG 管理目標是企業 ESG 治理工作的指引，只有與企業的整體戰略目標相一致，才能確保 ESG 管理工作，能夠有效支撐企業的整體發展。在制定 ESG 管理目標時，企業應充分考慮企業的整體戰略目標，確保 ESG 管理目標與企業的整體戰略目標相一致。具體而言，企業可以從以下幾個方面來考慮：(a) 企業的發展願景和使命：企業的 ESG 管理目標，應與企業的發展願景和使命相一致，體現企業的社會責任和永續發展理念。(b) 企業的核心競爭力：企業的 ESG 管理目標，應與企業的核心競爭力相一致，有利於企業提升核心競爭力。(c) 企業的經營環境：企業的 ESG 管理目標，應考慮企業的經營環境，避免制定過於理想化或不切實際的目標。

C. 目標應得到企業上下的理解和支持。ESG 管理目標是企業 ESG 治理工作的指引，只有得到企業上下的理解和支持，才能確保 ESG 管理工作能夠有效推進。ESG 管理的目標需要企業上下的理解和支持，有利於 ESG 管理工作的有效推進；可以確保 ESG 管理工作，得到企業各部門的配合和支持，從而有效推進 ESG 管理工作；ESG 管理目標得到企業上下的理解和支持，可以促進企業文化的建設，形成重視 ESG 的企業氛圍；可以確保企業的永續發展，提升企業的競爭力。企業可以從以下幾個方面來考慮：(a) 通過溝通和宣傳，讓企業上下

---

[26]SMART 原則是目標管理中的一種方法，由管理學大師彼得 · 杜拉克於 1954 年首先提出。SMART 原則是制定目標的重要參考，可以幫助企業制定出更具可操作性和可實現性的目標。

了解 ESG 管理目標的重要性和必要性。(b) 將 ESG 管理目標納入企業的績效考核體系，激勵企業員工積極參與 ESG 管理工作。(c) 建立 ESG 管理的獎勵和激勵制度，表彰 ESG 管理工作中的先進典型。

圖 8.1 ESG 整體框架的內涵

(2) ESG 管理的政策和流程：框架應明確企業在 ESG 管理方面的政策和流程。這個政策和流程，也是企業在 ESG 領域進行管理和治理的基礎。ESG 管理政策和流程，應明確企業在 ESG 方面的方針和目標，並制定相應的措施和要求。ESG 管理政策和流程包含：(a) 治理：包括董事會、監事會、風險管理委員會等治理機構的職責和權限，以及內部控制、道德規範、訊息揭露等方面的要求。(b) 環境：包括環境管理、污染防治、資源保護等方面的要求。(c) 社會責任：包括勞工權益、人權、社會參與等方面的要求。企業在制定 ESG 管理政策和流程時，應注意以下事項：

A. 政策和流程，應與企業的整體戰略目標相一致。ESG 管理的政策和流程，是企業 ESG 治理工作的基礎，只有與企業的整體戰略目標相一致，才能確保 ESG 管理工作，能夠有效支撐企業的整體發展。ESG 管理的政策和流程與企業的整體戰略目標相一致：有利於企業的整體發展：ESG 管理的政策和流程與企業的整體戰略目標相一致，可以確保 ESG 管理工作能夠有效支撐企業的整體發展，提高企業的競爭力和永續發展能力；有利於企業的資源配置：ESG 管理的政策和流程與企業的整體戰略目標相一致，可以幫助企業合理配置資源，提高資源利用效率；有利於企業的風險管理：ESG 管理的政策和流程與企業的整體戰略目標相一致，可以幫助企業有效識別和管理 ESG 風險，降低 ESG 風險對企業的影響。具體而言，企業可以從以下幾個方面來考慮：(a) 企業的發展願景和使命：ESG 管理的政策和流程應與企業的發展願景和使命相一致，體現企業的社會責任和永續發展理念。(b) 企業的核心競爭力：ESG 管理的政策和流程應與企業的核心競爭力相一致，有利於企業提升核心競爭力。(c) 企業的經營環境：ESG 管理的政策和流程應考慮企業的經營環境，避免制定過於理想化或不切實際的目標。

B. 政策和流程應具有可操作性和可執行性。ESG 管理的政策和流程是企業 ESG 治理工作的具體體現，只有具有可操作性和可執行性，才能確保 ESG 管理工作能夠有效落實。ESG 管理的政策和流程具有可操作性和可執行性，有利於 ESG 管理工作的有效落實：ESG 管理的政策和流程具有可操作性和可執行性，可以確保 ESG 管理工作能夠得到有效落實，提升 ESG 管理工作的有效性。有利於企業的資源利用效率：ESG 管理的政策和流程具有可操作性和可執行性，可以幫助企業合理利用資源，提高資源利用效率。有利於企業的風險管理：ESG 管理的政策和流程具有可操作性和可執行性，可以幫助企業有效識別和管理 ESG 風險，降低 ESG 風險對企業的影響。

(3) ESG 管理的組織架構：ESG 管理的組織架構，是指企業為實施 ESG 管理而建立的組織結構，包括治理、環境和社會責任三個方面的組織架構，框架應建立相應的組織架構來負責 ESG 管理。治理方面的組織架構主要包括董事會、監事會和風險管理委員會等。董事會負責制定 ESG 政策和目標，並監督 ESG 管理工作的落實。監事會對 ESG 管理工作進行監督和審計。風險管理委員會負責識別和管理 ESG 風險。環境方面的組織架構主要包括環境管理部門、污染防治部門和資源保護部門等。環境管理部門負責統籌和協調環境管理工作的落實，並提供技術和支持。污染防治部門負責實施污染防治措施，保護環境。資源保護部門負責推進資源節約和循環利用。社會責任方面的組織架構主要包括人力資源部門、社會責任部門和公共關係部門等。人力資源部門負責保障勞工權益，提升員工滿意度。社會責任部門負責履行社會責任，回饋社會。公共關係部門負責與利益相關者溝通和交流，提升企業社會形象。企業在選擇 ESG 管理組織架構時，應根據自身的情況和發展階段進行，並考慮企業的規模和業務範圍、企業的 ESG 管理成熟度、企業的資源和能力（有關 ESG 管理組織架構的示例，如表 8.1 所示）。企業應定期評估 ESG 管理組織架構的有效性，並根據情況進行調整。

表 8.1 ESG 管理組織架構的示例

組織架構	公司規模	優點	缺點	運作方式
委員會制	大型企業	權責明確，監督有效	成本高，運作複雜	董事會下設立 ESG 委員會，負責制定 ESG 政策和目標，並監督 ESG 管理工作的落實。ESG 委員會通常由董事會主席、高級管理層和外部董事組成。
部門制	中型企業	專業化程度高，運作靈活	權責不夠明確，監督難度大	在企業內設立 ESG 管理部門，負責統籌和協調 ESG 管理工作的落實。ESG 管理部門通常由 ESG 經理、ESG 專員等組成。

組織架構	公司規模	優點	缺點	運作方式
混合制	各類企業	權責明確，專業化程度高，運作靈活	成本高，運作複雜	在董事會下設立 ESG 委員會，並在企業內設立 ESG 管理部門，負責統籌和協調 ESG 管理工作的落實。

(4) ESG 管理的資訊系統：ESG 管理框架，應建立相應的資訊系統來收集和管理 ESG 資訊。ESG 管理的資訊系統，是指企業為實施 ESG 管理而建立的資訊系統。ESG 管理資訊系統，應能夠支持企業的 ESG 管理工作，包括數據收集、數據分析、決策支持等。系統功能：(a) 數據收集：ESG 管理資訊系統應能夠從企業內部和外部收集 ESG 相關數據，包括財務數據、環境數據、社會數據和治理數據。(b) 數據分析：ESG 管理資訊系統應能夠對收集到的數據進行分析，以評估企業的 ESG 績效。(c) 決策支持：ESG 管理資訊系統應能夠為企業提供決策支持，幫助企業制定和實施 ESG 管理策略。

ESG 管理資訊系統的種類繁多，企業在選擇 ESG 管理資訊系統時，應根據自身的情況和需求進行選擇（相關系統比較，如表 8.2 所示）。企業在選擇 ESG 管理資訊系統時，應注意以下事項：

A. 功能：ESG 管理資訊系統應滿足企業的 ESG 管理需求，企業應仔細考慮 ESG 管理資訊系統的功能，包括數據收集、數據分析、數據報告等功能。企業應選擇能夠滿足自身需求的 ESG 管理資訊系統。

B. 成本：ESG 管理資訊系統的成本包括軟體成本、硬體成本、服務成本等。企業應根據自身情況，選擇性價比高的 ESG 管理資訊系統。

C. 易用性：ESG 管理資訊系統應具有良好的易用性，便於企業員工使用。企業應選擇操作簡單、易於上手的 ESG 管理資訊系統。

D. 安全性：ESG 管理資訊系統涉及企業的敏感數據，因此安全性至關重要。企業應選擇安全性高、符合相關法規的 ESG 管理資訊系統。

表 8.2 ESG 管理資訊系統的選擇

系統名稱	建置成本	優點	缺點	安全性	易用性
企業自建資訊系統	高	靈活性高，可根據企業需求訂製	成本高，開發周期長	可根據企業需求進行訂製	需要企業自行開發和維護
第三方資訊系統	中	功能齊全，可快速部署	靈活性較低，可能需要修改才能滿足企業需求	安全性有保障	使用界面較為友好
雲端資訊系統	低	成本低，可快速部署	功能可能不夠齊全，需要企業自行整合	安全性有保障	使用界面較為友好

(5) ESG 管理的文化：良好的 ESG 管理文化是框架的保障。ESG 管理文化，是指企業在 ESG 管理工作中所體現出的價值觀、信念和行為方式。ESG 管理文化是指企業上下對 ESG 管理的重視和支持，以及企業在 ESG 管理方面的價值觀和行為方式。ESG 管理文化具有重要意義：ESG 管理文化，可以確保 ESG 管理工作得到企業上下的理解和支持，從而有效推進 ESG 管理工作；可以促進企業的永續發展，提升企業的競爭力；是 ESG 管理成功的基礎，它可以幫助企業將 ESG 管理理念融入到企業的日常運營中，並推動企業的永續發展。ESG 管理文化的核心要素包括：(a) 永續發展的理念：企業應將永續發展作為企業的核心理念，並將其融入到企業的使命、願景和價值觀中。(b) 全員參與：ESG 管理是企業的整體工作，需要全員參與。企業應營造尊重人權、關愛員工、保護環境的企業文化，並鼓勵員工積極參與 ESG 管理工作。(c) 透明度和問責制：企業應對利益相關者公開透明地揭露 ESG 訊息，並接受利益相關者的監督和問責。在建立 ESG 管理文化時，企業可以從以下幾個方面入手：

A. 從高層主管做起：建立 ESG 管理文化時，從高層主管做起是至關重要的。高層主管是企業的方向標，高層主管的言行舉止，會對企業上下員工產生示範作用。如果高層主管重視 ESG 管理，員工也會更加重視 ESG 管理。企業高層主管應樹立 ESG 管理的意識，並將 ESG 管理作為企業的戰略目標。

B. 加強 ESG 管理的宣傳和教育：企業應加強對員工的 ESG 管理宣傳和教育，提高員工對 ESG 管理的認識，幫助員工了解 ESG 管理的重要性。加強 ESG 管理的宣傳和教育，可以從幾個方面入手：(a) 通過各種管道宣傳 ESG 管理的重要性：企業可以通過公司內部刊物、員工會議、培訓課程等方式，宣傳 ESG 管理的重要性。(b) 為員工提供 ESG 管理的培訓和教育：企業可以為員工提供 ESG 管理的培訓和教育，幫助員工提高 ESG 管理的知識和技能。(c) 鼓勵員工參與 ESG 管理活動：企業可以鼓勵員工參與 ESG 管理活動，幫助員工了解 ESG 管理的具體實踐。

C. 將 ESG 管理納入績效考核體系：企業應將 ESG 管理納入績效考核體系，激勵員工積極參與 ESG 管理工作。將 ESG 管理納入績效考核體系，可以從以下幾個方面入手：(a) 將 ESG 管理的目標和指標納入績效考核體系：企業應將 ESG 管理的目標和指標納入績效考核體系，並對員工的 ESG 管理表現進行評估。(b) 將 ESG 管理的績效考核結果與員工的薪酬、晉升等進行掛鉤：企業應將 ESG 管理的績效考核結果與員工的薪酬、晉升等進行掛鉤，以激勵員工積極參與 ESG 管理工作。

ESG 管理框架，是企業制定和實施 ESG 管理策略的基礎。ESG 管理框架可以幫助企業：確定 ESG 管理的目標和優先事項，並制定相應的策略和措施；幫助企業衡量和評估 ESG 績效，並進行持續改進；框架可以幫助企業提升 ESG 管理透明度，向利益相關者揭露 ESG 訊息。ESG 管理框架具有以下價值，ESG 管理框架具有以下價值：

(1) 幫助企業制定和實施 ESG 管理策略：框架可以為企業提供一個明確的方向和路徑，幫助企業制定和實施 ESG 管理策略。制定 ESG 管理目標和策略：企業應首先制定 ESG 管理目標和策略，包括 ESG 管理的範圍、重點領域、目標和指標等。包含：(a) 識別和評估 ESG 風險和機遇：企業應識別和評估 ESG 風險和機遇，包括環境、社會和治理方面的風險和機遇。(b) 制定和實施 ESG 管理措施：企業應制定和實施 ESG 管理措施，以降低 ESG 風險和提高 ESG 管理水平。(c) 監控和評估 ESG 管理效果：企業應監控和評估 ESG 管理效果，以確保 ESG 管理目標的實現。

(2) 管理框架可以提升企業的 ESG 績效：ESG 管理框架可以幫助企業識別、評估和管理 ESG 風險和機遇，並制定相應的措施。通過有效的 ESG 管理，企業可以降低 ESG 風險，提高 ESG 績效，從而獲得以下利益：(a) 降低 ESG 風險：ESG 風險包括環境、社會和治理方面的風險，這些風險可能對企業的財務表現、聲譽和永續發展產生負面影響。通過有效的 ESG 管理，企業可以降低 ESG 風險，從而保護企業的利益。(b) 提高 ESG 績效：ESG 績效是指企業在環境、社會和治理方面的表現。ESG 績效高，表明企業在這些方面做得好，表明企業在環境、社會和治理方面負責任，可以提升企業的聲譽，吸引投資者和客戶。再者，企業在環境、社會和治理方面具有競爭優勢，可以提高企業的競爭力。另外，ESG 績效高，表明企業可以減少浪費和提高效率，從而降低企業的成本。

(3) 管理框架可增強企業的競爭力：ESG 管理是企業永續發展的重要組成部分，可以增強企業的競爭力。ESG 管理框架可以幫助企業識別、評估和管理 ESG 風險和機遇，並制定相應的措施。通過有效的 ESG 管理，提高 ESG 績效，從而獲得利益，並增強了企業的競爭力。ESG 績效高，表明企業在環境、社會和治理方面負責任，可以吸引投資者和客戶。投資者和客戶越來越關注企業的 ESG 績效，他們會將 ESG 績效作為投資和購買的考量因素。同時，ESG 管理可以促進企業的創新能力。企業在 ESG 管理過程中，需要不斷探索新的技術和方法，以降低 ESG 風險、提高 ESG 績效。這些創新活動可以提高企業的競爭力。ESG 管理效能的提高，也提升企業的品牌形象，ESG 績效高，表明企業在環境、社會和治理方面具有良好的聲譽。良好的品牌形象可以提升企業的競爭力，幫助企業吸引客戶和合作夥伴。

(4) 降低 ESG 風險：ESG 風險包括環境、社會和治理方面的風險，這些風險可能對企業的財務表現、聲譽和永續發展產生負面影響。通過有效的 ESG 管理，企業可以降低 ESG 風險，從而保護企業的利益。環境、社會和治理方面的風險，可能對企業的財務表現、聲譽和永續發展產生負面影響。通過有效的 ESG 管理，企業可以降低 ESG 風險，從而保護企業的利益。ESG 管理框架降低 ESG 風險，具體包含：(a) ESG 管理框架，可以幫助企業識別和評估 ESG 風險，包括環境、社會和治理方面的風險。通過對 ESG 風險的識別和評估，企業可以了解 ESG 風險的來源、影響和程度，從而制定相應的措施進行管理。(b)ESG 管理框架，可以幫助企業制定和實施 ESG 管理措施，以降低 ESG 風險。(c) ESG 管理框架，可以幫助企業監控和評估 ESG 風險。通過對 ESG 風險的監控和評估，企業可以了解 ESG 風險的變化情況，並採取相應的措施進行調整。

(5) 提升企業的社會形象：在當今社會，消費者和投資者越來越關注企業的 ESG 績效。企業的 ESG 績效高，表明企業在環境、社會和治理方面履行責任，具有良好的社會形象。良好的社會形象可以提升企業的品牌價值，幫助企業吸引客戶和合作夥伴。ESG 管理可以提升企業的社會形象，有利於企業吸引人才和客戶。這些價值強調了 ESG 管理框架在企業管理和實踐 ESG 方面的關鍵作用，有助於提高企業的永續性，減少風險，並創造長期價值。ESG 管理框架提升企業的社會形象，具體體現在：(a) 履行環境責任：ESG 管理框架可以幫助企業減少環境污染、節約能源和資源、保護生物多樣性等。這些舉措可以表明企業對環境保護的承諾，提升企業的社會形象。(b) 履行社會責任：ESG 管理框架可以幫助企業保障員工權益、尊重人權、促進社會公平正義等。這些舉措可以表明企業對社會的責任感，提升企業的社會形象。(c) 履行治理責任：ESG 管理框架可以幫助企業提高公司治理水平、防範腐敗、保障訊息揭露等。這些舉措可以表明企業對股東和利益相關者的責任感，提升企業的社會形象。

ESG 管理框架具有重要價值，可以幫助企業降低 ESG 風險、提高 ESG 績效，從而增強企業的競爭力和提升企業的社會形象。有關 ESG 管理框架對企業的推動 ESG 行動時，具有的實質效益，如表 8.3 所示。

表 8.3 ESG 管理框架的實質效益

實質價值	說明
組織性和結構性	提供組織性方法，協助企業管理 ESG 因素，為各種 ESG 關注點提供結構。
一致性和標準	確保企業在不同領域的 ESG 管理中保持一致性，提供共同標準和原則。
風險評估和管理	幫助企業識別和評估 ESG 相關風險，有助於更好地管理這些風險，減少可能的不良影響。
機會識別	幫助企業發現符合 ESG 原則的商業機會，並激勵創新。
透明度和報告	提供指導，協助企業更好地準備 ESG 報告，提高透明度，讓利益相關者更好地了解 ESG 表現。
長期價值創造	鼓勵企業考慮長期價值創造，將 ESG 因素納入戰略決策，實現可持續的長期成功。

8.2
ESG 管理框架的建立

ESG（環境、社會和公司治理）管理框架的建立，是企業實踐永續性和負責任經營的關鍵步驟。以下是建立 ESG 管理框架的一般步驟：

(1) 制定 ESG 管理的願景和目標：企業應明確在 ESG 管理方面的願景和目標。制定 ESG 管理的願景和目標是 ESG 管理框架建立的第一步。願景是企業在 ESG 管理方面長期的目標和追求，目標是企業在 ESG 管理方面短期的目標和計畫。制定 ESG 管理的願景和目標時，企業應考慮以下因素：

A. 企業的自身情況：企業的規模、行業、經營模式等因素都會影響 ESG 管理的願景和目標。企業的自身情況是制定 ESG 管理願景和目標的基礎。企業應考慮自身的產業屬性、業務範圍、經營規模、財務狀況、競爭格局等因素，綜合評估企業的 ESG 管理能力和需求。企業在進行管理的願景和目標時，需考慮企業自身的因素：(a) 產業屬性：不同產業的 ESG 風險和機遇存在差異。例如，製造業企業的 ESG 風險主要包括環境污染、資源浪費等，而服務業企業的 ESG 風險主要包括員工權益、社會公平正義等。(b) 業務範圍：企業的業務範圍決定了企業的 ESG 管理範圍。例如，一家生產電子產品的企業，其 ESG 管理範圍應包括產品的設計、生產、使用和回收等環節。(c) 經營規模：企業的經營規模決定了企業的 ESG 管理資源。例如，一家大型企業，其 ESG 管理資源較多，可以制定更高、更具挑戰性的 ESG 管理目標。(d) 財務狀況：企業的財務狀況決定了企業 ESG 管理的投入。例如，一家財務狀況良好的企業，可以投入更多的資源來提升 ESG 管理水平。(e) 競爭格局：企業的競爭格局決定了企業 ESG 管理的策略。例如，一家在競爭中處於劣勢的企業，可以通過 ESG 管理提升自身的競爭力。

B. 企業的社會責任：在制定 ESG 管理的願景和目標時，企業應考慮企業的社會責任。企業的社會責任，是指企業在其經營活動中應履行的社會義務。企業應在制定 ESG 管理願景和目標時，充分考慮企業的社會責任，制定符合社會責任要求的 ESG 管理目標。企業的社會責任是 ESG 管理的重要組成部分，企業應將社會責任納入 ESG 管理的框架，制定符合社會責任要求的 ESG 管理目標，履行企業的社會責任，推動永續發展，其中包含：環境責任、社會責任和治理責任。具體而言，企業應考慮以下因素：(a) 企業的社會影響：企業的經營活動對社會產生一定的影響。企業應考慮其經營活動對環境、社會和治理等方面的影響，制定相應的 ESG 管理目標。(b) 企業的社會貢獻：企業應積極回饋社會，為社會做出貢獻。企業應制定符合社會需求的 ESG 管理目標，例如支持公益慈善、促進社會公平正義等。

C. 利益相關者的期望：企業應了解利益相關者的期望，並將其納入 ESG 管理的願景和目標中。在制定 ESG 管理的願景和目標時，企業應考慮利益相關者的期望。利益相關者是指與企業經營活動相關的各方，包括股東、員工、客戶、供應商、政府、社區等。企業應在制定 ESG 管理願景和目標時，充分考慮利益相關者的期望，制定符合利益相關者需求的 ESG 管理目標。具體而言，企業應考慮以下因素：(a) 股東的期望：股東是企業的所有者，他們希望企業能夠獲得可持續的發展。企業應制定符合股東利益的 ESG 管理目標，例如提高財務績效、降低財務風險等。(b) 員工的期望：員工是企業的核心資產，他們希望企業能夠提供良好的工作環境和發展機會。企業應制定符合員工利益的 ESG 管理目標，例如保障員工權益、提升員工福利等。(c) 客戶的期望：客戶是企業的收入來源，他們希望企業能夠提供高品質的產品和服務。企業應制定符合客戶利益的 ESG 管理目標，例如減少產品和服務的環境影響、提高產品和服務的社會效益等。(d) 供應商的期望：供應商是企業的合作夥伴，他們希望企業能夠建立公平、公正的合作關係。企業應制定符合供應商利益的 ESG 管理目標，例如保障供應商權益、促進產業永續發展等。

(2) 分析 ESG 風險和機會：建立 ESG 管理框架的第二步，是分析 ESG 風險和機會。ESG 風險是指企業在環境、社會和治理方面的風險，這些風險可能對企業的財務表現、聲譽和永續發展產生負面影響。ESG 機會是指企業在環境、社會和治理方面的機會，這些機會可以為企業帶來新的發展機遇。分析 ESG 風險和機會，可以幫助企業：了解企業在 ESG 方面的風險和機會，制定相應的措施進行管理；提升企業的 ESG 管理水平，降低 ESG 風險，提高 ESG 績效；發掘 ESG 方面的新商機，提升企業的競爭力。分析 ESG 風險和機會時，企業應考慮以下因素：(a) 企業的自身情況：企業的規模、行業、經營模式等因素都會影響 ESG 風險和機會。(b) 外部環境：包括政治、經濟、社會、技術等因素。

(3) 制定 ESG 管理的政策和流程：建立 ESG 管理框架的第三步驟是制定 ESG 管理的政策和流程。ESG 管理政策是企業 ESG 管理的總體指導方針，ESG 管理流程是企業 ESG 管理的具體操作規則。制定 ESG 管理政策和流程，可以幫助企業：明確企業 ESG 管理的目標和方向、規範企業 ESG 管理的運作、提高企業 ESG 管理的效率和效果。政策是企業在 ESG 管理方面的指導方針，流程是企業在 ESG 管理方面的具體操作步驟。制定 ESG 管理的政策和流程時，企業應考慮以下因素：(a) ESG 管理的願景和目標：政策和流程應與 ESG 管理的願景和目標相一致。(b)ESG 風險和機會分析：政策和流程應對 ESG 風險和機會。(c) 企業的自身情況：政策和流程應符合企業的自身情況。有關 ESG 管理政策包括：企業 ESG 管理的願景、使命和目標、企業 ESG 管理的指導原則、企業 ESG 管理的組織架構、企業 ESG 管理的績效考核等。另外，ESG 管理流程包括：環境、社會與治理三大維度的風險、機會識別、評估和管理流程。

(4) 建立 ESG 管理的組織架構：建立 ESG 管理的組織架構是 ESG 管理框架建立的第四步。組織架構應明確 ESG 管理的職責和權限，並確保 ESG 管理的有效運作。建立 ESG 管理的組織架構時，企業應考慮以下因素：組織架構應與 ESG 管理的願景和目標相一致；組織架構應支持 ESG 管理的政策和流程；組織架構應符合企業的自身情況。

(5) 建立 ESG 管理的資訊系統：建立 ESG 管理的資訊系統是 ESG 管理框架建立的第五步。資訊系統應能夠有效地收集、存儲和分析 ESG 資訊，以支持 ESG 管理的決策和執行。建立 ESG 管理的資訊系統時，企業應考慮以下因素：資訊系統應支持 ESG 管理的願景和目標；資訊系統應支持 ESG 管理的政策和流程；資訊系統應與 ESG 管理的組織架構相配合。

(6) 培育 ESG 管理文化：培育 ESG 管理文化，是 ESG 管理框架建立的最後一步。良好的 ESG 管理文化是 ESG 管理框架的保障，可以促進 ESG 管理的有效落實。企業應培育良好的 ESG 管理文化，良好的 ESG 管理文化是 ESG 管理框架的保障，可以促進 ESG 管理的有效落實。培育 ESG 管理文化時，企業應從以下方面入手：(a) 企業領導層的承諾和宣導：企業領導層應承諾將 ESG 管理作為企業的核心價值觀，並通過宣導和教育，將 ESG 管理理念傳遞給員工。(b) 員工的參與和支持：企業應鼓勵員工參與 ESG 管理，並提供相應的培訓和激勵，促進員工對 ESG 管理的理解和支持。(c) ESG 績效的溝通和揭露：企業應定期向利益相關者溝通 ESG 績效，並揭露 ESG 資訊，提升企業的透明度和信任度。

表 8.4 建立 ESG 管理框架的步驟與方法

步驟順序	說明	企業可以採取的方法
建立 ESG 管理框架的步驟與方法	- 將 ESG 管理納入企業核心價值觀和經營理念。 - 與企業經營目標相一致。 - 具體、可量化、可實現、可追蹤。	1. 召開企業內部會議，與各部門和員工進行溝通，收集意見和建議。 2. 進行利益相關者調查，了解利益相關者的期望。 3. 參考相關的 ESG 管理框架和指南。
分析 ESG 風險和機會	- 考慮企業的自身情況和外部環境。 - 定期更新。	1. 收集和分析 ESG 資訊：包括內部資訊和外部資訊。 2. 進行風險評估：對 ESG 風險進行識別、評估和分類。 3. 識別 ESG 機會：分析 ESG 風險和機會之間的關係，識別 ESG 機會。

步驟順序	說明	企業可以採取的方法
制定 ESG 管理的政策和流程	- 與企業的願景和目標相一致。 - 清晰、簡明、易於理解和執行。	1. 召開企業內部會議，與各部門和員工進行溝通，收集意見和建議。 2. 參考相關的 ESG 管理框架和指南。
建立 ESG 管理的組織架構	- 明確 ESG 管理的職責和權限。 - 確保 ESG 管理的有效運作。	1. ESG 管理應納入企業的最高決策層，由董事會或高管委員會負責。 2. ESG 管理應設立專門的部門或辦公室，負責 ESG 管理的日常運作和執行。 3. 各部門和子公司應建立 ESG 管理的責任制，確保 ESG 管理要求得到落實。
建立 ESG 管理的資訊系統	- 能夠有效地收集、存儲和分析 ESG 資訊。 - 安全、可靠、易於使用。	1. 資訊系統應整合企業內部的 ESG 資訊。 2. 資訊系統應能夠自動化 ESG 管理的相關工作。 3. 資訊系統應能夠滿足企業的發展需要。
培育 ESG 管理文化	- 將 ESG 管理納入企業的教育和培訓體系。 - 將 ESG 績效納入企業的績效考核和薪酬激勵制度。 - 定期向利益相關者溝通 ESG 績效。	1. 將 ESG 管理納入企業的核心價值觀和經營理念中。 2. 建立 ESG 管理教育和培訓體系，提高員工的 ESG 意識和能力。 3. 將 ESG 績效納入企業的績效考核和薪酬激勵制度。 4. 定期向利益相關者溝通 ESG 績效，提升企業的透明度和信任度。

8.3

ESG 管理框架的運作

ESG 管理框架的運作，可為企業提供永續發展的指導方針，幫助企業採取措施實現目標。有助於企業應對氣候變化、社會不平等等全球性挑戰，促進企業的永續發展。

提升企業的永續競爭力：ESG 管理框架可以幫助企業識別和管理 ESG 風險，降低 ESG 風險對企業的財務和聲譽造成的影響。此外，ESG 管理框架還可以幫助企業發掘 ESG 機會，提升企業的永續競爭力。

增強企業的社會責任：ESG 管理框架可以幫助企業履行社會責任，為社會和環境做出貢獻。這將有助於企業贏得利益相關者的信任和支持，提升企業的社會形象。ESG 管理框架的運作可以分為以下幾個步驟：

(1) 制定 ESG 管理計畫：企業應根據自身的情況，制定 ESG 管理計畫，包括 ESG 管理的目標、策略、措施和資源等。制定 ESG 管理計畫的具體步驟：(a) 成立 ESG 管理工作小組：企業應成立 ESG 管理工作小組，負責制定 ESG 管理計畫。 ESG 管理工作小組應由企業高層管理人員、ESG 專家、相關部門負責人等組成。(b) 收集和分析 ESG 資訊：企業應收集和分析 ESG 資訊，包括企業自身的情況、外部環境、利益相關者的期望等。(c) 制定 ESG 管理目標和策略：企業應根據 ESG 資訊分析，制定 ESG 管理目標和策略。(d) 制定 ESG 管理措施：企業應根據 ESG 管理目標和策略，制定 ESG 管理措施。(e) 確定 ESG 管理資源：企業應確定 ESG 管理計畫的執行所需資源。(f) 制定 ESG 管理計畫的監控和評估指標：企業應制定 ESG 管理計畫的監控和評估指標，以確保 ESG 管理計畫的有效執行。

(2) 執行 ESG 管理計畫：企業應按照 ESG 管理計畫，落實 ESG 管理的各項措施。執行 ESG 管理計畫的具體建議：(a) 將 ESG 管理納入企業的日常運營：企業應將

ESG 管理納入企業的日常運營，並將 ESG 管理的目標和要求融入到企業的各項工作中。(b) 建立 ESG 管理的績效考核和激勵制度：企業應建立 ESG 管理的績效考核和激勵制度，促進員工積極參與 ESG 管理。

(3) 監控和評估 ESG 管理：企業應定期監控和評估 ESG 管理的進展和成效，並根據情況進行調整。監控和評估 ESG 管理是 ESG 管理框架運作的必要環節。通過監控和評估，企業可以了解 ESG 管理的進展和成效。以下是監控和評估 ESG 管理的具體建議：(a) 建立 ESG 管理的資訊系統：企業應建立 ESG 管理的資訊系統，以便於收集和分析 ESG 管理相關資訊。(b) 聘請第三方機構進行評估：企業可以聘請第三方機構進行 ESG 管理評估，以獲得更客觀的評估結果。(c) 定期向利益相關者溝通 ESG 管理成果：企業應定期向利益相關者溝通 ESG 管理成果，提升企業的透明度和信任度。

(4) 溝通 ESG 管理成果：企業應定期向利益相關者溝通 ESG 管理成果，提升企業的透明度和信任度。溝通 ESG 管理成果是 ESG 管理框架運作的最後一步。通過溝通，企業可以向利益相關者展示 ESG 管理的成果，提升企業的透明度和信任度。以下是溝通 ESG 管理成果的具體建議：(a) 建立 ESG 管理溝通平台：企業可以建立 ESG 管理溝通平台，方便利益相關者了解 ESG 管理的最新資訊。(b) 聘請第三方機構進行溝通：企業可以聘請第三方機構進行溝通，以提升溝通的客觀性和公信力。

這些步驟有助於企業實現其 ESG 管理框架的運作，確保 ESG 因素被納入企業的戰略和運營中，以實現可持續的經營和社會責任。每個步驟都有其具體的功能和目標，可確保 ESG 管理的有效執行。企業應按照 ESG 管理計畫，落實 ESG 管理的各項措施。企業應建立 ESG 管理的組織架構和流程，並配備相應的資源，以確保 ESG 管理計畫的有效執行。是 ESG 管理框架運作時，特別要斟酌配合的措施與建議：(1) 將 ESG 管理納入企業的日常運營：企業應將 ESG 管理納入企業的日常運營，並將 ESG 管理的目標和要求融入到企業的各項工作中。(2) 建立 ESG 管理的績效考核和激勵制度：企業應建立 ESG 管理的績效考核和激勵制度，促進員工積極參與 ESG 管理。(3)

定期向利益相關者溝通 ESG 管理成果：企業應定期向利益相關者溝通 ESG 管理成果，提升企業的透明度和信任度。

企業應根據自身的情況，採取相應的措施，提升 ESG 管理框架的運作效果。由於 ESG 管理框架的運作是一個持續的過程，企業應根據自身的情況和外部環境的變化，不斷調整和完善 ESG 管理框架，以提升 ESG 管理水平。有關 ESG 管理框架的運作，如表 8.5 簡述。

表 8.5 ESG 管理框架的運作

要素	內容	說明
策略	永續發展策略、ESG 管理目標和優先事項、ESG 管理體系、ESG 管理策略和措施、ESG 績效衡量和評估、ESG 訊息溝通和揭露	指導企業的 ESG 管理工作
步驟	制定 ESG 管理政策和目標、建立 ESG 管理體系、實施 ESG 管理策略、衡量和評估 ESG 績效、溝通和揭露 ESG 訊息	實施 ESG 管理工作的過程
程序	數據收集和分析程序、風險識別和評估程序、機會識別和評估程序、目標設定和績效管理程序、溝通和揭露程序	確保 ESG 管理框架有效運作的保障
評估	ESG 管理績效評估	檢驗 ESG 管理框架的有效性

8.4 ESG 管理框架的評估

ESG 管理框架的評估，是指對企業 ESG 管理框架的有效性和成效進行評估，以確定 ESG 管理框架，是否能夠有效地推動企業的永續發展。ESG 管理框架的評估，可以從以下幾個方面進行：

(1) 目標和策略的合理性：ESG 管理框架的目標和策略是 ESG 管理的基礎。目標和策略的合理性，直接影響 ESG 管理的有效性。評估目標是：ESG 管理框架的目標和策略是否與企業的經營目標相一致，是否符合企業的實際情況。評估 ESG 管理框架目標和策略合理性的具體方法，包含有：(a) 內部評估：企業可以通過內部評估的方式，評估 ESG 管理框架的目標和策略的合理性。內部評估可以由企業的 ESG 管理部門或其他相關部門進行。(b) 外部評估：企業可以通過外部評估的方式，評估 ESG 管理框架的目標和策略的合理性。外部評估可以由第三方機構或專家進行。

(2) 措施和資源的有效性：ESG 管理框架的措施和資源是實現 ESG 管理目標和策略的重要保障。措施和資源的有效性，直接影響 ESG 管理的效果。評估目標是：ESG 管理框架的措施是否能夠有效地實現目標和策略，企業是否配備了相應的資源以支持 ESG 管理。評估 ESG 管理框架的措施和資源的有效性，具體方法是：(a) 措施的針對性：企業的 ESG 管理措施應針對企業的 ESG 風險和機會進行制定，具有針對性。(b) 措施的有效性：企業的 ESG 管理措施應能夠有效地降低 ESG 風險，提高 ESG 績效。(c) 資源的充足性：企業應提供充足的資源，保障 ESG 管理措施的有效實施。(d) 執行和監控的有效性：企業是否有效地執行 ESG 管理計畫，是否定期監控和評估 ESG 管理的進展和成效。

(3) 溝通和透明度的充分性：企業是否充分溝通 ESG 管理的成果，是否向利益相關者揭露 ESG 管理相關資訊。ESG 管理框架的溝通和透明度，是企業與利益相關者建立信任的重要基礎。溝通和透明度的充分性，直接影響 ESG 管理的效果。評估

ESG 管理框架的溝通和透明度的充分性，可以包含：(a) 溝通的管道和方式：企業應提供多種管道和方式，與利益相關者進行溝通。(b) 溝通的內容和頻率：企業應定期向利益相關者溝通 ESG 管理的情況。(c) 溝通的透明度：企業應向利益相關者提供真實、準確、充分的訊息。

ESG 管理框架的評估可以由企業內部進行，也可以由第三方機構進行。企業可以根據自身的情況選擇合適的評估方式。ESG 管理框架的評估可以幫助企業更好地了解 ESG 管理的現狀和問題，並提出改進建議，以提升 ESG 管理水平。以下是 ESG 管理框架評估的具體建議：

(1) 建立 ESG 管理評估制度：企業應建立 ESG 管理評估制度，定期對 ESG 管理框架進行評估。ESG 管理評估制度應包括以下內容：(a) 評估目的：ESG 管理評估制度的目的是為了評估 ESG 管理框架的有效性和成效，以確定 ESG 管理框架是否能夠有效地推動企業的永續發展。(b) 評估範圍：ESG 管理評估制度應涵蓋 ESG 管理框架的各個方面，包括目標和策略、措施和資源、執行和監控、溝通和透明度等。(c) 評估指標：ESG 管理評估制度應制定具體的評估指標，以衡量 ESG 管理框架的有效性和成效。(d) 評估方式：ESG 管理評估制度應選擇合適的評估方式，包括內部評估、外部評估或結合內部和外部評估。(e) 評估頻率：ESG 管理評估制度應規定 ESG 管理框架的評估頻率，以確保 ESG 管理框架能夠持續改進。

(2) 聘請第三方機構進行評估：企業可以聘請第三方機構進行評估，以獲得更客觀的評估結果。聘請第三方機構進行 ESG 管理評估是一種有效提升 ESG 管理水平的方式。第三方機構可以提供客觀、公正的評估結果，幫助企業更好地了解 ESG 管理的現狀和問題，並提出改進建議。以下是聘請第三方機構進行 ESG 管理評估的具體步驟：(a) 確定評估需求：企業應確定評估需求，包括評估目的、範圍、指標、方式和頻率等。(b) 選擇第三方機構：企業應根據評估需求，選擇合適的第三方機構。(c) 簽訂合約：企業應與第三方機構簽訂合約，明確評估要求、費用和責任等。(d) 配合評估工作：企業應配合第三方機構的評估工作，提供相關資訊和資料。(e) 接受評估結果：企業應接受第三方機構的評估結果，並採取改進措施。

(3) 結合內部和外部評估：企業可以結合內部和外部評估，以獲得更全面的評估結果。結合內部和外部評估是一種有效提升 ESG 管理水平的方式。內部評估可以幫助企業了解自身的 ESG 管理情況，外部評估可以提供客觀、公正的評估結果。結合內部和外部評估可以獲得更全面、客觀的評估結果，幫助企業更好地了解 ESG 管理的現狀和問題，並提出改進建議。以下是結合內部和外部評估的具體步驟：(a) 制定評估計畫：企業應制定評估計畫，明確評估目的、範圍、指標、方式和頻率等。(b) 進行內部評估：企業應根據評估計畫，進行內部評估。(c) 聘請第三方機構進行外部評估：企業應聘請第三方機構進行外部評估。(d) 分析評估結果：企業應對內部評估結果和外部評估結果進行分析，以確定 ESG 管理框架的優缺點。(e) 提出改進建議：企業應根據評估結果，提出改進建議，以提升 ESG 管理水平。

企業應根據自身的情況，採取相應的措施，提升 ESG 管理框架的評估效果。有關 ESG 管理框架的評估面向與項目，如表 8.8 所示。

表 8.8 ESG 管理框架的評估面向

評估面向	評估項目	說明
建立 ESG 管理評估制度	企業制定了 ESG 管理評估制度，包括評估目的、範圍、指標、方式和頻率等。	企業應根據自身的情況，制定合理的 ESG 管理評估制度，以提升 ESG 管理框架的評估效果。
聘請第三方機構進行評估	企業聘請了具有 ESG 管理評估經驗和能力的第三方機構，對 ESG 管理框架進行評估。	第三方機構可以提供客觀、公正的評估結果，幫助企業更好地了解 ESG 管理的現狀和問題，並提出改進建議。
結合內部和外部評估	企業結合了內部評估和外部評估，對 ESG 管理框架進行評估。	內部評估可以幫助企業了解自身的 ESG 管理情況，外部評估可以提供客觀、公正的評估結果。結合內部和外部評估可以獲得更全面、客觀的評估結果。

評估指標是 ESG 管理績效評估的基礎，企業應根據自身的情況和需求，制定明確的評估指標。評估指標應具有可衡量性、可比性和可追蹤性。績效是 ESG 管理目標的實現情況，企業應定期收集和分析 ESG 績效數據，以了解 ESG 管理框架的運作情況。評估結果是對 ESG 績效的分析和判斷，企業應根據評估結果，確定 ESG 管理框架的有效性。改進建議是根據評估結果提出的改進措施，企業應根據改進建議，不斷完善 ESG 管理框架。以下是 ESG 管理績效評估表的示（如表 8.9 所示）。

表 8.9 ESG 管理績效評估表的示例

評估指標	目標	指標	績效	評估結果
環境	碳排放量降低 10%	碳排放量下降 12%	達成	繼續加強碳排放管理
社會	員工滿意度提高 5%	員工滿意度調查得分提高 5%	達成	持續改善員工福利
治理	董事會獨立性提高 20%	董事會獨立董事比例提高 25%	超額達成	繼續完善公司治理結構

另外，ESG 風險評估表可用於評估企業面臨的 ESG 風險，包括風險類型、風險來源、風險影響和風險應對措施等內容。其中，風險類型是 ESG 風險的劃分依據，企業應根據自身的情況和需求，確定 ESG 風險的類型。風險來源是 ESG 風險產生的原因，企業應分析 ESG 風險的來源，以制定有效的風險應對措施。風險影響是 ESG 風險對企業產生的潛在影響，企業應評估 ESG 風險的影響程度，以制定相應的風險應對措施。風險應對措施是企業應對 ESG 風險的措施，企業應制定有效的風險應對措施，降低 ESG 風險對企業的影響。以下是 ESG 管理之風險評估表的示例（如表 8.10 所示）。

表 8.10 ESG 管理之風險評估表示例

風險類型	風險來源	風險影響	風險應對措施
環境	氣候變遷	生產成本上升、產品競爭力下降	制定碳中和目標、推進綠色生產
社會	勞動力短缺	生產效率下降、產品交付延遲	加強人才招聘和培養
治理	公司治理不完善	企業聲譽受損、投資者信心下降	完善公司治理結構、提升訊息揭露水平

在評估 ESG 管理效能時，企業的機會識別表，可提供企業的 ESG 機會，包括機會類型、機會來源、機會影響和機會實現措施等內容。機會類型是 ESG 機會的劃分依據，企業應根據自身的情況和需求，確定 ESG 機會的類型；機會來源是 ESG 機會產生的原因，企業應分析 ESG 機會的來源，以制定有效的機會實現措施；機會影響是 ESG 機會對企業產生的潛在影響，企業應評估 ESG 機會的影響程度，以制定相應的機會實現措施；機會實現措施是企業抓住 ESG 機會的措施，企業應制定有效的機會實現措施，將 ESG 機會轉化為企業的發展動力。表 8.11 是 ESG 管理之機會識別的示例。

表 8.11 ESG 管理之機會識別表示例

機會類型	機會來源	機會影響	機會實現措施
環境	政府政策支持	獲得政府補貼、減稅等優惠	積極參與政府的環境保護政策制定和實施
社會	消費者需求升級	獲得更高的利潤、提升品牌形象	推出符合消費者需求的產品和服務
治理	投資者關注度提升	獲得更多投資、提升融資能力	建立健全公司治理結構，提升訊息揭露

思考問題

1. 什麼是 ESG 管理框架的主要要素？
2. 建立 ESG 管理的資訊系統的目的是什麼？
3. 如何培育一個良好的 ESG 管理文化？
4. 什麼是 ESG 管理框架的評估？評估的目的是什麼？
5. ESG 管理框架的評估可以從哪些方面進行？
6. 為什麼企業應該建立 ESG 管理評估制度？這個制度包括哪些內容？
7. 如何選擇合適的第三方機構來進行 ESG 管理的評估？
8. 為什麼結合內部評估和外部評估對 ESG 管理框架的評估有益？
9. ESG 管理評估的頻率是如何確定的？
10. ESG 管理評估的評估指標應該是什麼，以確保評估的有效性？
11. 如何確保 ESG 管理評估的客觀性和公正性？
12. 評估 ESG 管理之資訊系統，應考慮那些因素？

CHAPTER 9

ESG 行動實施

在全球化和永續發展的背景下，ESG 行動已經成為企業實現永續發展的重要途徑。ESG 行動是指企業在環境、社會和公司治理（ESG）領域的具體行動。企業通過 ESG 行動，可以降低 ESG 風險，提高企業的財務表現和社會影響。

ESG 行動實施是一項複雜的系統工程，需要企業的高度重視和全員參與。企業應建立完善的 ESG 行動體系，有效實施 ESG 行動，才能在永續發展的道路上走得更遠。ESG 行動不僅僅是一個理念，它需要具體的計畫、執行和文化的融入。無論是出於法律規範或是道義理由，還是為了達到財務和社會的雙贏目標，落實組織開展 ESG 行動，是達到 ESG 目標的重要起步。

9.1 ESG 行動概述

ESG 行動是指企業在環境、社會和公司治理領域的具體行動與作為。ESG 行動的目標是實現企業永續發展，包括公司治理、社會影響和環境保護。ESG 行動可以分為三個主要領域：環境領域：包括減少碳排放、減少資源消耗、保護生物多樣性等。社會領域：包括尊重勞工權利、促進公平貿易、支持社會公益等。公司治理領域：包括完善董事會結構、提升內部控制水平、提高訊息揭露透明度等。

ESG 行動的開展，是企業實踐社會責任、實現自身永續發展的重要舉措。它的執行，開始自企業的 ESG 戰略制定、組織推進、資源運籌乃至 ESG 成效實踐之中。企業需要在識別重要的 ESG 議題的基礎上，規劃一系列富有針對性的 ESG 行動，這些行動的推進，都需要企業投入相應的資源，用於培訓、日常運營與績效評估之中。同時，有效溝通企業 ESG 行動，可以獲得社會認同與理解。只有通過持之以恆的 ESG 行動實施，牢固深植於企業文化當中，並促進與利益相關方的良性互動，企業 ESG 建設才能取得實效，實現企業社會價值的最大化。ESG 行動的重要性主要體現在以下幾個方面：

(1) 降低 ESG 風險：ESG 風險是指企業在環境、社會和公司治理方面存在的風險，可能對企業的財務、聲譽、運營等方面造成損害。通過 ESG 行動，企業可以降低 ESG 風險，提高企業的抗風險能力。ESG 風險是企業面臨的重大風險之一。隨著全球氣候變化、資源枯竭、社會不平等等問題的加劇，ESG 風險將會越來越嚴重。通過 ESG 行動，企業可以降低 ESG 風險，提高企業的抗風險能力。例如，企業可以通過減少碳排放、減少資源消耗等方式降低環境風險；通過尊重勞工權利、促進公平貿易等方式降低社會風險；通過完善董事會結構、提升內部控制水平等方式降低公司治理風險。

(2) 提高財務表現：ESG 行動可以提升企業的品牌形象和客戶忠誠度，提高企業的市場競爭力，從而提高企業的財務表現。ESG 行動可以提升企業的品牌形象和客戶忠誠度，提高企業的市場競爭力，從而提高企業的財務表現。例如，企業的 ESG 表現良好，可以吸引更多優秀人才和客戶，提高企業的品牌價值和市場份額。

(3) 創造社會價值：ESG 行動可以為社會帶來積極的影響，例如改善環境、促進就業、提高社會公平等。通過 ESG 行動，企業可以發揮社會責任，為社會做出貢獻，創造社會價值。ESG 行動可以為社會帶來積極的影響，例如改善環境、促進就業、提高社會公平等。通過 ESG 行動，企業可以發揮社會責任，為社會做出貢獻。例如，企業可以通過投資綠色能源、支持社會公益等方式創造社會價值。

ESG 行動實際上，也面臨著一些挑戰，包括：數據和資訊揭露不足，由於企業 ESG 資訊揭露不充分，給 ESG 行動管理帶來了困擾。現今 ESG 的評估標準不統一，也尚在萌芽階段，造成 ESG 行動管理的困擾。ESG 行動需要投入一定的資源，企業可能面臨資源投入不足的窘境。但是，就是因為這些挑戰，也開創了 ESG 行動的機遇。包括：全球對於市場需求日益增長；無論消費者、投資者、員工等，對企業 ESG 表現的關注日益增長，也給 ESG 行動提供了機遇。另外 ESG 投資興起，給 ESG 行動提供了更多資金支持。因為 ESG 投資者對企業 ESG 表現的關注，可以激勵企業採取積極的 ESG 行動。例如，如果一家企業的 ESG 表現良好，可以吸引更多 ESG 投資者，從而獲得更多的資金支持，以進一步推動 ESG 行動的實施；反過來，ESG 行動也可以促進 ESG 投資的發展。ESG 表現良好的企業，可以獲得投資者的青睞，從而獲得更多的投資資金，有利於企業的發展。最後，ESG 行動是一種新興的趨勢，未來將會得到更加廣泛的應用。隨著全球永續發展與深入，ESG 行動將成為企業實現永續發展的重要途徑。

進行 ESG 行動時，企業可以採用下列建議，以作為行動參考：

(1) 從高層開始。高層是 ESG 行動強有力的推動力。企業高層應積極倡導 ESG 行動，並為 ESG 行動提供資源支持。從高層開始，可以充分發揮高層主管的示範作用，帶動全體員工的參與。高層主管應將 ESG 作為企業的核心價值觀，並將其納入企業的經營目標和戰略。高層主管應積極參與 ESG 行動，並向員工傳達 ESG 的重要性。

(2) 制定明確的 ESG 目標和計畫。企業應根據自身情況制定明確的 ESG 目標和計畫，並進行有效的溝通和宣傳。制定明確的 ESG 目標和計畫，可以幫助企業聚焦重點，避免盲目行動。ESG 目標和計畫應具體、可衡量、可達到、相關和有時限性。具體而言，企業可以採取措施：(a) 分析企業的 ESG 現狀：企業應首先分析企業的 ESG 現狀，包括企業在環境、社會和治理方面的優勢、劣勢、機會和威脅。(b) 制定 ESG 目標：企業應根據企業的 ESG 現狀和期望，制定 ESG 目標。ESG 目標應具體、可衡量、可達到、相關和有時限性。(c) 制定 ESG 計畫：企業應根據 ESG 目標，制定 ESG 計畫。ESG 計畫應包括具體的措施、時間表和資源分配

(3) 建立完善的 ESG 管理體系。企業應建立完善的 ESG 管理體系，並培養 ESG 人才。建立完善的 ESG 管理體系，可以幫助企業統籌 ESG 工作，並有效實施 ESG 行動。ESG 管理體系包括：(a)ESG 管理架構：ESG 管理架構應明確 ESG 管理的組織、職責和權限。(b)ESG 管理流程：ESG 管理流程應明確 ESG 工作的各個環節和步驟。(c)ESG 管理工具和方法：ESG 管理工具和方法應幫助企業有效收集、分析和管理 ESG 相關訊息。

(4) 注重 ESG 行動的效果評估。企業應注重 ESG 行動的效果評估，並根據評估結果

進行改進。注重 ESG 行動的效果評估，可以幫助企業了解 ESG 行動的效果，並做出改進。ESG 行動的效果評估應包括：(a)ESG 目標和計畫的實現情況：企業應評估 ESG 目標和計畫是否實現，以及實現情況如何。(b)ESG 行動的影響：企業應評估 ESG 行動對環境、社會和治理的影響。(c) 利益相關者的回饋：企業應收集利益相關者的回饋，了解利益相關者對 ESG 行動的看法。

9.2

規劃和實施 ESG 行動

規劃和實施 ESG 行動、是企業實現永續發展的重要過程。在這個過程中，企業應重點考慮以下幾個方面：

(1) 制定 ESG 目標和策略。這包括確定您的 ESG 優先事項，並制定相應的行動計畫。企業應根據自身情況，制定明確的 ESG 行動目標和指標。ESG 目標和指標應具有可操作性、可衡量性、可達性、相關性和時效性。尤其需確定與組織相關的 ESG 目標和重點領域，並將其納入長期業務策略中。明確的策略可以幫助組織集中精力，確保 ESG 行動與業務目標保持一致。

(2) 制定 ESG 行動計畫：企業應根據 ESG 目標和指標，制定實現 ESG 目標的具體行動計畫。ESG 行動計畫應包括行動內容、時間表、資源投入等內容。重要的是需要整合 ESG 的精神，到現有企業業務運營中，這可能包括修改組織結構，重新分配責任，以及確保 ESG 策略得到執行和監測。

(3) ESG 行動的實施：企業應按照計畫，有效地實施 ESG 行動。ESG 行動的實施應得到企業內部各部門的支持和協作。從高層開始，形成 ESG 行動的強有力的推動力。企業高層應積極倡導 ESG 行動，並為 ESG 行動提供資源支持。注重 ESG 行動的溝通和宣傳。企業應有效地溝通和宣傳 ESG 行動，讓利益相關者了解企業的 ESG 進展。確保組織的內部流程支持 ESG 目標的實現，可能包括改進環境管理、提高勞工條件、加強公司治理和提高透明度。

(4) ESG 行動的效果評估：企業應對 ESG 行動的效果進行評估，並根據評估結果進行改進。ESG 行動的效果評估可以幫助企業改進 ESG 行動，並取得更好的效果。ESG 行動的效果評估應包括目標達成情況、成本效益和 ESG 行動對利益相關者產生的影響。ESG 行動效果評估的具體建議：(a) 選擇合適的評估指標。ESG 行動效果評估應選擇與 ESG 目標和指標相關的評估指標。(b) 採用多角度的評估方法。

ESG 行動效果評估應採用多角度的評估方法，以獲得更全面的評估結果。(c) 定期進行評估。ESG 行動效果評估應定期進行，以了解 ESG 行動的持續性。

(5) ESG 行動的監測和報告：監測和報告是 ESG 行動的重要環節，是企業了解 ESG 行動效果、改進 ESG 行動的重要手段。監測是指企業對 ESG 行動的實施情況進行追蹤和評估。監測可以幫助企業了解 ESG 行動的進展情況，並及時發現問題和不足，從而採取措施進行改進。ESG 監測可以採用、定性和定量相結合的方法進行。定性的方法可以通過對 ESG 行動的實施情況進行描述和分析來進行監測；定量的方法可以通過對 ESG 指標進行測量來進行監測。監測報告是指企業向內部和外部利益相關者揭露 ESG 表現。報告可以幫助利益相關者了解企業的 ESG 表現，並對企業進行評估。ESG 報告可以採用多種方式進行，如企業社會責任報告、環境報告、氣候變化報告等。企業應根據自身情況，選擇適合自己的 ESG 報告方式。

有關規劃和實施 ESG 行動，節錄重點於表 9.1 中所示。

表 9.1 規劃和實施 ESG 行動

階段	內容	重點	建議
目標和指標設定	明確 ESG 行動的目標和指標	目標和指標應具有可操作性、可衡量性、可達性、相關性和時效性	從高層開始，形成 ESG 行動的強有力的推動力
行動計畫制定	制定實現目標和指標的具體行動計畫	行動計畫應包括行動內容、時間表、資源投入等內容	建立完善的 ESG 管理體系
行動實施	按照計畫，有效地實施 ESG 行動	行動的實施應得到企業內部各部門的支持和協作	注重 ESG 行動的溝通和宣傳
效果評估	對 ESG 行動的效果進行評估	效果評估可以幫助企業改進 ESG 行動，並取得更好的效果	選擇合適的評估指標，採用多角度的評估方法，定期進行評估
監測和報告	建立監測機制，及時報告 ESG 表現	監測和報告是 ESG 行動的重要環節	建立完善的監測體系，定期進行監測，全面揭露 ESG 表現，使用標準化的報告框架

9.3

ESG 組織和文化

在規劃和實施 ESG 行動中，建立一個積極的 ESG 組織和文化至關重要。這有助於確保 ESG 策略的成功實施，並將 ESG 價值融入組織的 DNA 中。ESG 組織和文化是企業實施 ESG 行動的重要基礎，ESG 組織是指企業在 ESG 領域的組織架構和運作方式；ESG 文化是指企業在 ESG 領域的價值觀和行為準則。

(1) ESG 組織：ESG 組織應具有以下特點。

A. 高層主管：ESG 組織應由高層主管直接負責，以確保 ESG 行動得到企業的全面支持。高層主管應承諾支持 ESG 工作，並將 ESG 納入企業的經營目標和戰略。高層主管應積極參與 ESG 工作，並向員工傳達 ESG 的重要性。高層主管應具備以下能力：(a) 承諾支持 ESG 工作：高層主管應公開承諾支持 ESG 工作，並將 ESG 納入企業的經營目標和戰略。(b) 參與 ESG 工作：高層主管應積極參與 ESG 工作，例如參與 ESG 會議、審查 ESG 報告等。(c) 傳達 ESG 的重要性：高層主管應向員工傳達 ESG 的重要性，並鼓勵員工參與 ESG 工作。以下是一些企業高層主管支持 ESG 工作的成功案例：

I. 蘋果公司：ESG 已成為蘋果公司最重要的目標之一，貫穿于企業的生產運營與產品創新當中。蘋果公司 CEO 庫克曾表示，ESG 是蘋果公司最重要的目標之一。蘋果公司高層主管，公開承諾支持 ESG 工作，並將 ESG 納入蘋果公司的經營目標和戰略。

II. 沃爾瑪公司：沃爾瑪作為全球最大零售商，高度重視企業社會責任與永續性。沃爾瑪公司 CEO 麥克米倫曾表示，ESG 是沃爾瑪公司長期發展的關鍵。沃爾瑪公司高層主管，公開承諾支持 ESG 工作，並將 ESG 納入沃爾瑪公司的長期發展戰略中，並深植於組織文化中。

III. 可口可樂公司：作為全球知名飲料公司，可口可樂深切認識到 ESG 的重要性。可口可樂公司 CEO 昆西曾表示，ESG 是可口可樂公司永續發展的核心。可口可樂公司高層主管，公開承諾支持 ESG 工作，並將 ESG 納入企業的經營目標、戰略和永續發展。

B. 跨部門協作：ESG 行動涉及企業的各個部門，因此需要建立跨部門協作機制，以確保 ESG 行動的有效實施。具體而言，跨部門協作應包括以下內容：(a) 建立跨部門協作機制：企業應建立跨部門協作機制，明確各部門的職責和權限。(b) 促進跨部門溝通：企業應促進跨部門溝通，確保各部門能夠有效地溝通和合作。(c) 解決跨部門衝突：企業應解決跨部門衝突，確保各部門能夠共同努力，實現 ESG 目標。以下是一些企業跨部門協作成功的案例：

I. 聯合利華：聯合利華建立了 ESG 管理委員會，委員會由來自不同部門的代表組成。委員會負責統籌 ESG 工作，並促進跨部門協作。由 CEO 直接領導，並有專職的永續發展部門負責 ESG 策略制定。同時聯合利華在供應鏈、人力資源、研發、運營、法務等職能部門也都設立了 ESG 聯絡員。這就構建了一個「以 CEO 為核心、ESG 委員會為引領、各職能部門互相協作」的 ESG 組織模式。它貫穿了頂層領導、中間管理和基層執行的聯動。各部門既保持工作重心，又緊密配合，共同推進聯合利華的 ESG 目標落地。

II. 沃爾瑪公司：沃爾瑪公司建立了 ESG 管理部門，部門由來自不同部門的員工組成。部門負責 ESG 工作的日常運營，並促進跨部門協作。具體而言，沃爾瑪集團層面成立了永續發展委員會，負責制定集團 ESG 目標和推動戰略；同時在營運、採購、建設、人力資源等職能部門，設立了 ESG 聯絡節點。

這就使得 ESG 目標能夠通過縱向的領導推動和橫向的組織協作有效執行。永續發展委員會根據集團層面的 ESG 定位制定框架性目標。而職能部門則在此基礎上訂立具體行動方案。如採購部門推動供應商 ESG 評估和改進、人力資源部門開展 ESG 文化建設等。

III.可口可樂公司：可口可樂公司建立了 ESG 管理委員會，委員會由來自不同部門的代表組成。委員會負責統籌 ESG 工作，並促進跨部門協作。具體而言，可口可樂集團層面，設立了首席永續發展官，負責制定氣候和永續發展戰略並推動業務發展之融合。在採購、製造、銷售、公共事務等部門和業務單元也設有 ESG 聯絡人。實現了 ESG 目標在 CEO 高度重視下的頂層推動，以及由各職能部門共同執行的全員參與。例如公共事務部門協助溝通宣傳 ESG 理念，製造部門改造生產工藝實現減排增效，銷售部門推出低碳產品等。

C. 專業人才：ESG 行動需要專業人才的支持，因此企業應建立 ESG 專業團隊，或聘請外部專家提供諮詢服務。由於 ESG 涉及環境、社會和治理等多個領域，因此需要具備專業知識和技能的人才。具體而言，專業人才應具備以下能力：(a) 環境：具備環境保護、氣候變化、能源效率等方面的知識和技能。(b) 社會：具備勞工權益、人權、社會責任等方面的知識和技能。(c) 治理：具備公司治理、合規管理、風險管理等方面的知識和技能。專業人才，是 ESG 組織成功的關鍵，以下是一些企業聘請專業人才成功的案例：

I. 聯合利華：聯合利華聘請了來自不同領域的專業人才，組建 ESG 管理團隊。團隊負責制定 ESG 策略、監控 ESG 績效、溝通 ESG 訊息。聯合利華在推動企業 ESG 建設過程中，聘請了大批專業人才，為 ESG 工作提供了專業支撐。首先，聯合利華新設了首席永續發展官一職，由資深 ESG 專家出任，負責領導和推進聯合利華的 ESG 戰略。同時，在中階部門也成立了擁有 30 多人的永續發展部門，專注開展碳中和、可再生農業等項目。此外，聯合利華也積極引入外部 ESG 專業服務，聘請顧問公司提供碳核算和減排方案優化的建議。同時，聯合利華也聘用民間機構和學術機構就水資源風險和改善方案進行研究。

II. 沃爾瑪公司：沃爾瑪公司聘請了來自不同領域的專業人才，組建 ESG 管理團隊。團隊負責制定 ESG 政策、執行 ESG 項目、評估 ESG 績效。具體而言，沃爾瑪新設了副總裁級的全球責任主管職位，由資深永續發展專家擔任，負責領導氣候行動和碳減排工作。沃爾瑪總部也成立了永續發展團隊，擁有包括科學家、工程師、資料分析師等在內的近百名專業人士。此外，沃爾瑪也聘用了外部 GHG 核查機構，為其進行年度 室氣體清查驗證。沃爾瑪同時利用訊技術工具優化模型，提高 ESG 決策的精準性。

III. 可口可樂公司：可口可樂公司聘請了來自不同領域的專業人才，組建 ESG 管理團隊。團隊負責制定 ESG 目標、實施 ESG 行動、監測 ESG 績效。具體而言，可口可樂集團層面，新設了首席永續發展官職位，由資深 ESG 專家出任，負責領導氣候戰略和碳中和工作。此外，在採購購、製造、 包裝等部門也增設了永續發展團隊，由專職人員推動 ESG 實踐。同時，可口可樂也聘用了外部機構，提供碳核算和減排路徑顧問服務。另外，可口可樂公司並與大學開展飲料節約和可再生材料利用方面的合作研究。

D. 多元的團隊： 建立一個多元化的 ESG 領導團隊，包括各種背景和專業知識的成員，以確保全面考慮不同的 ESG 問題。ESG 涉及多個領域，需要來自不同背景、不同思維方式的人才。具體而言，多元團隊應具備以下能力：(a) 包容性：多元團隊應包容來自不同背景、不同思維方式的人才。(b) 創造力：多元團隊可以激發創造力，提出創新的解決方案。(c) 解決問題的能力：多元團隊可以更好地理解問題，並提出更有效的解決方案。多元的團隊，是 ESG 組織成功的關鍵。以下是一些企業多元團隊成功的案例：

I. 聯合利華：聯合利華的 ESG 管理團隊由來自不同國家、不同文化、不同背景的員工組成。團隊的多元性，幫助聯合利華更好地理解全球 ESG 問題，並制定更有效的 ESG 策略。通過打造多元共融的人才團隊，聯合利華實現了 ESG 方案的差異化設計，也為 ESG 執行提供了廣泛共識，有力推動了 ESG 目標的實現。

II. 沃爾瑪公司：沃爾瑪公司的 ESG 管理團隊由來自不同部門、不同職級的員工組成。具體做法：沃爾瑪聘用了來自環保和人權組織的專家，加入永續發展團隊，為 ESG 決策提供多樣視角。其次，沃爾瑪開展跨文化溝通培訓，並建立訊息共享平台，促進不同國家和部門的協作與經驗傳播。其三，沃爾瑪資助女性店長參加 ESG 領袖培訓，並支持她們向管理層直接提出建議。另外，沃爾瑪基金會資助多元社區合作夥伴參與公共政策論壇，為 ESG 決策提供意見關注。團隊的多元性，幫助沃爾瑪公司更好地整合各方面的資源和力量，更有效地實施 ESG 行動。

III. 可口可樂公司：可口可樂公司的 ESG 管理團隊由來自不同年齡段、不同性別的員工組成。團隊的多元性，幫助可口可樂公司更好地理解不同利益相關者的訴求，並制定更符合利益相關者需求的 ESG 政策。具體做法包括：可口可樂積極培養和提拔女性及少數族裔的 ESG 人才，擴大 ESG 團隊的多樣性。其次可口可樂建立訊息共享平台，鼓勵基層員工提出 ESG 優化想法和項目方案。另外，可口可樂定期組織 ESG 項目團隊開展設計腦力激盪，匯集跨職能和跨文化人才的共創力量。

(2) ESG 文化：ESG 文化是企業實施 ESG 行動的內在動力。ESG 文化應具有以下特點：

A. 全員參與：ESG 文化應得到企業所有員工的支持和參與，才能形成合力。具體而言，全員參與應包括：(a) 員工了解 ESG 的重要性：員工應了解 ESG 的重要性，並願意參與 ESG 工作。(b) 員工具備 ESG 意識：員工應具備 ESG 意識，並將 ESG 理念融入日常工作中。(c) 員工參與 ESG 行動：員工應積極參與 ESG 行動，並為企業的 ESG 發展做出貢獻。全員參與，是 ESG 文化成功的關鍵。以下是一些企業全員參與 ESG 文化成功的案例：

I. 聯合利華：聯合利華將 ESG 作為企業文化的核心價值之一，並將其融入到企業的各項業務中。聯合利華建立了 ESG 教育和培訓體系，為員工提供 ESG 相關的知識和技能培訓。聯合利華鼓勵員工參與 ESG 活動，包括志願服務、倡導活動等。聯合利華的 ESG 全員參與措施取得了良好成效，員工的 ESG 意識和參與度不斷提高。根據聯合利華的調查，97% 的員工認為 ESG 是重要的，89% 的員工認為他們在工作中可以為 ESG 做出貢獻。

II. 沃爾瑪公司：沃爾瑪在全員參與 ESG 文化上，將 ESG 作為企業文化的核心價值之一，並將其融入到企業的各項業務中。其次，沃爾瑪建立了 ESG 教育和培訓體系，為員工提供 ESG 相關的知識和技能培訓。另外，沃爾瑪鼓勵員工參與 ESG 活動，包括志願服務、倡導活動等。沃爾瑪的 ESG 全員參與措施取得了良好成效，員工的 ESG 意識和參與度不斷提高。根據沃爾瑪的調查，96% 的員工認為 ESG 是重要的，88% 的員工認為他們在工作中可以為 ESG 做出貢獻。

III. 可口可樂公司：可口可樂公司在全員參與 ESG 文化上，將 ESG 作為企業文化的核心價值之一，並將其融入到企業的各項業務中。公司建立了 ESG 教育和培訓體系，為員工提供 ESG 相關的知識和技能培訓。另外，該公司也鼓勵員工參與 ESG 活動，包括志願服務、倡導活動等。可口可樂公司的 ESG 全員參與措施取得了良好成效，員工的 ESG 意識和參與度不斷提高。根據可口可樂公司的調查，95% 的員工認為 ESG 是重要的，87% 的員工認為他們在工作中可以為 ESG 做出貢獻。

B. 價值引領：ESG 文化應以企業的價值觀為基礎，才能得到員工的認同與行動。具體而言，價值引領應包括以下內容：(a) 企業價值觀與 ESG 理念相一致：企業的價值觀應與 ESG 理念相一致，才能為 ESG 工作提供堅實的價值基礎。(b) 企業 ESG 行動體現企業價值觀：企業的 ESG 行動應體現企業的價值觀，才能讓員工和利益相關者感受到企業的誠意。以下是一些企業價值引領 ESG 文化成功的案例：

I. 聯合利華：聯合利華的價值觀是「滋養世界，創造更美好的未來」。聯合利華的 ESG 行動，都體現了這一價值觀。例如，聯合利華致力於減少包裝材料的使用，減少碳排放，保護環境。

II. 沃爾瑪公司：沃爾瑪公司的價值觀是「以顧客為中心，以員工為本，以社區為重」。沃爾瑪的 ESG 行動，都體現了這一價值觀。例如，沃爾瑪致力於提供安全、健康、可持續的產品和服務，保障員工的權益，回饋社區。

III. 可口可樂公司：可口可樂公司的價值觀是「可口可樂，喚醒你的每一天」。可口可樂的 ESG 行動，都體現了這一價值觀。例如，可口可樂致力於為消費者提供健康、可持續的產品，保護環境，促進社會發展。

C. 行動落實：ESG 文化應體現在企業的日常運營中，才能取得實質性成果。具體而言，行動落實應包括以下內容：(a) 制定 ESG 目標和策略：企業應制定 ESG 目標和策略，並將其融入企業的日常運營中。(b) 實施 ESG 行動計畫：企業應制定 ESG 行動計畫，並確保計畫的有效執行。(c) 監測 ESG 績效：企業應建立 ESG 績效監測體系，並定期評估 ESG 績效。行動落實，是 ESG 文化成功的關鍵。以下是一些企業行動落實 ESG 文化成功的案例：

I. 聯合利華：聯合利華制定了「2030 永續發展目標」，並將其融入企業的日常運營中。例如，聯合利華致力於減少包裝材料的使用，減少碳排放，保護環境。

II. 沃爾瑪公司：沃爾瑪公司制定了「永續發展承諾」，並將其融入企業的日常運營中。例如，沃爾瑪致力於提供安全、健康、可持續的產品和服務，保障員工的權益，回饋社區。

III. 可口可樂公司：可口可樂公司制定了「永續發展目標」，並將其融入企業的日常運營中。例如，可口可樂致力於為消費者提供健康、可持續的產品，保護環境，促進社會發展。

D. 教育和培訓：為組織內的員工提供 ESG 教育和培訓，以提高他們對 ESG 問題的認識，並鼓勵他們參與 ESG 計畫。具體而言，教育和培訓應包括：(a)ESG 理念教育：企業應對員工進行 ESG 理念教育，讓員工了解 ESG 的重要性。(b)

ESG 知識培訓：企業應對員工進行 ESG 知識培訓，讓員工掌握 ESG 相關的知識和技能。(c)ESG 技能培訓：企業應對員工進行 ESG 技能培訓，讓員工能夠將 ESG 理念融入日常工作中。(d) 教育和培訓，是 ESG 文化成功的關鍵。以下是一些企業教育和培訓 ESG 文化成功的案例：

I. 聯合利華：聯合利華建立了 ESG 教育計畫，為員工提供 ESG 教育和培訓。聯合利華還將 ESG 納入員工績效考核，鼓勵員工參與 ESG 工作。

II. 沃爾瑪公司：沃爾瑪公司建立了 ESG 溝通平台，讓員工了解 ESG 工作進展。沃爾瑪公司還鼓勵員工提出 ESG 建議，參與 ESG 決策。

III. 可口可樂公司：可口可樂公司建立了 ESG 獎勵計畫，表彰在 ESG 工作中做出突出貢獻的員工。

E. 價值觀和倫理規範：組織的價值觀和倫理規範，反映了對 ESG 的承諾，並將 ESG 原則納入組織的道德和文化中。ESG 文化應以企業的價值觀和倫理規範為基礎，引領企業的 ESG 行動。具體而言，價值觀和倫理規範應包括：(a) 企業價值觀與 ESG 理念相一致：企業的價值觀應與 ESG 理念相一致，才能為 ESG 工作提供堅實的價值基礎。(b) 企業 ESG 行動體現企業價值觀和倫理規範：企業的 ESG 行動應體現企業的價值觀和倫理規範，才能讓員工和利益相關者感受到企業的誠意。價值觀和倫理規範，是 ESG 文化成功的關鍵。以下是一些企業價值觀和倫理規範 ESG 文化成功的案例：

I. 聯合利華：聯合利華的價值觀是「滋養世界，創造更美好的未來」。聯合利華的 ESG 行動，都體現了這一價值觀。例如，聯合利華致力於減少包裝材料的使用，減少碳排放，保護環境。

II. 沃爾瑪公司：沃爾瑪公司的價值觀是「以顧客為中心，以員工為本，以社區為重」。沃爾瑪的 ESG 行動，都體現了這一價值觀。例如，沃爾瑪致力於提供安全、健康、可持續的產品和服務，保障員工的權益，回饋社區。

III.可口可樂公司：可口可樂公司的價值觀是「可口可樂，喚醒你的每一天」。可口可樂的 ESG 行動，都體現了這一價值觀。例如，可口可樂致力於為消費者提供健康、可持續的產品，保護環境，促進社會發展。

ESG 組織和文化的構建，需要有細緻的規劃，包含：從高層開始、建立完善的制度和流程、加強溝通和宣傳。有關 ESG 組織和文化的建構，請參考表 9.2 所示。通過構建良好的 ESG 組織和文化，企業可以為實施 ESG 行動提供堅實的基礎，從而取得更好的 ESG 績效。

表 9.2 ESG 組織和文化的建構

內容	ESG 組織	ESG 文化
企業高層成立 ESG 委員會或 ESG 辦公室，負責統籌企業的 ESG 工作。	作為領導者，確保 ESG 行動得到企業的全面支持。	作為倡導者，積極倡導 ESG 文化，並為 ESG 組織的建設提供資源支持。
企業建立 ESG 管理制度，明確 ESG 組織的職責和權限。	作為支撐體系，具備制定 ESG 戰略和政策、統籌 ESG 行動、監測和評估 ESG 績效等功能。	作為內在動力，得到企業所有員工的支持和參與，才能形成合力。
企業建立 ESG 工作流程，確保 ESG 工作的順利進行。	作為推進者，推動 ESG 行動的落實。	作為共識建立者，讓員工了解企業的 ESG 理念和目標，提升員工的 ESG 意識。
企業建立 ESG 績效評估體系，以衡量 ESG 組織和文化的實施效果。	作為評估者，衡量 ESG 組織和文化的實施效果。	作為內在動力，促使企業不斷改進 ESG 工作。

9.4 ESG 行動的資源管理

ESG 行動的資源管理，是指企業在實施 ESG 行動過程中對人力、物力、財力等資源的有效配置和管理。良好的 ESG 行動資源管理，可以幫助企業提升 ESG 行動的效率和效果，從而實現 ESG 目標。資源管理在規劃和實施 ESG 行動中，起著至關重要的作用。ESG 行動資源管理主要包括以下幾個方面：

(1) 人力資源管理：人力資源管理是指企業對人力資源的有效配置和管理，包括招聘、選拔、培訓、開發、激勵、考核、晉升、退休等一系列活動。企業應根據 ESG 行動的需要，合理配置人力資源，確保有足夠的人才和能力來支撐 ESG 行動的實施。良好的人力資源管理可以幫助企業吸引、留住和激勵優秀人才，從而提升企業的競爭力。ESG 行動的成功實施需要有足夠的人才和能力來支撐，因此，人力資源管理在 ESG 行動中至關重要。企業應根據 ESG 行動的需要，制定相應的人力資源管理策略，確保企業擁有充足的人才資源和能力，從而有效實施 ESG 行動。以下是一些 ESG 行動人力資源管理的具體措施：

A. 建立 ESG 人才庫：企業應建立 ESG 人才庫，收集和儲存 ESG 相關人才的訊息，為 ESG 行動的人才需求提供支持。ESG 人才庫是指企業為推動 ESG 行動而建立的人才庫，儲備具有 ESG 專業知識和技能的人才。企業建立 ESG 人才庫，可以採取措施：(a) 明確 ESG 人才需求：企業應首先明確 ESG 人才的需求，包括人才的職能、技能、經驗等。(b) 廣泛搜尋人才：企業應通過多種管道搜尋 ESG 人才，包括內部員工、外部專家、校園招聘等。(c) 完善人才選拔流程：企業應制定完善的人才選拔流程，確保選拔出合適的 ESG 人才。(d) 提供人才培訓：企業應為 ESG 人才提供專業培訓，提升人才的 ESG 專業知識和技能。(d) 開展 ESG 人才培訓：企業應開展 ESG 人才培訓，提升員工的 ESG 意識和能力。具體的實施例子：

I. 聯合利華：聯合利華建立了「ESG 人才庫」，儲備具有 ESG 專業知識和技能的人才。該人才庫涵蓋了 ESG 的三個核心領域：環境、社會和治理。

II. 沃爾瑪公司：沃爾瑪公司建立了「ESG 人才發展計畫」，為員工提供 ESG 專業培訓。該計畫涵蓋了 ESG 的各個方面，包括環境、社會、治理、企業管治等。

B. 建立 ESG 績效評估體系：企業應建立 ESG 績效評估體系，對員工的 ESG 工作績效進行評估，激勵員工積極參與 ESG 行動。ESG 績效評估體系是指企業為評估員工的 ESG 工作績效而建立的評估體系。建立 ESG 績效評估體系，可以有效激勵員工積極參與 ESG 行動，提升企業的 ESG 績效。企業建立 ESG 績效評估體系，可以採取措施：(a) 明確 ESG 績效評估目標：企業應首先明確 ESG 績效評估的目標，包括評估的內容、方法、標準等。(b) 選擇合適的評估指標：企業應選擇合適的 ESG 績效評估指標，包括環境、社會、治理等方面的指標。(c) 建立評估流程：企業應建立 ESG 績效評估流程，確保評估的有效性和公正性。(d) 提供回饋和改進機會：企業應為員工提供回饋和改進機會，幫助員工提升 ESG 工作績效。實施例子

I. 聯合利華：聯合利華建立了「ESG 績效評估體系」，對員工的 ESG 工作績效進行評估。評估指標包括環境、社會、治理等方面的指標。評估結果與員工的薪酬、晉升等掛鉤。

II. 沃爾瑪公司：沃爾瑪公司建立了「ESG 績效評估體系」，對員工的 ESG 工作績效進行評估。評估結果與員工的薪酬、晉升等掛鉤。

(2) 物力資源管理：物力資源管理，是指企業對物質資源的有效配置和管理，包括設備、材料、場地等。企業應根據 ESG 行動的需要，合理配置物力資源，確保 ESG 行動能夠順利進行。物力資源是 ESG 行動實施的重要保障，企業應根據 ESG 行動的需要，合理配置物力資源，確保 ESG 行動能夠順利進行。在 ESG 行動中，物力資源主要包括以下幾類：環境保護之污染治理設備、環保材料、環保場地等；

社會責任之公益活動物資、捐贈物資、社會服務場地等；公司治理之資訊系統、財務制度、辦公設備等。具體而言，企業可考慮下列：(a) 設備：企業應對現有設備進行檢測，評估設備的能效水平。對於能效水平較低的設備，應進行改造或更新。此外，企業應推行節能措施，如關燈、關閉空調等，減少設備的能耗。(b) 能源：企業應採用可再生能源，減少對化石能源的依賴。此外，企業應提高能源利用效率，減少能源浪費。(c) 原材料：企業應採用可回收、可再生的原材料，減少對不可再生原材料的依賴。此外，企業應推行減量設計，減少產品的包裝和浪費。(d) 物料：企業應建立物料管理系統，減少物料浪費。(e) 供應鏈：企業應選擇符合 ESG 標準的供應商，並與供應商合作，共同改善供應鏈管理。(f) 綠色採購：企業應建立綠色採購制度，優先採購符合 ESG 標準的產品和服務。以下是一些具體的案例：

I. 蘋果公司：蘋果公司在其製造過程中採用了多種節能措施，包括使用可再生能源、提高設備能效、減少能源消耗等。此外，蘋果公司還要求其供應商遵守其 ESG 標準，減少供應鏈中的環境影響。

II. 可口可樂公司：可口可樂公司在其生產過程中採用了可回收材料，減少了對原材料的使用。此外，可口可樂公司還推出了回收計畫，鼓勵消費者回收可口可樂的產品。

III. 台積電：台積電在其製造過程中採用了先進的節能技術，降低了能源消耗。此外，台積電還與供應商合作，共同改善供應鏈管理，減少供應鏈中的環境影響

(3) 財力資源管理：財力資源管理是指企業對資金資源的有效配置和管理，包括資金的籌集、使用、管理等。企業應根據 ESG 行動的成本估算，合理配置財力資源，確保 ESG 行動的有效實施。財力資源是 ESG 行動實施的重要保障，企業應根據 ESG 行動的需要，合理配置財力資源，確保 ESG 行動能夠順利進行。在 ESG 行動中，財力資源主要包括以下幾類：(a) 環境保護：污染治理費用、環保設備採購費用、環保項目投資費用等。(b) 社會責任：公益活動費用、捐贈費用、社會服

務費用等。(c) 公司治理：資訊系統建設費用、財務制度完善費用、內部控制提升費用等。ESG 行動之資源管理中之財力資源管理，是 ESG 行動的重要組成部分，對企業的 ESG 績效具有重要影響。企業進行 ESG 行動之財力資源管理，可以採取以下措施：企業應建立 ESG 財力規劃，明確 ESG 行動的資金需求和來源。企業應優化 ESG 投資，將資金投向具有 ESG 效益的項目。企業應建立 ESG 成本控制，降低 ESG 行動的成本。通過財力資源管理，企業可以有效保障 ESG 行動的資金需求，提升 ESG 投資的效益，降低 ESG 行動的成本，為 ESG 行動的順利推進提供財力保障。以下是一些具體的案例：

I. 蘋果公司：蘋果公司每年都會投入大量資金，進行 ESG 行動，包括研發環保產品、支持環境保護組織、減少供應鏈中的碳排放等。

II. 可口可樂公司：可口可樂公司每年都會將一定比例的利潤，投入 ESG 行動，包括推廣可持續包裝、支持可持續農業等。

III.台積電：台積電每年都會將一定比例的資金投入 ESG 行動，包括研發節能技術、提高能源利用效率等。

(4) 技術資源管理：技術資源管理，是指企業對技術資源的有效配置和管理，包括技術的開發、採購、使用、管理等。技術資源項目是指企業在實施 ESG 行動過程中所需要的各種技術手段，包括軟體、硬體、數據等。技術資源是 ESG 行動實施的重要工具，企業應根據 ESG 行動的需要，合理配置技術資源，確保 ESG 行動能夠取得預期效果。企業應根據 ESG 行動的需要，合理配置技術資源，確保 ESG 行動能夠取得預期效果。在 ESG 行動中，技術資源主要包括以下幾類：(a) 環境保護：污染治理技術、環保設備、環保數據等。(b) 社會責任：公益活動技術、捐贈技術、社會服務技術等。(c) 公司治理：資訊系統技術、財務分析技術、內部控制技術等。企業進行 ESG 行動之技術資源管理，可以採取措施：企業應建立 ESG 技術戰略，明確 ESG 行動的技術需求和目標；企業應投資 ESG 技術，提升 ESG 行動的技術水平；企業應應用 ESG 技術，提升 ESG 行動的效率和效益。以下是一些案例：

I. 蘋果公司：蘋果公司利用人工智能技術，提升了其產品的能效。

II. 可口可樂公司：可口可樂公司利用大數據技術，提高了其供應鏈管理的效率。

III.台積電：台積電利用先進的半導體技術，降低了其生產過程中的碳排放。

ESG 行動的資源管理是 ESG 行動成功實施的基礎，企業應重視資源管理，制定相應的策略和措施，確保企業能夠擁有充足的資源，從而有效實施 ESG 行動，提升企業的 ESG 績效。ESG 行動資源管理的具體措施非常廣泛，在實務上的具體作為（如表 9.3 所示），可以幫助企業有效配置和管理資源，從而提升 ESG 行動的效率和效果。

表 9.3 ESG 行動在資源管理上的具體作為

資源類型	資源管理具體措施
人力資源	建立 ESG 人才庫、開展 ESG 人才培訓、建立 ESG 績效評估體系
物力資源	建立物力資源管理制度、建立物力資源管理訊息系統、定期對物力資源進行盤點、建立物力資源的回收利用制度
財力資源	建立財力資源管理制度、建立財力資源管理訊息系統、定期對財力資源進行審計、建立財力資源的風險管理制度
技術資源	建立技術資源管理制度、建立技術資源管理訊息系統、定期對技術資源進行評估、建立技術資源的更新換代制度

9.5

溝通和宣傳 ESG 行動

溝通和宣傳是 ESG 行動成功實施的重要環節。通過有效的溝通和宣傳，企業可以將 ESG 行動的理念和目標傳遞給利益相關者，提升他們對 ESG 行動的認可度和參與度。企業可以通過以下方式進行 ESG 行動的溝通和宣傳：

(1) 在企業內部：企業可以通過員工溝通平台、員工手冊、員工培訓等方式，向員工宣傳 ESG 行動的理念和目標，讓員工了解企業為什麼要推動 ESG ？如何推動 ESG ？並積極參與 ESG 行動的實施。具體作法：(a) 教育和培訓： 向組織內的員工提供關於 ESG 的培訓和教育，以確保他們了解 ESG 的價值，並能夠參與實施 ESG 行動。(b) 建立 ESG 文化： 創建一個鼓勵員工參與 ESG 努力的文化，並確保他們的回饋和建議被積極聽取和回應。

(2) 在企業外部：企業可以通過官方網站、社交媒體、公關活動等方式，向客戶、投資者等利益相關者宣傳 ESG 行動。企業應通過多種方式向外部利益相關者傳遞 ESG 行動的訊息，提升企業的 ESG 形象和品牌，增強企業的競爭力。具體作法：(a) 透明報告：向外部利益相關者提供有關 ESG 表現的透明報告，包括 ESG 指標和目標的實現情況，並確保報告符合相關的行業和法規要求。(b) 參與利益相關者：積極參與與 ESG 相關的利益相關者，包括投資者、客戶、供應商、NGO 等，以理解他們的關注和期望，並回應他們的疑慮。(c) 宣傳成就：強調組織在 ESG 方面的成就和創新，包括任何減少環境影響、改善社會責任或提高公司治理的舉措。

溝通涵蓋了訊息傳遞、交流和理解的過程。它是人類社會中至關重要的元素，可以在不同的情境和媒體中發生。通過有效的溝通和宣傳，企業可以提升利益相關者對 ESG 行動的認可度和參與度，從而為 ESG 行動的成功實施奠定基礎。企業在溝通和宣傳 ESG 行動時需要注意：

(1) 明確溝通目標：溝通目標是溝通的起點，是溝通活動的方向和指南。明確溝通目標，可以幫助企業更好地制定溝通策略和內容，提高溝通效率和效果。企業應明確溝通 ESG 行動的目標是什麼？是提高員工的認可度？還是提升客戶的滿意度？只有明確了溝通目標，才能制定有效的溝通策略。企業在溝通和宣傳 ESG 行動時，可以根據相關原則來明確溝通目標：(a) 溝通對象：溝通對象是溝通的目的，是溝通活動的核心。企業需要明確溝通對象是誰，他們的關心和需求是什麼。(b) 溝通內容：溝通內容是溝通的核心，是溝通活動的基礎。企業需要明確溝通內容是什麼，要傳遞什麼訊息。(c) 溝通效果：溝通效果是溝通的目的，是溝通活動的最終目標。企業需要明確溝通效果是什麼，希望達到什麼目的。

(2) 選擇溝通管道：企業在溝通和宣傳 ESG 行動時，需要注意選擇合適的溝通管道。溝通管道是溝通訊息傳遞的媒介，是溝通活動的載體。選擇合適的溝通管道，可以幫助企業有效地傳遞溝通訊息，提高溝通效率和效果。企業應根據不同的利益相關者，選擇合適的溝通管道。例如，在向員工溝通時，企業可以通過員工溝通平台、員工手冊等管道；在向客戶溝通時，企業可以通過官方網站、社交媒體等管道。企業在溝通和宣傳 ESG 行動時，可以根據以下因素，來選擇溝通管道：(a) 溝通目標：溝通目標是選擇溝通管道的基礎。企業需要根據溝通目標來選擇適合的溝通管道。例如，如果溝通目標是提高員工的 ESG 意識，企業可以選擇內部刊物、員工培訓等管道。(b) 溝通對象：溝通對象是選擇溝通管道的關鍵。企業需要根據溝通對象的特性來選擇適合的溝通管道。例如，如果溝通對象是年輕員工，企業可以選擇社交媒體等管道。(c) 溝通內容：溝通內容是選擇溝通管道的參考。企業需要根據溝通內容的特性來選擇適合的溝通管道。例如，如果溝通內容是文字訊息，企業可以選擇網站、報紙等管道。常見的溝通管道有：內部管道：包括內部刊物、員工培訓、員工論壇、員工溝通會等。外部管道：包括網站、報紙、雜誌、廣播、電視、社交媒體等。

(3) 使用簡明易懂的語言：企業應使用簡明易懂的語言來傳遞 ESG 行動的訊息，讓利益相關者能夠輕鬆理解。企業在溝通和宣傳 ESG 行動時，需要注意使用簡明易懂的語言。簡明易懂的語言可以幫助溝通對象更好地理解溝通訊息，提高溝通效率和效果。企業在溝通和宣傳 ESG 行動時，應避免使用過於專業、複雜的語言，要使用簡潔明瞭的語言，讓溝通對象容易理解。具體而言，需注意以下幾點：(a) 避免使用專業術語：如果需要使用專業術語，應儘量提供解釋，讓溝通對象理解。(b) 使用簡短的句子：句子要簡短明瞭，避免使用長句子和複雜句子。(c) 使用通俗的詞彙：使用通俗易懂的詞彙，避免使用生僻字和中英文混雜。(d) 針對不同的溝通對象，使用合適的語言。例如，如果溝通對象是年輕人，企業可以使用更簡潔、更活潑的語言。(e) 定期進行溝通和宣傳：企業應定期進行溝通和宣傳，讓溝通對象保持對 ESG 行動的持續關注。

(4) 保持溝通的一致性：企業應保持對 ESG 行動的溝通一致性，避免給利益相關者造成混淆。企業在溝通和宣傳 ESG 行動時，需要保持溝通的一致性，主要原因是：(a) 提升企業信任度：ESG 是企業長期發展的重要方向，企業的 ESG 行動將影響到企業的聲譽和信任度。如果企業在溝通和宣傳 ESG 行動時不一致，會讓利益相關者產生疑慮，降低企業的信任度。(b) 提高溝通效率：企業的 ESG 行動往往涉及多個部門和層級，如果溝通不一致，會導致訊息混亂，影響溝通效率。(c) 加強企業內部凝聚力：ESG 行動需要企業全員的參與，如果溝通不一致，會導致員工對 ESG 行動產生分歧，影響企業內部的凝聚力。具體來說，企業在溝通和宣傳 ESG 行動時，需要注意：企業應制定統一的 ESG 溝通策略，明確溝通目標、溝通對象、溝通管道等；應使用統一的 ESG 溝通語言，避免出現歧義或誤解；企業應定期更新 ESG 溝通訊息，保持溝通的連貫性。

9.6

ESG 行動風險管理

ESG 行動風險管理，是指企業在實施 ESG 行動過程中，對可能出現的風險進行識別、評估、控制和應對的過程。ESG 行動的風險包括環境風險、社會風險和治理風險等。

(1) 環境風險是指 ESG 行動對環境造成的潛在影響，例如污染、資源浪費等。企業應通過制定環境管理計畫、採取環境保護措施等，降低環境風險對企業的影響。ESG 行動的環境風險主要包括以下幾個方面：

A. 污染風險：企業在生產和經營過程中，可能會產生各種環境污染，如水污染、空氣污染、土壤污染等。ESG 行動中，如果企業在降低環境污染方面的投入不足，可能會導致環境污染加劇，對環境造成更大的負擔。污染風險對企業的影響包括：(a) 財務風險：污染可能導致企業的罰款、賠償等費用增加。(b) 聲譽風險：污染可能導致企業的聲譽受損，例如消費者抵制、投資者撤資等。(c) 法律風險：污染可能導致企業面臨法律訴訟，例如違反環境保護法等。

B. 資源浪費風險：ESG 行動可能會造成資源的浪費，例如能源、水資源、原材料等的浪費。資源浪費是 ESG 行動的一個重要環境風險。企業在生產和經營過程中，可能會浪費各種資源，將對環境造成負面影響。增加環境污染：資源浪費會導致原材料的過度開採和加工，增加環境污染；加劇氣候變遷：資源浪費會增加能源消耗，加劇氣候變遷；影響社會公平：資源浪費會造成資源的分配不均，影響社會公平。資源浪費風險對企業的影響，包括：(a) 財務風險：資源浪費會導致企業的成本上升，例如能源成本、原材料成本等。(b) 聲譽風險：資源浪費會導致企業的聲譽受損，例如消費者抵制、投資者撤資等。(c) 法律風險：資源浪費會導致企業面臨法律訴訟，例如違反環境保護法等。

C. 生物多樣性風險：ESG 行動可能會對生物多樣性造成影響，例如森林砍伐、野生動物棲息地破壞等。生物多樣性風險，也是企業的環境風險之一。生物多樣性下降對人類社會和經濟發展具有重大影響。生物多樣性風險對企業的影響主要包括以下幾個方面：(a) 財務風險：生物多樣性下降，可能導致企業的資產價值下降，例如自然資源的價值下降、生產成本上升等。(b) 聲譽風險：生物多樣性下降，可能導致企業的聲譽受損，例如消費者抵制、投資者撤資等。(c) 法律風險：生物多樣性下降，可能導致企業面臨法律訴訟，例如違反環境保護法等。(d) 企業的活動，例如生產活動、供應鏈活動、消費活動等，都可能對生物多樣性造成影響。例如，企業的生產活動可能導致環境污染，進而破壞生態系統，導致物種滅絕和生物多樣性下降。企業的供應鏈活動可能導致濫伐森林、捕撈過度等，也可能對生物多樣性造成不利影響。企業的消費活動可能導致過度消費、浪費等，也可能導致生物多樣性下降。

企業應通過以下措施，降低 ESG 行動的環境風險：包含企業應制定環境管理計畫，明確環境保護目標和措施；企業採取相應的環境保護措施，降低環境污染和資源浪費；企業應加強環境監測，及時發現和應對環境問題。一些 ESG 行動環境風險管理的案例，如：某家製造企業在生產過程中採用了清潔生產技術，降低了污染物排放量。某家零售企業推出了回收計畫，減少了產品包裝的使用。某家金融企業投資了可再生能源項目，支持清潔能源發展。

(2) 社會風險是指 ESG 行動對社會造成的潛在影響，例如員工安全、消費者權益等。企業應通過建立健全社會責任管理體系、推進社會公益活動等，降低社會風險對企業的影響。ESG 行動的社會風險主要包括以下幾個方面：

A. 員工安全風險：ESG 行動可能會對員工的安全造成影響，例如工作環境不安全、勞動保障不完善等。員工安全風險是 ESG 行動的重要組成部分，是企業履行社會責任的重要體現。企業通過採取積極措施保障員工安全，可以減少對員工的傷害和死亡，提升員工的工作滿意度和幸福感，促進企業的永續發展。ESG

行動可以從以下幾個方面加強降低員工安全風險：(a) 建立健全安全管理制度：企業應建立健全的安全管理制度，包括安全操作規程、安全檢查制度、安全教育和培訓制度等，為保障員工安全提供制度保障。(b) 定期進行安全檢查：企業應定期進行安全檢查，排查安全隱患，採取措施消除安全風險。(c) 提供安全防護設備：企業應為員工提供安全防護設備，保障員工在工作中免受傷害。(d) 加強員工安全教育和培訓：企業應加強員工安全教育和培訓，提高員工的安全意識和安全技能。

B. 消費者權益風險：ESG 行動可能會對消費者權益造成影響，例如產品安全問題、訊息揭露不當等。消費者權益風險是指企業在生產、銷售、售後等過程中侵害消費者權益的風險。消費者權益包括：產品安全是指產品符合安全標準、不存在安全隱患；訊息揭露是指企業應當向消費者揭露產品的真實訊息，包括產品名稱、規格、價格、用途、安全警示等訊息；售後服務是指企業應當為消費者提供完善的售後服務，包括產品品質保證、維修保養、退換貨等服務。消費者權益風險對企業的影響：(a) 財務風險：消費者權益受侵害可能導致企業的罰款、賠償等費用增加。(b) 聲譽風險：消費者權益受侵害可能導致企業的聲譽受損，例如消費者抵制、投資者撤資等。(d) 法律風險：消費者權益受侵害可能導致企業面臨法律訴訟，例如違反消費者權益保護法等。

C. 公眾利益風險：ESG 行動可能會對公眾利益造成影響，例如歧視、賄賂等。公眾利益風險是指企業的活動對公眾利益造成損害的風險。公眾利益風險包括：(a) 環境污染：環境污染是指企業的活動排放污染物，造成環境污染。(b) 資源浪費：資源浪費是指企業的活動未能充分利用資源，造成資源浪費。(c) 社會不公：社會不公是指企業的活動導致社會不公，例如貧富差距、就業歧視等。公眾利益風險對企業的影響：公眾利益受損可能導致企業的罰款、賠償等費用增加；公眾利益受損可能導致企業的聲譽受損，例如消費者抵制、投資者撤資等；公眾利益受損可能導致企業面臨法律訴訟，例如違反環境保護法、勞動法等。

企業應通過以下措施降低 ESG 行動的社會風險，包含：企業應建立健全社會責任管理體系，明確社會責任目標和措施；企業應推進社會公益活動，回饋社會，履行企業社會責任；企業應加強員工培訓，提高員工的安全意識、消費者權益意識和公眾利益意識。ESG 行動社會風險管理的案例，如：某家製造企業建立了完善的安全管理體系，保障員工的安全。某家零售企業推出了消費者權益保障措施，保護消費者的權益。某家金融企業支持社會公益項目，回饋社會。

(3) 治理風險是指 ESG 行動對公司治理造成的潛在影響，例如訊息揭露不當、內控不完善等。企業應通過建立健全公司治理結構、完善內控制度等，降低治理風險對企業的影響。ESG 行動的治理風險主要包括以下幾個方面：

A. 訊息揭露風險：訊息揭露風險是指企業在 ESG 行動中未能充分、準確、及時揭露訊息的風險。訊息揭露風險包括：(a) 訊息揭露不充分：企業未能揭露與 ESG 相關的重要訊息，例如企業的 ESG 戰略、ESG 績效、ESG 風險等。(b) 訊息揭露不準確：企業揭露的訊息與實際情況不符，例如企業的 ESG 績效數據造假等。(c) 訊息揭露不及時：企業未能及時揭露與 ESG 相關的重要訊息，例如企業的 ESG 風險發生變化等。因此，企業應積極應對訊息揭露風險，採取措施保障訊息揭露的充分、準確、及時。企業可以採取的措施：建立健全訊息揭露制度、加強訊息揭露管理、提升訊息揭露能力。訊息揭露風險對企業的影響：訊息揭露不當，可能導致企業的罰款、賠償等費用增加；訊息揭露不當，可能導致企業的聲譽受損，例如投資者撤資、消費者抵制等；訊息揭露不當可能導致企業面臨法律訴訟，例如違反證券法、環境保護法等。

B. 內控風險：內控風險是指企業在 ESG 行動中內部控制缺陷或失效而導致損失的風險。內控風險包括：(a) 內控制度不完善：企業內控制度不完善，無法有效控制 ESG 風險。(b) 內控執行不力：企業內控制度雖然完善，但執行不力，無法有效控制 ESG 風險。(c) 內控人員不盡職：企業內控人員不盡職，導致內控失效，無法有效控制 ESG 風險。因此，企業應積極應對內控風險，採取措施完善內控，提升內控有效性。企業可以採取的措施：建立健全內控制度、加強內控執行、提升內控人員能力。內控風險，對企業的影響包括：內控缺陷或失效可能導致企業的罰款、賠償等費用增加；內控缺陷或失效可能導致企業的聲譽受損，例如投資者撤資、消費者抵制等；法律風險：內控缺陷或失效可能導致企業面臨法律訴訟，例如違反證券法、環境保護法等。

C. 董事會治理風險：董事會治理風險，是指 ESG 行動檢測，可能導致董事會治理不健全。例如董事會獨立性欠缺、董事會決策不透明等。董事會治理風險包括：(a) 董事會獨立性不足：董事會獨立性不足，可能導致董事會在決策時受到利益衝突或其他因素的影響，無法有效履行監督職責。(b) 董事會決策不透明：董事會決策不透明，可能導致董事會決策過程，和結果不符合公眾利益，損害企業聲譽。(c) 董事會效率不足：董事會效率不足，可能導致董事會無法有效履行監督職責，無法有效應對 ESG 風險。因此，企業應積極應對董事會治理風險，採取措施完善董事會治理。企業可以採取：提高董事會獨立性、完善董事會決策程序、提升董事會效率等。董事會治理風險，是董事會治理不健全，對企業的影響包括；可能導致企業的罰款、賠償等費用增加；可能導致企業的聲譽受損，例如投資者撤資、消費者抵制等；可能導致企業面臨法律訴訟，例如違反證券法、環境保護法等。

企業應通過以下措施降低 ESG 行動的治理風險：企業應建立健全公司治理結構，明確董事會、監事會、高級管理層的職責和權限；企業應完善內控制度，防範財務舞弊、合規違規等風險；企業應加強董事會治理，提高董事會的獨立性和透明度。一些 ESG 行動治理風險管理的案例，如：某家製造企業建立了完善的訊息揭露制度，提高了訊息揭露的透明度。某家零售企業建立了內控管理體系，防範了財務舞弊和合規違規。某家金融企業實施了董事會獨立性改革，提高了董事會的獨立性。

有關 ESG 行動風險管理，簡要以表 9.4 列出相關的風險與控制措施。

表 9.4 ESG 行動的風險管理與控制措施

風險類型	風險描述	影響	控制措施
環境風險	企業在實施 ESG 行動過程中，對環境造成的潛在影響	企業聲譽受損、財務損失、法律責任	制定環境管理計畫、採取環境保護措施、加強環境監測
社會風險	企業在實施 ESG 行動過程中，對社會造成的潛在影響	企業聲譽受損、財務損失、法律責任	建立健全社會責任管理體系、推進社會公益活動、加強員工培訓
治理風險	企業在實施 ESG 行動過程中，對公司治理造成的潛在影響	企業聲譽受損、財務損失、法律責任	建立健全公司治理結構、完善內控制度、加強董事會治理

思考問題

1. 什麼是 ESG 行動，它在企業永續發展中的作用是什麼？
2. 在 ESG 行動的規劃和實施過程中，為什麼需要制定明確的 ESG 目標和策略？
3. 在實施 ESG 行動時，高層管理階層的參與和支持有什麼作用？
4. 什麼是 ESG 行動的效果評估，它對企業的重要性是什麼？
5. 監測和報告在 ESG 行動中的角色是什麼，如何進行 ESG 監測和報告？
6. 企業在 ESG 行動資源管理中應注意哪些方面？
7. 企業在 ESG 行動溝通和宣傳中應對哪些利益相關者進行溝通？
8. 企業在 ESG 行動溝通和宣傳中，應如何評估溝通效果？
9. ESG 行動的社會風險是什麼？
10. ESG 行動的治理風險是甚麼？
11. 企業如何通過措施，以降低 ESG 行動的環境風險？
12. 企業如何通過措施，以降低 ESG 行動的治理風險？

CHAPTER 10

ESG 績效的評估

ESG 績效評估是指對企業在環境、社會和公司治理方面的表現，進行評估的過程和結果。ESG 績效評估可以用來衡量企業對環境、社會和股東的責任，並幫助企業提高 ESG 績效，提升企業的競爭力和永續發展能力。環境維度主要評估企業對環境的影響，包括氣候變化、污染物排放、資源利用等。社會維度主要評估企業對社會的影響，包括勞工權益、人權、社會責任等。公司治理維度主要評估企業的治理結構和運營模式，包括董事會結構、訊息揭露、風險管理等。

ESG 績效評估的方法主要有定量方法和定性方法。定量方法是指通過收集和分析 ESG 績效數據來評估 ESG 績效。定性方法是指通過分析企業的政策、程序和揭露訊息來評估 ESG 績效。

ESG 績效評估的結果，可以用於企業的決策、投資和融資等方面。企業可以使用 ESG 績效評估結果，來制定企業戰略、優化供應鏈和提高投資回報率。投資者可以使用 ESG 績效評估結果來選擇投資標的。融資機構可以使用 ESG 績效評估結果，來評估企業的融資風險。隨著 ESG 理念的普及，ESG 績效評估將會更加受到企業和投資者的重視。企業需要關注 ESG 績效，並採取措施提高 ESG 績效，以提升企業的競爭力和永續發展能力。

10.1 ESG 績效評估的概念

ESG 績效評估可以幫助企業更好地了解自身的 ESG 表現，從而提升企業的永續發展能力。其次，ESG 績效評估可以幫助投資者，更好地識別 ESG 優秀企業，從而做出更加理性的投資決策。此外，ESG 績效評估，可以促進企業的社會責任意識，從而推動社會永續發展。ESG 績效評估的重要性：

(1) 可以幫助企業更理解 ESG 風險和機會。通過 ESG 績效評估，企業可以對自身的 ESG 風險和機會，進行全面的分析，了解自身的 ESG 風險曝露 [27] 以及 ESG 機會的潛力。ESG 績效評估可以幫助企業：(a) 識別和評估自身的 ESG 風險，制定相應的風險管理措施。例如：企業可以通過 ESG 績效評估，識別自身的環境污染風險，制定相應的環境污染防治措施。(b) 發現自身的 ESG 機會，制定相應的戰略規劃。例如，企業可以通過 ESG 績效評估，發現自身在綠色產業方面的潛力，制定相應的發展戰略。(c) 向利益相關方揭露自身的 ESG 績效，提升企業的聲譽和信任度。例如，企業可以通過 ESG 績效評估，揭露自身的 ESG 績效，提升企業在投資者、消費者、員工等利益相關方中的形象。

(2) 可以幫助企業制定和實施 ESG 戰略。ESG 戰略是企業在環境、社會和治理方面的長期發展規劃。通過 ESG 績效評估，企業可以了解自身的 ESG 風險和機會，為制定 ESG 戰略提供基礎。ESG 績效評估可以幫助企業：(a) 確定 ESG 戰略的目標和方向。例如，企業可以通過 ESG 績效評估，確定自身的 ESG 目標，例如降低碳排放、提高員工滿意度等。(b) 識別 ESG 戰略的關鍵領域。例如，企業可以通過 ESG 績效評估，識別自身的 ESG 關鍵領域，例如環境保護、社會責任、公司治理等。(c) 制定 ESG 戰略的實施計畫。例如，企業可以通過 ESG 績效評估，制定 ESG 戰略的實施計畫，例如制定政策、措施、目標等。

(3) 可以幫助企業提高 ESG 績效，提升企業的競爭力和永續發展能力。ESG 績效是指企業在環境、社會和治理方面的表現。通過 ESG 績效評估，企業可以了解自身的 ESG 績效水平，並根據情況制定相應的措施，提高 ESG 績效。幫助企業提高 ESG 績效：(a) 識別 ESG 績效的優勢和劣勢。例如，企業可以通過 ESG 績效評估，識別自身在環境保護方面的績效優勢，以及在社會責任方面的績效劣勢。(b) 確定 ESG 績效提升的目標和方向。例如，企業可以通過 ESG 績效評估，確定自身在環境保護方面的績效提升目標，例如降低碳排放量 10%。(c) 制定 ESG 績效提升的措

[27] 風險曝露（Exposure）是金融領域的一個重要概念，表示在金融活動中存在金融風險的部分，以及金融活動受金融風險影響的程度。

施。例如，企業可以通過 ESG 績效評估，制定自身在環境保護方面的績效提升措施，例如使用清潔能源、減少浪費等。

(4) 可以幫助企業吸引和留住人才。在當今社會，越來越多的人才關注企業的 ESG 績效，他們希望加入具有良好 ESG 績效的企業，為社會做出貢獻。通過 ESG 績效評估，企業可以向人才展示自身在環境、社會和治理方面的績效，提升企業的吸引力。具體而言，ESG 績效評估可以幫助企業：(a) 提升企業的品牌形象。例如，企業可以通過 ESG 績效評估，獲得良好的 ESG 績效評級，提升企業的品牌形象，吸引人才。(b) 提升企業的員工滿意度。例如，企業可以通過 ESG 績效評估，了解自身在員工權益方面的績效，提升員工滿意度，留住人才。

(5) 可以幫助企業贏得投資者的信任。在當今社會，越來越多的投資者關注企業的 ESG 績效，他們希望投資於具有良好 ESG 績效的企業，以降低投資風險，獲得更高的投資回報。通過 ESG 績效評估，企業可以向投資者展示自身在環境、社會和治理方面的績效，提升企業的投資價值。具體而言，ESG 績效評估可以幫助企業：(a) 提升企業的品牌形象。例如，企業可以通過 ESG 績效評估，獲得良好的 ESG 績效評級，提升企業的品牌形象，吸引投資者。(b) 降低投資風險。良好的 ESG 績效可以降低企業的法律風險、財務風險和聲譽風險，從而降低投資風險。(c) 提高投資回報。良好的 ESG 績效可以提升企業的長期永續發展能力，從而提高投資回報。

ESG 績效評估是企業永續發展的重要組成部分。企業需要高度重視 ESG 績效評估，並採取措施提高 ESG 績效，提升企業的競爭力和永續發展能力。企業可以通過以下方式提高 ESG 績效：

(1) 制定 ESG 政策和目標。ESG 政策是企業在環境、社會和治理方面的行動指南；ESG 目標是企業在 ESG 方面的期望成果。企業首先需要制定 ESG 政策和目標，明確企業在環境、社會和公司治理方面的責任和承諾。 ESG 政策和目標應具有可衡量性、可實現性和永續性。制定 ESG 政策和目標，可以幫助企業：(a) 明確企業的 ESG 方向。ESG 政策和目標可以幫助企業明確在 ESG 方面的發展方向，制定相應的措施。(b) 統一企業的 ESG 行動。ESG 政策和目標可以幫助企業統一

ESG 方面的行動，避免出現分歧。(c) 評估企業的 ESG 績效。(d)ESG 政策和目標可以作為評估企業 ESG 績效的基準。

(2) 建立 ESG 管理體系。ESG 管理體系是企業在 ESG 方面的管理框架。它包括 ESG 政策和目標、組織架構、流程和方法等。企業需要建立 ESG 管理體系，以確保 ESG 政策和目標的有效落實。 ESG 管理體系應包括 ESG 治理、ESG 風險管理、ESG 績效評估等方面的內容。建立 ESG 管理體系，可以幫助企業：(a) 有效實施 ESG 政策和目標。ESG 管理體系可以提供一個有效的框架，幫助企業有效實施 ESG 政策和目標。(b) 提升 ESG 績效。ESG 管理體系可以幫助企業識別 ESG 風險和機會，制定相應的措施，提升 ESG 績效。企業在建立 ESG 管理體系時，應考慮：企業規模越大、業務越複雜，ESG 管理體系需要越完善；企業應根據自身的資源和能力，選擇合適的 ESG 管理體系。

(3) 收集和揭露 ESG 訊息。ESG 訊息是企業在環境、社會和治理方面的資訊。企業需要收集和揭露 ESG 訊息，以便利益相關者了解企業的 ESG 績效。 ESG 訊息的收集和揭露應全面、準確和透明。收集和揭露 ESG 訊息，可以幫助企業：(a) 提升 ESG 透明度。ESG 訊息的收集和揭露，可以提升企業的 ESG 透明度，讓利益相關者了解企業在 ESG 方面的表現。(b) 增強 ESG 信任。ESG 訊息的收集和揭露，可以增強利益相關者對企業的 ESG 信任，提升企業的聲譽。(c) 吸引和留住人才。ESG 訊息的收集和揭露，可以吸引和留住具有 ESG 意識的人才。(d) 降低 ESG 風險。ESG 訊息的收集和揭露，可以降低 ESG 風險，例如法律風險和聲譽風險。

(4) 採取 ESG 行動。ESG 行動是企業在環境、社會和治理方面的實際措施。企業需要採取 ESG 行動，將 ESG 政策和目標落實到日常的生產經營活動中。 ESG 行動應符合企業的實際情況，並具有針對性和永續性。採取 ESG 行動，可以幫助企業：(a) 降低 ESG 風險。ESG 行動可以降低企業的 ESG 風險，例如環境風險、社會風險和治理風險。(b) 提升 ESG 績效。ESG 行動可以提升企業的 ESG 績效，例如環境績效、社會績效和治理績效。(c) 創造 ESG 價值。ESG 行動可以創造 ESG 價值，例如環境價值、社會價值和治理價值。

10.2

ESG 績效評估的指標

ESG 績效評估的指標可以分為環境、社會和公司治理三個維度。當然，這三個維度的項目，企業可以依據企業特質與營業項目，做適度的調整與取捨。（主要的評估指標如表 10.1、10.2、10.3 所示）

(1) 環境維度的績效評估指標包括：

A. 碳排放：包含碳足跡、溫室氣體排放量（它通常包括直接排放和間接排放）、碳排放強度、減排目標碳中和碳報告。

B. 能源效率：評估企業的能源使用效率，包括能源消耗、能源來源和可再生能源的使用、能源使用強度、能源消耗比率、能源節約措施、可再生能源比例。碳中和目標、能源監控和報告。

C. 污染物排放：企業的污染物排放量。包含總污染物排放量、各類污染物排放，包括大氣污染物（如二氧化硫、氮氧化物）、水污染物（如化學物質、重金屬）和固體廢棄物。以及特定污染物排放、污染物排放強度。

D. 資源利用：資源利用的評估指標是用來衡量企業或組織在生產過程中消耗、管理和回收資源的利用效率和永續性。包含：資源消耗量、資源使用效率、資源回收率、生產過程中的資源浪費、循環經濟實踐。

E. 生物多樣性：生物多樣性評估指標用於衡量企業或組織對生態系統的影響和其保護生物多樣性的努力。以下是一些常見的生物多樣性評估指標：生態足跡、生物多樣性指數、保護關鍵棲息地、非法狩獵和非法捕撈防控、生態恢復計畫、物種保護計畫、可持續林業管理、水生生態系統保護、生物多樣性監測、環境教育和意識提高等。

F. 水資源管理：水資源管理評估指標用於評估企業或組織對水資源的使用和管理情況，以確保可持續和負責任的水資源利用。以下是一些常見的水資源管理評估指標： 水使用效率（Water Use Efficiency）： 這個指標衡量企業在其生產或運營過程中使用水的效率。它可以通過衡量每產品或服務所需的水量來評估。主要項目是：水質保護（包括減少廢水排放和採取水質監測措施）、水資源監控（包括水源的量和質）、水資源回收和再利用、水資源管理政策、水資源風險評估、地下水管理、水資源教育和宣傳、河流和湖泊保護、排污許可等。

表 10.1 ESG 環境維度的評估指標

環境指標	主要評估指標	指標類別
碳排放	碳排放量、碳足跡、溫室氣體排放強度、減排目標、碳中和、碳報告	定量指標
能源效率	能源消耗、能源使用強度、能源節約措施、可再生能源比例、能源監控和報告	定量指標
污染物排放	污染物排放量、特定污染物排放、污染物排放強度、大氣污染物、水污染物和固體廢棄物、特定污染物排放	定量指標
資源利用	資源消耗量、資源回收率、資源浪費、循環經濟實踐	定量指標
生物多樣性	生態足跡、生態恢復計畫、物種保護計畫、林業管理、水生生態系統保護	定性指標
水資源管理	水使用效率、水質保護、水資源回收和再利用、地下水管理、河流和湖泊保護、排污許可	定量指標

(2) 社會維度的績效評估指標包括：

A. 勞工權益：企業對勞工權益的保障情況。勞工權益評估企業在管理和保障其員工的權益方面的表現。這包括薪資和福利、工作條件、工時和工作安全等方面的權益。勞工權益的評估通常涉及檢查企業是否遵守當地和國際勞工法規，以及是否提供適當的培訓和發展機會。

B. 人權：企業對人權的尊重情況。人權評估企業是否在其業務運營中尊重和保護人權。這包括確保不參與人權侵犯行為，例如童工或強迫勞工，以及在供應鏈中確保人權的尊重。企業應該遵守國際人權標準，並採取措施防止和解決人權問題。

C. 社會責任：企業對社會的責任履行情況。社會責任評估企業是否對社會負有責任，並積極參與社會和環境問題的改善。這包括企業參與慈善活動、社區發展項目、環境保護和其他社會貢獻的程度。企業應該追求社會責任項目，以回饋社會，改善社會狀況。

D. 多元化和包容性：企業的多元化和包容性情況。多元化和包容性評估企業是否在其組織中促進多樣性和包容性。這包括在招聘、晉升和工作場所文化方面的多元化，並確保所有員工都受到平等和公平對待，不論其種族、性別、性取向、宗教或其他特徵。

E. 供應鏈管理：企業對供應鏈的影響情況。供應鏈管理評估企業如何管理其供應鏈，以確保在供應鏈中的所有業務活動都符合道德和法律標準。這包括監督供應鏈中的供應商行為，確保他們遵守相關法規，並減少供應鏈對社會和環境的負面影響。

表 10.2 ESG 社會維度的評估指標

社會指標	評估指標	指標類別
勞工權益	薪資和福利、工作條件、工時、工作安全、勞工法規遵守、培訓和發展	定量指標 定性指標
人權	童工和強迫勞工、供應鏈中的人權、國際人權標準遵守、人權問題解決	定性指標
社會責任	慈善活動、社區發展項目、環境保護、社會貢獻	定量指標 定性指標
多元化和包容性	招聘、晉升、工作場所文化、平等和公平待遇	定量指標 定性指標

社會指標	評估指標	指標類別
供應鏈管理	供應商行為監督、相關法規遵守、社會和環境影響	定量指標 定性指標

(3) 公司治理維度的績效評估指標包括：

A. 董事會結構：董事會的獨立性、多元化和透明度情況。包含董事會結構評估、獨立性、董事會成員是否多元化、以及董事會運作是否透明、董事會成員是否獨立於高層管理、成員是否合乎性別平權，以及是否公開揭露董事會的運作方式和政策。

B. 訊息揭露：企業的訊息揭露透明度情況。包含財務和非財務訊息揭露透明度，包括確保企業按照法律和監管要求揭露財務報表，以及提供有關企業永續性和社會責任的訊息。透明的訊息揭露，有助於投資者和利益相關者，更好地了解企業的運營和風險。

C. 風險管理：企業的風險管理水平情況。評估管理風險和識別，包括：金融風險、法律風險、環境風險、職業安全健康風險等。企業應該建立有效的風險管理政策和程序，以確保風險不會對企業的長期永續性造成重大威脅。

D. 誠信和道德：企業的誠信和道德行為情況。誠信和道德評估企業是否秉持高標準的商業道德，並遵守道德法規和行業標準。這包括：反貪污政策、禁止貪污培訓、道德熱線和道德準則。企業應該建立一個文化，鼓勵員工誠實、道德和負責任的行為。

表 10.3 ESG 治理維度的評估指標

治理指標	評估指標	類別
董事會結構	董事會結構評估、獨立性、多元化、透明度	定性指標
訊息揭露	財務和非財務訊息揭露透明度	定量指標和定性指標
風險管理	風險管理和識別	定量指標和定性指標
誠信和道德	反貪污政策、禁止貪污教育與宣示、道德熱線和道德準則	定性指標

在選擇 ESG 評估指標時，應考慮企業的 (a) 營運類型：不同類型的企業在 ESG 方面的重點有所不同，因此選擇的評估指標也應有所不同。例如，製造業企業應重視環境保護和勞工權益，而金融業企業應重視公司治理。(b) 企業的經營目標：企業的經營目標不同，對 ESG 的追求程度也不同。例如，追求永續發展的企業，應選擇更嚴格的ESG評估指標。投資者的偏好：投資者的偏好不同，對ESG的關注程度也不同。例如，追求 ESG 投資的投資者，應選擇更重視 ESG 的評估指標。

應考慮企業的 (a) 營運類型：不同類型的企業在 ESG 方面的重點有所不同，因此選擇的評估指標也應有所不同。例如，製造業企業應重視環境保護和勞工權益，而金融業企業應重視公司治理。(b) 企業的經營目標：企業的經營目標不同，對 ESG 的追求程度也不同。例如，追求永續發展的企業，應選擇更嚴格的 ESG 評估指標。投資者的偏好：投資者的偏好不同，對 ESG 的關注程度也不同。例如，追求 ESG 投資的投資者，應選擇更重視 ESG 的評估指標。有關指標的性質：

(1) 指標的可衡量性：指標應具有可衡量性，以便能夠對企業的 ESG 績效進行評估。指標應可以用數字或其他可量化的形式表示，以便於評估。例如，碳排放量、員工流動率、公司治理得分等指標都是可衡量的。以下是一些可衡量的 ESG 評估指標：(a) 環境：碳排放量、污染物排放量、能源消耗量、水資源使用量、廢棄物產生量等。(b) 社會：員工滿意度、員工流動率、職業健康安全、人權、社會責任等。(c) 治理：公司治理得分、董事會結構、董事會獨立性、訊息揭露、反腐敗等。

(2) 指標的相關性：指標應與企業的 ESG 目標和風險相關，例如，一家製造企業的 ESG 目標是減少碳排放，則碳排放量指標就與目標相關。指標的相關性可以分為兩個方面：(a) 與企業的 ESG 目標和風險相關：指標應能夠反映企業的 ESG 目標和風險。例如，如果企業的 ESG 目標是降低碳排放，則指標應包括碳排放量、用水量、廢棄物產生量等。如果企業面臨的 ESG 風險是勞工權益問題，則指標應包括員工工時、員工薪資、員工福利等。(b) 與 ESG 的目標和範圍相關：指標應能夠反映 ESG 的各個層面和目標。例如，ESG 的目標包括環境保護、社會責任和公司治理。因此，指標應涵蓋這三個層面。

(3) 指標的透明度：指標應具有透明度，以便利益相關者了解企業的 ESG 績效。指標的透明度，是指標選擇的重要考量因素之一，指標的透明度可以分為兩個方面：(a) 指標的定義和計算方法應透明：指標的定義和計算方法應清楚明確，以便利益相關者能夠理解指標的含義和計算方法。(b) 指標的數據應透明：指標的數據應公開揭露，以便利益相關者能夠查閱和核對。

另外，ESG 績效評估的指標，在指標表現上，可以分為定量指標和定性指標。ESG 績效評估，可以通過定量指標和定性指標相結合的方式來進行。

(1) 定量指標是指可以通過數據分析來衡量的指標，例如碳排放量、能源效率、污染物排放量等。定量指標通常具有以下特點：可以用數字來表示、可以進行比較和分析、具有一定的客觀性。定量指標在 ESG 評估中具有重要作用，定量指標可以幫助企業，更有效地評估自身的 ESG 績效，並制定有效的 ESG 策略。一些常用的 ESG 定量指標：(a) 環境層面：碳排放量、能源效率、污染物排放量、用水量、廢棄物產生量等。(b) 社會層面：員工工時、員工薪資、員工福利、勞工安全、社會公益投入等。(c) 治理層面：董事會結構、公司章程、公司內控制度、風險管理政策等。企業在選擇 ESG 定量指標時，應考慮：指標應與企業的 ESG 目標和風險相關。指標應能夠量化，以便進行有效的評估；指標應能夠從可靠的來源獲取。

(2) 定性指標是指不能通過數據分析來衡量的指標，例如勞工權益、人權、社會責任、多元化和包容性等。定性指標通常具有以下特點：不能用數字來表示、不能進行比較和分析、具有一定的主觀性。定性指標在 ESG 評估中，也具有重要作用，定性指標可以幫助企業，更全面地了解自身的 ESG 績效，並制定更有效的 ESG 策略。一些常用的 ESG 定性指標：(a) 環境層面：企業的環境政策、環境管理系統、環境風險識別和管理等。(b) 社會層面：企業的勞工權益、社會責任、社會公益等。(c) 治理層面：企業的董事會治理、公司文化、風險管理等。企業在選擇 ESG 定性指標時，應考慮：指標應與企業的 ESG 目標和風險相關；指標應盡可能具比較性，以便進行有效的評估；指標應能夠從可靠的來源獲取，而不是自行臆測。

10.3

ESG 績效評估的框架

ESG 績效評估的框架，是指企業在進行 ESG 績效評估時所遵循的指導原則和方法。不同的框架有不同的側重點和優缺點，企業可以根據自身的情況選擇合適的框架。目前全球有許多 ESG 績效評估框架，其中比較常見的有以下幾個（有關 GRI、SASB 和 CDP 三種框架的比較，如表 10.4)：

(1) GRI [28]：全球報告倡議組織（Global Reporting Initiative）GRI 是全球最廣泛使用的 ESG 績效評估框架。GRI 的框架涵蓋了環境、社會和治理三大領域，並提供一系列指標和方法，幫助企業進行 ESG 績效評估。GRI 的框架可以用於：企業的 ESG 績效管理，以此框架可評估自身的 ESG 績效，並制定相應的改進措施。另外，投資者可使用 GRI 的框架來評估企業的 ESG 績效，並做出投資決策。由於 GRI 框架具有權威的標準，各國政府常使用 GRI 的框架，來制定本國的相關政策，引導企業履行 ESG 責任。

(2) SASB [29]：可持續會計準則委員會（Sustainability Accounting Standards Board），SASB 是一家非營利組織，致力於開發適用於不同行業的 ESG 績效評估框架。SASB 的框架涵蓋了環境、社會和治理三大領域，並提供行業特定的指標和方法。其應用範圍亦大，可作為企業評估自身 ESG 績效與投資者參考，亦應用於各國制定 ESG 政策時之依據。

[28]GRI 的框架涵蓋了環境、社會和治理三大領域，由於其指標全面（提供超過 400 個指標），適用範圍廣大領域，可以滿足不同規模和行業的企業需求。

[29] SASB 指標較更具針對性，SASB 的框架針對不同行業開發了特定的指標，可以幫助企業進行更具針對性的 ESG 績效評估，並與同行進行比較。由於是經過廣泛的利益相關方協商制定的，具有很高的透明度和可信度。

(3) CDP：氣候變化揭露專案（Climate Disclosure Project），CDP 是一家非營利組織，致力於推動企業揭露氣候相關訊息。CDP 的框架涵蓋了氣候變化、水資源和森林等領域，並提供氣候相關指標和方法。CDP 指標專注於氣候變化與氣候訊息揭露，可以幫助企業進行更全面、更透明的氣候相關訊息揭露。CDP 獲得全球許多投資機構的廣泛認可和採用。

表 10.4 ESG 績效評估的框架的優缺點與指標

框架	應用範圍	優點	缺點	相關指標
GRI	通用框架，適用於所有企業	指標全面，適用範圍廣；框架透明，可信度高；得到了廣泛的認可和採用	指標較多，需要投入大量的資源和時間進行評估；指標的定義和計算方法存在一定的主觀性	環境：能源、廢物、水、生物多樣性；社會：勞工、人權、社會福利、社區關係；治理：董事會、內控、公司治理
SASB	行業特定框架，適用於不同行業	指標更具針對性，適合行業比較；框架更加透明和可信；得到了投資機構的廣泛認可	框架較為複雜，需要專業知識進行評估；指標的定義和計算方法可能存在一定的差異	環境：氣候變化、水資源、廢物、污染；社會：員工、客戶、社區、供應鏈；治理：董事會、內控、公司治理
CDP	氣候相關框架	指標專注於氣候變化，訊息揭露更透明；得到了投資機構的廣泛認可	框架較為簡單，適用範圍較窄；指標的定義和計算方法可能存在一定的差異	氣候變化：溫室氣體排放、能源效率、氣候相關財務風險

10.4

ESG 績效評估的數據收集

ESG 績效評估的數據收集，是指收集企業在環境、社會和公司治理方面的數據，以評估其永續性表現。數據收集是 ESG 績效評估的第一步，也是最重要的一步。如果沒有可靠的數據，就無法做出準確的評估。數據收集的必要性：(a) 滿足企業需求：企業需要了解自身的 ESG 績效，以制定相應的策略和措施。數據收集可以幫助企業了解自身的 ESG 績效。(b) 滿足利益相關者需求：投資者、客戶、員工等利益相關者都希望企業具備良好的 ESG 績效。數據收集可以幫助企業向利益相關者展示自身的 ESG 績效。(c) 滿足法律要求：一些國家和地區的法律法規要求企業揭露 ESG 訊息。數據收集可以幫助企業滿足法律要求。

ESG 績效評估的關鍵，在於數據的收集與分析。充足和可靠的數據是開展 ESG 績效評估的基石，正如沒有充足建材無法蓋起高樓大廈。現代企業正面臨著海量的 ESG 相關數據，從溫室氣體排放數據到員工流失率，從產品回收率到董事會開會次數。然而這些數據的價值需要通過系統化的收集和加工，才能充分顯現出來。企業需要建立專門的 ESG 績效數據庫，對企業安全、環保、社區等部門的數據進行匯總整合。同時通過品質監控，以確保數據的完整性和準確性。在此基礎上，運用大數據分析技術開展 ESG 績效評價，找出企業 ESG 表現的亮點和不足，可提出改進措施。只有做好了 ESG 數據的收集與管理，並從中擷取價值，ESG 績效評估才能真正發揮應有的作用，有力推動企業 ESG 建設。數據收集的重要性，主要體現在以下幾個方面：

(1) 為評估提供基礎：數據收集是 ESG 績效評估的基礎。沒有數據，就無法對企業的 ESG 績效進行有效的評估。ESG 績效評估需要收集大量的數據，包括定量數據和定性數據。定量數據可以用數字來表示，例如碳排放量、能源效率、污染物排放量、用水量、廢棄物產生量等。定性數據不能用數字來表示，例如企業的環境政策、環境管理系統、環境風險識別和管理等。數據收集的目的，是在於全面反映企業的 ESG 績效。因此，數據收集應覆蓋 ESG 的各個層面和指標。數據收集的具體方法包括：(a) 內部數據收集：企業可以通過內部系統和流程收集數據，例如生產數據、財務數據、人力資源數據等。(b) 外部數據收集：企業可以從第三方機構、政府部門等管道收集數據，例如環境監測數據、社會公益數據等。數據收集應遵循以下原則：數據應準確可靠，以便進行有效的評估；數據應全面反映企業的 ESG 績效，避免遺漏；數據應具有可比性，以便進行對比分析。通過有效的數據收集，企業可以為 ESG 績效評估提供堅實的基礎。數據收集的建議：(a) 制定數據收集計畫：企業應制定數據收集計畫，明確收集的數據、方法、時間和人員等。(b) 建立數據庫：企業應建立數據庫，存儲和管理收集的數據。(c) 定期更新數據：企業應定期更新數據，以反映企業的最新情況。（有關數據蒐集計畫與內容，如表 10.5)

表 10.5 有關數據蒐集計畫與內容

資料類型	資料內容	蒐集方法	來源	時間點
內部數據	環境層面	碳排放量、能源效率、污染物排放量、用水量、廢棄物產生量等	生產數據、財務數據、人力資源數據等	日常生產、財務管理、人力資源管理等
內部數據	社會層面	員工工時、員工薪資、員工福利、勞工安全、社會公益投入等	人力資源數據、財務數據、社會責任報告等	日常生產、財務管理、社會責任報告等
內部數據	治理層面	董事會結構、公司章程、公司內控制度、風險管理政策等	公司文件、內部管理系統等	日常管理
外部數據	環境層面	環境監測數據、永續發展報告等	政府部門、第三方機構等	定期監測、報告發布

(2) 提高評估的準確性：可靠的數據可以提高 ESG 績效評估的準確性，如果數據不準確，就會導致評估結果不準確。數據準確性是數據收集的重要目標。數據準確性可以從以下幾個方面來衡量：(a) 數據的來源：數據的來源應可靠，例如政府部門、第三方機構等。(b) 數據的採集方法：數據的採集方法應嚴謹，並符合相關標準。(c) 數據的處理方法：數據的處理方法應準確，並避免誤差。通過有效的數據收集和處理，企業可以提高數據的準確性，從而提高 ESG 績效評估的準確性。(d) 提建立數據品質管理體系：企業應建立數據品質管理體系，制定數據品質標準，並定期對數據進行品質檢查。(e) 使用先進的數據採集和處理技術：企業應使用先進的數據採集和處理技術，提高數據採集和處理的效率和準確性。(f) 聘請第三方機構進行數據審核：企業可以聘請第三方機構進行數據審核，以確保數據的準確性。在提高評估的數據的準確性措施，如表 10.6 所示。

表 10.6 提高數據的準確性措施

措施	說明
制定數據品質標準	企業應制定數據品質標準，包括數據的完整性、準確性、一致性、可用性等。數據品質標準應明確數據的收集、處理、存儲、使用等各個環節的要求。
建立數據採集和處理流程	企業應建立數據採集和處理流程，明確數據採集、處理、驗證、審核等各個環節的責任人和工作內容。
使用先進的數據採集和處理技術	企業應使用先進的數據採集和處理技術，提高數據採集和處理的效率和準確性。例如，企業可以使用物聯網、人工智能等技術，自動收集數據，並對數據進行分析。
定期對數據進行品質檢查	企業應定期對數據進行品質檢查，包括數據的內容檢查、格式檢查、邏輯檢查等。
建立數據品質管理體系	企業應建立數據品質管理體系，制定數據品質管理制度，並定期對數據品質管理工作進行評估。

(3) 促進企業改進：ESG 績效評估可以幫助企業了解自身的 ESG 績效，並找出改進的方向。數據收集可以為企業改進提供基礎，通過對數據的收集和分析，企業可以了解自身的優勢和劣勢，並找出改進的方向。數據收集可以為企業改進提供基礎，可以幫助企業了解自身的 ESG 績效，並找出改進的方向。例如，企業可以通過收集碳排放量、能源效率、污染物排放量等數據，了解自身的環境績效。企業可以通過收集員工工時、員工薪資、員工福利等數據，了解自身的社會績效。企業可以通過收集董事會結構、公司章程、公司內控制度等數據，了解自身的治理績效。通過數據收集，企業可以對自身的 ESG 績效進行全面的了解，並找出改進的方向。企業可以根據自身的 ESG 目標和風險，制定改進計畫，並採取措施實施改進。

整體而言，ESG 績效評估的數據，是複雜而龐大的工作，收集的範圍也是多元化的。然而，由於ESG具有三個重要維度，內容項目眾多，一般蒐集數據的方法，可分為：

(1) 內部數據：內部數據是企業自身擁有的數據，內部數據通常是企業 ESG 績效評估的主要數據來源。ESG 績效評估的內部數據，是指企業內部產生的數據，包括生產數據、財務數據、人力資源數據等。內部數據可以幫助企業，全面了解自身的 ESG 績效，並找出改進的方向。ESG 績效評估的內部數據，主要包括：
(a) 環境層面：碳排放量、能源效率、污染物排放量、用水量、廢棄物產生量等。
(b) 社會層面：員工工時、員工薪資、員工福利、勞工安全、社會公益投入等。
(c) 治理層面：董事會結構、公司章程、公司內控制度、風險管理政策等。有關內部數據收集方法：生產數據：企業可以通過生產管理系統、設備監控系統等收集生產數據；財務數據：企業可以通過財務管理系統收集財務數據；人力資源數據：企業可以通過人力資源管理系統收集人力資源數據。

(2) 外部數據：外部數據是來自第三方來源的數據，例如政府數據、非政府組織數據、媒體報導等。外部數據可以用來補充內部數據，並提供更全面的視角。ESG 績效評估的外部數據，主要包括：(a) 環境層面：環境監測數據、永續發展報告等。(b)

社會層面：社會公益排名、勞工權益報告等。(c) 治理層面：公司治理評級、風險管理報告等。具體的外部數據收集方法：企業可以通過政府部門、公共機構等收集政府數據；企業可以通過第三方機構、媒體等收集第三方數據。

(3) 問卷調查：問卷調查是一種快速有效的數據收集方法。企業可以向員工、客戶、供應商等利益相關者發放問卷，收集他們對企業 ESG 績效的意見和回饋。問卷調查可以幫助企業了解利益相關者，對企業 ESG 績效的看法，並找出改進的方向。問卷調查可以收集的數據包括：利益相關者對企業 ESG 績效的總體滿意度、利益相關者對企業 ESG 績效各個方面的滿意度、利益相關者對企業 ESG 績效的建議。企業在制定問卷調查時，應注意：(a) 明確調查目的：企業應明確調查目的，以便設計合適的問卷。(b) 選擇合適的調查對象：企業應選擇合適的調查對象，以便收集到有價值的數據。(c) 設計合理的問卷：企業應設計合理的問卷，以便方便利益相關者，填寫並準確反映他們的意見和回饋。(d) 做好調查宣傳：企業應做好調查宣傳，以便提高利益相關者的參與度。通過有效的問卷調查，企業可以了解利益相關者，對企業 ESG 績效的看法，並找出改進的方向。有關問卷調查的建議：問卷應使用簡明易懂的語言，以便利益相關者容易理解並填寫；問卷應避免使用帶有偏見的語言，以免影響調查結果；問卷應提供多種答案選項，以便利益相關者可以準確反映他們的意見和回饋；企業應提供保密承諾，以便利益相關者放心填寫問卷。

(4) 訪談：訪談是一種深入了解企業 ESG 績效的方法。企業可以與員工、客戶、供應商等利益相關者進行訪談，了解他們對企業 ESG 績效的看法。訪談可以收集的數據包括：利益相關者對企業 ESG 項目中，有關項目的意見與具體看法、利益相關者對企業 ESG 績效的建議。企業在進行訪談時，應注意：(a) 明確訪談目的：企業應明確訪談目的，以便設計合適的訪談提綱。(b) 選擇合適的訪談對象：企業應選擇合適的訪談對象，以便收集到有價值的數據。(c) 做好訪談準備：企業應做好訪談準備，以便順利進行訪談。(d) 做好訪談記錄：企業應做好訪談記錄，以便後續分析。通過有效的訪談，企業可以深入了解利益相關者對企業 ESG 績效的看法，並找出改進的方向。對於訪談的建議：訪談應使用開放式問題，以便利益相關者可以充分表達他們的意見和回饋；訪談人員應注意傾聽利益相關者的意見和回饋，並做好記錄；訪談人員應避免帶有偏見的提問，以免影響調查結果。

(5) 實地調查：實地調查是一種了解企業 ESG 績效的最佳方法。企業可以派遣人員到企業的生產、銷售、採購等環節進行實地調查，了解企業在這些環節的 ESG 績效。實地調查可以幫助企業了解企業在實際操作中 ESG 績效的情況，並找出改進的方向。實地調查可以收集的數據包括：(a) 企業在生產、銷售、採購等環節的 ESG 績效指標的實際情況。(b) 企業在 ESG 績效方面的相關制度和措施。(c) 企業在 ESG 績效方面的挑戰和機會。另外，企業在進行實地調查時，應注意：企業應明確調查目的，以便設計合適的調查方案；企業應選擇合適的調查人員，以便收集到有價值的數據；企業應做好調查準備，以便順利進行調查；企業應做好調查記錄，以便後續分析。

另外，在蒐集數據時，對於數據品質的要求，是關乎數據可用與否的重要考量，因此數據品質是 ESG 數據蒐集的重要考量因素。數據品質的高低將直接影響 ESG 績效評估的準確性和可靠性。現在再次詳細研究，有關數據品質的要求，包括：

(1) 準確性：數據應反映企業 ESG 績效的真實情況，不存在錯誤或誤差。準確性要求的具體內容：(a) 數據的值與實際情況的值相符。(b) 數據的單位、格式等與實際情況相符。(c) 數據的時間、地點等與實際情況相符。(d) 在蒐集數據時，應採取措施提高數據的準確性，包括：使用合適的數據收集方法、對數據進行校對和驗證、建立數據品質控制流程、

(2) 完整性：數據應全面反映企業 ESG 績效的所有方面，不存在遺漏或缺失。完整性是數據品質的重要要求，是數據可用與否的重要考量。在蒐集數據時，應充分重視數據的完整性，採取措施提高數據的完整性。完整性要求的具體內容：(a) 數據應涵蓋企業 ESG 績效的所有方面，包括環境、社會和治理等。(b) 數據應涵蓋企業 ESG 績效的所有時間段。(c) 數據應涵蓋企業 ESG 績效的所有地域（或邊界）。

在蒐集數據時，應採取措施提高數據的完整性，包括：明確數據收集範圍、使用多種數據收集方法、建立數據品質控制流程。

(3) 一致性：數據應在收集、處理和分析過程中保持一致，不存在差異。一致的數據，可以確保數據的可比性和可靠性，是數據品質的重要要求，也是數據可用與否的重要考量。在蒐集數據時，應充分重視數據的一致性，採取措施提高數據的一致性。一致性的具體要求：(a) 數據的類型、指標、單位、格式等應保持一致。(b) 數據的時間、地點等應保持一致。(c) 數據的計算方法應保持一致。在蒐集數據時，應採取措施提高數據的一致性，包括：制定數據標準、使用統一的數據採集工具、建立數據品質控制流程。

(4) 可靠性：數據應來自可信的來源，並經過驗證和確認。可靠性是指數據的可信度。可靠的數據可以反映真實情況，是數據品質的重要要求。在蒐集數據時，應採取措施提高數據的可靠性，包括：選擇可信的數據來源、對數據進行驗證和確認。提高數據可靠性的具體措施：(a) 選擇可信的數據來源：選擇可信的數據來源，可以提高數據的可靠性。可信的數據來源包括政府部門、監管機構、第三方機構等。(b) 對數據進行驗證和確認：對數據進行驗證和確認，可以提高數據的可靠性。驗證和確認可以通過多種方式進行，例如：與數據來源進行核對、使用專業工具進行分析、聘請第三方機構進行驗證等。

(5) 可比性：數據應能夠與其他企業的數據進行比較，以進行有效的評估。數據的可比性，是指同一項目的統計數據，在時間上（如企業生產的淡季與旺季）和空間上（如某些企業在不同生產空間時，可能得有不同的數據）的可比程度。它要求統計的概念和方法在時間上保持相對穩定，在不同地區使用統一的統計制度方法和分類標準，以保持統計數據的範圍範圍、計算方法在時間上一致銜接。在 ESC 蒐集數據時，數據的可比性是至關重要。數據的可比性是數據分析的基礎，只有可比的數據才能進行有意義的分析，才能得出準確的結論；數據的可比性可以減少數據分析的時間和成本；數據的可比性可以促進數據共享，為決策提供更全面

的依據。ESC 蒐集的數據來自各種不同的來源，包括政府、企業、民間機構等。這些數據在定義、範圍、計算方法等方面可能存在差異，因此需要採取措施來提高數據的可比性。ESC 在蒐集數據時，主要採取以下措施來，提高數據的可比性：(a) 統一統計制度和分類標準：ESC 制定了統一的統計制度和分類標準，以確保數據的定義、範圍、計算方法等保持一致。(b) 完善數據採集和處理流程：ESC 制定了完善的數據採集和處理流程，以確保數據的準確性和一致性。(c) 加強數據品質監控：ESC 建立了數據品質監控制度，定期對數據進行品質監控，以確保數據的可靠性。

(6) 更新性：數據需反映企業 ESG 績效的最新情況。企業應定期更新數據，以確保 ESG 績效評估的準確性。ESG 績效是動態的，隨著企業的發展和外部環境的變化而不斷變化。因此，數據也需要不斷更新，以反映企業 ESG 績效的最新情況。即時更新數據有以下好處：(a) 可以讓投資者、消費者和其他利益相關者，更全面地了解企業的 ESG 績效。(b) 可以幫助企業識別和應對 ESG 風險和機遇。(c) 可以促進企業的 ESG 績效，隨數據變化，不斷調整與改善 ESG 作為。

(7) 安全性：數據的安全性可以保護企業的利益。企業應採取措施確保數據的安全性，以防止數據洩露或被濫用。數據的安全性可以保護企業的利益，原因：(a) 保護客戶隱私：企業收集的客戶數據，包括姓名、地址、電話號碼、電子郵件地址等，都屬於個人隱私。如果這些數據被洩露，可能會被用於犯罪活動，如詐騙、身份盜竊等，對客戶造成嚴重損害。(b) 保護企業商業機密：企業在經營過程中會產生大量商業機密，如產品設計、技術方案、銷售數據等。如果這些數據被洩露，可能會給企業造成嚴重的經濟損失，甚至導致競爭對手的崛起。(c) 保護企業運營安全：企業的 IT 系統中存儲大量數據，包括財務數據、生產數據、庫存數據等。如果這些數據被洩露，可能會導致企業的 IT 系統癱瘓，造成生產停滯、財務損失等。

(8) 成本性：數據蒐集的成本效益，應與 ESG 績效評估的目標和要求相匹配。企業應選擇合適的數據蒐集方法，以降低成本，提高效率。數據蒐集的成本效益，取決於：(a) 數據的價值：數據的價值越高，數據蒐集的成本效益就越高。數據的價值可以從以下幾個方面來衡量：數據的稀缺性、數據的準確性、數據的時效性。(b) 數據蒐集的成本：數據蒐集的成本包括硬體成本、軟體成本、人力成本等。(c) 數據的使用效率：數據蒐集的成本效益，還取決於數據的使用效率。如果數據能夠被有效地利用，產生良好的效果，那麼數據蒐集的成本效益就會更高。

表 10.7 ESG 績效評估的數據蒐集品質要求

要求	說明	方法
準確性	數據應反映企業 ESG 績效的真實情況，不應有錯誤或誤差。	對數據進行驗證和確認，包括使用多個數據來源進行交叉驗證。
完整性	數據應全面反映企業 ESG 績效的所有方面，不應有遺漏或缺失。	制定數據蒐集計畫，明確蒐集數據的範圍。
一致性	數據應在收集、處理和分析過程中保持一致，不應有差異。	建立數據蒐集和管理流程，確保數據的一致性。
可靠性	數據應來自可信的來源，並經過驗證和確認。	選擇可靠的數據來源，並對數據進行驗證。
可比性	數據應能夠與其他企業的數據進行比較，以進行有效的評估。	使用統一的數據標準和指標，以確保數據的可比性。
更新性	數據需反映企業 ESG 績效的最新情況。	定期更新數據，以確保數據的準確性。
安全性	數據的安全性可以保護企業的利益。	採取措施確保數據的安全性，以防止數據洩露或被濫用。
成本性	數據蒐集的成本效益應與 ESG 績效評估的目標和要求相匹配。	選擇合適的數據蒐集方法，以降低成本，提高效率。

企業要採取措施確保數據的品質，以提高 ESG 績效評估的水平。以下是一些提高數據品質的措施：

(1) 制定數據品質標準：企業應制定明確的數據品質標準，包括數據的準確性、完整性、一致性和可靠性等。制定數據品質標準是確保數據品質的基礎。數據品質標準是指企業對數據品質的要求，包括數據的準確性、數據的完整性、數據的一致性、數據的可靠性等。企業應將數據品質標準，納入企業的管理體系，並加以宣傳與貫徹，確保所有員工都了解數據品質標準，並按照標準要求收集、管理和使用數據。制定數據品質標準的建議：(a) 數據品質標準應明確、簡潔，易於理解和執行。(b) 數據品質標準，應與企業的業務目標和戰略相一致。(c) 數據品質標準應定期審查和更新，以適應企業的變化。

(2) 完善數據收集流程：企業應完善數據收集流程，以確保數據的準確性和完整性。數據準確性可以確保企業做出明智的決策。企業的許多決策都依賴於數據，例如產品定價、市場營銷策略、生產規劃等。如果數據不準確，就可能導致決策失誤，造成損失。數據完整性可以確保企業的數據一致性。企業的數據通常來自不同的來源，如果數據不完整，就可能導致數據不一致，影響數據分析和決策。企業在數據的蒐集時，應採取措施，確保數據的準確性和完整性。具體措施：(a) 制定數據品質標準，並對數據進行定期審核。(b) 建立數據管理流程，確保數據的正確收集、存儲和使用。(c) 使用數據分析工具，檢測數據中的錯誤和不一致。

(3) 進行數據驗證：企業應對數據進行驗證，以確保數據的準確性和可靠性。企業應對數據進行驗證的原因，包括：(a) 確保數據的準確性和完整性。不準確或不完整的數據會導致決策錯誤，影響企業的運營效率和業績。(b) 提高數據的分析價值。經過驗證的數據可以更有效地進行分析，從而為企業提供更準確的洞察力。(c) 降低數據風險。 數據驗證可以幫助企業識別和降低數據風險，例如數據洩露、數據篡改等。

(4) 使用數據標準：企業應使用數據標準，以提高數據的可比性。企業在蒐集 ESG 數據時應使用數據標準。數據標準可以幫助企業確保數據的準確性、一致性和可比性。常用的 ESG 數據標準，包含：(a) GRI 準則（Global Reporting Initiative

Guidelines）：GRI 準則是全球最廣泛使用的 ESG 報告框架。它提供了一個全面的框架來收集和報告 ESG 數據。(b) SASB 標準（Sustainability Accounting Standards Board Standards）：SASB 標準是針對特定行業的 ESG 報告框架。它提供了更具針對性的指標和方法來收集和報告 ESG 數據。(c) TCFD 建議（Task Force on Climate-related Financial Disclosures Recommendations）：TCFD 建議是針對氣候相關財務資訊揭露的建議框架。它提供了一個框架來收集和報告氣候相關的財務資訊。（相關數據蒐集的國際標準比較，如表 10.8）

表 10.8 數據蒐集的國際標準比較

數據標準	數據項目	數據內容	優點	缺點	適合行業
GRI 準則	經濟、環境、社會	涵蓋面廣、可比性高	適用於所有類型的組織	數據量大、要求較高	所有行業
SASB 標準	經濟、環境、社會	針對性強、數據量可控	適用於特定行業	適用行業範圍較小	特定行業
TCFD 建議	氣候相關財務資訊	針對氣候變遷議題	幫助企業了解氣候變遷風險和機會	適用行業範圍較小	所有行業

10.5

ESG 績效評估的結果分析

ESG 績效評估的結果分析，是指對 ESG 績效評估結果進行分析，以了解企業的 ESG 績效水平，並找出改進的方向。ESG 績效評估的結果分析，可確定企業在 ESG 領域的優勢和劣勢，並為企業制定 ESG 策略提供依據。ESG 績效評估的結果分析可以幫助企業：(a) 了解企業的 ESG 績效水平：企業可以通過績效分類了解企業 ESG 績效的相對水平，以便進行比較和分析。(b) 找出改進的方向：企業可以通過原因分析找出 ESG 績效的優勢和劣勢，以制定改進措施。(c) 提升 ESG 績效：企業可以根據改進建議制定相應的措施，以提高 ESG 績效。

ESG 績效評估的最終目的，在於分析結果並據此提出改進措施。數據本身並不等同於價值，其價值體現在數據分析後的驅動力，和對決策的指導方向。企業需要建立完善的 ESG 績效分析框架，在充分收集和驗證數據的基礎上，運用統計、建模等定量工具開展結果分析，找出企業在環境、社會和公司治理等領域的表現亮點、不足之處以及根本原因。例如碳排放量偏高的原因是能效低下還是結構性問題。同時，分析結果也應與行業表現進行比較，確定企業的相對優勢。在分析的基礎上，企業可以明確知道需要優化的 ESG 範疇，並擬定相應政策和措施。只有通過詳盡的分析才能讓 ESG 表現評估的結果轉化為管理決策，促進企業 ESG 工作的不斷改進與提升。ESG 績效評估的結果分析可以從以下幾個方面進行：

(1) 整體績效分析：對企業 ESG 績效的總體水平進行分析，包括企業在經濟、環境和社會三大領域的表現。績效評估的結果分析中的整體績效分析，可以採取步驟進行：(a) 確定評估標準：首先需要確定企業 ESG 績效評估的標準。標準可以是企業自身制定的，也可以參考國際標準，例如 GRI 準則或 SASB 標準。(b) 收集數據：根據評估標準，收集企業 ESG 績效相關的數據。數據可以來自企業內部，也可以來自外部。(c) 計算指標：根據評估標準，計算企業 ESG 績效的各個指標。以下是整體績效分析的常用指標。經濟領域：營收成長率、淨利潤率、員工薪資等；環境領域：包含碳排放量、能源使用量、水資源使用量等。社會領域：員工滿意度、客戶滿意度、社會責任等。整體績效分析的結果，可以幫助企業提升優勢：企業可以進一步發揮自身在 ESG 領域的優勢，並將其轉化為競爭優勢。改善劣勢：企業可以針對自身在 ESG 領域的劣勢，制定相應的改善措施。制定目標：企業可以根據整體績效分析的結果，制定 ESG 績效的目標，並制定相應的計畫來實現目標。

(2) 趨勢分析：ESG 績效評估的結果分析中的趨勢分析，是指對企業 ESG 績效的變化趨勢進行分析，以了解企業 ESG 績效的改善情況。趨勢分析一般通過以下步驟：(a) 收集歷史數據：首先需要收集企業 ESG 績效的歷史數據。數據可以來自企業內部，也可以來自外部。(b) 計算趨勢：根據歷史數據，計算企業 ESG 績效的趨勢。趨勢可以是線性趨勢、指數趨勢或其他趨勢。(c) 進行分析：根據趨勢分析結果，對企業 ESG 績效的改善情況進行分析。對企業 ESG 績效的變化趨勢進行分析，以了解企業 ESG 績效的改善情況。趨勢分析可以幫助企業，了解自身 ESG 績效的改善情況，並確定 ESG 管理的有效性。一些趨勢分析的常用指標，包含有經濟領域：營收成長率、淨利潤率、員工薪資等。環境領域：碳排放量、能源使用量、水資源使用量等。社會領域：員工滿意度、客戶滿意度、社會責任等。

(3) 競爭對手分析：競爭對手分析是指企業對其競爭對手的市場地位、競爭策略、產品或服務、財務狀況等進行研究和分析，以了解競爭對手的優勢和劣勢，並為企業的競爭戰略制定提供依據。ESG 競爭對手分析，聚焦在企業對其競爭對手的 ESG 績效進行研究和分析，以了解競爭對手在 ESG 領域的優勢和劣勢，並為企業的 ESG 策略制定提供依據。ESG 競爭對手分析，可以從用幾個方面進行：(a) 整體績效分析：分析競爭對手在 ESG 領域的總體績效，包括競爭企業在經濟、環境和社會三大領域的表現。(b) 趨勢分析：分析競爭對手在 ESG 領域的變化趨勢，以了解競爭對手在 ESG 領域的改善情況。(c) 關鍵績效指標分析：分析競爭對手在 ESG 領域的關鍵績效指標（KPI）表現，以了解競爭企業在各個領域的具體表

現。具體的分析方法可以根據企業的具體情況，進行選擇。一般常用的分析方法，不外是：通過對競爭對手的 ESG 報告進行文字描述進行分析、通過對競爭對手的 ESG 報告中的數據進行分析、通過對競爭對手與企業進行比較分析。

(4) 關鍵績效指標分析：ESG 關鍵績效指標（KPI）分析，是指企業對其 ESG 績效的關鍵績效指標（KPI）進行分析，以了解企業在各個領域的具體表現。ESG 的 KPI 分析，可從幾個方面進行：(a) 數據收集：收集企業 ESG 績效的相關數據，包括企業在經濟、環境和社會三大領域的 KPI 數據。數據可以來自企業內部，也可以來自外部。(b) 數據分析：根據收集的數據，進行數據分析，包括數據的趨勢分析、分組分析、比較分析等。(c) 績效評估：根據數據分析的結果，對企業 ESG 績效進行評估。ESG KPI 分析是企業 ESG 管理的重要環節，通過對 KPI 的分析，企業可以更好地了解自身在 ESG 領域的表現，並制定相應的改善措施，以提升企業的 ESG 表現。一些 ESG KPI 分析的具體應用：企業可以通過分析 KPI 數據，制定更具挑戰性的 ESG 目標。企業可以通過分析 KPI 數據，制定更有效的 ESG 策略。企業可以通過分析 KPI 數據，評估自身的 ESG 績效。

ESG 績效評估的結果分析是一項重要的工作，可以幫助企業更好地了解自身的 ESG 績效，並提升 ESG 績效。在分析結果時，首先需根據企業戰略定位，確定 ESG 績效評估的重點考核範疇，訂立相應的關鍵績效指標 KPI。然後，在充分收集數據的前提下，選擇合適的統計模型，開展定量分析、挖掘各 ESG 指標之間的內在關聯。之後，可以運用基準比較，把企業的 ESG 表現與行業標杆公司進行比較，找出自身的領先與劣勢。在明確需提升的 ESG 領域後，需要進一步分析改善空間以及根本原因，是否政策缺失、資源不足或流程偏差等。最後，可以根據分析結果制定相應的 ESG 管理舉措並進行成本效益評估。只有通過這一系列分析步驟，才能讓 ESG 績效評估，極大化的發揮其應有的管理價值。有關 ESG 績效評估的結果分析，可以分為以下幾個步驟（相關的匯總，如表 10.7 所示）：(a) 數據分析：對收集到的數據進行分析，以計算 ESG 績效評估指標的得分。(b) 績效分類：根據得分將企業的 ESG 績效分為不同的等級，以便進行比較和分析。(c) 趨勢分析：對企業 ESG 績效的歷史數據進行分析，以了解企業 ESG 績效的變化趨勢。(d) 同行比較： 將企業的 ESG 表現與同行業競爭對手進行比較，有助於評估企業在行業中的位置。(e) 原因分析：對企業 ESG 績效的得分進行分析，以了解企業 ESG 績效的優勢和劣勢。(f) 改進建議：根據原因分析提出改進建議，以幫助企業提高 ESG 績效。(g) 風險評估： 分析應該包括風險評估，以確定 ESG 方面可能存在的潛在風險，包括聲譽風險、法律風險和營運風險。評估這些風險可以幫助企業採取措施降低風險。(h) 機會識別：同樣重要的是，分析應該識別潛在的 ESG 機會。這可能包括新市場、新產品、提高效率和降低成本的機會。識別這些機會有助於企業實現可持續增長。(i) 報告和共享： 分析結果應該以清晰和易理解的方式報告，以便與利益相關者共享。這可以通過 ESG 報告、網站、會議和其他溝通管道來實現。(j) 行動計畫：基於分析結果，制定明確的行動計畫。這些計畫應該包括確切的目標、負責人、時間表和預算，追蹤和評估進展也是至關重要的。

表 10.9 ESG 績效評估結果分析的彙整

步驟	說明	目的	注意事項
數據分析	對收集到的數據進行分析，以計算 ESG 績效評估指標的得分。	了解企業 ESG 績效的具體情況	數據的準確性、完整性、一致性、可靠性、可比性、更新性、安全性和成本性。
績效分類	根據得分將企業的 ESG 績效分為不同的等級，以便進行比較和分析。	對企業 ESG 績效進行整體評估	績效分類的依據，可以是企業自身的目標和要求，也可以是行業標準。
趨勢分析	對企業 ESG 績效的歷史數據進行分析，以了解企業 ESG 績效的變化趨勢。	了解企業 ESG 績效的發展情況	趨勢分析的時間段，可以是多年、幾年或一年。
同行比較	將企業的 ESG 表現與同行業競爭對手進行比較，有助於評估企業在行業中的位置。	了解企業在行業中的競爭力	同行比較的基準，可以是企業規模、行業地位或其他因素。

步驟	說明	目的	注意事項
原因分析	對企業 ESG 績效的得分進行分析，以了解企業 ESG 績效的優勢和劣勢。	識別企業 ESG 績效的提升空間	原因分析的角度，可以是內部因素、外部因素或其他因素。
改進建議	根據原因分析提出改進建議，以幫助企業提高 ESG 績效。	制定提升 ESG 績效的行動方案	改進建議的具體性、可行性和可操作性。
風險評估	分析應該包括風險評估，以確定 ESG 方面可能存在的潛在風險。	降低 ESG 風險，保障企業永續發展	風險評估的內容，可以是環境風險、社會風險或治理風險。
機會識別	同樣重要的是，分析應該識別潛在的 ESG 機會。	挖掘 ESG 方面的發展潛力，提升企業競爭力	機會識別的來源，可以是企業自身、外部環境或其他因素。
報告和共享	分析結果應該以清晰和易理解的方式報告，以便與利益相關者共享。	提升企業的 ESG 形象，增強企業的社會責任感	報告和共享的頻率，可以是每年、每半年或其他頻率。

在進行檢視分析結果時，企業需保持一定的觀念，這些在 ESG 績效評估結果分析時，也是保持分析結果的品質的重要事項。結果分析應客觀公正，避免主觀偏見；結果分析應全面反映企業 ESG 績效的所有方面，避免片面性；結果分析應具有可操作性，能夠幫助企業制定改進措施。

10.6

ESG 績效評估的應用

ESG 績效評估使企業的 ESG 工作與經營決策之間建立了重要的橋樑，其價值體現在：可以量化企業 ESG 工作的成效，讓先前模糊的 ESG 投入與產出，產生明確的關聯。管理者可以清楚知道每投入一單位資源，在碳排放減少或員工滿意度提升等方面可以產生的投資報酬率 (ROI)。這有助於 ESG 資源的合理配置。其次，ESG 績效評估強化了外部訊息揭露的積極性、可比性和透明度。它使利益相關方更加清楚企業真實的 ESG 表現。再者，評估結果也為企業 ESG 管理決策，提供了事實依據。企業可以根據自己的劣勢，在環保培訓或安全流程等方面，制定重點改進措施。總體來說，ESG 績效評估，構建了 ESG 工作與商業價值之間的橋樑，提高了 ESG 工作的執行力，也為企業 ESG 能力建設提供了持續推進的動力，使之真正內化於企業經營之中。ESG 績效評估的具有極大的價值性，主要是在：(a) 提高永續性：ESG 績效評估可以幫助企業，識別和管理 ESG 風險，提升企業的永續性水平。(b) 實現長期發展：ESG 績效評估可以幫助企業，更好地應對日益嚴峻的環境和社會挑戰，實現長期發展。(c) 提升企業競爭力： ESG 績效評估可以幫助企業吸引和留住優秀的人才、獲得政府補貼和社會資本，提升企業的競爭力。

ESG 績效評估為企業的 ESG 工作提供了重要的支撐，其應用可體現於 : 推動企業內部的 ESG 決策制定。ESG 評估結果可以直觀地反映出企業在環境保護、勞工權益等方面的表現，並找出薄弱環節。這為高管層制定 ESG 相關投入預算和資源分配提供了依據。例如評估反映工傷事故數的事件，企業可增加相應的安全培訓與管控投入。另外，可加強企業 ESG 方面的外部揭露和溝通。評估結果中包含大量高品質的 ESG 數據及分析，這些訊息可以整合到企業社會責任報告和其他非財務報告中，使公司 ESG 表現更透明。其三是引導投資市場對企業 ESG 水平的正確評價。評估產出的指標和比較基準，有助於投資人更準確地衡量企業的 ESG 績效優劣勢。這將促進資本向 ESG 表現更優異的上市公司和項目配置。綜上所述，ESG 績效評估推動了企業 ESG 工作的制度化和持續優化，也為外部交流提供了支持，同時連接了公司管理和資本市場的 ESG 評判體系。ESG 績效評估的應用範圍廣泛，可以對企業產生多方面的影響和價值。以下是 ESG 績效評估的一些主要應用：

(1) 投（融）資決策： ESG 評估可提供投資者更全面的訊息，幫助他們評估企業的永續性表現。這有助於提高投資者對企業的信心，幫助投（融）資者了解企業的 ESG 績效，以做出更明智的投（融）資決策。ESG 績效評估的應用中，有關投（融）資決策，主要包括以下幾個方面：(a) 投資標的選擇：投資者可以通過對投資標的 ESG 績效的評估，選擇具有良好 ESG 績效的企業進行投資，以降低投資風險並獲得更高的投資回報。(b) 投資策略制定：投資者可以根據投資標的 ESG 績效的評估，制定更具針對性的投資策略，以提高投資收益。(c) 投資風險管理：投資者可以通過對投資標的 ESG 績效的評估，識別投資風險，並採取相應措施來管理風險。

(2) 風險管理： ESG 評估有助於企業識別和管理、潛在的 ESG 風險。這些風險可能包括聲譽風險、法律風險和營運風險。通過更好地了解這些風險，企業可以制定相應的風險管理策略。ESG 績效評估的應用中，有關風險管理，主要包括：(a) 風險識別：通過對企業 ESG 績效的評估，可以識別企業可能面臨的 ESG 風險，例如環境風險、社會風險和治理風險。(b) 風險評估：通過對 ESG 風險的評估，可以確定風險的嚴重程度和影響範圍。(c) 風險應對：通過採取相應的措施，來降低 ESG 風險對企業的影響。

企業可以根據 ESG 績效評估的結果，對企業的 ESG 風險進行分類和評估。對於 ESG 風險較高的領域，企業需要採取相應的措施來降低風險。例如，對於環境風險較高的領域，企業可以採取節能減排等措施來降低風險。ESG 績效評估在風險管理中的應用，有助於企業更好地了解企業面臨的 ESG 風險，並採取相應的措施來降低風險，從而提高企業的風險抵禦能力。 ESG 績效評估在風險管理中的具體應用示例：一家企業在進行環境風險評估時，發現企業的碳排放量較高。企業採取相應措施，降低碳排放量，從而降低環境風險。一家企業在進行社會風險評估時，發現企業的勞工權益保障不足。企業採取相應措施，改善勞工權益保障，從而降低社會風險。一家企業在進行治理風險評估時，發現企業的內部控制制度不完善。企業採取相應措施，完善內部控制制度，從而降低治理風險。

(3) 機會識別： ESG 評估還有助於識別潛在的 ESG 機會。這可能包括新市場、新產品、提高效率和降低成本的機會。識別這些機會可以幫助企業實現可持續增長。ESG 績效評估的應用中，有關機會識別，主要包括：(a) 新市場或業務機會的識別：通過對企業 ESG 績效的評估，可以識別企業在新的市場或業務領域的機會，例如綠色能源、可持續消費等。(b) 產品或服務創新的機會識別：通過對企業 ESG 績效的評估，可以識別企業在產品或服務創新方面的機會，例如開發更環保、更社會責任的產品或服務。(c) 提升品牌形象和聲譽的機會識別：通過對企業 ESG 績效的評估，可以識別企業提升品牌形象和聲譽的機會。

企業可以根據 ESG 績效評估的結果，對企業的 ESG 表現進行分析，並識別可能存在的機會。例如，如果企業在環境領域的績效良好，企業可以考慮開發綠色能源產品或服務。如果企業在社會領域的績效良好，企業可以考慮參與社會責任項目。ESG 績效評估在機會識別中的應用，有助於企業更好地了解企業的 ESG 表現，並識別可能存在的機會，從而提升企業的競爭力。 ESG 績效評估在機會識別中的具體應用示例：一家企業在進行 ESG 績效評估時，發現企業在環境領域的績效良好。企業決定開發綠色能源產品，以滿足市場的需求。一家企業在進行 ESG 績效評估時，發現企業在社會領域的績效良好。企業決定參與社會責任項目，以提升企業的品牌形象和聲譽。

(4) 品牌形象： 企業的 ESG 表現直接影響其品牌形象。積極的 ESG 評估結果可以提高企業的聲譽，增加消費者和投資者對品牌的信任。ESG 績效評估在品牌形象中的應用，主要包括：(a) 提升品牌形象：通過對企業 ESG 績效的評估，可以展示企業在環境、社會和治理方面的責任感，從而提升企業的品牌形象。(b) 強化品牌定位：通過對企業 ESG 績效的評估，可以強化企業的品牌定位等。(c) 吸引投資者和客戶：通過對企業 ESG 績效的評估，可以吸引投資者和客戶，從而提升企業的市場競爭力。

企業可以根據 ESG 績效評估的結果，對企業的 ESG 表現進行分析，並展示企業的 ESG 責任感，從而提升企業的品牌形象。例如，企業可以通過發布 ESG 報告、參與 ESG 活動等方式，展示企業的 ESG 績效。ESG 績效評估在品牌形象中的應用，有助於企業提升企業的品牌形象，從而獲得更多的投資者和客戶。 ESG 績效評估在品牌形象中的應用示例：一家企業發布 ESG 報告，展示企業在環境、社會和治理方面的績效。報告受到投資者和客戶的歡迎，企業的品牌形象得到提升。一家企業參與 ESG 活動，例如植樹造林、捐款等。企業的社會責任感得到彰顯，品牌形象得到強化。一家企業的 ESG 績效良好，吸引了投資者和客戶的青睞。企業的市場競爭力得到提升。

(5) 法規遵循： 許多國家和地區都實施了 ESG 相關的法規，要求企業報告其 ESG 訊息。進行 ESG 績效評估有助於確保企業遵循這些法規，減少法律風險。ESG 績效評估在法規遵循中的應用，主要包括以下幾個方面：(a) 識別法規風險：通過對企業 ESG 績效的評估，可以識別企業可能面臨的法規風險，例如環境法規、勞工法規、反腐敗法規等。(b) 評估法規合規性：通過對企業 ESG 績效的評估，可以評估企業是否符合相關法規的要求。(c) 制定合規措施：通過對企業 ESG 績效的評估，可以制定相應的措施，來降低法規風險。

企業可以根據 ESG 績效評估的結果，對企業的 ESG 表現進行評估，並制定相應的措施，來降低法規風險。ESG 績效評估在法規遵循中的應用，有助於企業識別和降低法規風險，從而保護企業的合法權益。 ESG 績效評估在法規遵循中的應用示例：一家企業在進行 ESG 績效評估時，發現企業的環境績效不佳。企業採取相應措施，改進環境管理，從而降低環境法規風險。一家企業在進行 ESG 績效評估時，發現企業的勞工績效不佳。企業採取相應措施，強化勞工權益保障，從而降低勞工法規風險。

(6) 供應鏈管理： ESG 評估可以擴展到企業的供應鏈，幫助企業評估供應商的 ESG 表現。這有助於提高供應鏈的永續性，減少供應風險。ESG 績效評估在供應鏈管理中的應用，包括以下方面：(a) 供應鏈風險管理：通過對供應商 ESG 績效的評估，可以識別供應鏈中的風險，例如環境風險、社會風險和治理風險。(b) 供應鏈績效改善：通過對供應商 ESG 績效的評估，可以識別供應商的改善機會，並促進供應鏈績效的改善。(c) 供應鏈競爭優勢：通過對供應商 ESG 績效的評估，可以提升企業的供應鏈競爭優勢。

ESG 績效評估在供應鏈管理中的應用，有助於企業識別和降低供應鏈風險，從而提升供應鏈績效和競爭力。 ESG 績效評估在供應鏈管理中的應用示例：一家企業在進行供應商 ESG 績效評估時，發現供應商的環境績效不佳。企業要求供應商改善環境管理，從而降低環境風險。一家企業在進行供應商 ESG 績效評估時，發現供應商的勞工績效不佳。企業要求供應商強化勞工權益保障，從而降低勞工風險。一家企業在進行供應商 ESG 績效評估時，發現供應商的社會責任績效良好。企業將該供應商列為優先合作夥伴，從而提升供應鏈績效。

(7) 員工參與： 員工通常對企業的 ESG 表現非常關注。積極的 ESG 評估結果可以增強員工的參與和忠誠度，吸引和保留優秀的人才。ESG 績效評估在員工參與中的應用，包括以下方面：(a) 員工溝通：通過 ESG 績效評估，企業可以向員工展示企業在 ESG 方面的努力和成果，從而增強員工對企業的認同感和歸屬感。(b) 員工培訓：通過 ESG 績效評估，企業可以了解員工在 ESG 方面的知識和意識，從而制定相應的培訓計畫，提升員工的 ESG 意識。(c) 員工激勵：通過 ESG 績效評估，企業可以將 ESG 績效納入員工績效考核或薪酬激勵制度，從而激勵員工參與 ESG 工作。

企業可以根據 ESG 績效評估的結果，對員工的 ESG 表現進行分析，並制定相應的溝通、培訓和激勵措施。例如，企業可以通過 ESG 報告、員工溝通會等方式，向員工展示企業在 ESG 方面的努力和成果。企業可以通過 ESG 培訓課程、員工手冊等方式，提升員工的 ESG 意識。企業可以將 ESG 績效納入員工績效考核或

薪酬激勵制度，從而激勵員工參與 ESG 工作。ESG 績效評估在員工參與中的應用，有助於企業提升員工對 ESG 的認同感和歸屬感，從而促進員工參與 ESG 工作。 ESG 績效評估在員工參與中的應用示例：一家企業在進行 ESG 績效評估時，發現員工對 ESG 的了解不足。企業可以制定 ESG 培訓計畫，提升員工的 ESG 意識。一家企業在進行 ESG 績效評估時，發現員工對 ESG 工作參與度不高。企業將 ESG 績效納入員工績效考核，激勵員工參與 ESG 工作。一家企業在進行 ESG 績效評估時，發現員工對 ESG 工作的滿意度高。企業繼續加強 ESG 工作，提升員工對 ESG 的滿意度。

(8) 社會影響：ESG 績效評估可以幫助企業了解其對社會的影響，包括對員工、客戶、社區和環境的影響。ESG 績效評估在社會影響中的應用，主要包括：(a) 社會責任：通過 ESG 績效評估，企業可以衡量企業在社會責任方面的表現，例如是否遵守勞工法規、是否保護環境、是否支持社會公益等。(b) 公眾聲譽：通過 ESG 績效評估，企業可以了解企業在公眾中的聲譽，從而制定相應的措施，提升企業的社會影響力。(c) 永續發展：通過 ESG 績效評估，企業可以了解企業對社會的影響，從而制定相應的措施，促進永續發展。

企業可以通過發布 ESG 報告、參與社會責任活動等方式，提升企業的公眾聲譽。企業可以通過制定永續發展目標、實施永續發展措施等方式，促進永續發展。ESG 績效評估在社會影響中的應用，有助於企業提升企業的社會責任感，從而促進社會的永續發展。 ESG 績效評估在社會影響中的應用示例：一家企業在進行 ESG 績效評估時，發現企業的勞工條件不佳。企業可以改善勞工條件，提升企業的社會責任。一家企業在進行 ESG 績效評估時，發現企業的環境污染嚴重。企業可以採取措施，減少環境污染，提升企業的公眾聲譽。一家企業在進行 ESG 績效評估時，發現企業對社會公益的支持不足。企業可加大對社會公益的支持，促進永續發展。

(9) 品牌價值：積極的 ESG 表現可以提高企業的品牌價值，使企業更具吸引力和競爭力。ESG 績效評估在品牌價值中的應用，主要包括以下：(a) 提升品牌形象：通過 ESG 績效評估，企業可以展示企業在環境、社會和治理方面的責任感，從而提升企業的品牌形象。(b) 強化品牌定位：通過 ESG 績效評估，企業可以強化企業的品牌定位。(c) 吸引投資者和客戶：通過 ESG 績效評估，企業可以吸引投資者和客戶，從而提升企業的市場競爭力。

企業可以根據 ESG 績效評估的結果，對企業的 ESG 表現進行分析，並展示企業的 ESG 責任感，從而提升企業的品牌形象。例如，企業可以通過發布 ESG 報告、參與 ESG 活動等方式，展示企業的 ESG 績效。企業可以根據 ESG 績效評估的結果，對企業的 ESG 定位進行分析，並強化企業的 ESG 定位。例如，企業可以通過制定 ESG 宣言、推出 ESG 產品或服務等方式，強化企業的 ESG 定位。企業可以根據 ESG 績效評估的結果，對企業的 ESG 表現進行分析，並吸引投資者和客戶。例如，企業可以通過 ESG 投資者報告、ESG 客戶溝通等方式，吸引投資者和客戶。

(10) 客戶滿意度：ESG 績效評估可以幫助企業提高客戶滿意度，增加客戶忠誠度。ESG 績效評估在客戶滿意度中的應用，主要包括：(a) 提升客戶信任：通過 ESG 績效評估，企業可以展示企業在環境、社會和治理方面的責任感，從而提升客戶對企業的信任。企業可以根據 ESG 績效評估的結果，對企業的 ESG 表現進行分析，並展示企業的 ESG 責任感，從而提升客戶對企業的信任。例如，企業可以通過發布 ESG 報告、參與 ESG 活動等方式，展示企業的 ESG 績效。(b) 改善客戶體驗：通過 ESG 績效評估，企業可以了解客戶的 ESG 需求，從而改善客戶體驗。企業可以根據 ESG 績效評估的結果，對客戶的 ESG 需求進行分析，並改善客戶體驗。例如，企業可以通過減少包裝、提供公平交易的產品或服務等方式，改善客戶體驗。(c) 促進客戶忠誠度：通過 ESG 績效評估，企業可以提升客戶對企業的滿意度，從而促進客戶忠誠度。企業可以根據 ESG 績效評估的結果，對客戶的滿意度進行分析，並促進客戶忠誠度。例如，企業可以通過提供 ESG 相關的產品或服務、參與 ESG 活動等方式，促進客戶忠誠度。

(11) 創新：ESG 績效評估可以促進企業創新，開發新產品和服務，以滿足永續發展的需求。ESG 績效評估在創新中的應用，主要包括以下：(a) 識別創新機會：通過 ESG 績效評估，企業可以識別 ESG 領域的創新機會，例如新的產品、服務、技術或商業模式。企業可以根據 ESG 績效評估的結果，對 ESG 領域的創新機會進行分析，並制定相應的措施。例如，企業可以通過設立創新獎項、提供創新資源等方式，促進創新。(b) 促進創新：通過 ESG 績效評估，企業可以激勵員工和管理層進行創新，以解決 ESG 問題。企業可以根據 ESG 績效評估的結果，對企業的創新能力進行分析，並制定相應的措施。(c) 提升創新能力：通過 ESG 績效評估，企業可以提升企業的創新能力，從而取得競爭優勢。例如，企業可以通過培訓員工、建立創新文化等方式，提升創新能力。

(12) 永續發展目標： ESG 評估有助於企業實現永續發展目標。這包括減少碳排放、提高資源利用效率、促進社會責任和改善公司治理，這些目標對企業的長期發展至關重要。ESG 績效評估在永續發展目標中的應用，主要包括以下：(a) 追蹤永續發展目標的進展：通過 ESG 績效評估，企業可以追蹤企業在永續發展目標方面的進展，從而了解企業在永續發展方面取得了哪些成就，還有哪些需要改進的地方。(b) 制定永續發展目標：通過 ESG 績效評估，企業可以了解企業的 ESG 績效水平，從而制定更具挑戰性的永續發展目標，推動企業的永續發展。(c) 匯報永續發展成果：通過 ESG 績效評估，企業可以收集永續發展方面的數據和訊息，從而編制 ESG 報告，向利益相關者匯報企業的永續發展成果。

總體而言，ESG 績效評估具有廣泛的應用，可以幫助企業在不同的方面取得成功。對於企業而言，ESG 績效評估的實際應用，參看表 10.10 所示。

表 10.10 ESG 績效評估的實際應用

應用領域	應用目的	應用案例
投資決策	幫助投資者了解企業的 ESG 績效，以做出更明智的投資決策	投資者可以使用 ESG 績效評估結果來篩選投資標的，以降低投資風險並提高投資收益。
信用風險	幫助金融機構了解企業的 ESG 風險，以做出更審慎的融資決策	金融機構可以使用 ESG 績效評估結果來評估貸款企業的信用風險，以降低融資風險。
供應鏈管理	幫助企業評估供應鏈中的 ESG 風險，以降低風險並提升供應鏈管理水平	企業可以使用 ESG 績效評估結果來評估供應鏈中的企業，以降低供應鏈風險。
企業管理	幫助企業了解自身的 ESG 績效，並制定相應的改進措施，以提升企業的長期永續發展能力	企業可以使用 ESG 績效評估結果來制定 ESG 戰略和目標，以提升企業的長期永續發展能力。
產品和服務評估	幫助企業評估其產品和服務的 ESG 影響，以滿足消費者和客戶的需求	可口可樂公司使用 ESG 績效評估來評估其產品的碳足跡，以減少其對環境的影響。
品牌建設	幫助企業提升其品牌形象，吸引更多消費者和客戶	沃爾瑪公司使用 ESG 績效評估來評估其供應鏈中的企業，以確保其供應鏈的道德和永續性。
員工招聘和留任	幫助企業吸引和留住優秀人才	星巴克公司使用 ESG 績效評估來衡量其對社會的貢獻，例如為員工提供免費教育和培訓。
社會責任	幫助企業衡量其對社會的貢獻，促進社會永續發展	許多企業使用 ESG 績效評估來衡量其對社會的貢獻，例如慈善捐贈和社會公益活動。

思考問題

1. ESG 績效評估，有哪些維度？
2. ESG 績效評估的方法有哪些？請簡要說明。
3. ESG 績效評估的結果可以應用於哪些方面？
4. 在 ESG 績效評估中，董事會結構的指標包括哪些內容？
5. 什麼是定量指標和定性指標？ ESG 績效評估中如何使用它們？
6. ESG 績效評估的目的和重要性是什麼？
7. 為什麼數據收集被認為是 ESG 績效評估的基礎？
8. 如何提高數據的可靠度？
9. ESG 績效評估的結果分析有哪些主要步驟？
10. ESG 績效評估的應用範圍有哪些方面？
11. 為什麼 ESG 績效評估在投（融）資決策中具有重要性？
12. 為什麼 ESG 績效評估有助於識別潛在的 ESG 機會？
13. ESG 績效評估如何有助於風險管理？
14. 為什麼 ESG 績效評估的數據品質是關鍵因素？

CHAPTER 11

ESG 報告與揭露

ESG 報告的概念最早在 20 世紀 60 年代提出，當時主要關注企業的環境和社會責任。隨著永續發展理念的深入，ESG 報告的內容和範圍逐漸擴大，涵蓋了環境、社會和治理（ESG）三個方面。ESG 報告的發展可以分為以下幾個階段：

(1) 起步階段（1960-1990）：ESG 報告的概念最早在 20 世紀 60 年代提出，當時主要關注企業的環境和社會責任。例如，1962 年，Rachel Carson 的著作《寂靜的春天》引起了公眾對環境問題的關注，促使企業開始關注環境保護。1970 年，美國國會通過了《環境保護法》，要求企業揭露其環境訊息。

(2) 發展階段（1990-2000）：在 20 世紀 90 年代，ESG 報告的發展開始加速。1992 年，聯合國發布了《環境與發展的聯合國永續發展議程》，將永續發展作為全球發展的目標。1997 年，全球環境金融機構（GEF）發布了《企業環境績效指南》，為企業的環境績效評估提供了指引。

(3) 成熟階段（2000 至今）：在 2000 年後，ESG 報告得到了廣泛的關注。2006 年，聯合國發布了《Who Cares Wins》報告，呼籲企業將 ESG 納入其核心戰略。2010 年，全球報告倡議組織（GRI）發布了《GRI 永續發展報告框架》，成為全球最權威的 ESG 報告標準。

在當今社會，永續發展已成為全球共識。企業作為社會的重要組成部分，必須承擔起永續發展的責任。ESG 報告是企業向利害關係人揭露其環境、社會和公司治理績效的一種方式，是企業實踐履行永續發展的重要手段。

近年來，ESG 報告日益受到企業、投資者和其他利害關係人的重視。企業採用 ESG 報告，不僅可以提升企業的透明度和信任度，吸引投資者和客戶，降低企業的風險，還可以促進企業的永續發展。本章將介紹 ESG 報告的目的和價值、內容和範圍、標準化和國際化、驗證和評估以及實用性和可操作性等相關內容。

11.1

ESG 報告的目的和價值

ESG 報告與揭露是向企業的利益相關方展示環境、社會和公司治理績效的重要訊息揭露管道。其重要性與價值體現在幾個方面：首先，ESG 報告揭露體現了企業在實踐社會責任和實現永續發展方面的積極性和透明度。它向利益相關方傳達企業重視環境與社會議題的理念。其次，ESG 報告中包含的數據和案例，有助於利益相關方更加全面和準確地評價企業的 ESG 表現。這將降低交易成本，促進更高效的資源配置。再者，ESG 報告的編製過程，也推動企業內部在 ESG 數據和訊管理方面的建設與標準化，這對企業 ESG 工作奠定了良好基礎。最後，ESG 報告揭示出企業在環保減排、勞工權益保障等方面的努力，有助於營造積極的企業形象和口碑。總之，ESG 報告與揭露在提高企業社會責任透明度、優化公司治理、引導資本配置等方面，發揮著隱性和顯性的重要作用，也體現了企業實現永續發展的決心。

ESG 報告的目的和價值、旨在提供企業和利益相關者有關企業在環境、社會和公司治理（ESG）方面的表現的詳細訊息。這種報告不僅是企業社會責任（CSR）和永續發展的關鍵工具，也在今天的商業環境中，具有越來越高的重要性。以下是 ESG 報告的目的和價值的詳細說明：

(1) ESG 報告的目的：

A. 透明度和資訊揭露：ESG 報告的主要目的之一是提供企業的透明度。它允許企業將其在 ESG 領域的表現公開揭露，以滿足股東、投資者、客戶和其他利益相關者的需求。ESG 報告是企業向利益相關者提供關於其環境、社會和治理績效的資訊的一種方式。通過 ESG 報告，企業可以向利益相關者展示其在永續發展方面的努力和成果，提升企業的透明度和信任度。這種透明度有助於建立信任，減少訊息不對稱。ESG 報告的透明度和資訊揭露主要體現在：(a) 資訊的全面性：ESG 報告應涵蓋企業在環境、社會和治理方面的所有重要資訊，包括政策、措施、成就、挑戰等。(b) 資訊的可靠性：ESG 報告應基於可靠的數據和資訊，並經過獨立審查。(c) 資訊的可訪問性：ESG 報告應以易於理解的方式編寫，並以公開的方式發布。ESG 報告的透明度和資訊揭露，有助於企業：幫助企業建立良好的聲譽，吸引投資者、客戶和人才；幫助企業識別和管理 ESG 風險，降低企業的財務風險和聲譽風險；幫助企業優化資源配置，提高企業的效率和競爭力。

B. 風險評估： ESG 報告還有助於企業識別和評估與 ESG 因素相關的風險。這包括環境風險（如氣候變化和自然資源管理）、社會風險（如勞工問題和供應鏈問題）以及公司治理風險（如財務不端行為）。通過更好地了解這些風險，企業可以採取預防措施，降低潛在損失。ESG 報告的風險評估，體現在：(a) 風險識別：ESG 報告應識別企業面臨的所有 ESG 風險，包括環境風險、社會風險和治理風險。(b) 風險評估：ESG 報告應對 ESG 風險進行評估，包括風險的性質、嚴重程度和可能性。(c) 風險管理：ESG 報告應提出相應的措施，管理 ESG 風險。ESG 報告的風險評估有助於：幫助企業識別其面臨的 ESG 風險，從而採取相應的措施，降低風險；幫助企業制定有效的風險管理措施，降低 ESG 風險的發生概率和影響程度；幫助企業優化資源配置，提高企業的風險管理效率。

C. 機會識別： ESG 報告不僅關注風險，還有助於企業識別永續發展的機會。這些機會可能包括創新的環保產品、社會責任項目的擴展以及提高公司治理水平。通過利用這些機會，企業可以實現業務增長和增加競爭優勢。ESG 報告的機會識別，體現在：(a) 機會識別：ESG 報告應識別企業面臨的所有 ESG 機會，包括環境機會、社會機會和治理機會。(b) 機會評估：ESG 報告應對 ESG 機會進行評估，包括機會的性質、潛力和可行性。(c) 機會利用：ESG 報告應提出相應的措施，利用 ESG 機會。ESG 報告的機會識別有助於企業：ESG 報告可以幫助企業識別其面臨的 ESG 機會，從而採取相應的措施，利用機會；ESG 報告

可以幫助企業提升其在 ESG 方面的競爭力，從而吸引投資者、客戶和人才；ESG 報告可以幫助企業創造新的價值，從而提升企業的盈利能力。

D. 法規遵循： ESG 報告的目的之一是法規遵循。ESG 報告是企業對其環境、社會和治理方面的法律法規遵循情況，進行評估和揭露的一種方式。通過 ESG 報告，企業可以展示其對法律法規的遵守情況，以降低合規風險。許多國家和地區要求企業報告其在 ESG 領域的表現，以確保其遵守相關法規和標準。ESG 報告有助於企業確保合規性，並防止潛在的法律風險。ESG 報告的法規遵循，體現在：(a) 法律法規識別：ESG 報告應識別企業適用的所有環境、社會和治理方面的法律法規。(b) 法律法規評估：ESG 報告應對適用的法律法規進行評估，包括法律法規的性質、內容和要求。(c) 合規措施：ESG 報告應提出相應的措施，確保法律法規遵守。ESG 報告的法規遵循，可以幫助企業，識別和管理其面臨的法律法規風險，降低合規風險；可以幫助企業，展示其對法律法規的遵守情況，提升企業形象；可以幫助企業更好地理解法律法規要求，促進企業永續發展。

(2) ESG 報告的價值：

A. 提高投資者信任： ESG 報告有助於提高投資者對企業的信任。投資者越來越關注 ESG 因素，他們希望了解企業的長期永續性。具有詳細的 ESG 報告，可以幫助企業吸引更多的資金和投資。ESG 報告可以提高投資者信任，主要體現在：(a) 展示企業永續發展績效：ESG 報告可以幫助投資者了解企業在環境、社會和治理方面的績效，從而更好地評估企業的風險和潛力。(b) 提升企業透明度：ESG 報告可以幫助投資者了解企業的內部治理情況，從而降低投資風險。(c) 促進企業永續發展：ESG 報告可以幫助投資者了解，企業的永續發展目標和措施，從而更加有信心地投資於企業。

B. 加強品牌聲譽：透過展示良好的ESG表現，企業可以提高其品牌聲譽。消費者、客戶和合作夥伴可能更傾向於支持那些在社會責任和永續發展方面表現出色的企業。ESG 報告可以加強品牌聲譽，主要體現：(a) 展示企業社會責任：ESG

報告可以幫助企業展示其在環境、社會和治理方面的努力和成果，提升企業的社會責任形象，自然獲得企業品牌的聲譽。(b) 提升企業透明度：ESG 報告可以幫助企業展示其內部治理情況，提升企業的透明度和信任度，自然獲得企業品牌的聲譽。(c) 促進企業永續發展：ESG 報告可以幫助企業展示其永續發展目標和措施，提升企業的永續發展形象，對企業來說，獲得永續經營的品牌形象與聲譽。ESG 報告可以為企業帶來的無形與有形的價值：ESG 報告可以幫助企業建立良好的形象，吸引客戶、人才和合作夥伴；可以幫助企業識別和管理 ESG 風險，降低企業的聲譽風險；可以幫助企業優化資源配置，提高企業的效率和競爭力；可以幫助企業創造新的價值，從而提升企業的盈利能力。

C. 吸引優秀人才： ESG 報告有助於企業吸引優秀的員工。許多尋找工作的人更傾向於加入注重社會和環境問題的企業。因此，有一個積極的 ESG 記錄可能有助於招聘最優秀的人才。具體而言，ESG 報告可以為企業帶來價值：(a) 提升企業形象：ESG 報告可以幫助企業建立良好的形象，吸引客戶、人才和合作夥伴。(b) 降低風險：ESG 報告可以幫助企業識別和管理 ESG 風險，降低企業的聲譽風險，吸引好的人才進入，也避免人才流失。(c) 提高效率：ESG 報告可以幫助企業優化資源配置，提高企業的效率和競爭力。競爭力強的公司，自然吸引優秀人才進駐，以確保企業未來的發展。

D. 創造價值：ESG 報告可以幫助企業創造新的價值，從而提升企業的盈利能力。ESG 報告可以創造價值，主要體現在：(a) 降低成本之價值：ESG 報告可以幫助企業識別和管理 ESG 風險，降低 ESG 相關的成本。(b) 提升效率之價值：ESG 報告可以幫助企業優化資源配置，提高企業的效率和競爭力。(c) 創新創造之價值：ESG 報告可以促進企業創新，開發新的產品和服務，創造新的價值。(d) 提升品牌聲譽之價值：ESG 報告可以提升企業的品牌聲譽，吸引客戶、投資者和人才。

E. 提高業務績效： 通過評估和改進 ESG 因素，企業可以提高其業務績效。這包括節省能源、減少成本、提高供應鏈的效率，以及降低風險。ESG 報告可以提高業務績效，主要體現在：(a) 降低資源成本：ESG 報告可以幫助企業識別和管理 ESG 風險，降低 ESG 相關的成本。例如，一家企業通過 ESG 報告識別了廢物處理不當的風險，並採取了措施改善廢物處理，從而降低了廢物處理成本。(b) 提升業務效率：ESG 報告可以幫助企業優化資源配置，提高企業的效率和競爭力。例如，一家企業通過 ESG 報告，發現了生產過程中存在的浪費，並採取了措施減少浪費，從而提高了生產效率。

F. 促進企業的永續發展：ESG 報告可以幫助企業更好地了解自身的 ESG 績效，從而制定和實施永續發展戰略。ESG 報告還可以促進企業與利害關係人進行溝通和合作，從而共同推動永續發展。ESG 報告可以促進企業的永續發展，主要體現在：(a) 提高企業的透明度：ESG 報告可以幫助企業向利益相關者展示其在環境、社會和治理方面的努力和成果，提升企業的透明度和信任度。透明度是永續發展的重要基礎。(b) 識別和管理 ESG 風險：ESG 報告可以幫助企業識別和管理 ESG 風險，降低 ESG 風險對企業的影響。ESG 風險是永續發展面臨的主要挑戰之一。(c) 促進企業創新：ESG 報告可以促進企業創新，開發新的產品和服務，創造新的價值。創新是永續發展的重要動力。(d) 提升企業的競爭力：ESG 報告可以提升企業的競爭力，吸引客戶、投資者和人才。競爭力是永續發展的重要保障。

11.2

ESG 報告的內容和範圍

ESG 報告的內容和範圍應包括企業的環境、社會和公司治理三大領域。ESG 報告的內容和範圍，取決於企業的特定情況和利益相關者的需求，但通常包括以下方面的訊息【參考文獻 29】，這些訊息有助於評估企業在 ESG 領域的表現和永續性（相關內容，如表 11.1)：

(1) 環境領域：主要關注企業對環境的影響，包括氣候變化、污染防治、資源節約等。企業應揭露其在環境保護、資源利用、氣候變化等方面的績效。其中包含：(a) 環境保護：包括企業在減少碳排放、節約能源、保護生物多樣性等方面的努力和成效。(b) 環境管理：包括企業的環境管理體系、環境管理措施和環境管理績效。(c) 環境風險：包括企業面臨的環境風險、環境風險管理措施和環境風險管理績效。

ESG 報告的環境範疇需要全面揭露企業在資源利用效率、污染排放管理以及應對氣候變化等方面的表現。在資源利用方面，需要詳細揭露能源 (如電力、油氣) 消耗數據，計算並揭露出企業的溫室氣體排放量，反映減排成效。還需要揭露水資源和原材料的使用數據。在污染管理方面，需要揭露廢氣排放、廢水排放、固體廢物產生和處理情況等。此外，企業的環保合規性也是環境範疇重要的揭露內容之一。在氣候變化應對方面，企業揭露減碳目標與舉措，並評估氣候相關風險與機遇也十分重要。通過這些量化指標與質化政策的揭露，利益相關方可以更全面準確地評價企業的環境表現。具體而言，ESG 報告的環境領域，包括以下具體指標：(a) 碳排放：包括企業直接排放的碳排放、間接排放的碳排放和總碳排放。(b) 能源使用：包括企業能源使用總量、能源使用強度和能源使用效率。(c) 水資源使用：包括企業水資源使用總量、水資源使用強度和水資源使用效率。(d) 廢棄物產生：包括企業廢棄物產生總量、廢棄物產生強度和廢棄物處理效率。(e) 生物多樣性保護：包括企業在保護生物多樣性方面的努力和成效。ESG 報告的環境領域是企業永續發展的重要組成部分。企業通過 ESG 報告，可以向利益相關者展示其在環境保護方面的努力和成效，提升企業的形象和信任度。

(2) 社會領域：社會領域是 ESG 報告的三大核心領域之一，主要關注企業對社會的影響，和企業在社會責任方面的績效。包括勞工權益、人權、社會責任等。在員工權益方面，需要詳細揭露性別、年齡、地區等結構化的員工訊息，並充分反映企業在保障勞動權益、促進員工發展等方面的政策與表現。此外，工作場所的健康與安全也是社會範疇的重要內容。產品責任方面則需要揭露產品品質檢測結果、消費者回饋機制運行情況、消費者投訴處理等訊息。在社區投資和參與方面，企業需要揭露相關投入規模、範圍及形式，展示企業回饋社會的貢獻。這些訊息揭露將使利益相關方對企業履行社會責任的努力與成效一覽無遺。企業應揭露其在勞動條件、人權、社會公益等方面的績效。其中包含：(a) 勞工權益：包括企業在勞動條件、勞動安全、勞動保障等方面的努力和成效。(b) 員工人權：包括企業在人權尊重、人權保障等方面的努力和成效。(c) 公民社會：包括企業在支持公民社會、公民參與等方面的努力和成效。(d) 公平交易；包括企業在公平貿易、供應鏈管理等方面的努力和成效。(e) 社區參與：包括企業在社區參與、社區發展等方面的努力和成效。

具體而言，ESG 報告的社會領域的具體指標：(a) 勞動條件：包括企業的勞動時間、薪資水準、工作環境等；(b) 勞動安全：包括企業的職業安全、職業健康、職業傷害等；(c) 勞動保障：包括企業的社會保險、醫療保險、養老保險等；(d) 員工人權：包括企業在言論自由、宗教自由、結社自由等方面的保障；(e) 公民社會：包括企業對公民社會組織的支持、公民參與的促進等；(f) 公平交易：包括企業在供應鏈管理中的公平交易行為；(g) 社區參與：包括企業在社區公益活動中的參與、社區發展項目的支持等。ESG 報告的社會領域是企業永續發展的重要組成部分。企業透過 ESG 報告，可以向利益相關者展示其在社會責任方面的努力和成效，提升企業的形象和信任度。

(3) 公司治理領域：ESG 報告的公司治理範疇，需要充分揭露企業在董事會狀況、薪酬機制、反貪腐以及訊息安全與隱私保護等方面的表現。公司治理是 ESG 報告的三大核心領域之一，主要關注企業的內部治理，包括董事會結構、經營管理、財務訊息揭露等。企業應揭露其董事會結構、公司治理機制、財務訊息揭露等方面的績效。ESG 報告的公司治理領域，通常包括：(a) 董事會：包括董事會的組成、運作和績效。(b) 股東權益：包括股東權益保護、股東參與等方面的努力和成效。(c) 高級管理層：包括高級管理層的誠信、能力、薪酬等方面的努力和成效。(d) 訊息安全與揭露： 包含企業客戶隱私保護政策、消費者資料管理、數據安全系統和流程。另外，企業訊息揭露政策、內容與品質，也是公司治理領域的內容。

表 11.1 ESG 報告的內容和範圍

內容	說明
環境	企業對環境的影響，包括氣候變化、水資源、自然資源、生物多樣性、污染、廢棄物等。
社會	企業對社會的影響，包括員工權益、人權、勞工條件、健康安全、公平交易、消費者保護、社區發展等。
治理	企業的管理和運營方式，包括公司治理、董事會結構和運作、財務透明度、道德和誠信等。
風險管理	企業應揭露其面臨的 ESG 風險，以及如何管理這些風險。
機會識別	企業應揭露其如何利用 ESG 機會，提升企業的長期價值。
永續發展目標	企業應揭露其如何實現永續發展目標。
其他	企業可以根據自身情況，揭露其他與 ESG 相關的內容

具體 ESG 報告的內容和範圍，可以根據企業的實際情況進行調整，但除必要項目（如前所示），尚應涵蓋：(a) 企業的 ESG 政策和目標。(b) 企業的 ESG 績效指標。(c) 企業的 ESG 績效數據。(d) 企業的 ESG 績效分析。(e) 企業的 ESG 改進措施。

ESG 報告是企業向利益相關方揭露其 ESG 績效的重要方式。高品質的 ESG 報告可以幫助企業增強信任度，並贏得投資者、客戶、員工和其他利益相關方的支持。一份高品質的 ESG 報告，可以讓投資者在做出投資決策時，會考慮企業的 ESG 績效，以作為投資企業的參考依據，高品質的 ESG 報告，可以幫助投資者更好地了解企業的 ESG 績效，並做出更明智的投資決策。另外，品質好的 ESG 報告，可以幫助企業更了解自身的 ESG 作為，並制定相應的改善措施。高品質的 ESG 報告，可以促進企業永續發展，並為社會做出貢獻。因此，ESG 報告的訊息和數據，需要保證真實完整，企業 ESG 的正面與否面表現都需要充分揭露，不存在選擇性遺漏或粉飾的情況。其次，報告的框架和指標體系，要具有代表性和一致性，需要涵蓋 ESG 各個重要範疇並貫穿應用。再者，報告的訊息來源和數據計算過程，需要經得起檢驗，可以追溯和重構。此外，報告應當同時兼顧定量指標和定性描述，以期充分、平衡地反映 ESG 表現。最後，報告的設計和揭露形式，需要考慮不同利益相關方的訊息求，使其易於閱讀和獲取重要內容。通過符合這些要求，ESG 報告才能真正提高企業的透明度和問責性。對於 ESG 報告的品質要求，應全面、完整、可量化，並應與企業的整體戰略和目標相結合。以下是 ESG 報告的品質要求的關鍵：

(1) 透明度：ESG 報告的透明度要求，是 ESG 報告品質的重要組成部分。透明度要求企業在 ESG 報告中揭露足夠的訊息，使利益相關者能夠了解企業在環境、社會和治理方面的績效。ESG 報告的透明度要求：ESG 報告應全面反映企業在環境、社會和治理方面的績效，包括正面和負面的訊息；ESG 報告的訊息，應可與其他企業的訊息進行比較，以便利益相關者進行評估；ESG 報告應定期更新，反映企業在永續發展方面的最新進展。(a) 資訊揭露：ESG 報告應提供全面、清晰且容易理解的訊息，包括有關環境、社會和公司治理方面的所有關鍵指標和數據。這些訊息應以容易訪問的方式提供，例如在公司網站上公開揭露。(b) 資訊來源：報告應清楚地指出訊息的來源，包括數據的收集方法、基準和測量標準。這有助於確保報告的可信度。

(2) 可靠性和驗證：ESG 報告的可靠性和驗證是 ESG 報告品質的重要組成部分。可靠性要求 ESG 報告的訊息準確、可靠，並經過獨立審核。驗證和數據品質，是確保 ESG 報告可靠性的有效方式。(a) 驗證：ESG 報告可以接受獨立的驗證，以確保報告的準確性和可信度。一些企業選擇聘請獨立的驗證機構來審查其報告，這有助於增加報告的可靠性。(b) 數據品質：報告中包括的數據應經過仔細驗證，以確保其準確性。這包括內部數據和外部數據，如碳排放和環境監測數據。

(3) 一致性和標準化：ESG 報告的一致性和標準化是 ESG 報告品質的重要組成部分。一致性要求 ESG 報告的訊息揭露內容、方法和數據保持一致，以便利益相關者進行比較。標準化是指 ESG 報告遵循統一的標準和指引，以確保訊息揭露的準確性和可靠性。(a) 標準：報告應遵守相關的 ESG 報告標準和框架，如全球報告倡議（Global Reporting Initiative，GRI）標準、SASB（Sustainability Accounting Standards Board）標準或國際統一報告框架（IIRC）。(b) 一致性：企業應確保其 ESG 報告在時間上，和內容上保持一致，以便利益相關者比較不同年度的數據和趨勢。

(4) 相關性和重要性：ESG 報告的相關性和重要性是 ESG 報告品質的重要組成部分。相關性要求 ESG 報告的訊息揭露內容，與企業的經營活動和利益相關者的需求相關。重要性要求 ESG 報告的訊息揭露內容，對企業的經營活動和利益相關者，才具有重要之意義。(a) 關鍵議題：報告應聚焦於對企業和其利益相關者最具重要性和相關性的 ESG 議題。這需要公司明確識別關鍵的 ESG 風險和機會。(b) 趨勢分析：ESG 報告可以包括有關趨勢分析的訊息，以幫助利益相關者更好地理解企業在 ESG 方面的表現。

(5) 目標和計畫：ESG 報告的目標和計畫是 ESG 報告品質的重要組成部分。目標要求 ESG 報告應具有明確的目標，並提供可量化的指標。計畫要求 ESG 報告應具有明確的計畫，並說明如何實現目標。ESG 報告的目標要求主要包括以下幾個方面：

A. ESG 報告的目標：(a) 永續發展目標：ESG 報告應具有明確的永續發展目標，並提供可量化的指標。企業應根據自身的經營活動和利益相關者的需求，確定永續發展目標。(b) 訊息揭露目標：ESG 報告應具有明確的訊息揭露目標，並說明如何揭露訊息。企業應根據 ESG 報告的相關性、重要性、透明度、可靠性、一致性和標準化的要求，確定訊息揭露目標。

B. ESG 報告的計畫：(a) 永續發展計畫：ESG 報告應具有明確的永續發展計畫，並說明如何實現目標。企業應制定永續發展計畫，並定期更新。(b) 訊息揭露計畫：ESG 報告應具有明確的訊息揭露計畫，並說明如何揭露訊息。企業應制定訊息揭露計畫，並定期更新。

(6) 利益相關者參與：ESG 報告的利益相關者參與是 ESG 報告品質的重要組成部分。利益相關者參與要求企業應在 ESG 報告的制定和發布過程中，充分聽取利益相關者的意見和建議。企業應與其利益相關者積極溝通，並在報告編制過程中納入他們的意見和回饋。這有助於確保報告反映了多元的觀點和利益。ESG 報告的利益相關者參與主要包括以下幾個方面：(a) 利益相關者識別：企業應識別其所有利益相關者，包括股東、員工、客戶、供應商、政府、社區等。(b) 利益相關者溝通：企業應與利益相關者進行溝通，了解利益相關者的意見和建議。(c) 利益相關者參與決策：企業應在 ESG 報告的制定和發布過程中，充分聽取利益相關者的意見和建議，並納入決策。

ESG 報告的內容和範圍正在不斷擴大，隨著永續發展理念的深入人心，企業面臨的 ESG 風險和機會也越來越多。因此，ESG 報告的內容和範圍也在不斷擴大，以涵蓋更多的 ESG 議題。ESG 報告的編制應遵循步驟：

(1) 確定報告範圍：企業應首先確定報告的範圍，包括哪些 ESG 指標和績效將納入報告。同時，也要確定報告內容的實體範圍，是單體企業的還是按集團進行的，如果是集團報告，則需要明確涵蓋的子公司數量。

(2) 收集資料和資訊：企業應收集和整理相關的資料和資訊，以支持報告的編制。收集資料和資訊，主要包含：根據報告框架和指標體系的要求，確定需要收集的 ESG 資訊，形成資訊清單，以明確不同類型資訊和數據的來源。資料內涵來源需包括企業內部資料庫、統計報表、公開資料等。在蒐集資料的同時，需抽取樣本，進行數據品質檢查，以確保數據搜集的準確性。另外，對於資料不足的部分，需要進行專門調查或測試、計算、模擬等以充實數據。所有的資料蒐集需按照 ESG 框架的分類匯總，形成初始 ESG 資料庫。

(3) 分析資料和資訊：收集到大量 ESG 資料之後，編制 ESG 報告的第三步就是對資料進行分析。企業應分析資料和資訊，以確定企業的 ESG 績效。資料進行分析的主要的工作內容 : 對 ESG 資料進行整理歸類，形成 ESG 資料庫。並運用統計、分析工具，開展資料分析，例如通過與歷史數據比較分析 ESG 指標的變化趨勢。其次，按照既定的 ESG 指標體系，計算反映 ESG 績效的具體指標數值。如溫室氣體排放強度、用水效率等指標。最後，開展「基準化分析法」(Benchmarking) 分析，與同行業企業，進行 ESG 指標對標，確定在行業中的表現高低。

(4) 編寫報告：ESG 報告編制的第四步是編寫報告，企業應根據分析結果，編寫 ESG 報告。編寫報告的主要工作內容：根據企業實際和分析結果，設計報告框架，確定 ESG 報告的主要內容區塊。進一步，需撰寫環境、社會和公司治理等章節的主體內容。其中，需要通過文字、資料、圖表等，將其有機化的結合講述企業的 ESG 故事。撰寫執行總結，概述企業 ESG 工作的優劣勢與建議。這是對全文的精要總結。

(5) 審查報告：ESG 報告在編寫完成後，需要進行嚴格的審查，才能具有公信力與說服性。具體步驟為：組織專家小組內部審查報告內容，確保數據的準確性和無誤，不同章節之間內容的連貫性。亦可委託外部的第三方機構，開展審計驗證工作，對報告的真實性和遵循相關標準，進行核查評估。當然，也需要邀請公司高管和 ESG 相關的負責人審閱報告，檢查是否充分反映公司 ESG 政策，以及是否涵蓋全部重要的 ESG 活動內容。如果能夠徵求企業內外利益相關方的意見，將讓報告內容更好地回應外部訴求。最後，在收集所有審查意見和建議後，企業可以再次的修改定稿報告。

ESG 報告編制完成後，企業需要將其發布給利益相關者。利益相關者包括投資者、客戶、員工、供應商、政府和社區等。採用的揭露應符合以下要求：(a) 時效性：報告應在適當的時間內揭露，以便利害關係人了解企業的 ESG 績效。(b) 可及性：報告應以易於獲得的方式揭露，以便利害關係人查閱。(c) 透明度：企業應公開報告揭露的資訊，以便利害關係人進行監督和評估。

ESG 報告的揭露與揭露，事關企業社會責任透明度，其重要性體現：ESG 報告的發佈本身，就是實踐企業的社會責任與接受公眾監督的開放作為，這可贏得社會各界的認可和讚許。其次，報告的內容揭露，讓企業有機會通過事實表明其在環保、員工權益等方面的努力付出，積極的創見企業形象、與消極的修復可能有的不良公共形象。再者，訊息公開也方便外部機構進行 ESG 表現評估，為 ESG 相關的榮譽、指數、標識申報，建立後續作為的通道。最後，ESG 訊息揭露，也使投資者可以在績效檢視的基礎上，做出更明智的資本配置決策。 ESG 報告的揭露方式可以分為：(a) 在企業的官方網站上發布：這是最常見的 ESG 報告揭露方式。企業可以將 ESG 報告直接發布在其官方網站上，以便利益相關者可以隨時查閱。(b) 在第三方平台上發布：企業可以將 ESG 報告發布在第三方平台上，例如 GRI [30] 的 ESG 報告數據庫。這可以提高 ESG 報告的透明度和可及性。(c) 金融市場：對於上市公司，公司可以選擇通過金融市場的報告機制（例如，提交到證券監管機構）來揭露其 ESG 報告，以確保投資者能夠輕鬆訪問。(d) 通過媒體發布：企業可以通過媒體發布 ESG 報告，例如在新聞稿中或在媒體採訪中，這可以提高企業 ESG 報告的知名度。

在揭露與發佈後，企業仍需與利益相關者保持互動，不斷接受來自利益相關者的回饋，並鼓勵利益相關者，提供對報告的回饋和意見，並積極參與對話和討論。這有助於建立更加互信和開放的關係。另外，如果條件允許，並提高企業的 ESG 報告的客觀與公正，可委託第三方驗證和獨立審查，以證明報告的可信度。

ESG 報告的持續更新，是永續經營的重要考量，一般而言，公司應該定期更新其 ESG 報告，通常以每年為周期。這有助於追蹤進展、變化和趨勢，同時確保報告保持最新；並對利益相關者的回應回饋，應考慮調整其 ESG 策略和目標，並在未來的報告中反映這些變化。

---

[30]GRI 是 Global Reporting Initiative ，全球報告倡議組織。GRI 是全球最廣泛採用的 ESG 報告標準，為企業提供了 ESG 報告的框架和要求。

揭露 ESG 報告，是確保訊息傳達到企業關係人的重要方式。透明度和開放性是關鍵，有助於建立企業的信任和永續性，並支持更廣泛的永續發展目標（圖 11.1 是台積電的 ESG 報告範例）。同時，與利益相關者的互動和回饋，也是確保報告的成功揭露的關鍵要素。

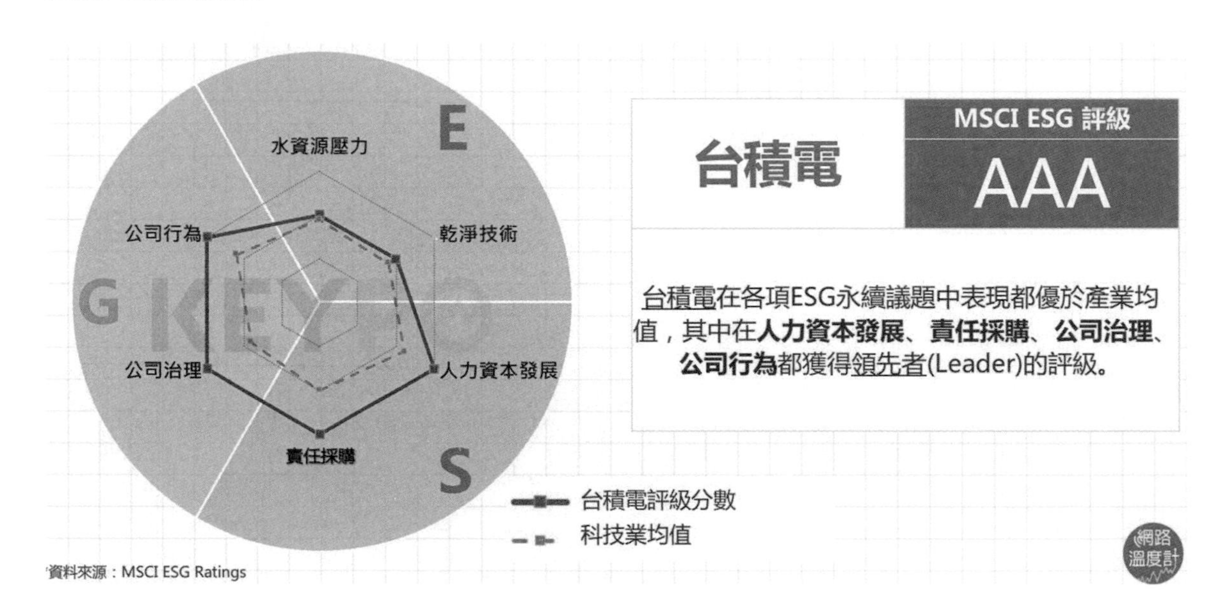

圖 11.1 台積電的 ESG 報告

11.3
ESG 報告標準與國際化

ESG 報告標準的制定和國際化，是促進全球企業在永續性報告方面取得共識和一致性的重要步驟。ESG 報告標準，是企業 ESG 報告的重要參考依據。企業通過採用 ESG 報告標準，可以提高其 ESG 報告的品質和可信度，從而更好地向利益相關者揭露其 ESG 績效。

ESG 報告標準是指：指導企業如何收集、評估、報告和揭露其 ESG 相關訊息的一套指南或框架。這些標準有助於確保報告的一致性、可比性和可驗證性，使投資者、利益相關者和監管機構，能夠更容易地理解和比較不同企業的永續性表現。因應全球化經濟和金融市場，企業越來越多在全球範圍內運營，投資者也跨越國界投資，因此需要一套國際標準，以便更好地理解，企業在不同地區的永續性表現。國際標準有助於消除不同國家和地區之間的標準差異，降低混淆和不確定性。目前，全球主要的 ESG 報告標準有以下幾種：

(1) Global Reporting Initiative（GRI）標準【參考文獻 30】：是全球最廣泛採用的 ESG 報告標準，涵蓋了環境、社會和公司治理三大領域。全球報告倡議組織（GRI）是一家獨立的國際組織，致力於幫助企業、政府和其他組織了解並傳達其對氣候變化、人權和腐敗等問題的影響。GRI 報告標準包括一系列的指南，用於報告環境、社會和公司治理訊息。這些標準通過多個主題和指標來指導企業報告，例如碳排放、人權、勞工條件、供應鏈管理等。GRI 的報告標準已經成為全球最廣泛使用的永續性報告框架之一。許多大型企業和機構選擇使用 GRI 標準來編制其年度永續性報告，以展示其在永續性方面的表現。GRI 的工作對投資者、政府、監管機構和利益相關者都具有重要價值，因為它有助於提供關於企業的 ESG 風險和表現的訊息，有助於做出投資和政策決策。GRI 報告標準的核心原則是透明度、關聯性、可比性和可驗證性。這些原則有助於確保報告訊息的品質和可信度。GRI 提供全球最廣泛使用的永續發展報告標準，涵蓋從生物多樣性到稅收、從廢物到排放、從多元化和平等到健康和安全等各個方面。這些標準是由包括企業、政府、民間社會和投資者在內的多方利益相關者共同制定的。

(2) Sustainability Accounting Standards Board（SASB）標準：SASB 標準是美國的 ESG 報告標準，專注於企業的財務影響。SASB 可以理解為永續性會計標準委員會，是一個致力於制定和推動 ESG 及永續性訊息的非營利組織。SASB 的主要目標是提供具體、可衡量且與行業相關的永續性指標，使投資者和利益相關者能夠更好地理解企業的環境、社會和治理（ESG）風險和表現。目前，SASB 標準【參考文獻 31】涵蓋了 77 個行業，覆蓋全球約 90% 的市值。SASB 標準的具體內容包括：SASB 標準涵蓋了環境、社會和公司治理三大領域。該標準提供了一系列永續發展指標，企業可以根據自身情況選擇使用。該標準也提供了一個報告框架，企業可以根據該框架編制其永續發展報告。SASB 的工作對投資者和企業都具有重要價值。對於投資者來說，SASB 標準提供了一個統一的框架，可以幫助他們評估投資組合中企業的 ESG 風險和表現。對於企業來說，遵守 SASB 標準可以提高其永續性報告的品質，增加投資者和利益相關者的信任。

(3) Task Force on Climate-related Financial Disclosures（TCFD）框架：TCFD 框架是全球氣候相關財務揭露框架，要求企業揭露其氣候相關風險和機會。TCFD 框架是由金融穩定委員會（Financial Stability Board，FSB）於 2015 年成立的專責小組所制定，旨在幫助企業和投資者了解並揭露與氣候變遷相關的財務風險和機會。TCFD 框架涵蓋了企業在氣候變遷相關財務風險和機會的治理、策略、風險管理、指標和目標等四大領域的揭露要求。TCFD 框架的核心元素涵蓋了以下四個主要方面：(a) 氣候相關治理（Governance）：企業應該報告其董事會對氣候相關風險和機會的治理結構和流程，包括董事會的角色、責任和執行。(b) 氣候相關策略（Strategy）：企業應該報告其在應對氣候變化方面的整體策略，包括目標設定、風險評估和機會利用等。(c) 氣候相關風險管理（Risk Management）：企業應該報告其如何識別、評估和管理氣候相關風險，以及這些風險對財務表現的影響。(d) 氣候相關指標揭露（Metrics and Targets）：企業應該報告其使用的氣候相關指標，以及是否設定了減排目標等。TCFD 的工作對全球金融體系和企業界產生了深遠的影響。它已經成為了全球標準，許多國際性的金融機構和企業都開始運用 TCFD 框架來報告其氣候相關訊息。投資者和資金提供者越來越關注氣候相關的財務風險和機會，因此，遵守 TCFD 框架的企業更有可能吸引投資。TCFD 框架是一個自願揭露框架，但已被全球許多企業和金融機構採用。TCFD 框架的廣泛採用有助於提高氣候相關財務風險和機會的透明度，並幫助企業和投資者更好地管理氣候變遷相關的風險。

有關前述國際上的 ESG 標準比較，如表 11.2 所示。

表 11.2 ESG 國際三大標準比較

指 標	GRI	SASB	TCFD
適用範圍	所有企業	特定行業	所有企業
揭露內容	環境、社會和公司治理三大領域	財務重要性永續發展因素	氣候相關財務風險和機會
適用性	強制性	自願性	自願性
優點	全面性、可比性、適用性廣泛	財務重要性、行業專業性、可比性	針對氣候風險，提高透明度和可信度
缺點	複雜性、可操作性	適用範圍有限	專注於氣候風險，其他永續發展因素未涵蓋
揭露頻率	年度	年度	年度
揭露要求	指標和揭露要求	指標和揭露要求	指標和揭露要求
報告框架	GRI 標準	SASB 標準	TCFD 框架

這三個標準（框架）都是永續發展訊息揭露的國際標準，但各有側重。GRI 標準是全面性的，SASB 標準是以財務為重要性的，TCFD 框架是針對氣候風險的。企業在選擇永續發展訊息揭露框架時，應根據自身情況和需求進行考量。企業在選擇標準（框架）後，還需要制定相應的揭露政策和程序，以確保其永續發展訊息的準確性和可靠性。

有關 ESG 報告和揭露，除了 GRI、SASB 和 TCFD 外，還有一些其他相關的標準和框架，如 CDP（Carbon Disclosure Project）、IIRC（International Integrated Reporting Council）、UN PRI（United Nations Principles for Responsible Investment），它們在推動企業和投資者更好地理解和應對 ESG 因素方面，也發揮了一定作用，這些標準和框架，為全球永續性和負責任投資的推動提供了重要支持。

11.4

ESG 報告的驗證和評估

ESG 報告是企業向利益相關者揭露其環境、社會和公司治理績效的重要手段。隨著 ESG 投資的興起，ESG 報告的透明度和可信度也越來越受到重視。ESG 報告的驗證和評估，是提高報告品質和可信度的重要手段。通過驗證和評估，可以確保報告訊息的準確性、完整性、一致性、透明度和可比性，從而為利益相關者提供更加可靠的資訊。因為它們影響著投資者、客戶、監管機構、NGO 組織和其他利益相關者對企業的看法和決策。ESG 報告的驗證和評估是確保這些報告品質的一種方式。通過由獨立的驗證機構執行的審查過程，企業可以確保其 ESG 訊息的正確性，並證明其對可持續經營的承諾。同時，驗證過程還可以提供改進建議，有助於企業不斷提升其 ESG 報告的品質和透明度。

ESG 驗證和評估是對 ESG 報告進行獨立審查的過程，以確保其準確性、完整性和可靠性。ESG 報告的驗證和評估通常包括以下內容：

(1) 報告內容的全面性和準確性：驗證機構應對報告中揭露的訊息進行審核，以確保其覆蓋了所有相關的 ESG 因素，並且訊息準確無誤。ESG 報告驗證和評估中的第一個重要項目是報告內容的全面性與準確性。這主要檢驗報告的資訊和數據，是否涵蓋了所有重大的 ESG 相關業務和活動，涵蓋的層面是否足夠全面。例如環境範疇是否同時兼顧能源使用、污染排放和環保合規等內容。此外，也需要評估報告揭露的具體 ESG 指標，如溫室氣體排放量等數據是否計算準確。數據來源和匯總過程是否經得起推敲。通過評價報告的資訊和數據的全面性與精確性，可以確保報告真實反映了企業的 ESG 表現，為後續評比提供可靠依據。

(2) 報告方法的合理性：驗證機構應對報告中使用的數據和方法進行審核，以確保其合理可靠。ESG 報告驗證和評估的第二個方面是報告方法的合理性。這主要檢驗報告的框架體系、指標選擇和資料分析方法是否科學合理。例如報告是否遵循公認的 ESG 框架和標準，選用指標是否符合行業特點。報告的年度分析是否與以往資料進行比較（ESG 評估非常重視與歷史資料比較）。報告的數據分析和整理是否運用適當的統計方法。報告方法的科學性和合理性，在一定程度上可以確保報告結果的客觀性，避免主觀臆斷和任意修改報告結論。

(3) 報告揭露的透明度：驗證機構應對報告揭露的訊息進行評估，以確保其清晰明瞭、易於理解。ESG 報告驗證和評估的第三個方面，是報告揭露的透明度。這主要檢驗企業在 ESG 報告中的資訊揭露是否真實、客觀、開放性。例如報告是否充分揭露了重大的 ESG 事件，如環保事故、勞資糾紛等；報告的表述是否平衡，是否同時反映 ESG 工作的成果和不足；報告的數據來源是否明確，可接受第三方核查等。ESG 報告揭露的透明度關系到報告的真實性和企業的社會責任形象。充分的透明度可以讓利益相關方對企業有全面的了解與信任。

(4) 報告揭露的完整性：驗證機構應對報告揭露的訊息進行評估，以確保其沒有遺漏或誤導。ESG 報告揭露的完整性，是指報告是否充分揭示了企業重大的 ESG 事項和數據訊息。主要檢驗：報告是否涵蓋了企業所有重大的 ESG 政策、措施以及績效表現；報告是否充分揭露了企業的重大 ESG 風險以及應對措施；ESG 數據是否涵蓋了標準期間和公司整體數據；數據源和匯總過程是否可追溯；報告是否秉持平衡原則，兼顧積極履行內容和不足之處。通過評價報告的完整性，可以確保企業透明的 ESG 訊息揭露，使利益相關方獲得整體公正的看法，這也是驗證的重要環節。

(5) 檢查 ESG 報告的合規性：驗證者會確保 ESG 報告符合相關的法律法規和國際標準。這包括確保報告符合當地金融監管機構的要求，以及符合像 GRI、SASB 或 TCFD 等 ESG 報告框架的要求。這主要檢驗報告在編制過程和內容框架，是否遵循相關的法規要求和行業標準。檢驗報告的合規性，可以確保企業實踐法定和行業所承諾的社會責任，為後續評價奠定堅實基礎，也方便與其他機構的 ESG 報告進行比較，這是驗證過程中不可或缺的環節。

(6) 報告揭露的均衡性：報告揭露的均衡性，強調 ESG 報告應當反映企業在履行社會責任方面積極表現的同時，也應當秉持平衡原則揭露存在的隱憂與不足。具體來說，主要是檢驗：報告指標是否同時包括，正向和反向的 ESG 績效指標；

對重大 ESG 事件的表述是否全面平衡；報告的用詞遣詞是否中立理性，避免個人感性。通過評估報告的揭露均衡性，使利益相關方，均充分理解企業 ESG 工作的全貌，形成公正客觀的評價。

(7) ESG 報告友善性：ESG 報告的友善性，決定了 ESG 報告是否易於被不同利益相關方使用和理解。其主要檢驗要點是：報告的邏輯結構是否清晰，能夠讓閱讀者快速的知悉與定位相關的重點；報告的表達是否簡明和通俗，避免專業術語的濫用；報告中重要概念和數據是否有明確解釋；報告中是否添加必要的列表、圖表、案例說明等，以豐富內容的呈現。

ESG 報告的驗證和評估，一般是指由第三方機構對企業 ESG 報告的內容進行核實和評價，以確保報告的真實性、準確性和可靠性。企業可依本身的規模，或是當地規範的法規，進行相關的驗證和評估，可以採用不同的方法，包括：

(1) 審核：審核 (Audit) 是驗證和評估的一種常見方法。審核機構將對報告中揭露的訊息進行審核，以確保其準確性和完整性。審核機構通常會對報告的數據來源、數據收集和分析方法進行審核。ESG 報告的驗證和評估方法中，審核 (Audit) 是最為權威的評價方式。審核一般是指由獨立的第三方專業機構，基於標準規範和程序，對 ESG 報告進行檢查和鑑定。審核人員需要查驗報告背後的數據和訊息來源，或許需至現場走訪企業，通過對數據匯總與流程，全面檢查數據篩選與確認，進行實質性的審計。最終對報告內容的真實性、準確性和完整性作出鑑定意見。審核機構也會出具正式的驗證報告。通過權威第三方的審計驗證，可以大大提升報告的公信力，也被視為報告品質最高的標誌。

(2) 評估：評估 (Rating) 是另一種常見的驗證和評估方法。評估機構將對報告的結構、內容和語言進行評估，以確保其透明度和可讀性。評估機構通常會對報告的框架、揭露方法和可比性進行評估。評估是指利用事先設計的評分標準或模型，對 ESG 報告進行分析性評價。評估人員可以根據報告揭露的內容，按照評價準則逐項評分。例如評估報告涵蓋 ESG 範疇的全面性、資料來源的可靠性等。也可以基於報告揭露的 ESG 指標，計算生成綜合的 ESG 表現評分，並與同行或不同時期的資料進行比對。通過評分比較，可以直觀反映企業 ESG 報告的品質水平以及 ESG 實踐表現的優劣。

(3) 查證：查證 (Verification) 是一種更深入的驗證和評估方法。查證機構將對報告中揭露的訊息進行實地查證，以確保其真實性。查證機構通常會對報告的數據來源、數據收集和分析方法進行實地查證。查證強調報告中具體訊息和數據內容的真實性檢驗。查證人員需要以抽查的方式，通過查閱第三方資料庫、現場考察、檢測與測量等，包含獨立驗證報告揭露的內容，如碳排放統計、廢氣處理設施運行等，查驗數據和訊息的真實性進行核對；同時也可以查證企業在報告編制中的程序，是否符合相關標準要求。通過對重要細節的抽查檢驗，查證可以在一定程度檢驗報告的客觀性，避免偏離與失真。

此外，ESG 報告的驗證和評估還可以採用以下方法：如問卷調查：驗證機構可以向利益相關者發放問卷調查，以了解他們對報告的意見和建議。焦點小組：驗證機構可以召開焦點小組會議，與利益相關者進行交流，以了解他們對報告的意見和建議。第三方意見：驗證機構可以聘請第三方專家對報告進行評估。

一般而言，驗證者通常會發布一份獨立的驗證報告，其中包括他們的評估結果以及對 ESG 報告的建議和意見。這份報告可以提供給利益相關者，以增加報告的可信度。驗證過程還可以為企業提供有關其 ESG 報告和內部流程的回饋，並提供改進建議。這有助於企業不斷提升其 ESG 報告的品質和透明度。為確保驗證的獨立性，通常會使用獨立的第三方驗證機構，這些機構不與被驗證的企業有利益關係，以確保評估的客觀性和可信度。

ESG 報告的驗證和評估也存在一定的局限性，包括：(a) 成本：ESG 報告的驗證和評估費用較高，可能會成為一些企業的負擔。(b) 時間：ESG 報告的驗證和評估需要一定的時間，可能會延遲報告的發布。(c) 主觀性：ESG 報告的驗證和評估存在一定的主觀性，可能會受到驗證機構的認知和偏見的影響。

無論如何，ESG 報告的驗證和評估是確保報告品質和透明度的重要步驟。這有助於提高報告的可信度，並確保企業的 ESG 訊息準確且完整，以便利益相關者，更好地理解企業的 ESG 表現。

11.5
ESG 報告的實用和可操作性

ESG 報告的實用性和可操作性，是指確保報告的內容和訊息對企業內部和外部的利益相關者，都具有實際價值，以及是否能夠為利益相關者提供有用和可以用於指導決策和行動。主要體現在以下幾個方面：(a) 訊息的準確性和完整性：報告的訊息應當準確無誤，並且涵蓋了所有相關的 ESG 因素。(b) 訊息的透明度和可讀性：報告的訊息應當清晰明瞭，易於理解。(c) 訊息的相關性和可操作性：報告的訊息應當與利益相關者的需求相關，並且能夠為他們提供有用的參考。(d) 與企業目標的連結：報告內容應與企業的戰略和業務目標相一致，以確保 ESG 訊息與公司的長期願景和使命相一致。(e) 具體的行動建議： 報告可以包括關於如何改善 ESG 績效的具體建議和行動計畫，以便企業能夠採取措施來解決特定的 ESG 挑戰。(f) 可比性和趨勢分析：報告可以包括與以前報告的數據，可進行比較的訊息，以及對 ESG 績效的趨勢分析，幫助利益相關者更好地了解企業的改進和進展。(g) 風險管理和機會識別：報告可以強調企業在 ESG 領域的風險和機會，以幫助企業更好地管理風險並利用機會。(h) 監測和報告進度：報告可以包括有關企業實施 ESG 計畫和措施的進度的訊息，以便利益相關者了解企業在實現永續發展目標方面的進展情況。(i) 教育和宣傳：報告可以用於教育內外部利益相關者，使他們更深入了解 ESG 問題的重要性和影響。

實際上，在提高 ESG 報告實用性和可操作性時，也會遭遇一些困難，首先要了解的是：ESG 報告是給誰看？這份報告看懂需要甚麼基礎知識？這份報告，給看過的利益關者，帶來甚麼訊息？這份訊息，又怎麼能凸顯企業在 ESG 作為和永續發展上的努力？又能如何提升企業的形象與品牌的忠誠度？以下就是撰寫與發佈 ESG 報告時，需要注意的建議：

(1) 使用統一的框架和揭露要求：使用統一的框架和揭露要求，可以提高報告的可比性和可操作性。使用統一的框架和揭露要求是指企業在 ESG 報告中，使用統一的框架和揭露要求。統一的框架和揭露要求可以幫助企業更好地理解 ESG 報告的要求，並提高 ESG 報告的透明度和可比性。統一的框架和揭露要求，通常包括以下內容：(a)ESG 報告的範圍：包括哪些 ESG 領域需要揭露訊息。(b)ESG 報告的訊息揭露內容：需要揭露哪些訊息。(c)ESG 報告的訊息揭露方法：如何揭露訊息。用統一的框架和揭露要求可以帶來以下好處：統一的框架和揭露要求，可以幫助讀者更好地理解企業的 ESG 訊息，並對企業的 ESG 績效進行比較；統一的框架和揭露要求可以幫助企業更好地比較不同企業的 ESG 績效；統一的框架和揭露要求可以幫助企業減少 ESG 報告的準備工作。

(2) 採用簡明易懂的語言：使用簡明易懂的語言，可以提高報告的可讀性。採用簡明易懂的語言是指在報告中使用簡單、明瞭、易於理解的語言。採用簡明易懂的語言可以幫助讀者更好地理解報告的內容，並從報告中獲得有價值的訊息。在採用簡明易懂的語言時，可以注意以下幾點：(a) 避免使用複雜的句子和詞彙：複雜的句子和詞彙，可能會讓讀者感到困惑。因此，應儘量使用簡單、明瞭的句子和詞彙。(b) 使用主動語態：主動語態可以使句子更加簡潔明瞭。因此，應儘量使用主動語態。(c) 避免使用專業術語：如果必須使用專業術語，應在第一次使用時先進行解釋。(d) 使用圖表和圖片：圖表和圖片可以幫助讀者更直觀地理解報告的內容。因此，在可能的情況下，可以使用圖表和圖片。

(3) 突出報告的重點訊息：突出報告的重點訊息，可以幫助利益相關者快速了解企業的 ESG 績效。突出報告的重點訊息，是指在報告中清楚地傳達報告的核心內容，讓讀者能夠快速了解報告的要點。突出報告的重點訊息，可以通過幾種方式來實現：(a) 使用醒目的標題和副標題：標題和副標題是讀者首先注意到的部分，因此使用醒目的標題和副標題可以幫助讀者快速了解報告的核心內容。(b) 使用清晰簡潔的文字：使用清晰簡潔的文字可以幫助讀者更容易理解報告的內容。(c) 使用圖表和圖片：圖表和圖片可以幫助讀者更直觀地理解報告的內容。(d) 使用總結和結論：在報告的最後，使用總結和結論可以幫助讀者回顧報告的要點。

(4) 提供可操作的建議：提供可操作的建議，可以幫助利益相關者更好地理解和利用報告的訊息。可操作的建議通常具有以下特點：可操作的建議應具體到可以採取的行動。例如，建議「提高員工生產力」是不具體的，而建議「為員工提供更有效的培訓」則是具體的。可操作的建議應可以衡量其效果。例如，建議「提高員工生產力」是無法衡量的，而建議「為員工提供更有效的培訓，使員工生產力提高 10%」則是可衡量的。可操作的建議應是可以實施的。例如，建議「提高員工生產力」是過於抽象的，而建議「為員工提供更有效的培訓，使員工生產力提高 10%，並在 6 個月內實施」則是可實施的。

思考問題

1. 什麼是 ESG 報告的主要目的之一？
2. ESG 報告為什麼有助於降低企業的風險？
3. ESG 報告有助於企業識別什麼樣的機會？
4. ESG 報告的透明度和資訊揭露對什麼有助益？
5. ESG 報告的品質要求是什麼？
6. ESG 報告的驗證和評估的目的是什麼？
7. ESG 報告的驗證和評估可以採用哪些方法？
8. ESG 報告的實用性和可操作性，主要體現在哪些方面？
9. 什麼是 ESG 報告標準？它們為什麼對企業重要？
10. 列出目前全球主要的 ESG 報告標準有哪些？
11. GRI 標準的核心原則是什麼？
12. SASB 標準主要關注哪個方面的 ESG 報告？
13. TCFD 框架的核心元素有哪些？
14. 使用統一的框架和揭露 ESG 報告，有何利益？

CHAPTER 12

ESG 風險管理

ESG 風險是指企業在 ESG 方面的風險，包括環境風險、社會風險和公司治理風險。ESG 風險的存在，可能會對企業的財務狀況、聲譽、營運和戰略造成重大影響。ESG 風險管理，是指企業識別、評估、控制和應對 ESG 風險的過程。ESG 風險管理的有效實施，可以幫助企業降低 ESG 風險，提升企業的風險管理能力和永續發展能力。

ESG 風險管理，是一個動態的過程，企業需要在 ESG 風險識別、評估、控制，以及應對各個環節，都投入持續的努力，以有效實現風險的全面管理。在風險識別方面，企業要通過調研和重要性評估，確認可能影響企業永續發展的各種 ESG 風險。企業在面對 ESG 風險時，不僅需要保護自身免受潛在風險的威脅，還應尋求創造更多價值，並在不斷變化的商業環境中持續成長。

12.1

ESG 風險的概述

ESG 風險是指企業在環境、社會和公司治理方面的風險。ESG 風險的存在，可能會對企業的財務狀況、聲譽、營運和戰略造成重大影響。ESG 風險可以根據不同的維度進行分類。根據影響程度，ESG 風險可以分為以下四類：

(1) 財務風險：是指 ESG 風險可能對企業的財務狀況造成影響的風險。財務風險包括：訴訟、罰款、賠償等。財務風險可以分為以下幾類：

A. 現金流風險：是指企業可能面臨現金流不足的風險，導致企業無法償還債務、支付費用等。ESG 風險可能導致企業的現金流入減少或現金流出增加，從而影響企業的財務狀況。例如，企業因環境污染被罰款，可能會導致企業現金流入減少；企業因勞工權益侵害被罷工，可能會導致企業生產中斷，從而導致現金流出增加。具體的影響：(a) 企業因 ESG 風險導致的訴訟、罰款、賠償等費用增加，可能導致企業現金流入減少。(b) 企業因 ESG 風險導致的生產中斷、產品召回等，可能導致企業現金流出增加。(c) 企業因 ESG 風險導致的客戶流失、供應商斷供等，可能導致企業現金流入減少。現金流缺乏，將對企業的經營造成困難，因為，現金流入減少，可能導致企業難以償還債務、支付股息，甚至導致破產；現金流出的增加，可能導致企業資金周轉困難，影響企業的正常經營。

B. 資產負債風險：是指企業可能面臨資產負債不合理的風險，導致企業財務狀況不穩定。例如，企業因環境污染被訴訟，可能會導致企業資產價值下降；企業因勞工權益侵害被罷工，可能會導致企業負債增加。具體影響：(a) 企業因 ESG 風險導致的訴訟、罰款、賠償等費用增加，可能導致企業資產價值下降。(b) 企業因 ESG 風險導致的生產中斷、產品召回等，可能導致企業資產價值下降。(c) 企業因 ESG 風險導致的客戶流失、供應商斷供等，可能導致企業收入減少，從而導致企業資產價值下降。(d) 企業因 ESG 風險導致的債務違約等，可能導致企業負債增加。

C. 投資風險：是指企業可能面臨投資失敗的風險，導致企業損失資金。投資成敗與否的風險，可能源於對前期 ESG 風險評估不足、中期監控不力或後期訊息不透明等多方面原因。ESG 的投資風險是指 ESG 風險可能導致企業投資失敗或投資收益下降，從而影響企業的財務狀況。例如，企業因環境污染被訴訟，導致企業投資項目停滯，可能會導致企業投資失敗；企業因勞工權益侵害被罷工，可能會導致企業投資項目延期，從而導致企業投資收益下降。具體風險為：(a) 企業因 ESG 風險導致的訴訟、罰款、賠償等費用增加，可能導致企業投資失敗。(b) 企業因 ESG 風險導致的生產中斷、產品召回等，可能導致企業投資項目停滯或延期。(c) 企業因 ESG 風險導致的客戶流失、供應商斷供等，可能導致企業投資項目失敗。

D. 匯率風險：是指企業可能面臨匯率波動的風險，導致企業利潤下降。匯率風險是企業在經營過程中面臨的一種常見風險，也是 ESG 風險中的一種重要風險。匯率風險與 ESG 風險之間的關係主要是：(a)ESG 風險可能導致匯率波動：例如，氣候變化導致的極端天氣事件，可能導致原油價格上漲，從而導致美元升值。(b) 匯率波動可能導致 ESG 風險加劇：例如，美元升值可能導致企業出口收入減少，從而導致企業利潤下降，進而影響企業的社會責任履行。

E. 信用風險：是指企業可能面臨客戶或供應商違約的風險，導致企業損失資金。信用風險是指企業可能面臨客戶或供應商違約的風險，導致企業損失資金。信用風險是 ESG 風險中的一種常見風險，主要包括客戶信用風險和供應商信用風險。信用風險與 ESG 風險之間的關係，主要是：(a)ESG 風險可能導致信用風險增加：例如，氣候變化導致的極端天氣事件，可能導致企業生產中斷、產品召回等，從而導致企業財務狀況惡化，進而導致企業信用評級下降，增加信用風險。(b) 信用風險可能導致 ESG 風險加劇：例如，企業信用評級下降，可能導致企業難以融資，從而影響企業的 ESG 投資和社會責任履行。

(2) 聲譽風險：是指 ESG 風險可能對企業的聲譽造成影響的風險。聲譽風險包括：公眾信任下降、客戶流失等，影響企業的長期發展。聲譽風險是指企業因其行為或不作為，而導致其聲譽受損的風險。聲譽風險是 ESG 風險中的一種重要風險，可能對企業的財務、業務和聲譽產生重大影響。聲譽風險可以分為：(a) 環境風險：是指企業因環境污染、氣候變化等行為，導致公眾信任下降的風險。環境風險：例如，企業因環境污染被訴訟，可能導致企業聲譽受損；例如消費者抵制企業產品或服務；政府對企業施加更嚴格的監管等。(b) 社會風險：是指企業因勞資糾紛、產品安全等問題，導致公眾信任下降的風險。例如，企業因勞工權益侵害被罷工，可能導致企業聲譽受損；消費者抵制企業產品或服務，投資者撤資等。(c) 公司治理風險：是指企業因財務造假、內幕交易等問題，導致公眾信任下降的風險。例如，企業因腐敗等問題被政府調查，可能導致企業聲譽受損；消費者抵制企業產品或服務，投資者撤資等。

(3) 營運風險：營運風險是指企業在營運過程中可能面臨的風險，包括人力資源風險、供應鏈風險、技術風險、市場風險等，可能導致企業的生產、銷售、利潤等受到影響。營運風險可以分為以下幾類：

A. 人力資源風險：是指企業可能面臨員工流失、勞資糾紛等風險，導致生產效率下降、成本上升等。人力資源風險與 ESG 風險之間的關係，主要在：(a) 人力資源風險可能導致 ESG 風險：例如，員工隊伍不穩定，可能導致企業產生環境污染、勞工權益侵害等 ESG 風險。因為：員工隊伍不穩定，可能導致員工缺勤、離職等情況，從而影響企業的生產效率和安全。例如，員工缺勤可能導致生產線停工，而離職可能導致企業人才流失。員工隊伍不穩定，也可能導致員工工作態度不積極、安全意識薄弱等情況，從而增加企業環境污染、勞工權益侵害等風險。(b) ESG 風險可能導致人力資源風險：例如，企業因環境污染被訴訟，可能導致員工流動性增加，從而導致人力資源風險加劇。例如：企業因環境污染等 ESG 風險而受到政府處罰、消費者抵制等，可能導致員工對企業失去信心，從而導致員工流動性增加。員工流動性增加，可能導致企業人才流失、生產效率下降等，從而加劇人力資源風險。

B. 供應鏈風險：是指企業可能面臨供應商違約、運輸延誤等風險，導致生產中斷、銷售受阻等。供應鏈風險與 ESG 風險之間的關係，主要是在：(a) 供應鏈風險可能導致 ESG 風險：例如，供應商違約可能導致企業生產中斷，從而導致環境污染、勞工權益侵害等 ESG 風險。供應商違約可能導致企業無法按時或全額獲得原材料或服務，從而導致生產中斷。生產中斷可能導致企業排放增加、勞工工作時間增加等，從而增加環境污染、勞工權益侵害等風險。(b) ESG 風險可能導致供應鏈風險加劇：例如，企業因環境污染被訴訟，可能導致供應商拒絕向企業供貨，從而導致供應鏈中斷；企業因環境污染等 ESG 風險而受到政府處罰、消費者抵制等，可能導致供應商對企業失去信心，造成供應商拒絕向企業供貨。供應商拒絕向企業供貨，將可能使得企業生產中斷，從而加劇供應鏈風險。

C. 技術風險：是指企業可能面臨技術故障、產品品質問題等風險，導致生產停滯、客戶流失等。技術風險與 ESG 風險之間的關係，主要在：(a) 技術風險可能導致 ESG 風險：例如，技術故障可能導致環境污染、勞工安全事故等 ESG 風險。

技術故障可能導致生產中斷、產品召回等，從而導致企業排放增加、勞工工作時間增加等，從而增加環境污染、勞工安全事故等風險。(b)ESG 風險可能導致技術風險加劇：例如，企業因環境污染被訴訟，可能導致技術人員流失，從而導致技術風險加劇。企業因環境污染等 ESG 風險而受到政府處罰、消費者抵制等，可能導致技術人員對企業失去信心，從而導致技術人員流失。技術人員流失，可能導致企業技術水平下降，從而加劇技術風險。

D. 市場風險：是指企業可能面臨市場需求變化、競爭加劇等風險，導致銷售額下降、利潤減少等。市場風險與 ESG 風險之間的關係，主要在於：(a) 市場風險可能導致 ESG 風險：例如，市場需求變化可能導致企業生產過剩、環境污染等 ESG 風險。市場需求變化可能導致企業無法銷售產品或服務，從而導致企業生產過剩。生產過剩可能導致企業排放增加，從而增加環境污染等風險。(b) ESG 風險可能導致市場風險加劇：例如，企業因環境污染被訴訟，可能導致消費者抵制企業產品或服務，從而導致市場需求下降。企業因環境污染等 ESG 風險而受到政府處罰、消費者抵制等，可能導致消費者對企業產品或服務失去信心，從而導致市場需求下降。市場需求下降，可能導致企業銷售額下降、利潤減少等，從而加劇市場風險。

(4) 法律訴訟和監管處罰：法律訴訟和監管處罰是一種重要的 ESG 風險，可能對企業造成重大的財務、聲譽和營運等影響。企業在 ESG 表現較差時，常會面臨來自法律訴訟和監管處罰的風險。在公司治理方面，如企業涉及財務舞弊或違反訊息揭露規定，都會遭到資本市場監管機構的處罰乃至提起公訴。因此企業需要高度重視法律和監管風險，透過改善 ESG 表現降低相關風險的發生。法律訴訟和監管處罰之原因樣式繁多。

A. 環境污染：法律訴訟和監管處罰是 ESG 風險中的重要風險，其中環境方面是企業面臨的最為重要的風險。企業因環境污染、環境破壞等行為而受到法律訴訟和監管處罰，可能會對企業造成以下影響：(a) 財務影響：企業可能需要支

付巨額的罰款、賠償金等，從而影響企業的財務狀況。(b) 聲譽影響：企業可能因環境污染等行為而受到消費者、投資者等的抵制，從而損害企業的聲譽。(c) 營運影響：企業可能因環境污染等行為而受到政府的停產、封廠等處罰，從而影響企業的營運。企業因環境污染造成公眾健康或財產損失，可能會面臨訴訟或監管處罰。若企業排放污染物違反標準，或發生重大污染事故，很可能會遭受環保團體、或當地居民的法律訴訟，要求進行損害賠償或採取治理措施，同時也會受到環保主管機關的重罰。

B. 社會方面：法律訴訟和監管處罰是 ESG 風險中的重要風險，其中社會方面是企業面臨的一個重要風險。企業因勞工權益侵害、產品安全問題等行為而受到法律訴訟和監管處罰，可能會對企業造成：(a) 財務影響：企業可能需要支付巨額的罰款、賠償金等，從而影響企業的財務狀況。(b) 聲譽影響：企業可能因勞工權益侵害等行為，而受到消費者、投資者等的抵制，從而損害企業的聲譽。(c) 營運影響：企業可能因勞工權益侵害等行為，而受到政府的停產、封廠等處罰，從而影響企業的營運。在社會層面，若企業在產品品質、職業健康安全等方面有違規行為，也會引發消費者或員工集體訴訟。企業因產品安全問題導致消費者受傷，也可能會面臨訴訟或監管處罰。勞工和人權部門，也會對企業進行調查並予以處分。勞資糾紛是另一個引發訴訟的風險，企業因勞資糾紛導致員工罷工，可能會影響企業的生產營運。

C. 公司治理：企業因公司治理問題導致財務造假或內幕交易，可能會面臨訴訟或監管處罰。法律訴訟和監管處罰是 ESG 風險中的重要風險，其中公司治理方面是企業面臨的一個重要風險。企業因公司治理不健全、訊息揭露不準確等行為而受到法律訴訟和監管處罰，可能會對企業造成：(a) 財務影響：企業可能需要支付巨額的罰款、賠償金等，從而影響企業的財務狀況。(b) 聲譽影響：企業可能因公司治理不健全等行為而受到投資者、消費者等的抵制，從而損害企業的聲譽。(c) 營運影響：企業可能因公司治理不健全等行為而受到政府的停牌、退市等處罰，從而影響企業的營運。

ESG 風險根據其對企業的影響時間，可以分為短期、中期和長期三類風險。短期 ESG 風險是指那些會在較短時間內，對企業造成影響的風險。例如環保事故、員工安全事故等，這需要企業制定應急預案來管理。中期 ESG 風險是指那些在 1-5 年左右會逐步顯現，並影響企業的風險。如未達標的減排目標、缺乏職業技能培訓等，也會在此期間，導致勞動生產率下降。長期 ESG 風險則是指那些需要 5 年以上時間，才會充分暴露和影響企業的風險。例如氣候變化引起的極端天氣會對企業長期業務造成衝擊，企業需要通過碳中和戰略應對。通過區分 ESG 風險的影響時間，企業可以更好地、制定針對性的風險管理措施（表 12.1 是 ESG 風險區間與對策）。

(1) 短期風險：短期風險是指在 1 年內可能發生的風險。短期風險通常是突發性的，並且對企業的財務狀況和營運造成立即的影響。例如，供應鏈中斷、產品召回、自然災害等。短期風險包括：環境污染、勞資糾紛等。是一些短期 ESG 風險的例子：(a) 供應鏈中斷：例如，由於自然災害、政治動亂等原因導致供應鏈中斷，導致企業無法獲得原材料或零部件，從而影響企業的生產和銷售。(b) 產品召回：例如，由於產品存在安全隱患，導致企業被迫召回產品，從而影響企業的聲譽和財務狀況。(c) 自然災害：例如，由於颱風、洪水、地震等自然災害，導致企業的生產設施受損或關閉，從而影響企業的營運。

(2) 中期風險：中期風險是指在 1 年到 5 年內可能發生的風險。中期風險通常是潛在的，並且對企業的財務狀況和營運，造成漸進的影響。例如，氣候變化、人口結構變化、技術變革等。以下是一些中期 ESG 風險的例子：(a) 氣候變化：例如，氣候變化導致的極端天氣事件頻發，可能導致企業的生產設施受損或關閉，從而影響企業的營運。(b) 人口結構變化：例如，人口老齡化導致勞動力成本上升，可能導致企業的成本增加。(c) 技術變革：例如，新技術的出現可能導致企業的產品或服務過時，從而影響企業的競爭力。

(3) 長期風險：長期風險是指在 5 年以上可能發生的風險。長期風險通常是深層次的，並且對企業的財務狀況和營運，造成重大的影響。以下是一些長期 ESG 風險：(a)

氣候變化導致的風險：例如，氣候變化導致的海平面上升，可能導致沿海地區的企業被淹沒，從而影響企業的生產和銷售。(b) 資源枯竭：例如，資源枯竭可能導致企業的生產成本上升，從而影響企業的競爭力。(c) 社會動盪：例如，社會動盪，可能導致企業的生產設施被破壞或關閉，從而影響企業的營運。

表 12.1 ESG 可能風險區間與對策

風險區間	風險類別	風險可能內容	應對策略
短期風險	環境	供應鏈中斷	建立應急計畫、提高風險意識、多元化供應商等
	社會	產品召回	完善產品研發流程、提高產品品質、建立完善的召回制度等
	公司治理	訊息揭露不準確	完善訊息揭露制度、提高訊息揭露透明度等
中期風險	環境	氣候變化	制定減排目標、提高能源效率、使用可再生能源等
	社會	人口結構變化	調整人力資源政策、提高勞動力生產力等
	公司治理	內幕交易	完善內幕交易監管制度、提高員工誠信意識等
長期風險	環境	資源枯竭	開發替代能源、提高資源利用效率等
	社會	社會動盪	加強社會責任、提高員工滿意度等
	公司治理	利益衝突	完善利益衝突防範制度、加強員工守法意識等

由於各項風險，對於企業經營與運作，都會產生一定的影響，在面對這些風險時，必須進行 ESG 風險的管理，其必要性：(a) 保護企業的長期利益：ESG 風險是指企業在環境、社會和公司治理方面的風險，可能對企業的財務狀況、聲譽、營運和戰略造成影響。ESG 風險管理可以幫助企業識別和降低 ESG 風險，從而保護企業的長期利益。(b) 提升企業的競爭力：ESG 風險管理可以幫助企業提升其永續發展能力，從而提升企業的競爭力。在當今社會，ESG 已成為企業競爭力的核心要素之一。ESG 風險管理可以幫助企業提升其在環境、社會和公司治理方面的表現，從而吸引投資者

和客戶，提升企業的競爭力。(c) 增強企業的社會責任：ESG 風險管理可以幫助企業履行其社會責任，從而提升企業的社會形象。ESG 風險管理可以幫助企業減少對環境的影響，尊重員工權益，完善公司治理結構，從而提升企業的社會責任感，提升企業的社會形象。

ESG 風險管理，是考慮環境、社會、公司治理等因素的風險管理，在當今全球商業環境中變得越來越重要。企業不再僅僅關注短期獲利，而是越來越多地將目光投向了長期的永續性。因此 ESG 風險管理的重要性主要在以：(a)ESG 風險的影響範圍廣泛：ESG 風險不僅包括財務風險，還包括聲譽風險、營運風險等。ESG 風險的發生可能對企業的財務狀況、聲譽、營運和戰略造成重大影響。(b)ESG 風險的發生概率高：隨著社會的發展，ESG 風險的發生概率正在逐漸增加。例如，氣候變化、資源枯竭、社會不平等等問題日益突出，這些問題都可能對企業造成重大影響。(c)ESG 風險的控制難度大：ESG 風險的控制難度較大。ESG 風險具有複雜性、不確定性和隱蔽性等特點，企業在控制 ESG 風險時面臨較大的挑戰。

12.2

ESG 風險管理框架

ESG 風險管理的框架是一種組織可以採用的方法，旨在識別、評估、管理和報告與環境、社會和治理（ESG）相關的風險，以確保業務的永續性和長期價值。ESG 風險管理框架是企業有效管理 ESG 風險的基礎。企業應根據自身情況，建立和完善 ESG 風險管理框架，以降低 ESG 風險對企業的影響。

(1) 識別階段：ESG 風險識別是 ESG 風險管理的第一步，也是最重要的一步。企業通過識別階段，能夠了解自身面臨的 ESG 風險，為後續的評估、控制和應對奠定基礎。識別企業面臨的 ESG 風險。企業可以通過以下方法識別 ESG 風險：

A. 內部審查：對企業的環境、社會和治理狀況進行審查，識別潛在風險。內部審查包括內容：(a) 環境風險：包括氣候變化、水資源、自然資源、生物多樣性、污染、廢棄物等。(b) 社會風險：包括員工權益、人權、勞工條件、健康安全、公平交易、消費者保護、社區發展等。(c) 治理風險：包括公司治理、董事會結構和運作、財務透明度、道德和誠信等。

B. 外部評估：外部評估是指企業聘請第三方機構對企業進行 ESG 風險評估。外部評估可以提供客觀、公正的評估結果，幫助企業識別潛在風險。企業在選擇外部評估機構時，應考慮因素：(a) 評估機構的資質和經驗：評估機構應具有相關的資質和經驗，能夠提供高品質的評估服務。(b) 評估方法和工具：評估機構應使用先進的評估方法和工具，能夠全面、深入地評估企業的 ESG 風險。(c) 評估費用：評估費用應合理，符合企業的承受能力。

C. 合規審查：合規審查是指企業對自身、是否符合相關法律法規進行審查。法律法規的變化可能會帶來新的 ESG 風險，企業應通過合規審查，識別這些風險。合規審查的具體步驟：(a) 確定審查範圍：確定審查的內容、範圍和時間表。(b)

收集訊息：收集相關法律法規、企業的內部文件和資料等訊息。(c) 分析評估：分析評估企業是否符合相關法律法規的要求。(d) 提出建議：提出改進措施和建議。(e) 追蹤改善：追蹤企業的整體改善情況。

(2) 評估階段：ESG 風險評估是指對識別出的 ESG 風險進行分析和評估，確定其可能性和影響。ESG 風險評估可以幫助企業制定有效的控制和應對措施，降低 ESG 風險對企業的影響。企業可以通過以下方法評估 ESG 風險：

A. 風險矩陣：風險矩陣是一種簡單有效的 ESG 風險評估方法。風險矩陣將 ESG 風險根據可能性和影響進行分類，並根據分類確定風險優先級。風險矩陣中的可能性和影響可以根據以下標準進行分類：(a) 可能性：風險發生的可能性，可以分為高、中、低三級。(b) 影響：風險發生後的影響程度，可以分為高、中、低三級。根據可能性和影響的組合，風險矩陣可以分為以下四個象限：(a) 高風險：可能性和影響都很高的風險。(b) 中高風險：可能性高但影響較小的風險。(c) 中低風險：可能性較低但影響較大的風險。(d) 低風險：可能性和影響都很小的風險（風險矩陣的一個範例，如圖 12.1【參考文獻 32】、表 12.2 所示）。

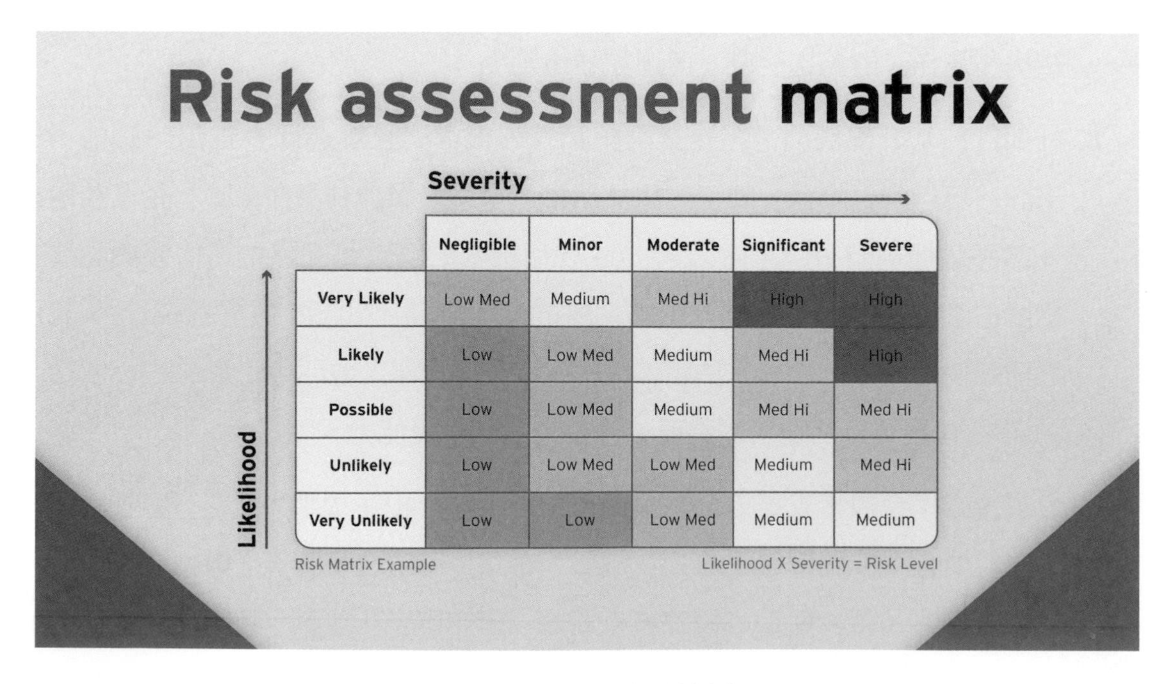

圖 12.1 風險矩陣的範例

表 12.2 風險類別與控制

風險類別	風險	可能性	影響	風險等級	風險控制措施	風險責任人
環境風險	環境污染	高	高	需要立即採取措施	制定環境保護計畫、購買環境污染責任保險	環境管理部門
社會風險	產品責任	中	中	需要控制	建立產品責任保險制度、制定產品召回計畫	生產部門
治理風險	內部控制缺陷	低	高	需要降低	建立內部控制制度、定期進行內部控制審查	財務部門

B. 風險評估模型：風險評估模型，是一種更為複雜的 ESG 風險評估方法。風險評估模型是通過對 ESG 風險的可能性和影響進行量化，可以為企業提供更為準確的風險評估結果。風險評估模型可以根據因素進行分類：(a) 評估方法：風險評估模型可以採用定性方法或定量方法進行評估。定性方法是根據專家經驗進行評估，定量方法是根據數據進行評估。(b) 評估內容：風險評估模型可以評估 ESG 風險的可能性、影響或兩者兼評。(c) 評估範圍：風險評估模型，可以評估單個 ESG 風險或多個 ESG 風險。常見的風險評估模型包括：(a) 因果分析模型：因果分析模型通過分析 ESG 風險的發生原因和影響後果，來評估 ESG 風險的可能性和影響。(b) 統計模型：統計模型通過收集歷史數據，來評估 ESG 風險的可能性和影響。(c) 模擬模型：模擬模型通過模擬 ESG 風險發生的場景，來評估 ESG 風險的可能性和影響。（有關風險評估的模型比較，如表 12.3 所示）

表 12.3 風險評估模型比較

風險評估模型	評估方法	評估內容	評估範圍	優點	缺點
因果模型	頭腦風暴、問卷調查、專家意見等	風險因素、風險原因、風險後果等	廣泛	簡單易用、成本低廉	準確性較低

風險評估模型	評估方法	評估內容	評估範圍	優點	缺點
統計模型	歷史數據、統計方法等	風險可能性、風險影響等	特定風險	準確性較高	數據要求較高
模擬模型	電腦軟體模擬	風險可能性、風險影響、風險對企業的潛在影響等	特定風險	準確性最高	成本較高、使用複雜

(3) 控制階段：採取措施降低 ESG 風險的可能性和影響。企業可以通過以下方法降低 ESG 風險：

A. 風險避免：風險避免是指完全避免 ESG 風險的發生。風險避免是一種最徹底的風險控制方法，但也可能導致企業放棄一些有利的機會。風險避免可以通過相關措施實現：(a) 放棄或不進行可能帶來風險的活動或工作：例如，為了避免洪水風險，可以把工廠建在地勢較高、排水方便的地方。(b) 遵守相關法律法規：合法合規的行為可以降低企業面臨的法律法規風險。(c) 健全內部控制制度：完善的內部控制制度可以幫助企業防止舞弊、腐敗等風險。風險避免的優點是可以完全避免 ESG 風險的發生，缺點是可能導致企業放棄一些有利的機會。

B. 風險降低：風險降低是指降低 ESG 風險發生的可能性或影響。風險降低是一種比較常用的風險控制方法，可以採取以下措施：(a) 提高風險意識：提高企業員工的風險意識，可以幫助企業識別和防範風險。(b) 健全風險管理體系：完善的風險管理體系可以幫助企業有效地識別、評估和控制風險。(c) 採取預防措施：採取預防措施可以降低風險發生的可能性。(d) 制定應急計畫：制定應急計畫可以降低風險發生的影響。風險降低的優點是可以降低 ESG 風險對企業的影響，缺點是可能需要一定的成本和資源。（相關使用時機與代價如表 12.4 所示）

表 12.4 風險降低方法與使用時機

風險降低方法	使用時機	優點	缺點
風險迴避	風險發生的可能性和影響都很高時	可以完全避免風險發生	可能會導致機會損失
風險降低	風險發生的可能性或影響都很高時	可以降低風險發生的可能性或影響	可能需要投入成本或資源
風險自留	風險發生的可能性或影響都很低時	可以節省成本和資源	可能會導致損失
風險轉移	風險發生的可能性或影響都很高時	可以將風險轉移給他人	可能需要支付費用

C. 風險轉移：風險轉移是指將 ESG 風險，轉移給其他人或機構承擔。風險轉移可以通過以下方式實現：(a) 保險：保險公司可以承擔企業面臨的財務風險，例如自然災害、人身傷害、產品責任等。(b) 契約：通過契約，可以將風險轉移給供應商、客戶、承包商等。(c) 金融衍生品：金融衍生品可以用來轉移價格風險、利率風險等。風險轉移的優點是可以降低企業面臨的風險，缺點是可能需要支付保費或其他費用。（相關比較，如表 12.5 所示）

表 12.5 風險轉移方法比較

轉移方法	定義	優點	缺點	適用情況
保險	向保險公司支付保費，由保險公司承擔風險	將風險對企業的影響降至最低	需要支付保費	風險發生的可能性和影響都很高
契約	在合同中約定由對方承擔風險	將風險對企業的影響轉移給對方	需要與對方協商	風險發生的可能性和影響都很高，且對方有能力承擔風險
金融	通過融資來籌集資金，應對風險造成的損失	將風險對企業的財務影響降低	需要支付利息	風險發生的可能性和影響都很高，且企業有能力償還貸款

D. 風險承擔：風險承擔是指企業承擔 ESG 風險的發生。風險承擔是一種比較被動的風險控制方法，企業應做好充分的準備，以應對風險發生的後果。風險承擔可以通過以下措施實現：(a) 建立健全應急計畫：應急計畫可以幫助企業，在風險發生時迅速採取應對措施，降低損失。(b) 提高企業的風險承受能力：企業可以通過提高財務狀況、完善內部控制等措施，提高風險承受能力。(c) 建立風險分攤機制：企業可以通過建立風險分攤機制，將風險分攤給股東、員工、客戶等利益相關者。風險承擔的優點是可以降低企業的成本和資源，缺點是可能會導致企業遭受重大損失。。

(4) 應對階段：風險的應對階段是指在風險發生後，採取措施降低風險對企業的影響。企業在採取風險應對措施時，應考慮：企業應根據風險的類型和影響，選擇合適的應對措施；企業應根據自身的資源和能力，選擇合適的應對措施；企業應遵守相關法律法規的要求，採取風險應對措施。企業在進行風險應對時，可採用：

A. 應急處置：應急處置是指在風險發生後，迅速採取措施，降低損失。應急處置是風險應對的第一步，是企業在面臨突發事件時，能夠迅速採取有效措施，降低損失的重要保障。應急處置的目標是：(a) 保護人身安全和財產安全。(b) 減少損失，防止損失擴大。(c) 恢復正常運營。應急處置的措施包括：搶救受傷人員、控制事態發展、採取措施減少損失、恢復正常運營。

B. 補救措施：風險的應對階段之補救措施，是指在風險發生後，採取措施，恢復企業的正常運營。補救措施是風險應對的重要環節，是企業在面臨風險後，能夠迅速恢復正常運營，並降低損失的關鍵。補救措施的目標是：(a) 恢復企業的正常運營。(b) 降低損失，防止損失擴大。(c) 改善風險管理，提高風險抵禦能力。補救措施的措施包括：修復或更換受損資產、恢復生產或服務、賠償受影響的利益相關者、改進風險管理體系。

C. 訴訟：風險的應對階段之訴訟是指在風險發生後，通過訴訟手段，要求賠償損失。訴訟是風險應對的最後手段，是企業在面臨重大損失時，能夠要求賠償損失，維護自身權益的重要途徑。訴訟的目標是：(a) 獲得賠償，彌補損失。(b) 維護自身權益。(c) 警示其他企業。訴訟的措施包括：提起訴訟、進行舉證、進行辯論、獲得判決。

12.3

ESG 風險的識別和評估

ESG 風險的識別是 ESG 風險管理的第一步，是指企業對可能存在的 ESG 風險進行識別，包括環境風險、社會風險和公司治理風險。只有通過有效的 ESG 風險識別，企業才能了解自身面臨的 ESG 風險，從而採取有效措施降低 ESG 風險。另外，ESG 風險的識別可以提高企業的風險意識，讓企業更加重視 ESG 風險，從而採取措施降低 ESG 風險，保護企業的長期利益，從而提升企業的競爭力和持續發展。

ESG 風險的資訊獲得，是 ESG 風險的識別的重要因素，這些風險可能來自於外部環境的變化，也可能來自於企業自身的營運活動。要有效地識別 ESG 風險，企業需要收集和分析大量的資訊，包括：

(1) 內部識別：企業可以通過自身的資源和管道，對可能存在的 ESG 風險進行識別。例如，企業可以通過內部審計、員工問卷調查、風險評估等方式進行 ESG 風險識別。內部識別通常包括步驟：(a) 建立 ESG 風險識別團隊：企業應建立 ESG 風險識別團隊，由來自不同部門的人員組成。(a) 收集訊息：企業應收集與 ESG 相關的訊息，包括企業的經營活動、供應鏈、產品和服務、客戶、員工、社會和環境等。(c) 分析訊息：企業應分析收集的訊息，識別可能對企業造成影響的 ESG 風險。(d) 評估風險：企業應評估識別出的 ESG 風險，確定風險的嚴重性和發生可能性。

(2) 外部識別：企業可以通過外部資源和管道，對可能存在的 ESG 風險進行識別。例如，企業可以通過法律法規、行業標準、競爭對手分析等方式進行 ESG 風險識別。外部識別具有以下優點：企業可以了解與自身相關的 ESG 趨勢和動態；企業可以獲得其他企業的經驗和教訓。一些外部識別 ESG 風險的具體方法：(a) 法律法規監測：企業可以通過法律法規監測來識別 ESG 風險。法律法規監測可以了解相關法律法規的變動，以識別可能對企業造成影響的風險。(b) 行業標準監測：企業可以通過行業標準監測來識別 ESG 風險。行業標準監測，可以了解相關行業標準的變動，以識別可能對企業造成影響的風險。(c) 市場趨勢分析：企業可以通過市場趨勢分析，來識別 ESG 風險。由於市場趨勢分析，可以了解市場的變化，以識別可能對企業造成影響的風險。(d) 社會輿論監測：企業可以通過社會輿論監測，來識別 ESG 風險。社會輿論監測可以了解社會的動態，以識別可能對企業造成影響的風險。

ESG 風險的評估是指企業對識別出的 ESG 風險進行評估，包括風險的影響程度、發生概率和應對難度等。ESG 風險的評估是為 ESG 風險管理提供依據，也是 ESG 風險管理的重要環節，只有通過有效的 ESG 風險評估，企業才能了解 ESG 風險的影響程度、發生概率和應對難度等，從而採取有效措施降低 ESG 風險。另外，ESG 風險的評估可以提高企業的風險意識，讓企業更加重視 ESG 風險，從而採取措施降低 ESG 風險，保護企業的長期利益。因為風險無時不在，ESG 風險的評估，可以幫助企業提高風險管理能力，從而提升企業的永續發展與競爭力。因此，企業應重視 ESG 風險的評估，建立健全的 ESG 風險評估體系，通過有效的方式進行 ESG 風險評估，為 ESG 風險管理的後續工作提供依據。

具體來說，企業可以採取相關措施進行 ESG 風險評估：(a) 建立健全的 ESG 風險評估體系：企業應建立健全的 ESG 風險評估體系，包括 ESG 風險評估的流程、方法、工具和制度，以規範 ESG 風險評估活動。(b) 加強 ESG 風險意識：企業應加強 ESG 風險意識，提高員工的 ESG 風險意識，避免員工因個人行為導致 ESG 風險發生。(c) 定期進行 ESG 風險評估：企業應定期進行 ESG 風險評估，了解 ESG 風險的最新情況，並根據情況調整風險控制措施。(d) 採取有效的風險評估方法：企業應採取有效的風險評估方法，評估 ESG 風險的影響程度、發生概率和應對難度。通過有效的 ESG 風險評估，企業可以更好地了解自身面臨的 ESG 風險，從而採取有效措施降低 ESG 風險，保護企業的長期利益。

依據資訊內涵，ESG 風險的評估方法一般有定性、定量與混合評估。通常定性資訊是指無法用數值或其他客觀指標來表達的資訊。定性資訊通常是主觀的、具有不確定性的，例如，企業的社會聲譽、企業文化等。定量資訊是指可以用數值或其他客觀指標來表達的資訊。定量資訊通常是客觀的、具有確定性的，例如，企業的財務數據、企業的碳排放量等。在實際應用中，ESG 風險評估通常會採用定性和定量相結合的方法。結合定性與定量的混合評估是指在 ESG 風險評估中，同時使用定性和定量兩種方法，以獲得更全面、更準確的評估結果。

(1) 定性評估：定性評估是指通過專家評估的方法，對 ESG 風險進行評估。定性評估可以提供 ESG 風險的全面評估，但難以量化風險的影響程度和發生概率，畢竟量化風險才是風險評估的重要依據。定性評估通常包括：(a) 確定評估標準：企業應確定 ESG 風險評估的標準，包括風險的嚴重性和發生可能性。(b) 收集資訊：企業應收集與 ESG 風險相關的資訊，包括風險的性質、原因、影響等。(c) 分析資訊：企業應分析收集的訊息，確定風險的嚴重性和發生可能性。

(2) 定量評估：定量評估是指通過數學模型或統計方法，對 ESG 風險進行評估。定量評估可以量化、ESG 風險的影響程度和發生概率，但可能難以考慮 ESG 風險的所有因素。定量評估具有：可以更準確地評估風險、可以為風險應對提供依據等優點，常用的定量評估 ESG 風險方法是：(a) 風險矩陣：企業可以通過風險矩陣來評估 ESG 風險。風險矩陣可以將風險的嚴重性和發生可能性進行組合，以確定風險的等級。(b) 財務模型：企業可以通過財務模型來評估 ESG 風險。財務模型可以計算風險對企業財務狀況的影響。(c) 統計模型：企業可以通過統計模型來評估 ESG 風險。統計模型可以分析歷史數據，以評估風險的發生可能性。企業應結合自身的情況，選擇合適的定量評估方法，以有效評估 ESG 風險。

(3) 混合評估：混合評估是指將定性評估和定量評估相結合的方法。混合評估可以結合定性評估的全面性和定量評估的量化性，是一種較為完善的 ESG 風險評估方法。畢竟，有關 ESG 的風險，經常很難界定，用定性與定量可以完整評估，混和評估就是把前述的定性與定量評估結合起來，作為整體評估的作為。混合評估也是 ESG 風險評估的一種更加全面和準確的方法。企業可以根據自身的情況，結合定性評估和定量評估，全面評估 ESG 風險，以降低風險對企業造成的影響。

12.4

ESG 風險的控制和應對

ESG 風險的控制和應對是 ESG 風險管理的重要環節，是指企業採取措施降低 ESG 風險的發生概率或影響程度。ESG 風險的控制和應對措施主要有以下幾種：

(1) 風險避免：是指企業通過採取措施，避免發生 ESG 風險。例如，企業可以通過優化生產工藝，減少對環境的污染、從而避免環境風險的發生。或企業可以通過改進技術，提高 ESG 風險防範能力。例如，企業可以通過改進生產工藝，減少對員工的傷害，從而避免安全風險的發生。或企業可以通過規避活動、停止在高風險地區的業務活動，從而避免政治風險的發生（如表 12.6 所示）。ESG 風險避免的常見措施包括：(a) 優化流程：企業可以通過優化流程，減少 ESG 風險發生的機會。例如，企業可以通過優化生產流程，減少對環境的污染，從而避免環境風險的發生。(b) 改進技術：企業可以通過改進技術，提高 ESG 風險防範能力。例如，企業可以通過改進生產工藝，減少對員工的傷害，從而避免安全風險的發生。(c) 規避活動：企業可以通過規避活動，避免發生 ESG 風險。例如，企業可以通過停止在高風險地區的業務活動，從而避免政治風險的發生。

表 12.6 進行風險避免的措施

風險類型	風險轉移方式	例子
環境風險	優化生產工藝，減少對環境的污染	例如，使用清潔能源，減少對環境的排放。
社會風險	尊重員工權益，提高員工福利待遇	例如，建立完善的員工權益保護制度，加強員工關懷。
公司治理風險	完善公司治理結構，提高公司透明度	例如，建立健全的董事會制度，完善的股東權益保護制度，加強公司內部控制。

(2) 風險轉移：是指企業通過保險等方式，將 ESG 風險轉移給第三方承擔，可以在發生損失時獲得賠償。例如，企業可以通過購買環境污染責任保險，將環境風險轉移給保險公司承擔，以降地環境損害發生時的損失（相關的 ESG 風險轉移，如表 12.7 所示）。ESG 風險轉移的常見方式包括：(a) 保險：企業可以通過購買環境污染責任保險、員工傷害保險、產品責任保險等保險，將 ESG 風險轉移給保險公司承擔。(b) 契約：企業可以通過契約將 ESG 風險轉移給合作方承擔。例如，企業可以通過與供應商簽訂契約，要求供應商承擔產品品質責任。另外，可與供應商簽訂具有 ESG 條款的契約，以確保供應鏈的永續性。(c) 金融衍生品：企業可以通過金融衍生品交易，將 ESG 風險轉移給其他市場參與者。金融衍生品可以用來對沖或減輕 ESG 風險。例如，企業可以使用大宗商品期貨契約，來降低原材料價格波動的風險、通過購買碳排放權，將碳排放風險轉移給其他市場參與者。

表 12.7 ESG 風險轉移

風險類型	風險轉移方式	例子
環境風險	保險	企業購買環境污染責任保險，將環境污染風險轉移給保險公司承擔。
	契約	企業與供應商簽訂契約，要求供應商承擔產品品質責任，從而降低企業的產品召回風險。
	金融衍生品	企業購買碳排放權，將碳排放風險轉移給其他市場參與者。
社會風險	保險	企業購買員工傷害保險，將員工傷害風險轉移給保險公司承擔。
	契約	企業與員工簽訂勞動契約，明確員工的責任和義務，從而降低企業的勞資糾紛風險。
	契約	企業與供應商簽訂契約，明確供應商的產品責任，從而降低企業的產品責任風險。

風險類型	風險轉移方式	例子
公司治理風險	保險	企業購買內幕交易保險，將內幕交易風險轉移給保險公司承擔。
	契約	企業與董事會成員簽訂契約，明確董事會成員的責任和義務，從而降低企業的治理風險。

(3) 風險降低：是指企業通過採取措施，降低 ESG 風險的發生概率或影響程度。ESG 風險降低是企業永續發展的重要組成部分，可以有效保護企業的長期利益。風險降低主動的作為，是風險避免發生；被動的做法，是風險轉移。ESG 風險降低是指企業通過採取措施，降低 ESG 風險發生的可能性和影響程度。ESG 風險降低包括以下幾個方面：(a) 風險識別：企業首先要對可能存在的 ESG 風險進行識別和評估，包括環境風險、社會風險和公司治理風險。(b) 風險評估：企業要對識別出的 ESG 風險進行評估，確定風險的可能性和影響程度。(c) 風險降低措施：企業要根據風險評估結果，制定和實施有效的風險降低措施。(d) 風險監控：企業要對風險降低措施的有效性進行監控，並根據情況進行調整。

企業應根據自身情況，選擇合適的 ESG 風險控制和應對措施，降低 ESG 風險的發生概率或影響程度，保護企業的長期利益。具體來說，企業可以採取以下措施進行 ESG 風險控制和應對。

(1) 建立健全的 ESG 風險控制和應對體系：企業應建立健全的 ESG 風險控制和應對體系，包括 ESG 風險控制和應對的流程、方法、工具和制度，以規範 ESG 風險控制和應對活動。具體來說，企業可以採取風險控制和應對體系：(a) 成立 ESG 風險管理委員會：ESG 風險管理委員會是企業 ESG 風險管理的最高決策機構，負責制定 ESG 風險管理的整體戰略和政策。(b) 建立 ESG 風險管理部門：ESG 風險管理部門是企業 ESG 風險管理的執行機構，負責 ESG 風險管理的日常工作。(c) 制定 ESG 風險管理手冊：ESG 風險管理手冊是企業 ESG 風險管理的操作指南，明確 ESG 風險管理的具體內容和流程。(d) 建立 ESG 風險數據庫：ESG 風險數據庫是企業 ESG 風險管理的重要基礎，收集和存儲與 ESG 風險相關的訊息。(e) 建立 ESG 風險監測系統：ESG 風險監測系統是企業 ESG 風險管理的重要工具，用於持續監測 ESG 風險的情況。

(2) 加強 ESG 風險意識：企業應加強 ESG 風險意識，提高員工的 ESG 風險意識，避免員工因個人行為導致 ESG 風險發生。企業應採取以下措施來加強 ESG 風險意識：(a) 將 ESG 納入企業的教育和培訓體系：將 ESG 相關內容納入企業的教育和培訓體系，讓員工了解 ESG 的概念、重要性和影響。(b) 舉辦 ESG 風險意識宣傳活動：舉辦 ESG 風險意識宣傳活動，提高員工對 ESG 風險的認識和理解。(c) 建立 ESG 風險意識考核和獎懲制度：建立 ESG 風險意識考核和獎懲制度，引導員工提高 ESG 風險意識。

(3) 定期進行 ESG 風險控制和應對：企業應定期進行 ESG 風險控制和應對，了解 ESG 風險的最新情況，並根據情況調整控制和應對措施。ESG 風險是動態的，企業應定期對 ESG 風險進行識別、評估和應對，以確保 ESG 風險管理的有效性。企業可採取：(a) 制定 ESG 風險控制和應對的年度計畫，明確年度 ESG 風險控制和應對的目標、任務和措施。(b) 定期對 ESG 風險進行監測，收集和分析 ESG 風險相關的訊息，以了解 ESG 風險的最新情況。(c) 定期對 ESG 風險進行評估，評估 ESG 風險的嚴重性和發生可能性，以確定 ESG 風險的等級。(d) 定期對 ESG 風險應對措施進行評估，評估 ESG 風險應對措施的有效性，以確定是否需要進行調整。

(4) 採取有效的風險控制和應對措施：企業應採取有效的風險控制和應對措施，降低 ESG 風險的發生概率或影響程度。ESG 風險的嚴重性和發生可能性各不相同，企業應根據 ESG 風險的性質、嚴重性和發生可能性，採取相應的風險控制和應對措施。企業可以採取：(a) 避免風險：如果 ESG 風險的發生可能性很高，且嚴重性也較高，則企業應採取避免風險的措施。例如，企業可以退出高風險的業務，或調整企業的經營策略，以避免 ESG 風險的發生。(b) 降低風險：如果 ESG 風險的發生可能性較高，但嚴重性較低，則企業應採取降低風險的措施。例如，企業可以採取風險轉移、風險分散等措施，以降低 ESG 風險的影響。(c) 接受風險：如果 ESG 風險的發生可能性較低，且嚴重性也較低，則企業可以接受風險。例如，企業可以制定風險應對計畫，以應對 ESG 風險的發生。

通過有效的 ESG 風險控制和應對，企業可以更好地保護自身免受 ESG 風險的影響，提升企業的長期永續發展能力。ESG 風險控制和應對的常見措施包括：

(1) 環境風險控制和應對：企業可以通過制定完善的環境保護制度，提高員工的環保意識，減少對環境的污染，從而降低環境風險的發生概率或影響程度。例如，企業可以通過制定環境保護政策，建立環境保護管理體系，加強環境監測和控制，提高員工的環保意識等措施，降低環境風險。

(2) 社會風險控制和應對：企業可以通過尊重員工權益，履行社會責任，從而降低社會風險的發生概率或影響程度。例如，企業可以通過制定員工權益保護制度，加強員工關懷，履行社會責任等措施，降低社會風險。

(3) 公司治理風險控制和應對：企業可以通過完善公司治理結構，提高公司透明度，從而降低公司治理風險的發生概率或影響程度。例如，企業可以通過建立健全的董事會制度，完善的股東權益保護制度，加強公司內部控制等措施，降低公司治理風險。

12.5

ESG 風險管理的措施

ESG 風險管理是企業 ESG 管理的重要組成部分，是企業實現永續發展的重要保障。企業應建立健全的 ESG 風險管理體系，有效防範和化解 ESG 風險，保障企業的長期發展。具體的措施可以分為以下幾類：

(1) 預防措施：預防措施是 ESG 風險管理的重要措施，通過制定和實施有效的政策、制度和流程，可以有效避免 ESG 風險的發生。具體的預防措施，包括：(a) 完善 ESG 政策和目標：企業要制定明確的 ESG 政策和目標，並將其融入企業的日常運營中。(b) 建立完善的 ESG 管理體系：企業要建立完善的 ESG 管理體系，包括風險識別、評估、控制和監控等環節。(c) 制定和實施有效的 ESG 管理制度和流程：企業要制定和實施有效的 ESG 管理制度和流程，以規範企業的 ESG 行為。(d) 加強 ESG 教育和培訓：企業要加強員工的 ESG 教育和培訓，提高員工的 ESG 意識和能力。

(2) 緩解措施：緩解措施是 ESG 風險管理的重要措施，在 ESG 風險發生後，採取措施降低風險的影響程度，可以減少企業的損失。具體的緩解措施包括：(a) 應急預案：企業應制定完善的應急預案，在 ESG 風險發生後，能夠迅速採取措施，降低風險的影響程度。(b) 風險保險：企業可以購買風險保險，在 ESG 風險發生後，可以獲得保險公司的賠償，減少企業的損失。(c) 財務準備：企業應做好財務準備，在 ESG 風險發生後，能夠有足夠的資金應對風險。(d) 人力資源：企業應建立完善的人力資源體系，在 ESG 風險發生後，能夠迅速調配人力資源，應對突發事件。

(3) 轉移措施：轉移措施是 ESG 風險管理的重要措施，通過轉移風險給其他方，可以降低企業自身的風險暴露。具體的轉移措施包括：(a) 保險：企業可以購買風險保險，將風險轉移給保險公司。(b) 契約：企業可以通過契約將風險轉移給合作方。(c) 分包：企業可以將部分業務分包給其他企業，將風險轉移給分包商。

企業應根據自身情況，選擇合適的 ESG 風險管理措施，實現有效的風險管理。表 12.8 是 ESG 風險管理措施的範例。

表 12.8 ESG 風險管理措施範例

企業名稱	一家化工企業	一家零售企業	一家金融企業
企業類型	製造業	服務業	金融業
企業規模	大型	中型	大型
環境風險	生產過程中排放污染物	產品包裝污染	金融風險
社會風險	員工工傷	員工權益保障不足	消費者權益保障不足
公司治理風險	高管腐敗	內幕交易	訊息安全風險
預防措施	使用清潔能源	使用可回收包裝	完善金融風險管理體系
緩解措施	建立完善的環境保護制度	建立完善的員工權益保護制度	建立完善的消費者權益保護制度
轉移措施	購買環境污染責任保險	聘請第三方機構進行內部控制審計	聘請第三方機構進行訊息安全評估
風險監控	定期對生產工藝進行檢查	定期對員工滿意度進行調查	定期對金融風險進行監測

12.6

ESG 風險管理的法律和監管要求

ESG 風險是企業面臨的環境、社會和公司治理方面的風險，對企業的財務表現、聲譽和永續發展產生重大影響。為了促進企業更好地管理 ESG 風險，全球各地的政府和監管機構，正在制定和制定新的法律和監管要求。這些法律和監管要求，將對企業的 ESG 風險管理產生重大影響，要求企業揭露和管理 ESG 風險。

目前，國際上已經有許多有關 ESG 相關標準和框架，使 ESG 領域的法律和監管環境，正在快速演變。例如，歐洲聯盟的可持續金融行動計畫（Sustainable Finance Action Plan）推動了永續性報告要求的、全球標準和框架，全球報告倡議（Global Reporting Initiative，簡稱 GRI）、國際整體報告倡議（International Integrated Reporting Council，簡稱 IIRC）和國際資本市場協會（International Capital Market Association，簡稱 ICMA）的綠色債券原則，已明確的引導企業如何報告和管理 ESG 風險的重要參考。以下是一些 國際上 ESG 風險管理的法律和監管要求：

(1) 歐盟《可持續金融揭露規範》【參考文獻 33】（Sustainable Finance Disclosure Regulation，SFDR）：SFDR [31] 要求金融機構揭露其投資組合中的 ESG 風險。SFDR 分為兩部分：(a) 第 6 條揭露規則：要求金融機構揭露其投資組合中的 ESG 風險，包括：環境風險：溫室氣體排放、水資源使用、生物多樣性等、社會風險：勞工權益、人權、社會包容性等、公司治理風險：腐敗、賄賂、稅務遵守等。(b) 第 8 條揭露規則：要求金融機構揭露其投資產品的 ESG 特徵，包含產品是否具有 ESG 特徵、產品的 ESG 目標、產品的 ESG 風險、建立完善的 ESG 管理體系（風險識別、評估、控制和監控等環節）、制定和實施有效的 ESG 管理制度和流程、加強 ESG 教育和培訓、ESG 金融緩解措施（應急預案、風險保險、財務準備、人力資源、轉移措施等）。

[31] SFDR 是歐盟於 2020.7 通過的一項規則，旨在提高金融產品和服務的透明度，促進投資者將環境、社會和公司治理（ESG）因素納入投資決策。

(2) 英國《氣候變遷法》（Climate Change Act 、CCA）【參考文獻 34】：CCA [32] 要求企業揭露，英國之溫室氣體排放和減排目標。英國《氣候變遷法》的主要內容包括：英國的碳排放目標設定為：2050 年實現淨零排放；2032 年比 1990 年減少 68%；2025 年比 1990 年減少 57%。要求英國政府制定碳預算，以確保英國能夠實現其碳排放目標。要求英國政府制定氣候變化適應計畫，以應對氣候變化對英國造成的影響。建立氣候變化委員會，負責監測英國政府應對氣候變化的進展。英國《氣候變遷法》是世界上首個以法律形式規定、具有法律約束力的碳排放目標的法律。該法案的實施將對英國的經濟、社會和環境產生重大影響。

(3) 美國《氣候風險揭露法案》（Climate Risk Disclosure Act）[33]：美國《氣候風險揭露法案》要求企業揭露其氣候風險。該法案要求所有上市公司和公開發行公司揭露其氣候風險訊息，包括：溫室氣體排放、氣候變化對業務的影響、氣候變化對財務狀況的影響。《氣候風險揭露法案》將於 2024 年 3 月 1 日正式生效。該法案的實施將對美國企業的氣候風險管理產生重大影響。企業應積極應對《氣候風險揭露法案》的要求，制定和實施有效的氣候風險管理措施，以符合《氣候風險揭露法案》的要求。

(4) 台灣：目前尚未有針對氣候風險揭露的法規。不過，政府已承諾在 2050 年達成淨零排放的目標。為此，政府已提出了一系列措施，包括：投資於再生能源和節能技術、制定碳排放交易制度、提高能源效率標準、推廣綠色交通。在 2023 年 6 月，金管會發布了《氣候相關財務資訊揭露指引》[34]，要求金融機構在其財務

[32] CCA 是英國於 2008 通過的一項法律，旨在應對氣候變化。該法案規定，英國政府必須制定具有法律約束力的碳排放目標，並採取措施實現這些目標。

[33] 美國《氣候風險揭露法案》是美國於 2022.11 通過的一項法律，旨在要求企業揭露其氣候風險訊息。

[34]《氣候相關財務資訊揭露指引》的目的在於促進台灣金融機構更好地了解和管理其氣候風險。該指引的實施將有助於：提高金融機構對氣候風險的意識和理解、改善金融機構的氣候風險管理、促進金融機構將氣候風險因素納入投資決策。

報告中揭露氣候相關資訊。該指引要求金融機構、揭露其氣候風險管理的政策和程序、氣候風險對其財務狀況的影響、氣候風險對其投資組合的影響等。《氣候相關財務資訊揭露指引》是台灣首次針對氣候風險揭露制定的指引。該指引的實施，將促進金融機構更好地了解和管理其氣候風險。

這些法律和監管要求將對企業的 ESG 風險管理產生重大影響。企業需要積極應對這些要求，制定和實施有效的 ESG 風險管理措施，以降低 ESG 風險對企業的影響。企業應遵循的 ESG 風險管理的法律和監管要求，可能採取的具體措施：(a) 建立健全 ESG 風險管理體系：企業應建立健全 ESG 風險管理體系，包括風險識別、評估、控制和監控等方面的流程和措施。(b) 揭露 ESG 風險訊息：企業應根據相關法律和監管要求，揭露其 ESG 風險訊息。(c) 降低 ESG 風險：企業應採取措施降低 ESG 風險，包括採取預防措施、緩解措施和轉移措施。企業應定期評估其 ESG 風險管理措施的有效性，並根據情況進行調整。

有關 ESG 規範的法律和監管要求，預期未來將不斷發展和增強。隨著氣候變化、社會不平等和環境污染等問題日益嚴重，各國政府和監管機構將會進一步強化 ESG 風險管理的法律和監管要求。ESG 風險管理的法律和監管要求，將對企業和金融機構產生重大影響。企業和金融機構，需要積極應對這些法律和監管要求，以避免合規風險和財務損失。

思考問題

1. ESG 風險管理的必要性主要體現在哪些方面？
2. 什麼是 ESG 風險？它包括哪些維度的風險？
3. ESG 風險管理的主要目標是什麼？
4. 為什麼 ESG 風險管理在當今的商業環境中變得越來越重要？
5. 企業可以通過什麼方法識別 ESG 風險？
6. 常用的風險評估模型有哪些？ 各有甚麼優缺點？
7 企業可以用什麼方式，進行 ESG 風險轉移？
8. ESG 風險的識別可以通過甚麼方式進行？
9. ESG 風險的評估可以通過哪些方式進行？
10. ESG 風險的控制和應對可以通過哪些措施進行？
11. 什麼是 ESG 風險管理的法律和監管要求？
12. 企業應如何應對 ESG 風險管理的法律和監管要求？
13. 台灣目前有關 ESG 風險管理的法律和監管要求有哪些？
14. ESG 風險管理的法律和監管要求將對企業產生哪些影響？

CHAPTER 13

ESG 投資

近年來，ESG 投資已經從一個相對小眾的概念，發展成全球金融市場的主要趨勢之一，這種趨勢不僅受到投資者的廣泛關注，也引領了企業和金融機構重新評估，他們的業務模式和價值觀。ESG 投資是指投資者在投資決策時，考慮企業的環境、社會和公司治理（ESG）表現，以追求財務回報和社會影響的雙重目標。

ESG 投資的起源，可以追溯到 20 世紀 60 年代的環境保護運動。當時，一些投資者開始關注企業對環境的影響，並將其作為投資決策的考慮因素。20 世紀 70 年代，ESG 投資的概念逐漸成熟，並開始在全球範圍內得到推廣。1976 年，美國成立了第一家 ESG 投資基金，標誌著 ESG 投資的正式誕生。20 世紀 80 年代，ESG 投資的發展速度加快。1989 年，聯合國環境規劃署（UNEP）發起全球可持續投資聯盟（GSIA），旨在推動 ESG 投資的發展。20 世紀 90 年代，ESG 投資進一步擴展到其他領域，如社會責任和公司治理。1995 年，聯合國責任投資原則組織（PRI）成立，旨在推動全球投資機構將 ESG 因素納入投資決策。21 世紀以來，ESG 投資的發展勢頭迅猛。2006 年，全球 ESG 投資規模達到 1.2 萬億美元。2022 年，全球 ESG 投資規模已超過 40 萬億美元，占全球股票市場市值的 30% 以上。ESG 投資在中國的發展也非常迅速。2015 年，中國發布《綠色投資指引》，為 ESG 投資在中國的發展提供了政策支持。2022 年，中國 ESG 投資規模已達到 1.5 萬億元。

ESG 投資的發展趨勢主要有：(a) 投資規模不斷擴大：隨著人們對環境、社會和公司治理的關注日益提高，ESG 投資的投資規模將繼續擴大。(b) 投資範圍不斷擴展：ESG 投資的投資範圍將從傳統的股票和債券擴展到其他資產類別，如房地產、私募股權和基礎設施。(c) 投資工具不斷創新：ESG 投資的投資工具將更加多樣化，以滿足不同投資者的需要。ESG 投資的發展將對企業、投資者和社會產生積極的影響。對於企業而言，ESG 投資可以幫助企業降低風險、提升競爭力和吸引投資者。對於投資者而言，ESG 投資可以獲得長期穩定的回報。對於社會而言，ESG 投資可以促進永續發展。

ESG 投資的興起是多方面的，包括：氣候變化、資源枯竭等全球性挑戰，促使投資者關注企業的環境績效；社會不平等、勞工權益等問題，促使投資者關注企業的社會績效；公司治理水平對企業價值的影響，促使投資者關注企業的治理績效。ESG 投資可以為投資者帶來以下潛在收益：(a) 降低風險：ESG 良好的企業往往具有更強的抗風險能力，在經濟下行時表現相對較好；(b) 提高回報：ESG 良好的企業，往往具有更高的盈利能力和更強的成長潛力；(c) 創造社會價值：ESG 投資可以促進企業的永續發展，為社會帶來積極的影響。

13.1

ESG 投資的概述

ESG 投資是一種投資方法，它將環境（Environmental）、社會（Social）和公司治理（Governance）等因素納入考慮，以評估和選擇投資機會。這種方法旨在實現長期價值和永續性，並強調投資者的責任和企業的社會影響。

ESG 投資的背景可以追溯到 20 世紀 60 年代，當時一些投資者開始關注企業的社會責任問題。隨著社會對 ESG 問題的關注度不斷提高，ESG 投資也得到了越來越多的關注。ESG 投資的背景是多方面的，包括：

(1) 全球性挑戰：氣候變化、資源枯竭、社會不平等等全球性挑戰，對企業的經營和投資帶來了新的挑戰。投資者需要考慮企業的 ESG 表現，才能在這些挑戰中識別出具有永續發展潛力的企業。

(2) 投資理念的轉變：投資者逐漸意識到，企業的 ESG 表現不僅僅是社會責任，也是企業長期永續發展的基礎。ESG 良好的企業往往具有更強的抗風險能力和更高的盈利能力，因此投資者更傾向於投資 ESG 良好的企業。

(3) 投資產品的創新：ESG 投資產品的創新，使得投資者可以更加方便地實現 ESG 投資。目前，市場上有各種各樣的 ESG 投資產品，包括 ESG 股票基金、ESG 債券基金、ESG 指數基金等。這些產品的出現，降低了投資者實施 ESG 投資的門檻。

ESG 投資原則是一組指導性準則，可以幫助投資者評估和整合環境、社會、和公司治理方面的因素，以支持永續性和負責任的投資決策。以下是 ESG 投資原則的主要內容：

(1) 環境原則：ESG 投資原則中之環境原則，是指投資者在投資決策過程中，考慮企業的環境表現，並投資於環境表現良好的企業。企業應制定並執行環境政策和目標，以減少其對環境的負面影響。企業應使用可持續的資源，並減少其浪費。企業應減少其污染排放。環境原則通常包括：(a) 氣候變化：投資者關注企業的氣候變化風險和應對措施，例如減排目標、使用可再生能源等。(b) 自然資源：投資者關注企業的資源利用效率，例如節約能源、減少浪費等。(c) 環境污染：投資者關注企業的環境污染控制措施，例如排污標準、環保設備等。(d) 生物多樣性：投資者關注企業對生物多樣性的影響，例如森林保護、生物多樣性保護等。投資者也可採用消極的環境篩選原則，採用排除環境表現不佳的企業。投資者也可以通過積極主動的方式，鼓勵企業改善環境表現。當然，投資者也可以與企業溝通，要求企業制定更嚴格的環境目標，或採取更有效的環境措施。以下可能是具體的例子：一家投資基金在投資決策過程中，會考慮企業的氣候變化風險。如果企業的氣候變化風險高，投資基金可能會降低對該企業的投資。一家投資公司會與其投資組合中的企業合作，鼓勵企業使用可再生能源。一家投資機構會發布 ESG 評級，對企業的環境表現進行評估。隨著社會對環境保護意識的提高，環境原則在 ESG 投資中的重要性日益凸顯。投資者應在投資決策過程中，充分考慮環境原則，以促進社會環境的永續發展。

(2) 社會原則：ESG 投資原則中之社會原則，是指投資者在投資決策過程中，考慮企業的社會表現，並投資於社會表現良好的企業。企業應尊重勞工權利，並提供安全的工作環境。企業應尊重人權，並避免歧視。企業應回饋社會，並支持永續發展。社會原則通常包括以下內容：(a) 勞工權益：投資者關注企業的勞工權益保障情況，例如薪資水準、工作時間、安全保障等。(b) 產品安全：投資者關注企業的產品安全性，例如產品品質、警示標誌等。(c) 消費者權益：投資者關注企業的消費者權益保護情況，例如訊息揭露、退換貨等。(d) 多元化和包容性：投資者關注企業的多元化和包容性，例如員工性別、種族、宗教等。(e) 社區責任：投資者關注企業的社區責任，例如慈善捐贈、環境保護等。以下是具體的例子：一家投資基金在投資決策過程中，會考慮企業的勞工權益保障情況。如果企業的勞工權益保障情況差，投資基金可能會降低對該企業的投資；一家投資公司會與其投資組合中的企業合作，鼓勵企業提高產品安全性；一家投資機構會發布 ESG 評級，對企業的社會表現進行評估。隨著社會對社會責任意識的提高，社會原則在 ESG 投資中的重要性日益凸顯。投資者應在投資決策過程中，充分考慮社會原則，以促進社會的永續發展。

(3) 公司治理原則：ESG 投資原則中之公司治理原則，是指投資者在投資決策過程中，考慮企業的公司治理表現，並投資於公司治理表現良好的企業。企業應建立有效的董事會，以監督企業的運營。企業應建立健全的內部控制制度，以防範風險。企業應充分揭露訊息，以保障投資者的權益。公司治理原則通常包括：(a) 董事會結構：投資者關注企業董事會的結構和運作情況，例如董事會成員的多元化、董事會的獨立性等。(b) 股東權益：投資者關注企業對股東權益的保護情況，例如股東投票權、股東訊息揭露等。(c) 訊息揭露：投資者關注企業的訊息揭露情況，例如財務訊息、非財務訊息等。(d) 合規：投資者關注企業的合規情況，例如遵守法律法規、避免利益衝突等。投資者可以通過，消極的篩選，排除公司治理表現不佳的企業。也可以通過積極主動的方式，鼓勵企業改善公司治理表現。例如，投資者可以與企業溝通，要求企業制定更嚴格的公司治理規範，或採取更有效的公司治理措施。以下是可能的具體例子：一家投資基金在投資決策過程中，會考慮企業董事會的結構和運作情況。如果企業董事會的結構和運作情況不完善，投資基金可能會降低對該企業的投資；一家投資公司會與其投資組合中的企業合作，鼓勵企業提高訊息揭露的透明度；一家投資機構會發布 ESG 評級，對企業的公司治理表現進行評估。

ESG 投資和傳統投資之間，存在著多個關鍵區別，這些區別涉及投資的目標、方法、風險和影響。更重要的是，在投資初期的評估上，ESG 投資是使用 ESG 評估工具和指標，評估潛在投資標的的環境、社會和公司治理表現。這些評估有助於確定風險和機會，以支持永續性投資決策。傳統投資：主要使用財務指標和基本分析來評估投資標的，關注公司的財務績效和盈利潛力。表 13.1 是 ESG 投資與傳統投資的差異比較。

表 13.1 ESG 投資與傳統投資比較。

指標	ESG 投資	傳統投資
投資考慮因素	財務表現、環境、社會、公司治理表現	財務表現
投資目標	財務回報和社會影響的雙重目標	財務回報
投資方法	選擇具有良好 ESG 表現的企業進行投資	根據財務指標進行投資
投資風險	訊息揭露不充分、投資成本較高、投資選擇有限	可能存在風險、可能無法促進社會永續發展
投資適合人群	希望追求財務回報和社會影響的雙重目標的投資者	希望追求財務回報的投資者

對於評估投資的風險管理，ESG 投資：將 ESG 風險納入風險管理策略中，以確保投資組合的永續性。ESG 投資者通常更加關注長期風險，如氣候變化、法律風險和聲譽風險。傳統投資的風險管理，主要集中在財務風險，如市場風險和信用風險上。對於企業投資的影響和回報上，ESG 投資追求不僅實現財務回報，還要在環境和社會方面產生積極影響。他們通常要求投資標的報告其 ESG 表現，以證明其永續性努力。傳統投資還是主要關注財務回報，並不強調環境和社會影響。對於長期投資的影響，ESG 投資：通常較注重長期投資，因為永續性和社會責任目標需要時間來實現。ESG 投資者可能更願意長期持有投資標的；傳統投資的投資期限可能更為靈活，可以根據市場狀況進行快速交易。

ESG 投資與傳統投資之間的主要區別在於 ESG 投資將環境、社會和公司治理因素納入投資決策的考慮中，並追求永續性和社會責任目標。這種投資方法，旨在創造長期價值，同時對環境和社會產生積極影響。傳統投資則主要關注財務回報，並尋求短期經濟收益。投資者可以根據其價值觀和投資目標來選擇 ESG 投資或傳統投資策略。

ESG 投資，正在成為全球資本市場的明顯趨勢，很多機構投資者對 ESG 投資的關注和配置在近年來快速增加。主要是由於投資者意識到 ESG 因素，與公司長期業績和風險管理的密切關聯。許多大型基金和資產管理公司都推出了 ESG 基金和投資策略。另外，公司強化 ESG 訊息揭露，也成為趨勢。越來越多公司發佈獨立的 ESG 報告，並積極回應 CDP [35]、SASB 等 ESG 評級機構的調查，提高訊息透明度。各國中央銀行和證卷監督單位，也祭出 ESG 監管規定，要求金融機構和上市公司，加強 ESG 資訊揭露。值得一提的是，金融交易所、股票指數公司，也紛紛推出 ESG 指數，為 ESG 投資提供標準和工具。代表性的如道瓊斯指數的 DJSI 系列 [36]、富時羅素 (FTSE4Good Index) 社會責任指數系列等。MSCI ESG 評級也成為投資者篩選 ESG 優良資產的重要依據。ESG 投資的全球趨勢表明，ESG 投資已成為一種主流的投資理念。隨著人們對永續發展的關注日益提高，ESG 投資將在未來繼續保持快速發展。有關 ESG 投資的趨勢，表現在：

(1) 投資規模不斷擴大：隨著人們對環境、社會和公司治理的關注日益提高，ESG 投資的投資規模將繼續擴大。根據全球責任投資聯盟（GSIA）的數據，2022 年全球 ESG 投資規模已超過 40 萬億美元，占全球股票市場市值的 30% 以上。根據國際金融協會（IIF）的數據，2022 年全球 ESG 投資規模達到 35.8 萬億美元，同比增長 21.4%。其中，主動管理的 ESG 投資規模達到 23.8 萬億美元，同比增長 22.3%。

[35] 碳揭露專案（CDP）是一個非營利組織，致力於幫助企業、城市和政府披露其環境訊息。CDP 的目標是促進企業、城市和政府在氣候變遷、水安全和森林方面承擔責任。

[36] 道瓊公司 DJSI，是以企業的流通市值加權編製成的指數，以企業永續資產標準評核，衡量上使用企業在環境、社會和治理（ESG）三面向的績效。該指數於於 1999 年推出，是市場上首創的全球永續發展系列指數。

ESG 投資規模的快速增長，反映了投資者對 ESG 投資的關注和需求。主要：(a) 氣候變化等全球性挑戰：氣候變化、資源枯竭等全球性挑戰，促使投資者關注企業的 ESG 表現。投資者希望投資於那些能夠應對這些挑戰的企業，並為永續發展做出貢獻。(b) 政府政策的支持：各國政府紛紛推出政策，鼓勵和支持 ESG 投資。例如，歐盟發布了可持續金融分類法，將 ESG 投資納入了監管框架。(c) 投資者的意識提升：投資者對 ESG 投資的意識不斷提升，更加關注企業的 ESG 表現。投資者認為，ESG 投資不僅可以帶來環境和社會效益，也可以帶來財務回報。

(2) 投資範圍不斷擴展：ESG 投資的全球趨勢之二，是投資範圍不斷擴展。ESG 投資不再局限於股票和債券，而是涵蓋了多種投資類別，例如私募股權、房地產、基礎設施等。根據 PRI 的數據，2022 年全球 ESG 投資涵蓋了股票、債券、房地產、私募股權、基礎設施等多種資產類別。私募股權、房地產、基礎設施等投資類別，具有較高的 ESG 風險和潛力。例如，私募股權投資可以幫助企業進行 ESG 升級，房地產投資可以支持可持續建築，基礎設施投資可以促進可再生能源發展。ESG 投資的範圍擴展，反映了投資者對 ESG 投資的關注和需求。投資者希望投資於更廣泛的 ESG 機會，並為永續發展做出更大貢獻。展望未來，ESG 投資的範圍仍將繼續擴展。隨著投資者對 ESG 投資的關注度提升，以及 ESG 投資技術的發展，ESG 投資將覆蓋更多的投資類別。

(3) 投資工具不斷創新：ESG 投資的投資工具，將更加多樣化，以滿足不同投資者的需要。ESG 投資的策略已不再局限於篩選，而是更加多樣化，例如積極主動投資、影響力投資等。根據 ESG 數據中心的數據，2022 年全球 ESG 投資工具已超過 6 萬種，涵蓋了指數基金、主動基金、債券、私募股權等多種產品。ESG 積極主動投資，是指投資者主動與企業溝通，鼓勵企業改善 ESG 表現。ESG 影響力投資，是指投資者通過投資，促進社會和環境的積極變化。ESG 投資工具的創新，反映了投資者對 ESG 投資的多樣化需求。投資者希望通過不同的投資工具，實現不同的 ESG 投資目標。展望未來，ESG 投資工具仍將繼續創新。隨著 ESG 投資技術的發展，ESG 投資將更加多樣化和靈活。

(4) 投資主題更加多元化：ESG 投資的主題將更加多元化，以滿足投資者，對不同永續發展議題的關注。ESG 投資已不再局限於傳統的環境、社會、公司治理（ESG）三個方面，而是涵蓋了更廣泛的投資主題，例如氣候變化、永續發展、社會公平等。根據 PRI 的數據，2022 年全球 ESG 投資涵蓋了氣候變化、水資源、生物多樣性、人權、勞工權益等多種永續發展議題。氣候變化、永續發展、社會公平等主題，具有較高的 ESG 風險和潛力。例如，氣候變化投資可以幫助企業應對氣候變化風險，永續發展投資可以促進永續發展，社會公平投資可以促進社會公平。ESG 投資主題的多元化，反映了投資者對 ESG 投資的關注和需求。投資者希望投資於更廣泛的 ESG 機會，並為永續發展做出更大貢獻。展望未來，ESG 投資主題仍將繼續多元化。隨著全球氣候變化等問題的加劇，以及投資者對 ESG 投資的關注度提升，ESG 投資將覆蓋更多的投資主題。

13.2

ESG 投資的評估

近年來，ESG 投資的投資工具，逐漸蓬勃發展與多元化，ESG 投資工具的選擇，應根據投資者的投資目標、風險承受能力和投資經驗等因素來確定。目前全球主要的投資型態，有以下幾種（相關比較如表 13.2 所示）：

(1) 指數基金：指數基金是一種被動投資工具，其投資組合與某個指數的構成股票完全一致。ESG 指數基金是指投資組合包含了 ESG 表現優異的股票的指數基金。指數基金的優點是成本低、交易成本低、波動性相對較小。缺點是投資組合中包含的所有股票都具有相同的 ESG 評級，可能無法滿足所有投資者的個性化需求。

(2) 主動基金：主動基金是一種積極投資工具，其投資策略旨在超越市場平均回報。ESG 主動基金是指將 ESG 因素納入投資決策的基金。主動基金的優點是可以根據投資者的個性化需求進行投資組合配置，提高投資回報的可能性。缺點是成本較高、交易成本較高、波動性可能較高。

(3) 債券：債券是一種固定收益工具，投資者購買債券後，可以獲得固定的利息收入。債券是一種相對穩定的投資工具，適合風險承受能力較低的投資者。ESG 債券的優點是可以獲得固定的利息收入，同時支持 ESG 目標。缺點是可能無法獲得與傳統債券相同的回報。

(4) 私募股權：私募股權是一種非公開交易的股權投資，投資者可以通過私募股權基金參與投資。ESG 私募股權是指投資於 ESG 表現優異的公司或企業的私募股權。私募股權是一種高收益、高風險的投資工具，適合風險承受能力較高的投資者。ESG 私募股權的優點是可以投資於 ESG 表現優異的公司或企業，獲得潛在的超額回報。缺點是投資門檻較高，流動性較差。

(5) 基礎設施：基礎設施是指為經濟和社會活動提供支持的設施，如道路、橋樑、電力、水利等。ESG 基礎設施是指符合 ESG 標準的基礎設施投資。基礎設施是一種長期的投資工具，適合長期投資者。ESG 基礎設施的優點是可以支持 ESG 目標，同時獲得穩定的回報。缺點是投資門檻較高，流動性較差。

表 13.2 ESG 主要的投資工具比較

投資工具	定義	優點	缺點	適用情況
ESG 指數基金	指投資組合包含了 ESG 表現優異的股票的指數基金。	成本低、交易成本低、波動性相對較小。	投資組合中包含的所有股票都具有相同的 ESG 評級，可能無法滿足所有投資者的個性化需求。	風險承受能力較低的投資者。
ESG 主動基金	指將 ESG 因素納入投資決策的基金。	可以根據投資者的個性化需求進行投資組合配置，提高投資回報的可能性。	成本較高、交易成本較高、波動性可能較高。	風險承受能力較高的投資者。
ESG 債券	指發行人具有良好 ESG 表現的債券。	可以獲得固定的利息收入，同時支持 ESG 目標。	可能無法獲得與傳統債券相同的回報。	風險承受能力較低的投資者。
ESG 私募股權	指投資於 ESG 表現優異的公司或企業的私募股權。	可以投資於 ESG 表現優異的公司或企業，獲得潛在的超額回報。	投資門檻較高，流動性較差。	風險承受能力較高的投資者。
ESG 基礎設施	指符合 ESG 標準的基礎設施投資。	可以支持 ESG 目標，同時獲得穩定的回報。	投資門檻較高，流動性較差。	長期投資者。

ESG 投資的評估，是確定潛在投資標的，在永續性和社會責任表現的過程。這個過程涉及使用不同的工具、和方法來評估企業或資產的 ESG 風險和機會。ESG 投資的評估是指投資者在進行 ESG 投資時，著重對企業的 ESG 表現做評估。ESG 投資評估的目的，是幫助投資者識別出具有良好 ESG 表現的企業，以追求財務回報和社會影響的雙重目標。

ESG 投資評估，需要通過收集被投資企業的 ESG 資料，對其在環境、社會和公司治理等方面的表現，進行全方位的考察，以識別存在的 ESG 風險點和改善空間。評估過程中，投資者既要關注可直接轉化為財務影響的 ESG 因素，也要把握那些對長遠投資時，間接影響企業價值的 ESG 考量因素。這需要建立起 ESG 指標與財務模型之間的內在聯繫，使 ESG 評估有據可依，而不是主觀臆斷。在綜合 ESG 評估 果後，投資者可以根據不同資產的永續發展表現，進行有效篩選和配置。ESG 投資評估有助於投資者，更全面地認識資產的價值和風險狀況，是實現可持續金融的重要過程。通過引導資本流向 ESG 表現更優異的資產，ESG 評估也將激勵更多企業，重視並改善自身的永續發展。ESG 投資評估可以分為以下幾個步驟：

(1) 確定評估標準：投資者首先需要確定評估標準，即企業 ESG 表現的評估指標。ESG 投資評估指標可以分為三類：(a) 環境指標：衡量企業對環境的影響，包括氣候變化、資源利用、污染排放等。(b) 社會指標：衡量企業對社會的影響，包括勞工權益、人權、社會公平等。(c) 公司治理指標：衡量企業的管理水平，包括董事會結構、內部控制、訊息揭露等。

(2) 收集訊息：ESG 投資評估之訊息蒐集是指投資者收集與企業 ESG 表現相關的資訊，以評估企業的 ESG 風險和機會。ESG 投資評估的訊息蒐集主要包括：(a) 企業揭露的 ESG 資訊：企業通常會在其年度報告、社會責任報告等文件中揭露 ESG 資訊。投資者應仔細閱讀企業揭露的 ESG 資訊，了解企業的 ESG 表現。(b) 第三方 ESG 評級：第三方 ESG 評級機構會對企業的 ESG 表現進行評級。投資者可以參考第三方 ESG 評級，了解企業的 ESG 表現。(c) 媒體報導：媒體報導可以反映企業 ESG 表現的最新情況。投資者應關注媒體報導，了解企業 ESG 表現的最新動態。(d) 投資者還可以通過其他資訊來源，如政府部門、非政府組織等，收集與企業 ESG 表現相關的資訊。

(3) 進行評估：投資者根據評估標準，對企業的 ESG 訊息進行評估。評估可以採用定性評估或定量評估的方法。定性評估是指投資者根據自身的經驗和判斷進行評估。定量評估是指投資者根據 ESG 評級機構的評分進行評估。ESG 投資評估的評估主要包括以下幾個步驟：(a) 投資者應根據蒐集到的 ESG 資訊，識別企業可能面臨的 ESG 風險和機會。(b) 投資者應評估 ESG 風險和機會的嚴重性和影響，以確定 ESG 風險和機會對企業的影響。(c) 投資者應分析 ESG 風險和機會對投資回報的影響，以確定 ESG 風險和機會，對投資決策的影響。

(4) 做出決策：投資者根據評估結果，做出是否投資的決策。如果企業的 ESG 表現良好，則投資者可以考慮投資該企業。ESG 投資評估的決策主要包括：(a) 投資者應根據自身的投資目標，確定投資的類型和範圍。(b) 投資者應分析 ESG 風險和機會對投資回報的影響，以確定投資決策的影響。(c) 投資者應考慮 ESG 因素對投資決策的影響，如投資者自身的 ESG 偏好、投資目標和策略等。

在評估的過程，需要擺脫傳統投資既有框架，不以短期的獲利，作為唯一指標，在 ESG 指標與獲利間，取得平衡。ESG 投資評估與傳統投資評估之間，存在一些關鍵差異 (ESG 投資與傳統投資比較，如表 13.3 所示），這些差異體現在評估的方法、關注的因素和目標上。另外，有關 ESG 投資評估的注意事項：包含：(a) 評估標準要全面和客觀：ESG 投資評估指標應該涵蓋環境、社會、公司治理等各個方面，並且要客觀公正。(b) 訊息收集要全面和準確：企業的 ESG 訊息應該全面和準確，以便投資者進行全面的評估。(c) 評估方法要適當：投資者可以根據自己的投資目標和偏好，選擇合適的評估方法。(d) 評估結果要綜合考慮：投資者在做出決策時，應該綜合考慮企業的財務表現、ESG 表現、行業前景等因素。

ESG 投資評估是一個複雜的過程，需要投資者具備一定的 ESG 知識和經驗。投資者可以通過閱讀相關書籍和文章、參加 ESG 培訓等方式，提高自己的 ESG 投資評估能力。

表 13.3 ESG 投資評估與傳統投資評估比較

指標	ESG 投資評估	傳統投資評估
考慮因素	財務表現、環境、社會、公司治理表現	財務表現
目標	財務回報和社會影響的雙重目標	財務回報
評估指標	環境、社會、公司治理指標	財務指標
評估方法	定性評估、定量評估	定量評估
評估結果	綜合評估結果	財務表現評估結果

13.3
ESG 投資策略

ESG 投資策略，是投資者用來整合永續性因素和社會責任等 ESG 精神，列入其投資決策中。這些策略旨在實現長期財務回報的同時，也考慮到對環境和社會的影響。ESG 投資策略是指投資者在進行 ESG 投資時所採取的策略。ESG 投資策略可以分為以下幾種（相關比較，如表 13.4 所示）：

(1) 排除策略：排除策略是指、投資者只投資於 ESG 表現良好的企業，而排除 ESG 表現不佳的企業。排除策略是一種比較簡單的 ESG 投資策略，投資者只需要根據自己的 ESG 標準，篩選出符合標準的企業進行投資。排除策略可以有效降低投資風險，但也可能會導致投資組合的收益下降。在排除投資時，投資者需先制定 ESG 篩選標準，例如排除從事煤炭採掘或武器製造的企業。他們將這些標準應用於股票或債券，以排除不符合標準的投資。

(2) 整合策略：整合策略是指、投資者在進行傳統投資時，將 ESG 因素納入考慮範圍。整合策略是一種更加靈活的 ESG 投資策略，投資者可以根據自己的投資目標和偏好，將 ESG 因素納入到傳統投資決策中。整合策略可以兼顧財務回報和社會影響，但也需要投資者具備一定的 ESG 知識和經驗。這也是最常用的投資策略，投資者使用 ESG 數據和評級，來評估企業的 ESG 表現，並將這些評估納入其投資決策過程中，給予 ESG 表現良好的企業更高的權重。

(3) 主題投資策略：主題投資策略是一種聚焦特定 ESG 主題的投資策略，投資者可以投資於符合特定 ESG 主題的企業，例如氣候變化、可再生能源、社會公平等。主題投資策略可以幫助投資者實現特定的 ESG 目標，但也可能會導致投資組合的收益波動。一旦主題確定，投資者將評估企業或資產的 ESG 表現，特別關注它們在所選主題方面的參與和影響。這可能需要深入的研究和 ESG 數據分析。當然，主題式的投資，亦能組合各種ESG的構建，選擇投資於符合所選主題的企業或資產，建立專門的投資組合，以實現特定主題的ESG目標。

表13.4 所示 ESG 投資策略比較與風險

策略	優點	缺點	實例	風險
排除策略	可以有效降低投資風險，投資決策相對簡單	可能會導致投資組合的收益下降，可能會錯過一些具有潛力的企業	某位投資者認為，氣候變化是全球面臨的重大挑戰，因此決定只投資於符合氣候目標的企業。	投資組合收益下降；錯過其他潛在機會
整合策略	可以兼顧財務回報和社會影響，投資決策更加靈活	需要投資者具備一定的ESG知識和經驗	某位投資者希望在追求財務回報的同時，也能實現社會影響。	投資決策難度增加；投資組合收益波動
主題投資策略	可以幫助投資者實現特定的ESG目標，投資決策更加聚焦	投資組合的收益波動可能會加大	某位投資者希望投資於可再生能源行業。	投資組合收益波動受市場因素的影響；投資選擇有限

然而，ESG投資在考慮社會責任和永續性表現的投資策略時，它既有機會，也有風險，這取決於投資者的目標、投資組合和市場條件。投資可能面臨以下風險和挑戰：

(1) 定義和評估標準不一致：ESG因素的定義和評估標準存在差異，這可能導致投資者，對不同企業或投資組合的ESG表現，產生不同的看法，從而影響投資決策。例如，不同的投資機構對「氣候變化」的定義可能有所不同。有些機構可能僅將溫室氣體排放量，作為評估企業氣候變化表現的指標，而另一些機構可能還會考慮企業的能源使用效率、可再生能源使用比例等因素。

(2) 訊息揭露不充分：企業對ESG訊息的揭露不充分，這可能導致投資者，難以對企業或投資組合的ESG表現，進行全面評估。例如，一些企業可能不願意揭露自己的ESG訊息，或者揭露的訊息不完整或不準確。

(3) 投資回報不確定：ESG 投資是否能夠帶來更高的投資回報，尚存在爭議。一些研究表明，ESG 投資能夠帶來更高的投資回報，而另一些研究則表明，ESG 投資與傳統投資的投資回報並無顯著差異。另外，ESG 投資往往需要專門的投資工具和服務，這可能導致投資成本較高。

(4) 流動性較差：ESG 投資往往具有較高的流動性風險，這可能影響投資者的資金周轉需求。ESG 投資產品的流動性可能不足，這可能導致投資者在需要退出時，難以以合理的價格出售投資產品。

(5) 政策風險：政府的政策和法規變化可能對 ESG 投資產生影響。目前各國或地區對於 ESG 投資的監管尚不完善，這可能導致投資者面臨一定的風險。

(6) 經濟和市場競爭：ESG 投資也受到一般市場和經濟風險的影響，如衰退、通脹或利率變動。ESG 投資日益競爭，可能導致過高的估值或資產價格波動。

投資者在進行 ESG 投資時，應充分了解 ESG 投資的風險和挑戰，並採取相應措施降低風險。以下是一些降低 ESG 投資風險的措施：

(1) 選擇信譽良好的投資機構：投資機構的專業水平和經驗可以幫助投資者降低風險。信譽良好的投資機構通常具有：(a) 具有豐富的 ESG 投資經驗：信譽良好的投資機構通常具有豐富的 ESG 投資經驗，能夠對 ESG 因素進行有效的評估和管理。(b) 採用透明的 ESG 評估標準：信譽良好的投資機構通常採用透明的 ESG 評估標準，能夠讓投資者了解企業的 ESG 表現。(c) 具有良好的 ESG 投資業績：信譽良好的投資機構通常具有良好的 ESG 投資業績，能夠為投資者帶來可觀的財務回報。

(2) 多元化投資組合：投資者在進行 ESG 投資時，應多元化投資組合，多元化投資組合可以降低投資風險，提高投資回報的穩定性。在進行 ESG 投資時，投資者可以通過以下途徑，來實現多元化：(a) 投資不同類型的 ESG 投資產品：例如，投資指數基金、主動管理基金、私募股權基金等。(b) 投資不同行業的 ESG 企業：例如，投資能源、製造、金融、消費等不同行業的 ESG 企業。(c) 投資不同地區的 ESG 企業：例如，投資全球、亞洲、歐洲等不同地區的 ESG 企業。以下是實現 ESG 投資組合多元化的建議：投資不同類型的 ESG 投資產品：指數基金、主動管理基金、私募股權基金等，具有不同的投資策略和風險收益特徵。投資不同類型的 ESG 投資產品，可以降低投資組合的風險，提高投資回報的穩定性。投資不同行業的 ESG 企業：不同行業的 ESG 企業，面臨的 ESG 風險和機會存在差異。投資不同行業的 ESG 企業，可以分散投資風險，提高投資回報的潛力。投資不同地區的 ESG 企業：不同地區的 ESG 企業，面臨的 ESG 風險和機會也存在差異。投資不同地區的 ESG 企業，可以分散投資風險，提高投資回報的潛力。

(3) 定期評估投資組合：投資者在進行 ESG 投資時，應定期評估投資組合。定期評估投資組合，可以幫助投資者了解投資組合的表現，並根據市場情況和自身情況進行調整。在評估 ESG 投資組合時，投資者可以考慮：(a) 投資組合的 ESG 表現：投資組合是否符合投資者的 ESG 投資目標？ (b) 投資組合的風險收益特徵：投資組合的風險是否符合投資者的風險偏好？ (c) 投資組合的流動性：投資組合是否具有足夠的流動性，以滿足投資者的退出需求？

ESG 投資為投資者提供了一個整合性的投資策略，可以考慮企業的社會和環境影響。儘管有風險，但在全球趨勢和投資者需求的驅使下，ESG 投資，仍然被視為一個有吸引力的投資選擇，特別是對於那些希望實現長期永續性和社會責任的投資者。

13.4
ESG 投資的影響

ESG 投資的影響，目前在不斷擴大，對企業、金融市場和社會都產生了深遠和重大影響。以下是 ESG 投資可能產生的一些主要影響：

(1) 企業行為改變：ESG 投資強化了企業對環境和社會責任的關注。為了吸引 ESG 投資者和符合相關標準，企業更傾向於改進其 ESG 表現。這可能包括：促使企業提高環境保護水平。ESG 投資者往往希望投資於那些具有良好環境績效的企業，因此 ESG 投資將促使企業提高環境保護水平，減少對環境的污染和破壞。促使企業提高員工福利：ESG 投資者往往希望投資於那些具有良好勞工待遇的企業，因此 ESG 投資將促使企業提高員工福利，改善員工的工作環境和生活條件。促使企業提高公司治理水平：ESG 投資者往往希望投資於那些具有良好公司治理的企業，因此 ESG 投資將促使企業提高公司治理水平，保障股東權益。

(2) 財務績效：一些研究表明，ESG 優秀的企業在長期內可能表現出更好的財務績效。這是因為具有較高 ESG 標準的企業可能更具競爭力，更能吸引投資者和消費者。ESG 對財務績效的影響是複雜的，並且存在一定的爭議。一些研究表明，ESG 良好的企業往往具有更高的財務績效，例如更高的盈利能力、更強的成長潛力和更低的風險。其他研究則表明，ESG 因素對財務績效的影響並不顯著，甚至可能是負面的（相關比較，如表 13.5）。ESG 投資的長期影響可能比短期影響更明顯。ESG 投資可以促使企業進行長期的投資和改進，這些投資和改進，可能需要一定的時間才能產生效果。因此，ESG 投資對財務績效的影響，可能在短期內並不明顯，但在長期內可能會更加顯著。

表 13.5 ESG 投資對財務績效影響

影響因素	正面影響	負面影響
盈利能力	提高盈利能力	增加成本

影響因素	正面影響	負面影響
成長潛力	增強成長潛力	影響決策
風險	降低風險	降低效率

(3) 風險管理：ESG 投資有助於識別和管理風險，特別是與環境和社會問題相關的風險。企業和投資者更關注氣候變化、供應鏈風險、法律法規風險等問題。ESG 投資對風險管理有幾個影響：(a) 降低風險：ESG 良好的企業往往具有更強的抗風險能力，在經濟下行時表現相對較好。此外，ESG 良好的企業往往具有良好的財務狀況和管理水平，能夠更好地應對風險。(b) 提高透明度：ESG 投資要求企業揭露更多的 ESG 訊息，這可以提高企業的透明度，從而降低訊息不對稱的風險。(c) 促進創新：ESG 投資可以促使企業進行長期的投資和改進，這些投資和改進可以降低企業的風險。

(4) 投資者需求：ESG 投資的需求正在增加，尤其是來自年輕一代投資者。投資者更加關注企業的社會和環境影響，這推動了 ESG 標準的普及。ESG 投資對投資者需求有以下幾個影響，包含：(a) 投資理念的轉變：隨著 ESG 投資的興起，越來越多的投資者開始將 ESG 因素納入投資決策考慮。這反映了投資者對永續發展、社會公平和公司治理的關注，以及對長期投資回報的追求。(b) 投資策略的多元化：ESG 投資提供了一種新的投資策略，可以幫助投資者降低風險、提高回報。這吸引了更多投資者，推動了 ESG 投資市場的發展。(c) 投資產品的創新：為了滿足投資者對 ESG 投資的需求，金融機構推出了各種 ESG 投資產品，包括 ESG 基金、ESG 指數基金和 ESG 債券等。這為投資者提供了更多選擇，也促進了 ESG 投資的普及。

(5) 法規和監管：越來越多的國家和地區正在實施 ESG 相關的法規和監管要求。這些要求迫使企業更積極地揭露其 ESG 訊息，並採取相應的行動。具體來說，ESG 投資對法規和監管產生了影響：(a) 公司治理：ESG 投資促使政府和監管機構強化公司治理的相關法規和監管，以提高企業的透明度和問責度。例如，中國在 2022 年頒布了《上市公司董事會規則》，要求上市公司董事會更加重視 ESG 問題。(b) 環境保護：ESG 投資促使政府和監管機構加強環境保護的相關法規和監管，以應對氣候變化和其他環境問題。例如，歐盟在 2021 年頒布了《可持續金融揭露規則》，要求金融機構揭露其在氣候變化和其他環境問題方面的風險衝擊。(c) 社會責任：ESG 投資促使政府和監管機構加強社會責任的相關法規和監管，以促進社會公平和永續發展。例如，美國在 2021 年頒布了《美國就業法案》，要求企業在招聘和晉升員工時，不得歧視 LGBTQ+ 人群。

(6) 社會影響：ESG 投資有助於實現社會目標，如氣候變化減緩、社會公平和人權保護。通過支持符合 ESG 標準的企業和倡議，ESG 投資有助於推動社會變革。ESG 投資對社會的影響主要體現在：(a) 促進永續發展：ESG 投資促使企業重視環境、社會和公司治理（ESG）問題，從而推動永續發展。例如，ESG 投資可以促進企業減少碳排放、改善員工福利和提高公司治理水平，這些都將有助於實現永續發展。(b) 提高社會公平：ESG 投資可以促進社會公平，例如，ESG 投資可以促使企業提供更多就業機會、改善女性和少數群體的權利和福利，這些都將有助於提高社會公平。(c) 增強社會責任：ESG 投資可以促進企業承擔更多的社會責任，例如，ESG 投資可以促使企業參與社會公益活動、支持永續發展項目，這些都將有助於增強社會責任。

(7) 創新和機會：ESG 投資促使企業尋找新的創新方式來解決環境和社會挑戰。這可能帶來新的商業機會，如綠色技術和可持續能源。ESG 投資對創新和機會的影響主要體現在：(a) 促進創新：ESG 投資可以促進企業在永續發展、社會公平和公司治理等領域進行創新，從而推動經濟發展和社會進步。例如，ESG 投資可以促使企業開發新的可再生能源技術、改善員工福利和提高公司治理水平，這些都將有助於推動創新。(b) 創造新市場：ESG 投資可以創造新的市場和機會，例如，ESG 投資可以促進永續發展產品和服務的市場，並為社會創新企業提供融資。(c) 提高競爭力：ESG 投資可以提高企業的競爭力，例如， ESG 投資可以促使企業提高產品和服務的品質，並改善企業的聲譽。

ESG 投資已成為全球金融界的重要趨勢，它不僅影響了投資者和企業，還有助於塑造更可持續和負責任的商業實踐，以應對當前和未來的環境和社會挑戰。這種影響將隨着時間的推移而進一步加深。

13.5

ESG 投資的未來發展

ESG 投資的發展將對企業、投資者和社會產生積極的影響。對於企業而言，ESG 投資可以幫助企業降低風險、提升競爭力和吸引投資者。對於投資者而言，ESG 投資可以獲得長期穩定的回報。對於社會而言，ESG 投資可以促進永續發展。ESG 投資是一種永續發展的投資理念，具有廣闊的發展前景。隨著全球永續發展理念的深入推進，ESG 投資將在未來發揮更加重要的作用。其發展前景可期，並將對全球金融市場產生深遠影響。以下是 ESG 投資未來發展的幾大趨勢：

(1) 投資規模將繼續擴大：隨著越來越多的投資者意識到 ESG 投資的重要性，ESG 投資的投資規模將繼續擴大。隨著全球永續發展理念的深入推進，越來越多的投資者意識到 ESG 投資的重要性，ESG 投資的投資規模將繼續擴大。根據全球責任投資聯盟（GSIA）的數據，2022 年全球 ESG 投資規模已超過 40 萬億美元，占全球股票市場市值的 30% 以上。預計到 2025 年，全球 ESG 投資規模將達到 60 萬億美元。推動 ESG 投資規模擴大的因素主要有：(a) 氣候變化等永續發展議題的凸顯：氣候變化、水資源短缺、生物多樣性喪失等永續發展議題日益嚴峻，迫切需要各方採取行動應對。ESG 投資可以幫助企業和投資者應對這些永續發展挑戰。(b) 投資者對 ESG 投資的關注：越來越多的投資者將 ESG 因素納入投資決策。根據 PRI 的數據，截至 2023 年，全球已有超過 3,000 家投資機構加入 PRI，管理資產超過 100 萬億美元。(c) 政府和監管機構的支持：全球各國政府和監管機構也開始制定政策和法規支持 ESG 投資的發展。例如，中國在 2022 年發布了《綠色投資指引》，為 ESG 投資在中國的發展提供了政策支持。

(2) 投資範圍將更加廣泛：ESG 投資將從傳統的股票和債券擴展到其他資產類別，如房地產、私募股權和基礎設施。隨著 ESG 投資的發展，ESG 投資的投資範圍將更加廣泛，從傳統的股票和債券擴展到其他資產類別，如房地產、私募股權和基礎設施。(a)

房地產：ESG 房地產投資是指將 ESG 因素納入房地產投資決策的過程。ESG 房地產投資可以包括投資於綠色建築、可持續開發項目和社會影響房地產等。(b) 私募股權：ESG 私募股權投資是指將 ESG 因素納入私募股權投資決策的過程。ESG 私募股權投資可以包括投資於 ESG 表現優異的企業或企業集團。(c) 基礎設施：ESG 基礎設施投資是指符合 ESG 標準的基礎設施投資。ESG 基礎設施投資可以包括投資於清潔能源基礎設施、可再生能源基礎設施和節能減排基礎設施等。

(3) 投資工具將更加多樣化：ESG 投資的投資工具將更加多樣化，以滿足不同投資者的需要。未來，ESG 投資工具將更加多樣化，包括以下幾個方面：(a) 訂製化工具的發展：隨著 ESG 投資理念的深入推進，越來越多的投資者希望能夠根據自己的投資目標和需求進行訂製化投資。因此，ESG 投資工具將更加多樣化，以滿足不同投資者的需要。(b) 指數基金和主動基金的融合：隨著 ESG 投資工具的發展，指數基金和主動基金將更加融合，形成新的投資工具。(c) 其他資產類別的 ESG 投資工具：隨著 ESG 投資範圍的擴大，將會出現更多針對其他資產類別的 ESG 投資工具。

(4) 投資主題將更加多元化：ESG 投資的主題將更加多元化，以滿足投資者對不同永續發展議題的關注。未來，ESG 投資主題將更加多元化，包括以下幾個方面：(a) 新興主題的發展：隨著 ESG 投資理念的深入推進，將會出現更多新興的 ESG 投資主題，如性別平等、包容性等。(b) 主題投資的融合：隨著 ESG 投資主題的多元化，不同主題的投資將更加融合，形成新的投資策略。

思考問題

1. 為什麼 ESG 投資在近年來變成全球金融市場的主要趨勢之一？這種趨勢受到哪些因素的推動？
2. ESG 投資的評估過程包括哪些步驟？
3. 評估企業的 ESG 表現時需要考慮的主要因素是什麼？
4. ESG 投資評估和傳統投資評估之間有哪些主要區別？
5. ESG 投資的背景是什麼？
6. ESG 投資的目標是什麼？
7. ESG 投資的評估指標有哪些？
8. ESG 投資如何對社會產生影響？
9. ESG 投資如何影響投資者需求？
10. ESG 投資如何有助於風險管理？
11. ESG 投資可能對企業的哪些方面產生影響？
12. 什麼是 ESG 投資的主要目標？
13. 什麼是排除策略，以及這種策略可能的優點和缺點是什麼？
14. 整合策略如何區別於其他 ESG 投資策略，並提供什麼主要優點和挑戰？
15. 主題投資策略如何實現特定 ESG 目標，以及可能的風險是什麼？
16. 請列舉 ESG 投資的潛在收益？

CHAPTER 14

ESG 與企業

在當今全球化、資訊化的時代，企業的發展面臨著更加嚴峻的挑戰。環境、社會和公司治理（ESG）是衡量企業，在永續發展方面表現的指標，已成為企業發展的重要趨勢，尤其是在當今全球化、資訊化的時代。在全球化浪潮下，企業面臨著來自不同國家和地區的競爭，而 ESG 績效是衡量企業，在永續發展方面表現的重要指標，可以幫助企業獲得更廣泛的市場份額和更高的品牌價值。在資訊化的時代，消費者和投資者更加關注企業的 ESG 表現，ESG 績效良好的企業，可以獲得更多的消費者青睞和投資者支持。

14.1
ESG 對企業的影響

ESG 對企業的影響是多方面的，包括財務績效、社會責任、品牌形象、風險管理和人才吸引與留存等。

(1) 財務績效：ESG 績效良好的企業往往具有更高的財務績效。例如，一項研究表明，ESG 績效排名前 25% 的企業，其財務績效往往優於排名後 25% 的企業。這主要是因為 ESG 績效良好的企業往往具有更高的創新能力、更強的競爭力和更高的品牌價值，從而可以獲得更高的利潤。越來越多的投資者開始將 ESG 因素納入投資決策中。這不僅促使企業更關注 ESG，還對其股東價值產生實質影響。ESG 領域的優秀表現可能會吸引更多的投資，提高股價和市值。

(2) 社會責任：ESG 績效良好的企業往往具有更高的社會責任感。例如，ESG 績效良好的企業往往會在員工福利、環境保護、公益慈善等方面做出更大的貢獻，從而可以提升企業的社會形象和公眾信任度。社會責任是 ESG 的重要組成部分，是企業對社會的責任。企業履行社會責任，可以提升企業的社會形象和公眾信任度，從而促進企業的永續發展。

(3) 品牌形象：ESG 績效良好的企業往往具有更高的品牌形象。例如，一項研究表明，消費者更願意購買 ESG 績效良好的企業的產品或服務。這主要是因為消費者更加關注企業的 ESG 表現，認為 ESG 績效良好的企業更具社會責任感和永續發展能力。

(4) 風險管理：ESG 績效良好的企業往往具有更高的風險管理能力。例如，企業在環境、社會和公司治理方面的風險得到有效控制，可以降低企業的整體風險。ESG 因素在識別和管理財務風險方面具有重要價值。例如，氣候變化可能導致業務中斷，社會問題可能引起品牌損害，而公司治理問題可能導致法律訴訟。適當的 ESG 策略可以減少這些風險，保護企業的財務狀況。

(5) 人才吸引與留存：ESG 績效良好的企業往往更容易吸引和留住優秀人才。例如，員工更願意在 ESG 績效良好的企業工作，因為他們認為這些企業更具社會責任感和永續發展能力。

ESG 對企業的影響可以分為短期影響和長期影響。短期影響主要在企業經營與人才留用。另外，可降低企業的融資成本，因為 ESG 表現優異的企業，往往可以獲得更低的融資成本，這可以為企業節省成本。而長期影響，主要在於提升企業競爭力，因為 ESG 表現優異的企業往往具有更強的競爭力，原因包括：擁有更好的品牌形象和聲譽、更高的員工敬業度和生產力，同時也促進企業的更大創新能力和更高的風險抵禦能力。對長期而言，也同時提高了企業價值，包含更低的融資成本和更高的投資回報率。更高的股東回報率在長期企業的發展上，也會降低企業經營的風險，因為 ESG 表現不佳的企業，往往面臨更高的風險，原因包括：法律和監管風險、聲譽風險和財務風險。有關 ESG 對企業的短期與長期影響，彙整在表 14.1 中。

表 14.1 ESG 對企業的短期與長期影響

影響	短期	長期
改善企業形象和聲譽	客戶、員工和投資者更願意與 ESG 表現優異的企業合作	企業在社會和環境方面做出的努力有助於提升企業的形象和聲譽

影響	短期	長期
吸引和留住優秀人才	ESG 表現優異的企業更受員工青睞	員工更願意在 ESG 表現優異的企業工作
降低融資成本	ESG 表現優異的企業往往可以獲得更低的融資成本	投資者更願意投資 ESG 表現優異的企業
提升企業競爭力	ESG 表現優異的企業往往具有更強的競爭力	ESG 可以幫助企業提升品牌形象、吸引和留住人才、降低成本和風險
提高企業價值	ESG 表現優異的企業往往具有更高的價值	ESG 可以幫助企業提升長期盈利能力
降低企業風險	ESG 表現不佳的企業往往面臨更高的風險	ESG 可以幫助企業降低法律和監管風險、聲譽風險和財務風險

企業積極履行 ESG 責任，可以提升企業的競爭力、改善企業的社會形象，從而促進企業的永續發展。因此，企業應將 ESG 融入企業管理，以提升企業的 ESG 績效，應對當今時代的挑戰，實現永續發展。具體而言，企業應建立健全的 ESG 管理體系，制定明確的 ESG 目標和措施，並定期對 ESG 績效進行評估和改進。此外，企業應加強 ESG 宣傳和教育，提高員工、客戶和投資者的 ESG 意識。

14.2
企業的 ESG 責任

企業的 ESG 責任是指企業在環境、社會和公司治理方面的責任。企業應積極履行 ESG 責任，為社會和環境做出貢獻，從而促進永續發展。企業的 ESG 責任主要包括以下幾個方面：

(1) 環境責任：企業應履行環境保護的責任，減少對環境的污染和破壞。例如，企業應減少能源消耗、廢棄物排放，並採用可再生能源等。具體來說，企業可以從幾個方面履行環境責任：(a) 減少資源消耗：企業應在生產過程中提高資源利用效率，減少資源浪費。例如，企業可以採用節能設備，減少能源消耗；採用循環利用技術，減少原材料消耗。(b) 降低排放：企業應在生產過程中減少污染物排放，保護環境。例如，企業可以安裝污染控制設備，降低廢氣、廢水和固體廢棄物的排放。(c) 推進綠色生產：企業應積極採用綠色生產技術和工藝，減少對環境的影響。例如，企業可以採用可再生能源，減少碳排放；採用可降解材料，減少環境污染。(d) 永續發展；企業應將永續發展理念融入企業生產經營活動中，實現企業的永續發展。例如，企業可以制定永續發展目標，並制定相應的措施來實現這些目標。

(2) 社會責任：企業應履行社會責任，為員工、客戶、供應商、社區等利益相關者提供積極的影響。例如，企業應提供良好的工作環境和薪酬福利，尊重人權，支持公益慈善等。企業應承擔社會責任，回饋社會。企業應在員工福利、公益慈善等方面做出貢獻，提升企業的社會形象和公眾信任度。具體來說，企業可以從以下幾個方面履行社會責任：(a) 員工福利：企業應為員工提供良好的工作環境和薪酬福利，保障員工權益。例如，企業可以為員工提供安全的工作環境，健全的福利制度，以及發展機會。(b) 公益慈善：企業應積極參與公益慈善活動，回饋社會。例如，企業可以捐款捐物，支持社會公益事業。(c) 社會參與：企業應積極參與社會事務，履行企業公民責任。例如，企業可以支持社會公益活動，維護社會秩序。

(3) 公司治理責任：企業應建立健全的治理結構和運營模式，以確保企業的長期永續發展。例如，企業應實行透明的財務管理，保護股東權益，防止腐敗等。企業應建立健全的公司治理體系，保障股東權益，提升企業的透明度和可信度。企業應遵守法律法規，避免不法行為，維護社會秩序。具體來說，企業可以從以下幾個方面履行公司治理責任：(a) 建立健全的治理體系：企業應建立董事會、監事會等公司治理機構，完善公司治理規章制度。(b) 保障股東權益：企業應尊重股東權利，保障股東的知情權、表決權和收益權。(c) 提升透明度和可信度：企業應定期揭露財務訊息和其他重要訊息，提高企業的透明度和可信度。(d) 遵守法律法規：企業應遵守法律法規，避免不法行為，維護社會秩序。

企業履行 ESG 責任，不僅是一種社會責任，也是一種商業良策。企業履行 ESG 責任，不僅提升企業的競爭力、創新力、更強了企業的競爭力，也提高了品牌價值，從而可獲得更高的利潤；另外在無形商業利益上，改善了企業的社會形象，獲得消費者的好感，從而提升了企業的社會形象和公眾信任度。ESG 績效良好的企業，在面臨今日產業競爭的環境，風險管理能力也大幅的提高；也吸引和留住優秀人才，為公司長久的經營和發展，帶來實質的效益：表 14.2 是知名的一些公司推動 ESG 的作為。

表 14.2 知名企業推動 ESG 的作為

企業	環境責任	社會責任	公司治理責任	成效
台達電	推行節能減排，發展可再生能源	為員工提供良好的工作環境和薪酬福利	建立完善的董事會和監察制度，實行獨立董事制度	2022 年，台達電的全球碳排放量比 2020 年減少了 10%。
寶潔	推出可回收包裝的產品，在生產過程中使用可再生能源	尊重人權，禁止童工和強迫勞動	建立完善的財務揭露制度，定期向公眾揭露財務訊息	寶潔的產品包裝已達到 100% 可回收或可重複使用。

企業	環境責任	社會責任	公司治理責任	成效
可口可樂	推行節水措施，投資於水資源保護項目	回饋社會，支持公益慈善活動	建立完善的反腐敗制度，零容忍腐敗行為	可口可樂在中國推行了“水資源承諾”，承諾到 2025 年在中國水資源利用效率提高 25%。
台積電	為員工提供免費的醫療保險和教育福利	尊重人權，建立完善的勞工權益保障制度	建立完善的股東權益保護機制	台積電的員工滿意度一直保持在高水平。
鴻海	禁止童工和強迫勞動	回饋社會，支持公益慈善活動	實行獨立董事制度，建立完善的反腐敗監管體系	鴻海的勞工權益保障得到了國際社會的認可。
阿里巴巴	支持教育、扶貧等公益項目	建立健全的治理結構，提升財務透明度	實行零容忍的反腐敗政策	阿里巴巴的社會影響力得到了社會各界的肯定。

然而，企業履行 ESG 責任，其實也面臨以下的挑戰：(a) 成本投入：ESG 的成本投入可能會增加企業的經營成本。例如，企業在環境保護方面採取的措施，可能需要增加設備投資和運營成本；企業在社會責任方面採取的措施，可能需要增加員工福利和公益慈善支出。(b) 評估和監測：ESG 的評估和監測可能存在一定的難度。目前，尚未有統一的 ESG 評估標準，企業需要根據自身情況制定 ESG 評估指標和方法。此外，ESG 的監測也需要持續進行，才能確保企業 ESG 績效的持續提升。(c) 傳統觀念：一些企業可能存在傳統觀念和做法的阻礙，認為 ESG 是一種成本，而不是一種投資。這些企業需要克服傳統觀念，將 ESG 視為一種重要的戰略，才能在激烈的市場競爭中取得成功。

企業面對這些 ESG 的挑戰時，是可以採取的措施，來克服這些挑戰：(a) 制定明確的 ESG 目標和策略：企業應制定明確的 ESG 目標和策略，並將 ESG 融入企業的戰略和運營中。(b) 建立健全的 ESG 管理體系：企業應建立健全的 ESG 管理體系，包括

ESG 目標的制定、績效的評估和監測、以及改進措施的制定和實施。(c) 加強 ESG 的溝通和宣傳：企業應加強 ESG 的溝通和宣傳，提高員工、客戶、投資者和其他利益相關者的 ESG 意識。

隨著 ESG 理念的深入人心，越來越多的企業將 ESG 納入企業戰略和運營中。企業積極履行 ESG 責任，不僅是一種社會責任，也是一種商業良策。有關企業履行 ESG 責任，所面臨的挑戰與對策，整理於 14.3 中。

表 14.3 企業履行 ESG 責任面臨的挑戰與對策

挑 戰	對 策
成本投入	制定明確的 ESG 目標和策略，將 ESG 融入企業的戰略和運營中，以降低 ESG 成本。
評估和監測	建立健全的 ESG 管理體系，包括 ESG 目標的制定、績效的評估和監測、以及改進措施的制定和實施。
傳統觀念	加強 ESG 的溝通和宣傳，提高員工、客戶、投資者和其他利益相關者的 ESG 意識。
數據和訊息的透明度	建立健全的 ESG 訊息揭露體系，提高 ESG 訊息的透明度和可信度。
利益相關者的參與	加強 ESG 溝通和協商，提升利益相關者的參與度。
法律法規的限制	積極參與 ESG 相關法律法規的制定和完善，以促進 ESG 的發展。

14.3 ESG 與企業管理

ESG 是企業永續發展的基礎，企業戰略是企業實現永續發展目標的總體規劃。因此，ESG 與企業戰略具有密不可分的關係。企業應將 ESG 責任納入企業戰略，將 ESG 目標與企業的財務目標相結合，制定可行的 ESG 實施計畫。ESG 與企業管理具有密切的關係，是企業永續發展的重要組成部分。企業管理的最終目標是實現企業的永續發展，而 ESG 是企業永續發展的重要組成部分。因此，企業管理應將 ESG 作為重要的目標之一。ESG 責任涉及企業的各個方面，因此，企業需要建立健全的 ESG 管理體系，確保 ESG 責任能夠有效落地。企業應制定 ESG 管理制度和流程，建立 ESG 管理團隊，並將 ESG 責任納入企業績效考核體系。另外，ESG 數據和訊息的揭露是企業履行 ESG 責任的重要體現，企業應建立健全的 ESG 訊息揭露體系，定期向企業員工、公眾揭露 ESG 訊息，接受公眾監督。

企業積極履行 ESG 責任，可以提升企業的競爭力和永續發展能力。ESG 責任可以從以下幾個方面影響企業管理：

(1) 企業戰略：企業戰略是企業在長期發展過程中，為實現企業目標所制定的行動計畫。ESG 是企業在環境、社會和公司治理方面的表現，是企業永續發展的重要組成部分。因此，企業戰略與 ESG 具有密切的關係，企業應將 ESG 責任納入企業戰略，將 ESG 目標與企業的財務目標相結合，制定可行的 ESG 實施計畫。企業戰略是企業發展的總體規劃，企業戰略應將 ESG 作為重要的考慮因素，將 ESG 目標作為企業發展的重要目標。落實 ESG 需要企業的各個部門和員工的共同努力。ESG 是企業永續發展的各個方面，因此，企業戰略應將 ESG 責任貫穿於企業的各個環節，從而保障企業戰略的有效落實。

(2) 企業組織：企業組織是企業實現目標的基礎。ESG 是企業永續發展的重要組成部分，因此，企業組織與 ESG 具有密切的關係。企業應建立健全的 ESG 管理體系，確保 ESG 責任能夠有效落地。ESG 責任需要企業的各個部門和員工的共同努力。企業組織是企業各個部門和員工的協調和運作機制，因此，企業積極履行 ESG 責任，可以促進企業的創新發展，從而提升企業的競爭力和永續發展能力。因此，企業組織應將 ESG 作為創新的驅動力，從而推動企業的創新發展。

(3) 企業文化：企業文化是企業的靈魂，是企業行為的指導原則，也是企業的核心價值、企業永續發展的基礎。因此企業文化與 ESG 具有密切的關係。企業應營造良好的 ESG 文化，使 ESG 責任成為企業的核心價值觀。企業可以將 ESG 理念融入企業文化，作為企業的核心價值觀。企業應加強 ESG 教育和培訓，提升企業員工的 ESG 意識，並將 ESG 納入企業績效考核的重要指標。

企業在內部管理上，可以通過以下措施履行 ESG 責任，包含：(a) 制定 ESG 政策和目標，並將其納入企業的整體戰略中。(b) 建立 ESG 管理體系，確保 ESG 責任能夠有效落地。(c) 採取 ESG 措施，來履行 ESG 責任，例如，減少碳排放、保護自然資源、尊重人權、回饋社會等。(d) 揭露 ESG 訊息，定期向企業員工、公眾揭露 ESG 訊息，接受公眾監督。

ESG 責任是企業永續發展的重要組成部分。企業應積極履行 ESG 責任，克服挑戰，提升企業競爭力、改善企業社會形象、降低企業風險、吸引和留住優秀人才。表 14.4 是知名的一些公司將 ESG 融入企業管理的一些例子。

表 14.4 ESG 融入企業管理範例

企業	企業戰略	企業組織	企業文化
聯合利華	將 ESG 納入企業的長期戰略目標，將 ESG 指標作為企業績效考核的重要指標。聯合利華將 ESG 作為企業永續發展的三大支柱，分別是：永續發展的供應鏈、可持續的產品和包裝，以及可持續的社區。聯合利華還建立了 ESG 管理委員會，負責統籌企業的 ESG 工作。	建立了 ESG 管理委員會，負責統籌企業的 ESG 工作。聯合利華還建立了 ESG 管理體系，保障 ESG 責任的有效落實，還加強 ESG 教育和培訓，提升員工的 ESG 意識。	將 ESG 理念融入企業文化，將 ESG 作為企業的核心價值觀。聯合利華在企業的使命、願景和價值觀中都包含了 ESG 理念。
蘋果公司	在制定戰略規劃時，充分考慮 ESG 因素，將 ESG 責任貫穿於企業的各個環節。蘋果公司將 ESG 作為企業永續發展的重要目標，並制定了一系列 ESG 目標，例如到 2030 年實現碳中和。	加強 ESG 教育和培訓，提升員工的 ESG 意識。蘋果公司還將 ESG 指標作為企業績效考核的重要指標。	將 ESG 理念融入企業的規章制度。蘋果公司還建立了 ESG 管理體系，保障 ESG 責任的有效落實。
特斯拉	將 ESG 作為企業創新的動力，從而促進企業的創新發展。特斯拉在電動汽車領域的創新，不僅符合 ESG 理念，也為企業帶來了巨大的商業利益。	將 ESG 指標作為企業績效考核的重要指標。特斯拉還建立了 ESG 管理體系，保障 ESG 責任的有效落實。	將 ESG 理念融入企業的日常工作。特斯拉在產品設計、生產和銷售等各個環節都充分考慮 ESG 因素。

14.4

ESG 與企業發展

ESG 與企業發展具有密切的關係。ESG 是企業在環境、社會和公司治理方面的表現，是企業永續發展的重要組成部分。企業積極履行 ESG 責任，可以提升企業的競爭力和永續發展能力，從而獲得更多的發展機會。現今多數企業主都明白 ESG 意義，但如何把抽象概念，轉化成適合公司執行的 ESG 策略，是多數企業永續團隊的疑問。顧問公司麥肯錫提出 ESG 策略 3 大核心要素【參考文獻 35】。此這些策略，實際上也是未來企業發展的重要戰略（如圖 14.1 所示）。

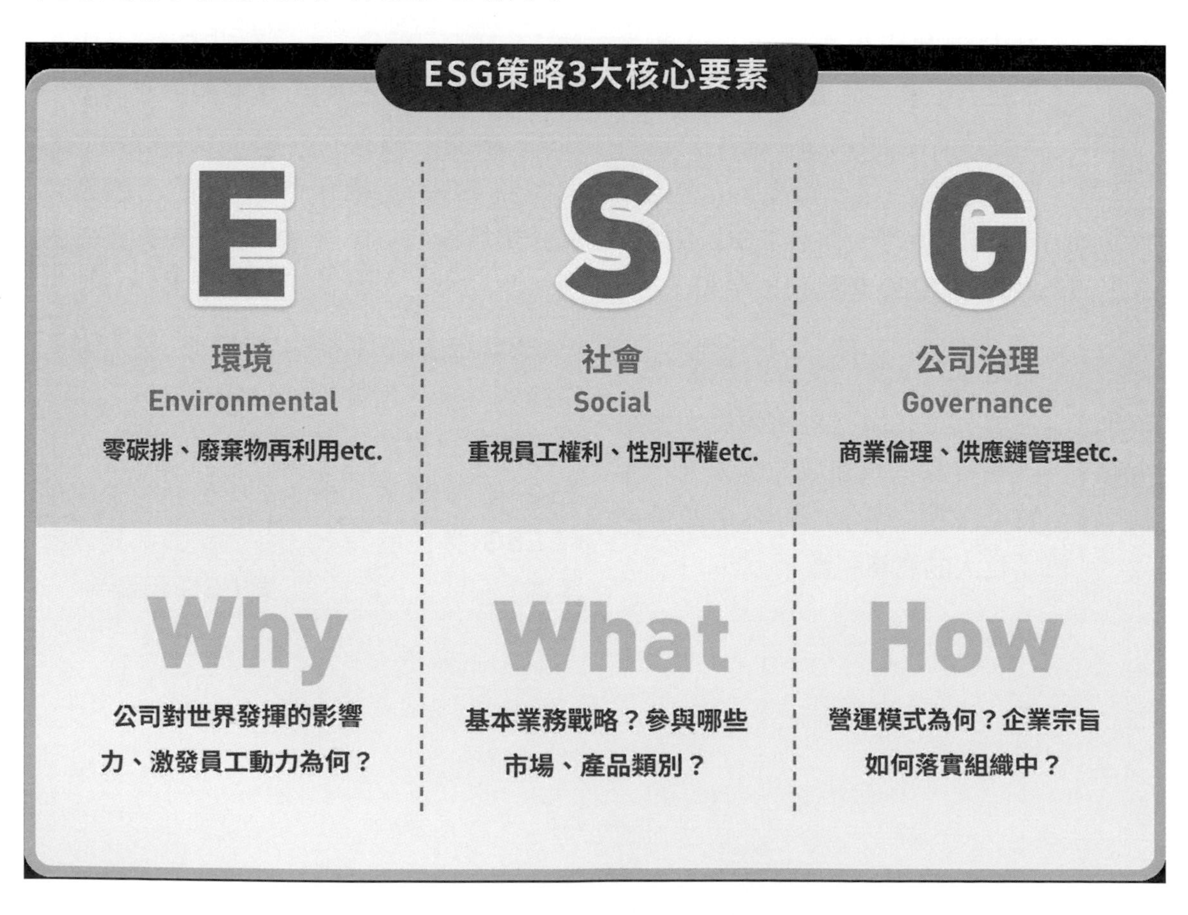

圖 14.1 ESG 企業面對 ESG 的策略

ESG 提升企業的競爭力，包含降低企業風險、提高企業形象與獲得新的 ESG 商機外，亦可增強企業的吸引力，吸引優秀人才、客戶和投資者。

(1) 提升企業形象和信譽：企業積極履行 ESG 責任，可以提升企業的社會形象和公眾信任度，從而提升企業的品牌價值。具體來說，ESG 責任的履行可以為企業帶來形象和信譽上的提升：(a) 環境責任：企業在生產和運營過程中減少對環境的污染和破壞，可以提升企業的社會形象，增強企業的社會責任感。(b) 社會責任：企業為員工、客戶、供應商、社區等利益相關者提供積極的影響，可以提升企業的社會形象，增強企業的凝聚力，並提升企業的客戶忠誠度。(c) 公司治理：企業建立健全的治理結構，保護股東權益，防止腐敗，可以提升企業的透明度和公信力，並降低企業的法律風險。

(2) 吸引優秀人才：ESG 理念已成為越來越多人才的擇業標準。企業積極履行 ESG 責任，可以吸引優秀人才加入，從而提升企業的人才競爭力。具體來說，ESG 責任的履行，可以為企業帶來人才方面的吸引力：(a) 環境責任：企業在生產和運營過程中減少對環境的污染和破壞，可以提升企業的社會形象，增強企業的社會責任感。(b) 社會責任：企業為員工、客戶、供應商、社區等利益相關者提供積極的影響，可以提升企業的社會形象，增強企業的凝聚力，並提升企業的客戶忠誠度。(c) 公司治理：企業建立健全的治理結構，保護股東權益，防止腐敗，可以提升企業的透明度和公信力，並降低企業的法律風險。

(3) 降低企業風險：ESG 責任的有效落實，可以減少企業的法律風險、財務風險和聲譽風險，從而降低企業的整體風險。具體來說，ESG 責任的履行可以為企業帶來風險方面的降低：(a) 環境責任：企業在生產和運營過程中減少對環境的污染和破壞，可以降低企業的環境風險，例如，減少污染訴訟的風險。(b) 社會責任：企業為員工、客戶、供應商、社區等利益相關者提供積極的影響，可以降低企業的社會風險，例如，減少員工離職的風險。(c) 公司治理：企業建立健全的治理結構，保護股東權益，防止腐敗，可以降低企業的公司治理風險，例如，降低財務造假的風險。

實施 ESG 對企業發展，具有重大效益，ESG 是企業永續發展的重要組成部分。企業積極履行 ESG 責任，可以提升企業的永續發展能力，主要體現在：(a) 提升企業的環境效益：企業積極履行環境責任，可以減少企業的環境污染和資源浪費，從而提升企業的環境效益。(b) 提升企業的社會效益：企業積極履行社會責任，可以回饋社會，促進社會和諧發展，從而提升企業的社會效益。(c) 提升企業的公司治理水平：企業積極履行公司治理責任，可以確保企業的運營更加透明和公平，從而提升企業的公司治理水平。

在目前企業中，不乏有很很多實際的例子，提供我們借鏡，整理如表 14.5 所示。

表 14.5 ESG 與企業發展的舉例

項目	企業	案例	說明
企業形象	可口可樂	制定“2030 永續發展目標”，目標是到 2030 年實現碳中和、水資源可持續管理、包裝回收率 100%。	可口可樂的 ESG 策略幫助其降低環境風險、提升品牌價值、吸引優秀人才。
	台積電	制定“2025 年 ESG 願景”，目標是成為全球最具 ESG 競爭力的半導體公司。	台積電的 ESG 策略可以幫助其提升創新能力、降低成本、提高風險管理能力。
	阿里巴巴	制定“2030 年永續發展目標”，目標是到 2030 年實現碳中和、綠色供應鏈、公益慈善等。	阿里巴巴的 ESG 策略可以幫助其提升企業形象和信譽、吸引優秀人才、降低企業風險。
吸引人才	蘋果	被評為“全球最受尊敬的公司”，其 ESG 績效良好，被認為是優秀人才的首選工作地點。	蘋果的 ESG 策略可以幫助其提升企業形象和信譽、吸引優秀人才。
	微軟	制定“2030 年永續發展目標”，目標是到 2030 年實現淨零碳排放。	微軟的 ESG 策略可以幫助其提升企業形象和信譽、吸引優秀人才。
	特斯拉	是電動車領域的領導者，其 ESG 績效良好，被認為是致力於永續發展的優秀人才的首選工作地點。	特斯拉的 ESG 策略可以幫助其提升企業形象和信譽、吸引優秀人才。

項目	企業	案例	說明
降低風險	沃爾瑪	是全球最大的零售商，其 ESG 績效良好，被認為是具有良好風險管理能力的企業。	沃爾瑪的 ESG 策略可以幫助其降低環境風險、提升品牌價值、吸引優秀人才。
	雀巢	是全球最大的食品飲料公司，其 ESG 績效良好，被認為是具有良好永續發展能力的企業。	雀巢的 ESG 策略可以幫助其降低環境風險、提升品牌價值、吸引優秀人才。

思考問題

1. ESG 對企業的影響包括哪些方面？
2. 企業的 ESG 責任主要包括哪些方面？
3. 企業履行 ESG 責任的優勢包括哪些？
4. 企業的哪些行為屬於環境責任的範疇？
5. 企業的哪些行為屬於社會責任的範疇？
6. ESG 對企業的短期與長期影響有哪些？
7. 企業履行 ESG 責任時，如何克服傳統觀念的束縛？
8. 目前 ESG 的評估和監測可能存在一定的難度，原因是什麼？
9. 企業履行 ESG 責任，具有那些風險？
10. ESG 與企業管理有什麼關係？
11. ESG 責任可以從哪些方面影響企業管理？
12. ESG 與企業發展有什麼關係？

CHAPTER 15

台灣 ESG 現狀、挑戰與未來

ESG 是衡量企業永續發展表現的一個重要指標，全球 ESG 浪潮席捲而來，臺灣企業也積極投入 ESG 發展。在過去的幾十年中，台灣積極參與全球 ESG 運動，不僅在環保和社會責任方面取得了顯著成就，而且在公司治理和透明度方面也取得了重大進展。台灣企業紛紛致力於減少碳足跡，提高勞工權益，並積極參與社區貢獻。台灣政府亦積極制定政策，推動 ESG 在國內的發展，以及促進國際交流合作。

然而，台灣 ESG 面臨著諸多挑戰，包含環境議題、社會不平等和公司治理問題依然存在，需要持續改進。國際標準和法規的變化，也對台灣企業產生影響，要求他們不斷調整 ESG 策略。儘管面臨挑戰，台灣 ESG 的未來展望仍然令人樂觀。台灣企業和政府已經展現出積極的姿態，願意應對變革並追求更高的 ESG 標準。同時，投資者和消費者，對 ESG 的關注也在增加，鼓勵企業更積極地採取可持續行動。

15.1 台灣 ESG 發展現況

台灣作為一個地理位置獨特、具有高度發展潛力的地區，正積極參與全球永續發展運動。台灣不僅是亞洲經濟體中的重要一員，也還在 ESG 領域取得了顯著的進展，以下將對其現況進行探討：

(1) 環境方面：台灣在環境保護方面採取了積極的措施，包括減少碳排放、推動再生能源和提高能源效率。政府制定了多項環境政策，鼓勵企業減少碳足跡，並加強對環境衝擊的監測和管理。台灣企業也紛紛參與綠色供應鏈，積極減少資源浪費，並推動綠色創新。企業對環境責任的意識逐漸提高。近年來，台灣企業對環境責任的意識逐漸提高，紛紛將 ESG 納入企業經營理念和戰略。台灣在環境方面的發展現況涵蓋政府、企業和民眾三個關鍵方面。以下將分別探討這三個層面的、台灣 ESG 發展現況：

A. 政府：台灣政府積極制定環保政策和法規，以減少碳排放、提高空氣和水質，以及保護生態多樣性。其中包括《溫室氣體減量與管理法》[37]（已修改為溫室氣體減量及管理法）【參考文獻 36】、《大氣污染防制法》【參考文獻 37】等，這些法規要求企業盡力減少對環境的衝擊。在：(a) 意識提升方面：台灣政府對環境保護的意識逐漸提升，將環境保護作為重要政策目標，並制定了《台灣 2050 淨零排放路徑圖》【參考文獻 38】等政策文件。(b) 政策支持方面：台灣政府在環境保護方面制定了一系列政策措施，包括制定環境保護法規、提供稅收優惠和補貼等，鼓勵企業和民眾參與環境保護。(c) 再生能源政策：台灣政府致力於發展再生能源，特別是太陽能和風能。這些政策包括提供稅收優惠和補助措施，鼓勵企業和民眾轉向更環保的能源。

B. 企業：台灣企業在社會責任方面表現出色，注重勞工權益、推動多元文化和參與社區發展。許多台灣企業積極參與公益活動，捐款捐物，支援社會福祉事業。此外，台灣積極推動性別平等，鼓勵女性參與各行各業，並提供平等的就業機會。在：(a) 意識提升方面：台灣企業對環境責任的意識逐漸提高，紛紛將 ESG 納入企業經營理念和戰略。(b) 投入增加方面：台灣企業在環境保護方面的投入不斷增加，例如，在節能減碳、循環經濟、綠色供應鏈等方面採取了一系列措施。(c) 綠色供應鏈：台灣的許多企業積極參與綠色供應鏈，減少資源浪費，提高能源效率，並採用環保材料。這不僅有助於降低環境衝擊，還有助於降低成本和提高競爭力。(d) 綠色創新：台灣企業也在綠色技術和產品方面取得了一些突破。這包括開發節能產品、環保科技和可再生能源技術。

C. 民眾：(a) 環保意識逐漸提高：受到政府和企業的推動，台灣民眾的環保意識逐漸提高，越來越多的人參加環保活動，對綠色生活方式的接受度也在提高。例如清潔海灘和植樹活動。民眾也更加注重食品的來源，支持有機農業和食品安全。(b) 節能減碳：台灣的居民積極參與節能減碳，包括減少能源浪費、使

[37] 112.2.「溫室氣體減量及管理法」名稱修正為「氣候變遷因應法」；並修正部分條文。

用節能家電和推廣環保交通方式，如搭乘大眾運輸工具和騎自行車。(c) 參與度增加：台灣民眾參與環境保護的積極性也在提高，例如參與環保活動、購買綠色產品等。有關台灣 ESG 之環境發展的現況與展望，如表 15.1 所示。

表 15.1 台灣 ESG 之環境發展的現況與展望

層面	主體	進展	未來展望	評估指標
政府	環境保護政策和法規	意識提升、政策支持、再生能源政策	進一步加強對 ESG 的監管，提供更多資金和資源，加強國際合作	政府的 ESG 政策和法規的完善程度，政府對 ESG 的投入規模，政府與國際組織的合作情況
企業	環境責任	意識提升、投入增加、綠色供應鏈、綠色創新	將 ESG 納入企業的財務報表和報告中，與供應鏈合作，加強 ESG 教育和宣傳	企業的 ESG 訊息揭露程度，企業與供應鏈的合作情況，企業的 ESG 教育和宣傳情況
民眾	環保意識	逐漸提高、節能減碳、參與度增加	通過日常生活習慣，支持 ESG 企業和產品，參與 ESG 倡議活動	民眾的環保意識水平，民眾的綠色消費行為，民眾參與 ESG 活動的情況

(2) 社會方面：台灣企業在社會責任方面表現出色，注重勞工權益、推動多元文化和參與社區發展。許多台灣企業積極參與公益活動，捐款捐物，支援社會福祉事業。此外，台灣積極推動性別平等，鼓勵女性參與各行各業，並提供平等的就業機會。台灣在社會方面的 ESG（環境、社會、公司治理）發展現況可以分為政府、企業和民眾三個不同的角度來描述：

A. 政府方面：台灣政府對社會責任的意識逐漸提升，將社會責任作為重要政策目標，並制定了《台灣永續發展目標》【參考文獻 39】等政策文件。台灣政府在社會責任方面，制定了一系列政策措施，包括制定社會責任法規、提供稅收優惠和補貼等，鼓勵企業和民眾參與社會責任。(a) 社會福利政策：台灣政府積極推動社會福利政策，包括醫療保險、社會救助、老年人福利等，以確保社會公平和對弱勢群體的支持。(b) 教育體系：台灣擁有優質的教育體系，政府投資大量資源提供教育，促進人才培養和專業知識的提升。(c) 性別平等：政府積極推動性別平等，促進男女在職場和社會中的平等參與，並實施相應的法律和政策。

B. 企業方面：台灣企業對社會責任的意識逐漸提高，紛紛將 ESG 納入企業經營理念和戰略。台灣企業在社會責任方面的投入不斷增加，例如，在勞工權益、公平待遇、環境保護等方面採取了一系列措施。(a) 員工福祉：許多台灣企業關注員工的福祉，提供具有競爭力的薪資、福利、職業培訓和職業健康安全。(b) 社區參與： 企業積極參與社區事務和公益活動，支持當地社區的發展，包括資助學校、醫院、文化活動等。(c) 多元文化和包容性： 一些企業積極倡導多元文化和包容性，提供平等機會，不論種族、性別、性取向或其他背景。

C. 民眾方面：台灣民眾對社會責任的意識逐漸提升，對企業社會責任的關注度也在提高。台灣民眾參與企業社會責任活動的積極性也在提高，例如購買企業社會責任產品和服務、參與企業社會責任活動等。(a) 志願服務： 許多台灣民眾參與志願服務，支持社區和弱勢群體，包括關懷長者、支援身心障礙者等。(b) 環保意識： 台灣民眾的環保意識逐漸提高，越來越多的人參與社會的環保與節能減碳、植樹造林等。(c) 公民參與：民眾積極參與政治和公民運動，表達對社會正義、民主和人權的關切，推動社會變革。有關台灣 ESG 之社會發展的現況與展望，如表 15.2 所示。

表 15.2 台灣 ESG 之社會發展的現況與展望

層面	主體	進展	未來展望	評估指標
政府	社會政策與法規	意識提升、政策支持、多元文化	進一步加強社會福利政策，完善教育體系，推動性別平等	社會福利水平、教育品質、性別平等程度

層面	主體	進展	未來展望	評估指標
企業	社會責任	意識提升、投入增加、多元包容	強化員工福祉，深化社區參與，實踐多元包容	員工福利水平、社區參與度、多元包容度
民眾	社會意識	意識提升、參與度增加	鼓勵志願服務，提高環保意識，加強公民參與	志願服務率、環保意識水平、公民參與度

(3) 公司治理方面：台灣政府對公司治理的意識逐漸提升，將公司治理作為重要政策目標，並制定了《公司治理 3.0- 永續發展藍圖》【參考文獻 40】等政策文件。台灣政府在公司治理方面制定了一系列政策措施，包括制定公司治理法規、提供稅收優惠和補貼等，鼓勵企業提升公司治理水平。台灣在公司治理方面的 ESG（環境、社會、公司治理）發展現況可以分為政府、企業和民眾三個不同的角度來描述：

A. 政府方面：台灣政府對公司治理的意識逐漸提升，將公司治理作為重要政策目標，並制定了《公司治理 3.0- 永續發展藍圖》等政策文件。台灣政府在公司治理方面制定了一系列政策措施，包括制定公司治理法規、提供稅收優惠和補貼等，鼓勵企業提升公司治理水平。(a) 法規和監管：台灣政府積極修訂公司治理相關法規，提高企業的透明度和責任感。例如，制定了《公司治理最佳實務守則》，強化了上市公司的治理要求。(b) 監管機構：金融監督管理委員會（FSC）等監管機構，負責監督和管理金融機構的公司治理，確保金融市場穩定運作。(c) 股東權益保護：政府積極推動股東權益保護，強調股東投票權和參與公司治理的重要性。

B. 企業方面：台灣企業對公司治理的意識逐漸提升，紛紛將公司治理納入企業經營理念和戰略。企業也開始增加投入，台灣企業在公司治理方面的投入不斷增加，例如，在董事會結構、股東權益保護、資訊揭露等方面採取了一系列措施。(a) 董事會結構：許多台灣企業，改革其董事會結構，增加獨立董事的比例，提高公司決策的透明度和獨立性。(b) 透明度和責任： 一些企業積極提升透明度，主動公開財務報告和公司治理資訊，以回應股東和投資者的關切。(c) 社會責任：一些企業將社會責任，納入公司治理的核心，積極參與社區和公益事業，提升企業的社會影響力。(d) 投資和金融機構：台灣的投資和金融機構也對 ESG 議題高度關注，積極推動 ESG 投資，並提供相關的金融產品。越來越多的投資者關心企業的 ESG 表現，這也鼓勵了企業更加注重永續發展。

C. 民眾方面：台灣民眾對公司治理的意識逐漸提升，對企業公司治理的關注度也在提高。台灣民眾參與企業公司治理活動的積極性也在提高，例如參與股東會、提起股東訴訟等。(a) 股東參與：台灣民眾日益關注公司治理，積極參與股東會，行使股東權益，要求企業提高透明度和責任感。(b) 消費者選擇：民眾越來越關注企業的社會責任，對具有良好公司治理和 ESG 表現的企業產品和服務給予偏好。(c) 公民監督： 一些民眾團體和 NGO 積極參與公司治理的監督，推動企業遵守法規和最佳實務。有關台灣 ESG 之治理發展的現況與展望，如表 15.3 所示。

表 15.3 台灣 ESG 之治理發展的現況與展望

層面	主體	進展	未來展望	評估指標
政府	政策制定、監管立法	意識提升、政策支持、監管強化	進一步完善法規，加強監管力度	法規完善程度、監管力度
企業	意識提升、法規合宜	意識提升、投入增加、社會責任重視	持續提升公司治理水平，履行社會責任	董事會結構、透明度、社會責任
民眾	意識提升、公民關注	意識提升、參與度增加、投資者關注	積極參與公司治理，支持企業 ESG 發展	股東參與度、消費者選擇、公民監督

台灣的 ESG 發展雖仍處於起步階段，但未來發展前景廣闊。隨著政府、企業和投資者的共同努力，台灣的 ESG 水平將不斷提高，為永續發展做出貢獻。

15.2

台灣 ESG 面臨的挑戰

台灣產業是全球重要的製造業基地，擁有眾多優秀的企業。然而，台灣的產業也面臨著一些挑戰，例如環境污染、勞工權益保障和公司治理等問題。(a) 環境方面：台灣的製造業企業是環境污染的主要來源，根據環境部的數據，2020 年台灣的工業部門，占全國溫室氣體排放量的 52.9% [38]。此外，台灣的製造業企業還對水資源和空氣品質造成了一定的影響。(b) 社會方面：台灣的勞工權益保障仍有待提高。根據國際勞工組織的數據，台灣的非正式就業率仍高於 20%。此外，台灣的勞工工時和薪資水準也存在一定的不足。(c) 公司治理方面：台灣的公司治理水平仍需提升。根據美國標準普爾公司【參考文獻 41】治理評級的數據 [39]，台灣上市公司的平均評級為 BB，低於全球平均水平。

ESG 是投資者用來評估公司、永續性和道德影響的一套標準。近年來，隨著越來越多的消費者、監管機構和利益相關者，要求更高的企業責任和透明度標準，ESG 變得越來越重要。然而，ESG 也給台灣產業帶來重大挑戰和困境，特別是在全球競爭、地緣政治緊張和技術創新的背景下。台灣在 2022 年也正式公布了「台灣 2050 淨零排放路徑」，並提出了十二項關鍵戰略舉措。在這股綠色浪潮的背景下，能夠掌握 ESG 並進行產業轉型的企業，將有望在國際市場上取得一席之地。否則，它們可能會在未來被排除在、主要國際企業的供應鏈之外，嚴重影響其盈利能力和可持續經營。

[38] 行政院環境保護署「2021 年國家溫室氣體排放清冊報告」，該報告是行政院環境保護署每年根據《溫室氣體減量及管理法》所編製的報告，包含台灣各部門的溫室氣體排放量統計。根據該報告，2020 年台灣的工業部門溫室氣體排放量為 126.52 百萬噸二氧化碳當量，占全國總排放量的 52.9%。

[39] 根據標準普爾公司治理評級機構（S&P Governance Services），該資料於 2023.7.20 發布。

環境保護領域，可以說是台灣企業面臨的最大挑戰，溫室氣體排放量居高不下，使台灣是全球溫室氣體排放大國 ，2020 年溫室氣體排放量約為 4.7 億噸。由於能源結構以化石燃料為主，可再生能源占比較低。另外，產業結構偏重製造業：台灣的製造業占 GDP 比重約為 30%，製造業的能源消耗和污染排放較高。

台灣產業在面對 ESG 的目標時，其主要的挑戰為：

(1) 環境污染：台灣的製造業是環境污染的主要來源，尤其是傳統產業。另外，台灣的製造業企業，對水資源和空氣品質，也造成了一定的影響。雖然近年來台灣政府和企業，已經採取了一些措施，推動節能減排，但仍需進一步加強。例如制定《溫室氣體減量及管理法》、推動綠色製造等。然而，這些措施仍需制定更細膩的規範，進一步加強與普及。

(2) 勞工權益保障：台灣的勞工權益保障仍有待提高，尤其是在非正式就業、工時和薪資水準等方面。雖然政府已經制定了《勞動基準法》等法規，保障勞工權益。然而，這些法規的執行仍需加強，並且需要針對非正式就業等特殊情況，進行更加詳細的規定，尤其是在非正式就業與工會功能方面。

(3) 公司治理：台灣的公司治理水平仍需提升，尤其是在董事會結構、資訊揭露和利益衝突管理等方面。目前政府已經出版了《公司治理藍圖》，推動公司治理改革。然而，公司治理的改善需要企業自身的努力，以及社會公眾的監督。

另外，目前台灣在 ESG 訊息揭露上，也普遍存在一些問題，台灣企業在 ESG 報告方面仍面臨一些挑戰，包括：(a) 資訊揭露不足：許多台灣企業在 ESG 資訊揭露方面仍不夠充分，缺乏具體數據和量化指標。(b) 資訊一致性不足：不同企業在 ESG 資訊揭露方面存在差異，難以進行橫向比較。(c) 資訊透明度不足：部分企業在 ESG 資訊揭露方面缺乏透明度，存在漂綠問題。有關台灣面臨 ESG 的挑戰，簡要如表 15.4 所示。

表 15.4 台灣面臨 ESG 的挑戰

ESG 挑戰	面 向	挑戰項目
環境	氣候變化	極端天氣事件的頻率增加，對農業和基礎設施造成損害。需要減少碳排放，實現氣候中立目標。
	資源管理	水資源短缺可能影響產業運營。土地資源有限，需要有效的土地利用策略。
	環境污染	空氣和水質污染，對健康和環境造成危害。需要更嚴格的環境保護法規。
	生態保護	需要保護生態多樣性和生態系統，特別是受到城市化壓力的地區。
社會	社會不平等	收入不均等和貧富差距持續擴大。教育和醫療機會不平等。
	勞工權益	勞工權益和工作條件的改善需求。勞資糾紛可能影響生產力和企業聲譽。
	食品安全	食品安全問題需要更好的監管和品質控制。消費者對食品品質的關切增加。
	社區發展	社區參與和發展的需求，特別是在基礎設施建設方面。社區間的發展不均衡。
公司治理	透明度與責任	需要提高企業治理的透明度和責任感。股東權益和投資者保護需求。
	貪污與腐敗	需要打擊貪污和腐敗，建立清廉營商環境。需要更強的反貪政策和監管。
	數位風險	數位化帶來的數位風險和數據隱私問題。數據安全和隱私保護需求增加。

台灣面對 ESG 的這些挑戰，在此提出相關的建議方向（相關的具體措施，如表 15.5 所示）。

表 15.5 台灣面對 ESG 挑戰的可實施之具體措施

層面	具體措施
環境	加大節能減排力度，推動綠色製造。 提高能源效率，減少資源浪費。 發展可再生能源，減少對化石燃料的依賴。 加強環境保護，減少污染排放
社會	保障勞工權益，改善勞動條件。 促進社會公平，消除歧視。 履行社會責任，回饋社會。
公司治理	完善董事會結構，提高董事會獨立性。 加強資訊揭露，提高透明度。 有效防範利益衝突，保障股東權益。

(1) 政府：台灣面對 ESG 挑戰，政府應該加強以下作為：

A. 完善 ESG 相關法規和政策：政府應完善 ESG 相關法規和政策，明確企業的 ESG 義務和責任，並加強執法力度。目前，台灣尚未制定統一的 ESG 相關法規和政策，導致 ESG 發展缺乏統一的規範和指引。政府應制定統一的 ESG 相關法規和政策，明確企業的 ESG 義務和責任，為企業 ESG 發展提供法律保障。另外，政府應加強對 ESG 相關法規和政策的執行，確保企業遵守相關規定。政府可以通過建立 ESG 監管機構、增加 ESG 監管力度、加大 ESG 執法力度等措施，提高 ESG 相關法規和政策的執行力度。再者，政府應提供 ESG 相關的政策支持，鼓勵企業積極實踐 ESG。政府可以通過提供稅收優惠、融資支持、技術支持等措施，幫助企業降低 ESG 成本，提高 ESG 能力。

B. 提供更多 ESG 相關的資訊和資源：政府應提供更多 ESG 相關的資訊和資源，幫助企業和民眾了解 ESG，提升 ESG 能力政府應加強 ESG 教育和宣傳，提高民眾對 ESG 的認識和理解；並通過舉辦 ESG 教育活動、出版 ESG 教育資料、開設 ESG 相關課程等措施，提高民眾對 ESG 的認知和關注度。另外，政府應建立 ESG 資訊平台，彙集 ESG 相關資訊，方便民眾和企業查詢。政府可以通過建立 ESG 資訊網站、開發 ESG 資訊 App 等措施，提高 ESG 資訊的便利性和可及性。其次，政府需提供 ESG 相關的培訓和諮詢服務，幫助企業和社會各界提升 ESG 能力。最後，政府可以通過建立 ESG 培訓機構、提供 ESG 諮詢服務等措施，提高 ESG 相關人才的培養和供給。

C. 完善與建立 ESG 資訊揭露制度：要求企業揭露更全面、更透明的 ESG 資訊。制定統一的 ESG 資訊揭露標準：目前，台灣尚未制定統一的 ESG 資訊揭露標準，導致企業在 ESG 資訊揭露方面存在差異。政府應制定統一的 ESG 資訊揭露標準，要求企業揭露全面、準確和可比的 ESG 資訊。除了揭露 ESG 資訊外，政府也應該加強對 ESG 資訊揭露的監管，以提高企業揭露 ESG 資訊的透明度和可靠性。政府可以通過建立 ESG 監管機構、增加 ESG 監管力度、加大 ESG 執法力度等措施，提高 ESG 資訊揭露的監管力度。其次，政府應鼓勵企業主動揭露 ESG 資訊，提高 ESG 資訊的透明度和可及性。另外，政府可以通過提供稅收優惠、融資支持、技術支持等措施，幫助企業降低 ESG 資訊揭露成本，提高 ESG 資訊揭露的品質。

D. 政府加力支持 ESG 投資：ESG 投資是指投資於符合環境保護、社會責任和公司治理理念的企業和項目。政府可以通過制定 ESG 投資政策，鼓勵和支持 ESG 投資。通過提供稅收優惠、融資支持、技術支持等措施，促進 ESG 投資發展。另外政府可以建立 ESG 投資基金，引導社會資金流向 ESG 領域。如果通過出資、引導社會資本等方式，成立 ESG 投資基金，也是不錯的方法。另外，政府可培育 ESG 投資人才，為 ESG 投資發展提供人才支撐，政府可以通過建立 ESG 投資人才培訓基地、提供 ESG 投資人才培訓課程等措施，培育 ESG 投資人才。

E. 協助中小企業提升 ESG 能力：幫助欠缺資源與能力的中小企業，應對 ESG 挑戰，是政府責無旁貸的責任。根據經濟部中小企業處的統計，2023 年台灣中小企業的公司家數為 163 萬 4,229 家，占全體企業的 98.22%，創歷年新高紀錄；就業人數為 913 萬 2,000 人，占全台就業人數的 8 成，顯示中小企業為維繫台灣經濟發展與社會安定的重要基石。協助中小企業提升 ESG 能力，政府可提供 ESG 教育和培訓，幫助中小企業了解 ESG 的概念、原則和實踐方法；通過舉辦 ESG 教育活動、出版 ESG 教育資料、開設 ESG 相關課程等措施，提高中小企業對 ESG 的認識和理解。另外，可提供 ESG 諮詢和輔導，幫助中小企業制定 ESG 策略和計畫，提升 ESG 管理能力。最後，建議政府可以通過建立 ESG 諮詢中心、提供 ESG 諮詢服務等措施，幫助中小企業解決 ESG 方面的困難和問題。當然，中小企業資金的缺乏，應該是最大的問題，政府可提供 ESG 融資支持，幫助中小企業實施 ESG 項目；並通過提供稅收優惠、融資擔保、融資補貼等措施，降低中小企業實施 ESG 項目的成本。

(2) 企業：台灣面對 ESG 挑戰，企業應該加強以下作為：

A. 制定明確的 ESG 目標和路徑：企業應制定明確的 ESG 目標和路徑，並將 ESG 納入企業的整體戰略。企業可以參考建議：企業應首先明確 ESG 目標，包括環境保護、社會責任和公司治理等方面的目標。企業可以根據自身的實際情況和發展戰略，制定具有挑戰性但又可實現的 ESG 目標。其次，企業應制定 ESG 路徑，明確如何實現 ESG 目標。ESG 路徑應包括具體的行動計畫、責任部門和時間表等。企業可以通過內部評估、外部諮詢等方式制定 ESG 路徑。另外，企業應定期檢視和調整 ESG 目標和路徑，以確保其符合企業的實際情況和發展需求。企業可以通過內部評估、外部評估等方式檢視和調整 ESG 目標和路徑。

B. 採取具體的 ESG 措施：企業面對 ESG 挑戰，應該加強採取具體的 ESG 措施，以落實 ESG 目標和路徑。具體來說，企業可以參考：(a) 環境保護：企業應採取措施減少碳排放、節約能源、保護水資源、減少污染等，以保護環境。(b) 社會責任：企業應採取措施尊重人權、保障勞工權益、促進社會公平正義等，以履行社會責任。(c) 公司治理：企業應採取措施提高董事會的獨立性和透明度、強化公司內部控制、防範利益衝突等，以提升公司治理水平。採取具體的 ESG 措施，是企業實現 ESG 轉型的關鍵。通過採取具體的 ESG 措施，企業可以有效提升企業的 ESG 績效，履行企業的社會責任，並促進企業的永續發展。

C. 提高 ESG 資訊透明度：企業應提高 ESG 資訊透明度，向利益相關者揭露 ESG 資訊。例如，企業可以定期發布 ESG 報告，揭露 ESG 績效。具體的措施包括：企業應建立 ESG 管理體系，負責制定和執行 ESG 政策。例如，企業可以成立 ESG 委員會，負責統籌 ESG 工作；企業應培育 ESG 人才，提升員工的 ESG 意識和能力。例如，企業可以提供 ESG 培訓，幫助員工了解 ESG；企業應與利益相關者溝通，傾聽利益相關者的意見，並採取措施回應利益相關者的關切。例如，企業可以舉辦 ESG 論壇，與利益相關者交流 ESG 理念和經驗。

(3) 社會公眾：台灣面對 ESG 挑戰，社會公眾應該加強以下作為：(a) 提升 ESG 意識：社會公眾應提升 ESG 意識，了解 ESG 的重要性。例如，社會公眾可以閱讀 ESG 相關的資訊，參加 ESG 相關的活動。(b) 支持 ESG 企業：社會公眾應支持 ESG 企業，鼓勵企業採取 ESG 措施。例如，社會公眾可以選擇購買 ESG 產品和服務，投資於 ESG 基金。(c) 參與 ESG 倡議：社會公眾可以參與 ESG 倡議，推動 ESG 發展。例如，社會公眾可以加入 ESG 組織，參與 ESG 活動。具體的措施包括：社會公眾應了解 ESG 的概念，包括 ESG 的三個主要維度：環境、社會和公司治理；社會公眾應關注 ESG 資訊，例如企業的 ESG 報告、ESG 評級等；社會公眾應理性消費，選擇具有 ESG 表現的產品和服務；投資 ESG 基金：社會公眾可以投資於 ESG 基金，支持 ESG 企業；加入 ESG 組織：社會公眾可以加入 ESG 組織，參與 ESG 倡議。

15.3

台灣產業 ESG 的發展趨勢

台灣產業 ESG 發展的趨勢，主要有以下幾個方面：

(1) 政府政策支持：台灣政府近年來一直致力於推動 ESG 發展，並制定了一系列相關政策，例如《溫室氣體減量及管理法》、《公司治理藍圖》等。這些政策的制定，為台灣產業 ESG 發展提供了政策保障和激勵。這些政府政策的支持，如下述：

A. 金管會：2020 年 8 月，金管會發布「公司治理 3.0- 永續發展藍圖」，要求實收資本額 20 億元以上的上市櫃公司，自 2023 年起必須每年出版永續報告書，並參考 TCFD 的建議揭露溫室氣體排放財務相關資訊。2022 年 3 月，金管會發布「永續發展相關財務資訊揭露指引」，要求上市櫃公司應揭露與永續發展相關的財務資訊，包括氣候變遷、水資源、生物多樣性、供應鏈等議題。

B. 國發會：2021 年 11 月發布「台灣 2050 淨零排放路徑及策略」，宣示台灣將在 2050 年達成淨零排放目標。該策略提出了能源、產業、生活及社會四大轉型面向，以及科技研發與氣候法治兩大治理基礎，以加速台灣的淨零排放轉型。

C. 行政院：2022 年 7 月，發布「永續發展目標（SDGs）行動方案」，將 SDGs 納入國家發展政策，並推動 17 項永續發展目標的落實。這些政策措施為台灣企業的 ESG 發展提供了政策保障和激勵，促進了台灣 ESG 發展的進程。

(2) 企業主動響應：越來越多的台灣企業認識到 ESG 的重要性，並主動響應 ESG 發展。企業紛紛制定 ESG 目標和措施，並積極採取行動，推動 ESG 實踐。以下是有關台灣企業主動響應 ESG 發展的相關資料：

A. 企業 ESG 報告書發布數量增加：根據金管會統計，截至 2023 年 6 月，台灣上市櫃公司發布 ESG 報告書的數量已達 1,500 份，較 2022 年增加 30%。

B. 企業 ESG 投資力度加大：根據證交所統計，截至 2023 年 6 月，台灣上市櫃公司在 ESG 相關領域的投資金額已達 2 兆新台幣，較 2022 年增加 10%。

C. 企業 ESG 議題關注度提升：根據資誠聯合會計師事務所調查，台灣企業對 ESG 議題的關注度已從 2022 年的 70% 提升至 80%。

D. 投資者需求增加：隨著 ESG 投資理念的普及，越來越多的投資者將 ESG 因素納入投資決策中。這也促使企業更加重視 ESG 發展，以提高企業的投資價值。因此，在可預見的未來，台灣產業 ESG 發展，隨著法規的制定和企業共識，將呈現以下幾個發展：(a)ESG 資訊揭露更加透明：隨著 ESG 資訊揭露要求的提高，企業將更加重視 ESG 資訊揭露的品質和完整性。(b)ESG 目標和措施更加具體：企業將更加注重制定具體的 ESG 目標和措施，並制定計畫和路徑，以實現這些目標和措施。(c)ESG 管理更加系統化：企業將更加重視 ESG 管理的系統性，將 ESG 融入到企業的日常運營中。

台灣產業 ESG 發展的進步，將有助於提升台灣產業的競爭力，促進台灣的永續發展。表 15.2 是台灣產業產業在 ESG（環境、社會、公司治理）方面的發展趨勢。

表 15.2 台灣產業在 ESG 的發展趨勢。

項目	趨勢描述
環境保護	1. 增加對綠色能源和可再生能源的投資。 2. 加強減少碳排放和資源使用效率的努力。 3. 推動綠色供應鏈管理，降低環境風險。
社會責任	1. 強調人權和勞工權益，提高員工福祉。 2. 參與社會貢獻和公益事業，積極回饋社會。 3. 多元文化和社會參與。
可持續供應鏈管理	1. 強化供應商合規性，減少環境和社會風險。 2. 提高供應鏈透明度，確保永續性。 3. 採用新技術以提升供應鏈管理效能。

項目	趨勢描述
公司治理升級	1. 建立獨立的董事會和監察機構。 2. 提高透明度和賬目準確性。 3. 遵守更嚴格的法規和法律。
創新和數位轉型	1. 推動創新和數位轉型，應對 ESG 挑戰和機遇。 2. 強調數據隱私保護和數位風險管理。 3. 培養數位倫理。
金融業的 ESG 整合	1. 金融機構將 ESG 納入業務決策和投資策略。 2. 推廣 ESG 投資和可持續金融產品。 3. 吸引更多 ESG 投資者。

15.4

台灣產業 ESG 戰略

台灣產業 ESG 戰略建議，我們從政府、企業與投資者的不同角色，來建議：

(1) 政府：在台灣產業 ESG 戰略方面，政府可以採取措施：(a) 制定更嚴格的 ESG 標準：政府可以制定更嚴格的 ESG 標準，要求企業提高 ESG 表現。例如，政府可以要求企業揭露更全面、更透明的ESG資訊，並制定更嚴格的溫室氣體減排目標。(b) 提供 ESG 相關的資訊和資源：政府可以提供 ESG 相關的資訊和資源，幫助企業和民眾了解 ESG，提升 ESG 能力。例如，政府可以設立 ESG 資訊平台，提供 ESG 相關的資訊和數據。(c) 推動 ESG 教育和宣導：政府可以推動 ESG 教育和宣導，提高民眾對 ESG 的認識和重視。例如，政府可以將 ESG 教育納入國民教育，並在企業和社區推廣 ESG 教育。(d) 企業 ESG 作為保障和激勵：推動 ESG 資訊揭露的標準化和統一化，提高 ESG 資訊的透明度和可比性，並鼓勵企業獲得 ESG 相關證照[40]，給予稅收或投資優惠。

(2) 企業：台灣產業 ESG 戰略，有關企業方面，企業可以採取措施：(a) 制定明確的 ESG 目標和路徑：企業應制定明確的 ESG 目標和路徑，並將 ESG 納入企業的整體戰略。例如，企業可以制定溫室氣體減排目標、用水量減少目標、廢棄物減量目標等。(b) 採取具體的 ESG 措施：企業應採取具體的 ESG 措施，以實現 ESG 目標。例如，企業可以投資於綠色能源、節能減碳、循環經濟等領域。(c) 提高 ESG 資訊透明度：企業應提高 ESG 資訊透明度，向利益相關者揭露 ESG 資訊。例如，企業可以定期發布 ESG 報告，揭露 ESG 績效。

[40] 國際上有許多 ESG 認證，但尚未有統一的認證標準。目前主要的 ESG 認證：有 GRI 驗證，GRI 是全球最廣泛使用的 ESG 報告框架。TCFD 核查：TCFD 是氣候相關財務資訊揭露建議書，TCFD 核查可確保企業的氣候相關財務資訊揭露符合 TCFD 建議書的要求，並提供客觀的評估。CDP 評級：CDP 是全球最大的環境資訊揭露平台，其評級服務根據企業在環境永續方面的表現進行評分。CDP 評級可幫助企業衡量其環境績效，並與同行進行比較。Sustainalytics 評級：Sustainalytics 是一家全球領先的 ESG 評級公司，其評級服務根據企業在環境、社會和治理方面的表現進行評分。Sustainalytics 評級可幫助企業衡量其 ESG 績效，並與同行進行比較。

(3) 投資者：台灣產業 ESG 戰略，有關投資者方面，投資者可以採取措施：(a) 關注 ESG 資訊：投資者應關注 ESG 資訊，例如企業的 ESG 報告、ESG 評級等。投資 ESG 企業：投資者可以投資於 ESG 企業，支持 ESG 企業的發展。(b) 參與 ESG 倡議：投資者可以參與 ESG 倡議，推動 ESG 發展。(c) 將 ESG 因素納入投資決策中，鼓勵企業提升 ESG 表現。(c) 支持 ESG 投資產品和服務的發展，促進 ESG 投資的普及。

具體而言，台灣產業 ESG 戰略，目前可從以下幾個方面展開。

(1) 環境方面：台灣產業 ESG 戰略中的環境領域，建議聚焦於：

A. 能源轉型：台灣政府已宣示將在 2050 年達成淨零排放目標，因此能源轉型是台灣產業 ESG 戰略的核心。台灣政府將推動再生能源的發展，並提高能源效率，以減少碳排放。在能源轉型方面，台灣政府可推動以下措施：(a) 提高再生能源的占比：政府將將再生能源的占比提高至 20%，並在 2050 年實現 100% 再生能源。發展氫能：政府將發展氫能產業，以提供清潔的能源。(b) 提升能源效率：政府將推動能源效率的提升，以減少能源消耗。

B. 綠色製造：台灣製造業是台灣經濟的重要支柱，但也面臨著嚴重的環境問題。台灣政府將推動綠色製造，鼓勵企業使用清潔生產技術，減少環境污染。在綠色製造方面，政府將推動措施：(a) 推廣清潔生產技術：政府可提供補助和稅收優惠，鼓勵企業使用清潔生產技術。(b) 推動綠色供應鏈：政府將推動企業與供應商共同合作，推動綠色供應鏈。(c) 提升環境管理：政府將要求企業建立環境管理體系，並加強環境污染防治。

C. 循環經濟：台灣政府將推動循環經濟，鼓勵企業減少資源浪費，提高資源利用效率。推動企業節能減排，降低碳排放量。在循環經濟方面，政府將推動措施：(a) 發展循環經濟產業：政府將支持循環經濟產業的發展，並提供政策扶持。(b) 鼓勵企業回收利用：政府將要求企業回收利用廢棄物，並提供補助和稅收優惠。(c) 加強資源循環利用：政府將推動資源循環利用，減少資源浪費。

(2) 社會：台灣產業 ESG 戰略中的社會領域，建議聚焦於以下幾個方面：

A. 勞工權益：政府將保障勞工的權益，包括薪資、工作時間、職業安全等。在勞工權益方面，台灣政府推動措施：(a) 提高最低薪資：台灣政府將逐步提高最低薪資，保障勞工的最低生活水準。(b) 縮短工時：政府將逐步縮短工時，減輕勞工的工作負擔。保障職業安全：政府將加強職業安全檢查，保障勞工的生命安全。

B. 社會參與：企業將積極參與社會公益活動，回饋社會。(a) 捐助公益：企業無論理由為何，已開始捐助公益，支持社會公益事業。(b) 員工志工：企業也開始鼓勵員工，參與志工活動，回饋社會。(c) 企業公益：台灣企業也將企業的資源投入公益事業，成立基金會，為社會做出貢獻。(d) 多元包容：企業將營造多元包容的職場環境，尊重員工的差異。(e) 消除歧視：台灣企業將消除對性別、種族、宗教、性傾向等方面的歧視。(f) 營造平等的工作環境：營造平等的工作環境，是實現 ESG 的重要方向，企業將營造平等的工作環境，尊重員工的差異。

(3) 治理：台灣產業 在 ESG 戰略中的治理領域，建議聚焦於以下幾個方面：

A. 董事會治理：台灣政府將推動公司治理改革，提升董事會的獨立性、專業性和透明度。在董事會治理方面，政府將推動措施：(a) 提高獨立董事比例：政府將要求上市櫃公司董事中，獨立董事的比例達到 50%。(b) 強化董事會決策機制：政府將要求董事會建立明確的決策機制，並提高決策效率。(c) 提升董事會專業能力：政府將鼓勵企業董事，接受專業培訓，提升專業能力。

B. 資訊揭露：台灣政府將要求企業加強資訊揭露，提高資訊透明度。在資訊揭露方面，台灣政府將推動措施：(a) 強化資訊揭露要求：政府將要求企業揭露與公司治理相關的資訊，包括董事會結構、資訊揭露政策、風險管理政策等。(b) 加強資訊揭露透明度：政府將要求企業資訊揭露更加透明，並採用國際通用的資訊揭露標準。

C. 風險管理：台灣企業將建立完善的風險管理機制，防範各類風險。在風險管理方面，台灣企業將採取措施：(a) 建立完善的風險管理機制：企業將建立完善的風險管理機制，識別、評估和控制各類風險。(b) 制定應對風險的計畫：企業將制定應對風險的計畫，以降低風險對企業的影響。(c) 提高風險管理能力：台灣企業將加強風險管理人才的培訓，提升風險管理能力。

總結，政府應制定更嚴格的 ESG 法規，推動企業履行 ESG 責任。企業應加強 ESG 意識，將 ESG 融入到企業的日常運營中。投資者應更加關注企業的 ESG 表現，將 ESG 因素納入投資決策中。消費者應選擇更加可持續的產品和服務，推動企業提升 ESG 表現。台灣產業 ESG 發展潛力巨大，隨著政府、企業和投資者的共同努力，台灣產業將在 ESG 領域取得更大的進展，為台灣的永續發展做出更大的貢獻。表 15.3 是台灣產業 ESG 的可能戰略。

表 15.3 台灣產業 ESG 的戰略。

領域	ESG 戰略
環境	1. 投資綠色和可再生能源，降低碳足跡。 2. 加強資源使用效率，減廢和回收。 3. 推動環保技術創新，減少排放和污染。
社會責任	1. 提高員工福祉，維護人權和勞工權益。 2. 積極參與社會貢獻和公益事業。 3. 促進多元文化和平等機會。
公司治理	1. 建立獨立董事會和監察機構，提高透明度。 2. 遵守更嚴格的法規和法律，確保賬目準確性。 3. 落實風險管理和合規性。
可持續供應鏈管理	1. 監督和支持供應商合規性，降低環境和社會風險。 2. 提高供應鏈透明度，確保永續性。 3. 採用數位技術以改進供應鏈管理效能。

領域	ESG 戰略
創新和數位轉型	1. 推動創新和數位轉型，以應對 ESG 挑戰和機遇。 2. 加強數據隱私保護和數位風險管理。 3. 強調數據倫理和可持續創新。
金融業的 ESG 整合	1. 將 ESG 納入業務決策和投資策略。 2. 推廣 ESG 投資和可持續金融產品。 3. 吸引更多 ESG 投資者。
國際合作	1. 加強國際合作，尤其是在 ESG 標準和監管方面。 2. 積極參與國際組織和倡議組織，以達成全球共識。

思考問題

1. 簡要説明企業應如何面對 ESG 要求？
2. 台灣政府面對 ESG 國際趨勢時，有哪些指標性作為？
3. 台灣產業面臨 ESG 國際趨勢時，有哪些挑戰？
4.「台灣 2050 淨零排放路徑及策略」，有哪些轉型面向？
5. 隨著法規的制定和企業共識，台灣 ESG 將呈現何種發展？
6. 台灣企業面臨 ESG 要求，在勞工權益方面，應有何戰略？
7. 台灣政府已經採取了哪些措施來推動 ESG ？
8. 台灣產業在 ESG 面臨的主要挑戰是什麼？
9. 台灣企業在 ESG 方面已經取得哪些具體進展？
10. 在台灣產業的 ESG 戰略中，為什麼能源轉型被視為核心方向？
11. 企業在台灣的 ESG 發展中有哪些主動響應的趨勢？
12. 台灣產業 ESG 戰略的治理領域主要專注於哪些方面？

參考文獻

【1】 https：//www.theprivateoffice.com/investing/what-is-esg-investing

【2】 https：//commission.europa.eu/index_en

【3】 https：//www.morganstanley.com/content/dam/msdotcom/en/assets/pdfs/Morgan_Stanley_2022_ESG_Report.pdf

【4】 https：//www.nielsen.com/wp-content/uploads/sites/2/2023/07/2022-environmental-social-and-governance-esg-report.pdf

【5】 https：//marketplace.workiva.com/en-us/services/esg-report-template-workiva-deloitte

【6】 https：//sustainabledevelopment.un.org/content/documents/5987our-common-future.pdf

【7】 https：//culturalrights.net/en/documentos.php ？ c=18&p=195

【8】 Technical report by the Bureau of the United Nation’s Statistical Commission (UNSC) on the process of the development of an indicator framework for the goals and targets of the post-2015 development agenda - working draft (PDF).March 2015 [1 May 2015].（原始內容 (PDF) 存檔於 2016-03-03）.

【9】 未來城市 @ 天下 <SDGs 懶人包 > 什麼是永續發展目標 SDGs ？ https：//futurecity.cw.com.tw/article/1867

【10】 https：//sustainabledevelopment.un.org/vnrs/

【11】 https：//www.un.org/geospatial/sites/www.un.org.geospatial/files/MappingforaSustainableWorld20210124.pdf

【12】 https：//epf.org.tw/esg%E5%B0%88%E5%8D%80/

【13】 https：//earthobservatory.nasa.gov/world-of-change/global-temperatures

【14】 https：//en.wikipedia.org/wiki/Global_warming_controversy#/media/File：20200324_Global_average_temperature_-_NASA-GISS_HadCrut_NOAA_Japan_BerkeleyE.svg

【15】 https：//agupubs.onlinelibrary.wiley.com/doi/full/10.1029/2019GL085475

【16】 https：//skepticalscience.com/print.php ？ r=462

【17】 https：//www.visualcapitalist.com/visualizing-changes-in-co2-emissions-since-1900/

【18】 https：//dewwool.com/carbon-cycle-definitionexplanationdiagram/

【19】https：//www.unep.org/emissions-gap-report-2020

【20】https：//www.tomra.com/reverse-vending/media-center/feature-articles/what-is-circular-economy

【21】David Pearce and R. Kerry Turner，"Economics of Natural Resources and the Environment"，1989，ISBN：052136400X

【22】United Nations Environment Programme (UNEP) "Circular Economy： A Route to Sustainable Development"，2002，ISBN：92-807-2333-4

【23】https：//ellenmacarthurfoundation.org/circular-economy-diagram

【24】https：//www.mapsofworld.com/answers/government/best-worst-countries-workers/#

【25】https：//www.simmons-simmons.com/en/features/sustainable-financing-and-esg-investment/ck0z707dt4knd0b69o514mjkl/the-taxonomy-regulation

【26】https：//www.bsigroup.com/zh-TW/blog/esg-blog/Corporate-Governance-3.0-drives-the-upgrade-of-Sustainability-Reports/

【27】https：//www.crosscountry-consulting.com/insights/blog/esg-governance-frameworks/

【28】https：//issuu.com/britcham01/docs/bihk_2021_mar_apr-web/s/11940781

【29】https：//www.globalreporting.org/how-to-use-the-gri-standards/gri-standards-traditional-chinese-translations/

【30】https：//www.globalreporting.org/

【31】https：//sasb.org/standards/download/

【32】https：//riskpal.com/risk-assessment-matrices/

【33】https：//www.eurosif.org/policies/sfdr/

【34】https：//www.theccc.org.uk/wp-content/uploads/2020/10/CCC-Insights-Briefing-1-The-UK-Climate-Change-Act.pdf

【35】https：//www.leadercampus.com.tw/course/free/2844

【36】https：//law.moj.gov.tw/LawClass/LawAll.aspx？pcode=O0020098

【37】https：//air.moenv.gov.tw/TopicArea/NIPTopic.aspx

【38】https：//www.ndc.gov.tw/Content_List.aspx？n=DEE68AAD8B38BD76

【39】https：//ncsd.ndc.gov.tw/Fore/AboutSDG

【40】https：//www.sfb.gov.tw/ch/home.jsp？id=992&parentpath=0，8，882，884

【41】https：//www.spglobal.com/en/

ESG 永續助理管理師認證

證照考試辦法

一、說明：

(一) 證照名稱：ESG 永續助理管理師認證

(二) 發證單位：財團法人商業發展研究院

(三) 代辦單位：宇柏資訊股份有限公司

二、考試辦法：

(一) 考試對象：大專院校以上學生或參加本認證培訓課程之學員。

(二) 考試時間：學校團體場次。

(三) 命題方式：本教材第 1~15 章。

(四) 命題類型：單選題 40 題(每題 2 分，共 80 分)、複選題 5 題(每題 4 分，共 20 分)；
共計 100 分。(複選題個題之選項獨立判定給分，答錯有倒扣至該題零分。)
備註：單題扣完分數為止。

(五) 考題方式：採線上測驗，共計 60 分鐘。
(應試開始後，遲到 20 分鐘的考生不得進入線上系統考試。)

(六) 通過標準：考試成績滿分為 100 分，成績達(含)70 分者將頒予證書。

(七) 報考費用：

1. 一般生每位 NT$1,800 元。
2. 具備原住民或特殊身份者(含低收入戶與領有殘障手冊者)，需於申請報名的同時上傳證明文件，每位 NT$1,000 元。
3. 重考生每位 NT$1,200 元。
4. 以上報考費用，依教材封面內頁下方優惠序號報名考試，可立即享有 NT$300 元折扣優惠一次，已使用過的優惠序號不得再使用。因應作業流程，完成繳費後，恕不受理後補優惠序號及 NT$300 折扣退費申請；繳費前請確認繳納費用。

(八) 報名方式：一律採線上報名，詳細報名方式及考試辦法說明請至證照服務網「ESG 永續助理管理師證照推廣服務網： https：//reurl.cc/XmgmnM」查詢。

（九）繳費方式：請將報名費匯款至發證單位指定帳戶。

（十）榜單發佈：考試後一個月內，由發證單位公告於「ESG 永續助理管理師認證證照推廣服務網」；本院不提供考生分數查詢。

三、考試其他相關說明：

（一）考試推薦用書：ESG 永續發展與管理實務，（全華圖書發行），本教材為財團法人商業發展研究院『ESG 永續助理管理師認證』適用教材。

（二）成績複查：成績公告後一週內可申請成績複查，複查工本費用 NT$200 元。

（三）最新考試辦法說明及相關訊息，請以「ESG 永續助理管理師證照推廣服務網」公告為主，或電洽證照總代辦單位：宇柏資訊股份有限公司 02-2523-1213#115~#116。

（四）LINE：宇柏-學校教育事業部@919uijyu

ESG 永續助理管理師模擬試題

(　　) 1. ESG 代表的是什麼意思？ (A) 環境、社會、公司治理 (B) 經濟、社會、政府 (C) 環境、社會、公民 (D) 經濟、社會、政府治理。 答案：(A)

(　　) 2. 企業可以採取哪些具體措施來保護員工權益？ (A) 提高工作場所安全 (B) 提高員工旅遊 (C) 支持社會公益 (D) 照顧員工家庭。 答案：(A)

(　　) 3. ESG 的概念最早出現在哪個時期？ (A)20 世紀 90 年代 (B)21 世紀以來 (C)20 世紀 60 年代 (D)1990 年代 -2000 年代。 答案：(C)

(　　) 4. 未來，ESG 管理將呈現怎樣的發展趨勢？ (A) 政策法規單純 (B) 標準更趨複雜 (C) 投資需求不明 (D) 關注度提升。 答案：(D)

(　　) 5. 在進行 ESG 績效評估時，企業應將評估方法與以下哪些方面相一致？ (A)ESG 策略 (B) 公司的獲利 (C) 股東對公司的期許 (D) 企業的財務狀況。 答案：(A)

(　　) 6. 環境 ESG 評估指標的選擇和定義存在？ (A) 不同組織對環境 ESG 的理解相同 (B) 不同行業對環境 ESG 的關注點一致 (C) 不同國家和地區對環境 ESG 的要求不同 (D) 不同國家和地區對環境 ESG 的法規一樣。 答案：(C)

(　　) 7. 對於企業批露的 ESG 訊息，應包括： (A) 資產現況 (B) 非財務訊息 (C) 員工生活 (D) 公司機具。 答案：(B)

(　　) 8. 透過 ESG 管理，企業能夠更好地預測與評估風險，其中風險包含： (A) 資產負債 (B) 社會風險 (C) 股市風險 (D) 機具風險。 答案：(B)

(　　) 9. 下列何者不是良好的公司治理好處： (A) 有助於降低內部風險 (B) 提高公司效率 (C) 確保股價推升 (D) 確保企業合法合規運營。 答案：(C)

(　　) 10. 微軟公司將董事會成員的任期限制為 ？ 年，以提高董事會的問責制： (A)5 年 (B)3 年 (C)2 年 (D)1 年。 答案：(B)

(　　) 11. ESG 社會（Social）內涵，包含： (A) 促進能源效率提升 (B) 生物多樣化 (C) 減少污染 (D) 保障員工權益和安全。 答案：(D)

(　　) 12. 環境風險是指企業的生產經營活動中，面臨的： (A) 勞動權益風險 (B) 消費者權益風險 (C) 自然災害風險 (D) 內部控制風險。 答案：(C)

(　　) 13. 永續發展目標的實現需要解決哪些主要挑戰？ (A) 交通國防問題 (B) 貧困、不平等、治理 (C) 政治穩定與經濟問題 (D) 社會問題。 答案：(B)

(　　) 14. 永續發展目標的實現是一項什麼性質的目標？ (A) 簡單易達成的目標 (B) 具有挑戰性的目標 (C) 僅適用於發展中國家的目標 (D) 與未開發國家無關。 答案：(B)

(　　) 15. 企業社會責任（CSR）指的是什麼的責任？ (A) 經濟利益為先 (B) 社會和環境與獲利並重 (C) 投資與股東獲益 (D) 地方政府與中央政府安定。 答案：(B)

(　　) 16. 企業社會責任（CSR）的理論起源於哪個世紀？ (A)20 世紀 (B)19 世紀 (C)21 世紀 (D)18 世紀。 答案：(B)

(　　) 17. CSR 的核心是什麼？ (A) 追求經濟利益 (B) 履行對股東的責任 (C) 履行對社會和環境的責任 (D) 最大程度擴大利潤。 答案：(C)

(　　) 18. 企業社會責任（CSR）的實現需要哪些主要參與者的共同努力？ (A) 企業和政府 (B) 企業和消費者 (C) 企業和競爭對手 (D) 企業和供應商。 答案：(A)

(　　) 19. 永續發展是 CSR 的什麼？ (A) 目標和方向 (B) 參考運用目的 (C) 部分選擇部分 (D) 關聯性視公司規模。 答案：(A)

(　　) 20. CSR 如何有助於減少環境污染和保護自然資源？ (A) 通過提高產品價格 (B) 通過減少生產 (C) 使用可再生能源和減少浪費 (D) 增加天然氣能源。 答案：(C)

(　　) 21. CSR 的實現可以提高企業的什麼？ (A) 環境品質衛生 (B) 社會形象和公信力 (C) 投資利潤與融資 (D) 產品價格競爭力。 答案：(B)

(　　) 22. 企業社會責任（CSR）對企業永續發展的實質性效益包括什麼？ (A) 增加環境辯護能力 (B) 降低同業競爭力 (C) 提高社會形象和公信力 (D) 增加合法機會。 答案：(C)

(　　) 23. 什麼是「國家自願檢視報告」（VNR）？ (A) 政府的財務透明報告 (B) 政府對 SDGs 進展的評估報告 (C) 政府的年度預算編列報告 (D) 政府年度稅收報告。 答案：(B)

(　　) 24. 什麼是經濟外部性理論？ (A) 市場交易的成本或收益差異 (B) 利潤最大化理論 (C) 社會福利最大化 (D) 降低資源利用效率理論。 答案：(A)

(　　) 25. ESG 表現優異的企業通常具有更強的什麼能力？ (A) 風險管理 (B) 利潤最大化 (C) 社會影響較大 (D) 道德意識較高。 答案：(A)

(　　) 26. 企業減少廢棄物產生，可採用： (A) 優化能源使用效率 (B) 採用再生能源 (C) 推廣永續農業 (D) 資源回收。 答案：(D)

(　　) 27. 企業減少溫室氣體排放可以有甚麼好處？ (A) 應對氣候變化、保護生態多樣性、促進永續發展 (B) 減少成本、提高效率、提升品牌形象、增強競爭力 (C) 促進經濟增長、降低員工數量、促進創新 (D) 增加企業獲利與透明度。 答案：(A)

(　　) 28. 企業節約用水有甚麼好處？ (A) 節約用電成本 (B) 增加公司形象 (C) 提高員工能力 (D) 保護水資源、減少水污染。 答案：(D)

(　　) 29. 企業實施廢物減量和回收利用可以有哪些好處？ (A) 減少污染物的種類、保護環境 (B) 增加成本、提高效率、提升品牌形象、增強競爭力 (C) 減少污染物的產生和排放、保護環境、創造就業機會 (D) 減少成本、提高生產效率、保護環境。 答案：(C)

(　　) 30. ESG 投資對於投資風險的作用是？ (A) 增加風險 (B) 減少風險 (C) 不影響風險 (D) 沒有必然關係。 答案：(B)

(　　) 31. 企業社會責任（CSR）可以幫助企業什麼？ (A) 錢財與資源 (B) 股票與投資升值 (C) 利於法律訴訟與勝訴優勢 (D) 獲得人才與客戶。 答案：(D)

(　　) 32. 環境 ESG 評估指標包括哪些？ (A) 環境保護、氣候變化、水資源 (B) 環境正義、居民支持、抗爭性小 (C) 環境維護、引進產值高品種 (D) 水資源開拓、反核抗爭。答案：(A)

(　　) 33. 環境 ESG 是指企業在哪些方面的表現？ (A) 環境保護、氣候變化 (B) 員工權益、兩性平權 (C) 公司資訊、財務透明 (D) 社會公益、國家福利。 答案：(A)

( ) 34. 環境 ESG 與永續發展之間存在哪些關係？ (A) 是永續發展的重要組成部分 (B) 是永續發展的準則 (C) 是永續發展獲利的規範 (D) 是永續發展資訊公開的必須。答案：(A)

( ) 35. 對於環境問題的複雜性和多樣性，可採取的對策包括： (A) 加強對環境問題的科學研究和理解 (B) 制定更嚴苛的環境政策和法規 (C) 推動社會與全民創新 (D) 發動示威抗議與訴求。 答案：(A)

( ) 36. 環境 ESG 的評估和揭露所面臨的挑戰之一是什麼？ (A) 環境 ESG 的評估標準和方法完美無缺 (B) 企業的環境訊息揭露已經透明和完整 (C) 環境 ESG 的標準和方法尚不完善 (D) 環境 ESG 的評估結果已具準確和可比性。 答案：(C)

( ) 37. 什麼是大氣中臭氧的作用？ (A) 吸收太陽輻射 (B) 減少太陽輻射 (C) 減少暴風發生 (D) 增加雨量。 答案：(B)

( ) 38. 人類活動中，哪個因素對氣候變化影響最大？ (A) 綠色能源使用 (B) 城市化 (C) 森林保護 (D) 旅遊活動。 答案：(B)

( ) 39. 全球變暖的現象有甚麼影響？ (A) 地球海嘯增加 (B) 地球火山頻發 (C) 地球溫度升高 (D) 大氣壓力異常。 答案：(C)

( ) 40. 什麼是溫室氣體？ (A) 可供暖氣體 (B) 吸收和保留輻射的氣體 (C) 冷卻大氣的氣體 (D) 調節空氣的暖空氣。 答案：(B)

( ) 41. 什麼是太陽活動對地球氣候的影響？ (A) 增加地球磁場強度 (B) 可能降低地球溫度 (C) 增加臭氧層厚度 (D) 可能增加地球溫度。 答案：(D)

( ) 42. 全球企業排放的溫室氣體約占全球總排放量約為多少？ (A)5% (B)10% (C)20% (D)30%。 答案：(C)

( ) 43. 碳排管理的主要目標之一是什麼？ (A) 增加碳排放 (B) 實現碳中和 (C) 減少溫室氣體種類 (D) 不參與碳減排。 答案：(B)

( ) 44. 在碳排管理中，基於科學研究和數據分析？是因為 (A) 可行性較高 (B) 永續性較遠 (C) 科學性較理性 (D) 創新性比較優良。 答案：(C)

( ) 45. 哪種目標指的是實現碳排放的淨零？ (A) 減少碳排放 (B) 實現碳中和 (C) 增加可再生能源利用 (D) 減少能源浪費。 答案：(B)

( ) 46. 中期目標通常是在多長時間內實現的碳排放管理目標？ (A)1-5 年 (B)5-10 年 (C)10 年以上 (D) 不確定時間。 答案：(B)

( ) 47. 在碳排放管理中，哪個原則是指碳排管理的目標和措施應切實可行，並符合企業的實際情況？ (A) 可行性 (B) 永續性 (C) 科學性 (D) 創新性。 答案：(A)

( ) 48. 長期目標通常是在多長時間內實現的碳排放管理目標？ (A)1-5 年 (B)5-10 年 (C)10 年以上 (D)20 年以上。 答案：(C)

( ) 49. 什麼目標通常是在中期內實現的碳排放管理目標？ (A) 減少碳排放 (B) 實現碳中和 (C) 增加可再生能源利用 (D) 減少能源浪費。 答案：(B)

( ) 50. 自然災害可能對氣候變化造成影響？(A) 地震 (B) 龍捲風 (C) 洪水 (D) 閃電。 答案：(C)。

(　　) 51. 哪一項措施可以幫助減少碳排放，並具有吸收二氧化碳的能力？ (A) 能源效率提升 (B) 可再生能源利用 (C) 低碳產品和服務 (D) 植樹和森林保護。 答案：(D)

(　　) 52. 什麼是碳盤查？ (A) 一種氣候變化的 ESG 評估方法 (B) 對碳排放的監測和評估 (C) 減少一次性用品的使用 (D) 應對氣候變化的重要手段。 答案：(B)

(　　) 53. 自然災害對氣候變化的影響通常是？ (A) 長期，一般是 5~10 年 (B) 一般是短時間影響 (C) 中期，一 般是 5~10 年 (D) 影響時間可能數十年。 答案：(B)

(　　) 54. 減少碳排措施的哪一類涉及到改進生產過程和優化供應鏈？ (A) 能源效率提升 (B) 資源節約與最佳化利用 (C) 低碳產品和服務 (D) 運輸的低碳選擇。 答案：(A)

(　　) 55. 哪一個項目可以應用人工智能和物聯網技術？ (A) 能源效率提升 (B) 可再生能源利用 (C) 低碳產品和服務 (D) 日常生活方式的改變。 答案：(A)

(　　) 56. 哪一項措施可以幫助企業了解自身的碳排放情況，並提供依據制定減碳措施？ (A) 植樹和森林保護 (B) 碳盤查 (C) 政府政策和法規 (D) 碳教育和宣傳。 答案：(B)

(　　) 57. 哪一項措施可以幫助企業或組織減少對環境的影響？ (A) 企業員工權益 (B) 企業資訊透明度 (C) 社區服務工作 (D) 低碳產品和服務。 答案：(D)

(　　) 58. 企業 ESG 管理與哪個方面相互促進？ (A) 日常生活 (B) 能源利用 (C) 氣候變化 (D) 政府政策和法規。 答案：(C)

(　　) 59. 哪一個項目是減少碳排放的一部分？ (A) 碳排查 (B) 低碳產品和服務 (C) 企業 ESG 管理 (D) 國際合作。 答案：(B)

(　　) 60. 碳排放管理目標，需要長時間努力，一般短期目標通常是在多長時間內實現？ (A)1-5 年 (B)5-10 年 (C)10 年以上 (D)20 年以上。 答案：(A)

(　　) 61. 減少碳排措施中，哪一項措施涉及到改進生產過程、減少廢物和優化供應鏈？ (A) 能源效率提升 (B) 可再生能源利用 (C) 運輸的低碳選擇 (D) 日常生活方式的改變。 答案：(A)

(　　) 62. 下列哪一項不是導致資源短缺的原因？ (A) 資源有限 (B) 資源開採速度快 (C) 資源價格穩定 (D) 資源替代性差 。 答案：(C)

(　　) 63. 哪一項不是資源短缺所造成的影響？ (A) 生態系統破壞 (B) 物種滅絕 (C) 空氣品質改善 (D) 水資源污染。 答案：(C)

(　　) 64. 下列哪一項可以減緩能源短缺問題？ (A) 提高能源利用效率 (B) 開發新能源 (C) 增加能源消耗 (D) 開發新的石化技術。 答案：(A)

(　　) 65. 資源短缺通常與哪些資源相關？ (A) 需求的資源種類 (B) 可再生的資源 (C) 不可再生的資源 (D) 過度開發的資源。 答案：(C)

(　　) 66. 循環經濟最強調什麼？ (A) 資源消耗速度 (B) 環境污染減緩 (C) 經濟效益循環 (D) 資源產生能力。 答案：(C)

(　　) 67. 什麼是線性經濟模式？ (A) 以資源再生為基礎的經濟模式 (B) 取用、製造、使用的經濟模式 (C) 減少資源消耗的經濟模式 (D) 減少環境污染的經濟模式。 答案：（B）

(　　) 68. 循環經濟的發展對環境有甚麼影響？ (A) 增加自然資源的種類 (B) 減少大氣污染 (C) 降低氣候變化風險 (D) 保護生態系統。 答案：（D）

(　　) 69. 循環經濟的模型可以分為哪些層次？ (A) 產品設計、生產和消費、廢棄物管理 (B) 產品設計、生產、消費和行銷 (C) 生產和消費、廢棄物管理和市場 (D) 產品設計、廢棄物管理和再利用。 答案：(A)

(　　) 70. 哪個國家的太陽能發電量在 2022 年達到了 200GW，是世界第一？ (A) 美國 (B) 日本 (C) 台灣 (D) 歐盟。 答案：(A)

(　　) 71. 垃圾分類是哪一個資源管理措施的一部分？ (A) 節能減排 (B) 循環利用 (C) 可再生能源利用 (D) 綠色製造。 答案：(B)

(　　) 72. 可再生能源利用的例子是什麼？ (A) 使用化石能源 (B) 利用太陽能發電 (C) 增加一次性消費品使用 (D) 減少污染排放。 答案：(B)

(　　) 73. ESG 在資源管理中的作用是什麼？ (A) 增加資源消耗 (B) 提高污染排放 (C) 有助於永續性，減少環境和社會風險 (D) 增加資源利用效率。 答案：(C)

(　　) 74. 哪個國家/地區的廢棄物回收率，在 2022 年達到了 65% 堪稱世界第一？ (A) 台灣 (B) 美國 (C) 歐盟 (D) 日本。 答案：(C)

(　　) 75. 解決土地資源短缺可以採取下列哪些措施？ (A) 合理規劃城市用地 (B) 擴大林地使用，增加人民住屋 (C) 開發閒置土地，促進人民住的權益 (D) 低效利用土地，維護生態環境。 答案：(A)

(　　) 76. ESG 的社會維度主要關注企業對哪些方面的影響？ (A) 環境 (B) 員工 (C) 投資者 (D) 股東。 答案：(B)

(　　) 77. ESG 對員工權益的保障包括以下哪一項？ (A) 提供合格的產品和服務 (B) 提供安全的工作環境 (C) 嚴格控制產品價格 (D) 提供充足的休假和福利。 答案：(B)

(　　) 78. ESG 對消費者權益保護的指標包括以下哪一項？ (A) 提供合格的產品和服務 (B) 提供充足的休假和福利 (C) 降低產品價格 (D) 提供良好的工作條件。 答案：(A)

(　　) 79. 企業支持社區的經濟發展主要是通過什麼方式實現的？ (A) 提供安全的工作環境 (B) 提供多樣化的產品和服務 (C) 投資、合作、捐贈等方式回饋社區 (D) 降低產品價格，嘉惠社區。 答案：(C)

(　　) 80. 下列何者不是溫室氣體？ (A) 二氧化碳 (CO_2) (B) 甲烷 (CH_4) (C) 氟氯碳化物 (CFCs) (D) 氮氣 (N_2)。 答案：(D)

(　　) 81. 下列何種溫室氣體主要來自農業活動？ (A) 二氧化碳 (B) 甲烷 (C) 氧化亞氮 (D) 全氟化碳 (PFCs)。 答案：(C)

(　　) 82. HFCs 和 CFCs 的共同點是？ (A) 都是工業合成氣體 (B) 都來自自然源 (C)GWP 都較低 (D) 主要來自車輛排放。 答案：(A)

(　　) 83. PFCs 的主要用途是？ (A) 發電行業 (B) 製冷行業 (C) 農業種植業 (D) 交通運輸業。 答案：(B)

(　　) 84. 以下哪種溫室氣體在大氣中的含量占比最大？ (A) 二氧化碳 (B) 甲烷 (C) 氟氯碳化物 (D) 六氟化硫。 答案：(A)

(　　) 85. 下列何者是碳排管理的首要原則？ (A) 可行性 (B) 永續性 (C) 科學性 (D) 經濟性。 答案：(C)

(　　) 86. 下列何者是碳排管理的最終目標？ (A) 減少碳排放 (B) 實現碳中和 (C) 達到國際氣候協議目標 (D) 促進永續發展。 答案：(B)

(　　) 87. 下列何者是碳排管理的第一個重要目標？ (A) 減少碳排放 (B) 實現碳中和 (C) 達到國際氣候協議目標 (D) 促進永續發展。 答案：(A)

(　　) 88. 縱使管理排碳方法諸多，何者不是碳排管理的重要原則？ (A) 可行性 (B) 永續性 (C) 科學性 (D) 經濟性。 答案：(D)

(　　) 89. 溫室氣體盤查的結果不用於哪方面？ (A) 評估組織或企業的溫室氣體排放量 (B) 識別溫室氣體排放的主要來源 (C) 制定溫室氣體減排計畫 (D) 排除溫室氣體的生產。 答案：(D)

(　　) 90. 下述何者不是國際標準提供溫室氣體盤查的優點？ (A) 可靠性 (B) 一致性 (C) 可比性 (D) 合規性。 答案：(D)

(　　) 91. 何者不是 ISO 14064 系列標準涵蓋的範圍？ (A) 溫室氣體盤查範圍 (B) 溫室氣體數據收集 (C) 溫室氣體對企業的影響 (D 溫室氣體的數據報告。 答案：(C)

(　　) 92. GHG Protocol 溫室氣體盤查議定書將溫室氣體盤查的範圍分為哪三個層次？ (A) 範疇 1、範疇 2、範疇 3 (B) 直接排放、間接排放、總和排放 (C) 內部、外界、國際排放 (D) 生產、銷售、回收排放。 答案：(A)

(　　) 93. 以下何者不是溫室氣體盤查的重要原則？ (A) 科學性 (B) 成本性 (C) 可行性 (D) 永續性。 答案：(B)

(　　) 94. 何者是減碳作為中，可捕捉工業過程中產生的碳排放手段？ (A) 運輸的低碳選擇 (B) 日常生活方式的改變 (C) 碳捕捉和儲存（CCS）技術 (D) 企業碳盤查管理。 答案：(C)

(　　) 95. 以下何者不是國際上常用的溫室氣體盤查標準？ (A)ISO 14064 系列標準 (B)GHG Protocol 溫室氣體盤查議定書 (C)PAS 2050 溫室氣體產品生命週期評估指南 (D)ISO 27001 溫室氣體盤查準則。 答案：(D)

(　　) 96. 產品碳足跡盤查的範圍應包括產品的生命週期各個環節，不包括： (A) 原材料採購階段 (B) 生產階段 (C) 使用階段 (D) 回購階段。 答案：(D)

(　　) 97. 有關產品碳足跡盤查，何者不是數據品質控制方式 (A) 數據完整性控制 (B) 數據準確性控制 (C) 數據一致性控制 (D) 數據完美性控制。 答案：(D)

(　　) 98. 產品碳足跡盤查的數據分析可以採用多種方法，常用的有以下幾種方法： (A) 質量平衡法 (B) 流程分析法 (C) 生命週期評估法 (D) 產品生產法。 答案：(D)

(　　) 99. 以下哪種產品的碳足跡通常較高？ (A) 汽車 (B) 服裝 (C) 食品 (D) 家電。答案：(A)

(　　) 100. 以下哪種方法難以降低產品的碳足跡？ (A) 使用再生能源 (B) 提高能源效率 (C) 減少產品功能 (D) 減少產品重量。 答案：(C)

(　　) 101. 何者無法提供產品碳足跡盤查的協助和支援？ (A) 政府部門 (B) 行業協會 (C) 第三方機構 (D) 異質行業比較。 答案：(D)

(　　) 102. 以下哪些因素難以影響產品碳足跡的計算結果？ (A) 產品的類型 (B) 產品的生產方式 (C) 產品的功能樣式 (D 產品的使用回收。 答案：(C)

(　　) 103. 何者不是氣候相關機會： (A) 減碳商機 (B) 綠色創新 (C) 基礎建設 (D) 藍海商機。 答案：(D)

(　　) 104. 何者不是減碳目標： (A) 絕對減碳目標 (B) 相對減碳目標 (C) 比較減碳目標 (D) 過去減碳成果。 答案：(D)

(　　) 105. ESG 社會的主要目標之一是？ (A) 增加股東回報率 (B) 促進社會發展 (C) 加強董事會治理 (D) 提高企業形象。 答案：(B)

(　　) 106. 什麼是社會發展的概念？ (A) 提高股東價值 (B) 保護自然資源 (C) 提高人民的生活品質 (D) 增加公司利潤。 答案：(C)

(　　) 107. 企業如何支持永續發展？ (A) 節約資源、保護環境 (B) 提高股東回報率 (C) 增加公司的市值 (D) 創建新的市場。 答案：(A)

(　　) 108. 什麼是社會責任？ (A) 涉及對員工的責任 (B) 僅涉及對環境的責任 (C) 企業對社會和環境承擔的額外責任 (D) 只涉及對股東的責任。 答案：(C)

(　　) 109. 企業如何通過 ESG 促進社會發展？ (A) 提高產品價格，避免大眾浪費 (B) 創建新的市場，獲得新商機 (C) 通過企業 CSR 的實踐，回饋社會 (D) 增加公司的市值，增加股東收益。 答案：(C)

(　　) 110. ESG 與社會責任之間的關係是什麼？ (A) 應該沒甚麼直接關係 (B)ESG 和社會責任是截然不同的概念 (C)ESG 和社會責任是相互獨立的 (D)ESG 與社會責任是密不可分的。 答案：(D)

(　　) 111. 保障消費者知情權需要企業做哪些努力？ (A) 提供產品訊息 (B) 隱瞞風險 (C) 提高產品價格 (D) 限制大眾必須回收。 答案：(A)

(　　) 112. 促進社會創新的方法不包括？ (A) 技術研發 (B) 人才培育 (C) 提升薪資待遇 (D) 支持創新項目 。 答案：(C)

(　　) 113. 推動 ESG 與社會公平的國際趨勢不包括？ (A) 聯合國永續發展目標 (B) 歐盟綠色政策 (C) 美國反氣候變遷法案 (D) 全球化促進貿易 。 答案：(D)

(　　) 114. 下列哪一項不屬於 ESG 的社會責任？ (A) 支持環境保護 (B) 倡導社會公平正義 (C) 鼓勵社會創新與進步 (D) 提高生產富裕社會。 答案：(D)

(　　) 115. 何者不是台灣推動 ESG 發展的政策？ (A) 減碳政策 (B) 企業社會責任指引 (C) 環保法規鬆綁 (D) 支持社會創新。 答案：(C)

(　　) 116. 何者不是促進社會包容的企業作為？ (A) 消除就業歧視 (B) 建立包容文化 (C) 鼓勵弱勢群體 (D) 鼓勵競爭創造富裕社會。 答案：(D)

(　　) 117. 哪些內容不屬於 ESG 治理框架的構成部分？ (A)ESG 策略 (B)ESG 目標 (C) 責任分工 (D) 營業額目標。 答案：(D)

(　　) 118. 下列哪個不是環境指標的類別？ (A) 資源效率 (B) 氣候變化 (C) 廢棄物處理 (D) 文化多樣性 。 答案：(D)

(　　) 119. 公司治理與 ESG 治理之間不存在哪種關係？ (A) 基礎與延伸 (B) 相互支撐 (C) 互相抵觸 (D) 相互促進。 答案：(C)

(　　) 120. ESG 管理框架的核心要素不包括： (A)ESG 管理的目標 (B)ESG 管理的政策 (C) ESG 管理的預算 (D)ESG 管理的資訊系統 。 答案：(C)

(　　) 121. 何者不是培育ESG管理文化的方法：(A)管理層激勵 (B)員工培訓 (C)績效鼓勵 (D) 美化 ESG 資訊。 答案：(D)

(　　) 122. ESG 管理框架的要素包括： (A)ESG 管理的資源投入 (B)ESG 管理的願景 (C)ESG 管理的組織設定 (D)ESG 管理的財務預算。 答案：(D)

(　　) 123. 建立 ESG 管理框架的目的之一是： (A) 美化企業形象 (B) 提高經營風險 (C) 改善資訊透明度 (D) 提高生產營運。 答案：(C)

(　　) 124. ESG管理框架運作的第一步是：(A)執行ESG管理計畫 (B)監控和評估ESG管理 (C) 制定 ESG 管理計畫 (D) 溝通 ESG 管理成果。 答案：(C)

(　　) 125. 執行 ESG 管理計畫不包括： (A) 將 ESG 管理納入日常運營 (B) 建立績效考核激勵制度 (C) 優化 ESG 管理訊息 (D) 定期溝通 ESG 管理成果。 答案：(C)

(　　) 126. 監控和評估 ESG 管理的建議包括： (A) 建立 ESG 管理資訊系統 (B) 聘請法律顧問評估 (C) 定期溝通 ESG 管理成果 (D) 美化 ESG 管理缺陷。 答案：(B)

(　　) 127. 溝通ESG管理成果不包括：(A)建立ESG管理溝通平台 (B)聘請第三方機構溝通 (C) 定期向利益相關者溝通 (D) 選擇性地公告 ESG 資訊 。 答案：(D)

(　　) 128. ESG 管理框架運作的關鍵建議不包括： (A) 將 ESG 管理納入日常運營 (B) 建立績效考核激勵制度 (C) 優化 ESG 管理訊息 (D) 定期溝通 ESG 管理成果。 答案：(C)

(　　) 129. ESG 管理框架評估的方式可以是： (A) 企業內部檢討 (B) 第一方機構評估 (C) 內外部結合評估 (D) 忽視評估結果。 答案：(C)

(　　) 130. 企業建立 ESG 管理評估制度不包括： (A) 明確評估目的 (B) 制定評估指標 (C) 選擇評估方式 (D) 優化評估結果。 答案：(D)

(　　) 131. 聘請第三方機構評估 ESG 管理的步驟不包括： (A) 確定評估需求 (B) 選擇第三方機構 (C) 修改評估結果 (D) 配合評估工作 。 答案：(C)

(　　) 132. 結合內外部評估 ESG 管理的步驟包括： (A) 更新評估計畫 (B) 進行績效檢討 (C) 委託外部評估 (D) 優化評估結果。 答案：(C)

(　　) 133. ESG 行動可以提升企業的： (A) 品牌形象 (B) 社會影響力 (C) 環境風險 (D) 公司治理績效。 答案：(C)

(　　) 134. 下列何者不是ESG行動實施面臨的挑戰：(A)資訊揭露不足 (B)評估標準不統一 (C) 投資需求增加 (D) 資源投入不足。 答案：(C)

(　　) 135. ESG 行動的機遇不包括 (A) 市場需求增長 (B)ESG 投資興起 (C) 基礎建設加強 (D) 公眾關注降低。 答案：(D)

( ) 136. 下列何者不是促進 ESG 行動的措施： (A) 管理層主管推動 (B) 制定 ESG 計畫 (C) 建立 ESG 體系 (D) 優化 ESG 訊息。 答案：(D)

( ) 137. ESG 行動規劃的步驟不包括： (A) 制定 ESG 策略 (B) 評估執行情況 (C) 制定行動計畫 (D) 實施行動方案。 答案：(B)

( ) 138. ESG 行動實施的關鍵是： (A) 資源投入 (B) 內外部溝通 (C) 融入日常運營 (D) 獎勵機制。 答案：(C)

( ) 139. ESG 行動監測的方法包括： (A) 定性描述分析 (B) 定量指標測量 (C) 資料修改 (D) 結果調整 。 答案：(B)

( ) 140. ESG行動報告的目的是：(A)評價企業績效 (B)激勵員工參與 (C)揭露ESG訊息 (D) 隱瞞負面消息。 答案：(C)

( ) 141. 下列何者不是企業開展 ESG 行動會面臨的挑戰？ (A) 投資者要求提高 (B) 法規環境要求 (C) 公眾關注增加 (D) 資料揭露完善。 答案：(D)

( ) 142. 何者不是 ESG 行動的財力資源管理關注事項： (A) 資金籌集 (B) 資金使用 (C) 資金投資 (D) 資金重酬。 答案：(D)

( ) 143. ESG 行動的技術資源管理不包含： (A) 技術開發 (B) 技術採購 (C) 技術運用 (D) 技術壟斷。 答案：(D)

( ) 144. 企業內部溝通 ESG 行動可以採用的方式不包括： (A) 員工培訓 (B) 管理提醒 (C) 宣傳板報 (D) 訊息美化。 答案：(D)

( ) 145. 溝通 ESG 行動應注意的要點： (A) 複雜目標 (B) 特定溝通管道 (C) 易懂語言 (D) 主觀表述。 答案：(C)

( ) 146. 建立 ESG 文化的關鍵要素不包括： (A) 價值引領 (B) 行動落實 (C) 訊息流通 (D) 意識形態。 答案：(D)

( ) 147. ESG 資源管理的原則是： (A) 合理配置 (B) 不斷投入 (C) 嚴格控制預算 (D) 隨意使用。 答案：(A)

( ) 148. ESG 組織的特徵不包括： (A) 集中領導 (B) 分散執行 (C) 專業人員 (D) 協調配合。 答案：(A)

( ) 149. ESG 行動人力資源管理應著眼於： (A) 人才團隊進駐 (B) 提供培訓機會 (C) 激發工作績效 (D) 減少生產人力。 答案：(B)

( ) 150. 什麼是碳匯？ (A) 一種氣候變化的 ESG 評估方法 (B) 一種吸收二氧化碳的能力 (C) 一種植樹和森林保護計劃 (D) 一種將化石燃料轉化為可再生能源的技術。 答案：(B)

( ) 151. 有關溫室氣體效應，何者有誤： (A) 其實也是地球必需的 (B) 是維持適宜生命存在的地球 (C) 維持人類生存，需要全部歸零 (D) 對人類永續生存須維持一定濃度。 答案：(C)

( ) 152. ESG 行動的文化和組織方面的主要目標是什麼？ (A) 提高公司的市場份額 (B) 優化財務報告 (C) 創建積極的內部價值觀和風格 (D) 減少環境影響。 答案：(C)

(　　) 153. 什麼是 ESG 監測的首要目的？ (A) 提高 ESG 行動的公開度 (B) 發現 ESG 行動的問題和不足 (C) 測量 ESG 指標的變化 (D) 吸引 ESG 投資者。 答案：(C)

(　　) 154. 在 ESG 行動中，什麼是報告的主要目的？ (A) 向政府機構匯報 ESG 行動 (B) 向員工宣傳 ESG 行動 (C) 向內部和外部利益相關者揭露 ESG 表現 (D) 吸引潛在投資者。 答案：(C)

(　　) 155. 在 ESG 行動中，技術資源主要包括什麼？ (A) 人力資源和物力資源 (B) 資金和數據 (C) 軟體、硬體和數據 (D) 企業生產專業知識。 答案：(C)

(　　) 156. ESG 組織的跨部門協作機制的目的是什麼？ (A)ESG 行動由各部門領軍，實施績效競爭 (B) 保持各部門的獨立運作，免受各方干擾 (C) 協同合作，確保 ESG 行動的有效實施 (D) 限制各部門行為界線，約制 ESG 行動範圍。 答案：(C)

(　　) 157. ESG 評估環境指標中不包括： (A) 碳排放 (B) 能源效率 (C) 勞工權益 (D) 水資源管理。 答案：(C)

(　　) 158. ESG 社會評估指標不包括：(A) 勞工人權 (B) 社會公平 (C) 社區責任 (D) 風險避除。 答案：(D)

(　　) 159. ESG 治理評估指標中不包括： (A) 碳中和目標 (B) 風險管理 (C) 訊息揭露 (D) 道德準則。 答案：(A)

(　　) 160. 選擇 ESG 評估指標時不應考慮： (A) 指標的操作性 (B) 指標的重要性 (C) 指標的透明度 (D) 指標的複雜性。 答案：(D)

(　　) 161. ESG 績效評估中的公司治理維度關注什麼？ (A) 企業的市場大小 (B) 企業的財務績效 (C) 董事會結構和透明度 (D) 產品的銷售業績 。 答案：(C)

(　　) 162. ESG 評估中的社會維度通常包括哪些因素？ (A) 財務報告、股東結構、經濟利益 (B) 碳排放、水資源管理、生態足跡 (C) 勞工權益、人權保護、多元化 (D) 市場份額、企業聲譽、社交責任 。 答案：(B)

(　　) 163. ESG 績效評估的結果可以用於哪些方面？ (A) 純粹學術研究 (B) 企業的社交媒體活動 (C) 投資決策、融資評估、企業治理 (D) 環境保護政策 。 答案：(C)

(　　) 164. ESG 績效評估的首要步驟是什麼？ (A) 結果分析 (B) 數據收集 (C) 應用範圍 (D) 數據分析。 答案：(B)

(　　) 165. 以下哪一種 ESG 治理模式，強調企業應將 ESG 治理作為企業發展的核心戰略，並將其融入企業的日常運營中？ (A)MEET 模式 (B)EXCEED 模式 (C)LEAD 模式 (D) EXCEL 模式。 答案：(B)

(　　) 166. 以下哪一種 ESG 治理模式，強調企業應從戰略層面考慮 ESG 治理，並將其納入企業治理體系？ (A)MEET 模式 (B)EXCEED 模式 (C)LEAD 模式 (D)EXCEL 模式。 答案：(A)

(　　) 167. 以下哪一種 ESG 治理模式，強調企業應遵守法律法規和道德準則，維護利益相關者的權益？ (A)MEET 模式 (B)EXCEED 模式 (C)LEAD 模式 (D)EXCEL 模式。 答案：(B)

( ) 168. 以下哪一種 ESG 治理模式，強調企業應由 ESG 意識強的領導層領導，並將 ESG 治理作為企業發展的核心戰略？ (A)MEET 模式 (B)EXCEED 模式 (C)LEAD 模式 (D) EXCEL 模式。 答案：(C)

( ) 169. 促進資源循環利用的核心是？ (A) 鼓勵再生資源開發 (B) 減少資源浪費 (C) 提高資源種類 (D) 降低資源價格 答案：(B)

( ) 170. 以下哪一種 ESG 治理模式的要素強調企業應對其 ESG 表現承擔責任？ (A)MEET 模式 (B)EXCEED 模式 (C)LEAD 模式 (D)EXCEL 模式。 答案：(B)

( ) 171. ESG 績效評估的結果分析中的原因分析是？ (A) 計算 ESG 評分 (B) 找出改進方向 (C) 績效分類 (D) 趨勢分析。 答案：(B)

( ) 172. ESG 績效評估有助於企業識別和管理什麼潛在風險？ (A) 技術風險 (B) 營運風險 (C) 金融風險 (D) 人力資源風險。 答案：(B)

( ) 173. 什麼是 ESG 績效評估的主要目的？ (A) 推動國際合作 (B) 提高法律遵循 (C) 評估企業的永續性表現 (D) 創建新的企業商機。 答案：(C)

( ) 174. ESG績效評估的數據收集方法中，問卷調查是一種什麼樣的方法？ (A) 實地調查 (B) 外部數據 (C) 內部數據 (D) 公開快速的方法。 答案：(A)

( ) 175. ESG 報告可以幫助企業識別 ESG 風險。以下哪項是具體要求？ (A) 風險分類識別 (B) 風險評估高低 (C) 風險管理效能 (D) 風險的性質、嚴重程度和可能性。 答案：(D)

( ) 176. ESG 報告的目的之一是法規遵循。法規遵循的具體要求是？ (A) 法律法規識別 (B) 法律法規評估 (C) 合規措施評估 (D) 法律法規的遵守情況。 答案：(D)

( ) 177. 循環經濟的模型中，產品設計層次的目標是什麼？ (A) 提高資源利用效率 (B) 減少生產成本 (C) 減少對新資源的依賴 (D) 增加產品功能。 答案：(C)

( ) 178. 以下哪項不屬於 ESG 報告在風險評估方面的重要作用？ (A) 識別企業面臨的 ESG 風險 (B) 評估 ESG 風險的影響程度 (C) 確定產品的銷售目標 (D) 提出管理 ESG 風險的措施。 答案：(C)

( ) 179. ESG 報告中的機會識別可以幫助企業： (A) 提高品牌知名度 (B) 吸引更多投資 (C) 識別永續發展的機會 (D) 展示社會責任績效。 答案：(C)

( ) 180. ESG 報告中的法規遵循可以： (A) 協助企業制定發展策略 (B) 幫助企業降低合規風險 (C) 評估企業面臨的市場風險 (D) 提高企業的社會形象。 答案：(B)

( ) 181. 下列哪一項不是 ESG 報告對提高業務績效的幫助？ (A) 降低能源等資源成本 (B) 提高生產和運營的效率 (C) 加快新產品上市速度 (D) 識別和預防風險。 答案：(C)

( ) 182. ESG 報告可以促進企業永續發展的原因，不包括 (A) 提升企業透明度 (B) 識別 ESG 風險 (C) 展示企業營銷能力 (D) 提高企業競爭力。 答案：(C)

( ) 183. 關於 ESG 報告的說法，錯誤的是： (A) 可以提高企業透明度 (B) 可以幫助企業降低合規風險 (C) 可以直接增加企業利潤 (D) 可以提升企業永續發展。 答案：(C)

(　　) 184. ESG 報告可以提高投資者信任的原因不包括： (A) 展示企業 ESG 績效 (B) 提高企業透明度 (C) 降低產品成本 (D) 加快企業永續發展步伐。 答案：(C)

(　　) 185. ESG 報告發佈在第三方平台的優點： (A) 方便公司自身查詢 (B) 提高公司形象 (C) 提高報告透明度和可及性 (D) 節省發佈成本 。 答案：(C)

(　　) 186. 驗證和審查 ESG 報告有助於： (A) 提高報告的完整性 (B) 證明報告的可信度 (C) 更新報告內容 (D) 節省報告撰寫成本。 答案：(B)

(　　) 187. 公司在發布 ESG 報告後，首先應積極對應利益相關者： (A) 重新評估商業策略 (B) 接受利益相關者的意見回饋 (C) 確定新一年的 ESG 目標 (D) 檢討可能的法律風險 。 答案：(B)

(　　) 188. 企業實施 ESG 可能提高的營運風險： (A) 人力資源風險 (B) 市場風險 (C) 產品創新風險 (D) 技術風險。 答案：(C)

(　　) 189. 法律訴訟和監管處罰可能對企業造成的影響不包括: (A) 聲譽影響 (B) 營運影響 (C) 生產創新 (D) 財務影響。 答案：(C)

(　　) 190. 混合評估是指哪兩種評估方法相結合的方法？ (A) 定性評估和定量評估 (B) 定量評估和統計方法 (C) 定性評估和數學模型 (D) 定位評估和定值評估。 答案：(A)

(　　) 191. 定性評估是指通過哪種方法對 ESG 風險進行評估？ (A) 專家評估 (B) 數學模型 (C) 統計方法 (D) 定位評估。 答案：(A)

(　　) 192. 風險轉移是指企業通過保險等方式，將 ESG 風險轉移給第三方承擔，不能達到 (A) 可以在發生損失時獲得賠償 (B) 可以降低 ESG 風險的發生概率 (C) 可以讓風險無法識別 (D) 可以降低 ESG 風險的影響程度。 答案：(C)

(　　) 193. 下列何者不是企業應定期進行 ESG 風險控制和應對的目的 (A) 了解 ESG 風險的最新情況 (B) 根據情況調整控制和應對措施 (C) 提升企業的長期永續發展能力 (D) 根據法規調整企業規避方法。 答案：(D)

(　　) 194. ESG 風險識別的方式不包括 (A) 內部識別 (B) 外部識別 (C) 未來預測 (D) 問卷調查 。 答案：(D)

(　　) 195. ESG 風險評估的目的是 (A) 降低風險影響程度 (B) 避免風險發生概率 (C) 為風險管理提供依據 (D) 提高企業風險意識 。 答案：(C)

(　　) 196. 加強 ESG 風險意識可以 (A) 規範風險評估流程 (B) 避免員工行為導致風險 (C) 評估風險影響程度 (D) 提高企業競爭。 答案：(B)

(　　) 197. 定量評估的優點是： (A) 結果量化 (B) 考慮全面 (C) 唯一評估準確 (D) 方法簡單 。 答案：(A)

(　　) 198. 混合評估的優點是: (A) 評估程序規範化 (B) 方法科學 (C) 兼具定性和定量優點 (D) 評估成本低。 答案：(C)

(　　) 199. 下列何種方法不能用於 ESG 風險的識別： (A) 問卷調查 (B) 競爭對手分析 (C) 預測模型 (D) 內部審計 。 答案：(B)

(　　) 200. 以下哪個選項不是 ESG 投資的優點？ (A) 兼顧財務回報和社會責任 (B) 可能具有更高的財務回報和更低的風險 (C) 獲利與產業轉移是投資的優點 (D) 永續發展的關注日益增強，成為主流性投資方式。 答案：(C)

國家圖書館出版品預行編目（CIP）資料

ESG永續發展與管理實務/王培智著. -- 初版. -- 臺北市：
社團法人ESG永續發展協會, 2024.01
面； 公分
ISBN 978-626-98161-0-1(平裝)
1.CST: 企業社會學 2.CST: 企業經營 3.CST: 永續發展
490.15 112021419

ESG永續發展與管理實務

作　　者／社團法人ESG 永續發展協會・王培智博士
發 行 人／社團法人ESG 永續發展協會
執行編輯／謝儀婷
封面設計／盧怡瑄
出 版 者／社團法人ESG 永續發展協會
地　　址／台北市光復南路72巷73號3F
電　　話／+886-2-2775-3089
初版一刷／2024年 01 月
定　　價／新臺幣590元
I S B N／978-626-98161-0-1(平裝)
若您對書籍內容、排版印刷有任何問題，歡迎來信指導「esgf2022@gmail.com」

經銷商：全華圖書股份有限公司　經銷
地址：23671 新北市土城區忠義路21號
電話：(02) 2262-5666
傳真：(02) 6637-3696
圖書編號：10544
全華網路書店： www.opentech.com.tw